Go 语言

高级编程 第2版

Advanced Go Programming

柴树杉 曹春晖◎著

王敏◎绘

人民邮电出版社

北京

图书在版编目（CIP）数据

Go 语言高级编程 / 柴树杉，曹春晖著；王敏绘.
2 版. -- 北京：人民邮电出版社，2025. -- ISBN 978-7-
115-67324-4

Ⅰ. TP312

中国国家版本馆 CIP 数据核字第 202540J0M9 号

内 容 提 要

　　本书从实践出发，全面讲解 Go 语言的高级编程技术和应用场景，涵盖 Go 语言的底层机制、性能优化、系统编程及前沿应用等多个方面。全书共 10 章，第 1 章回顾 Go 语言的发展历程，帮助读者理解其设计理念和演进过程；第 2 章和第 3 章系统介绍 CGO 编程与 Go 汇编语言的使用方法，使读者能够高效调用 C 库并深入理解 Go 的底层实现；第 4 章和第 5 章深入解析 Go 运行时和编译器，包括内存管理、调度器、垃圾收集机制等相关技术；第 6 章和第 7 章探讨 Go 在 RPC 和 Web 编程中的应用，介绍 Protobuf、gRPC 等核心技术，并剖析 Web 框架的设计和优化方案；第 8 章和第 9 章拓展 Go 的应用边界，涵盖 WebAssembly 和 GUI 编程，使 Go 语言不仅限于服务器端编程；第 10 章新增 Go 语言与大模型的结合，探索人工智能技术在 Go 生态系统中的应用场景。

　　本书适合对 Go 语言有一定基础，希望深入理解其底层机制和高级应用的开发者阅读。无论是系统工程师、后端开发者，还是对 Go 语言运行时、编译器及新兴技术感兴趣的 Go 程序员，都能在本书中找到翔实的技术解析和实践指南，达到高效开发和技术进阶的目的。

◆ 著　　　　柴树杉　曹春晖
　　绘　　　　王　敏
　　责任编辑　杨海玲
　　责任印制　王　郁　胡　南

◆ 人民邮电出版社出版发行　　北京市丰台区成寿寺路 11 号
　　邮编　100164　　电子邮件　315@ptpress.com.cn
　　网址　https://www.ptpress.com.cn
　　大厂回族自治县聚鑫印刷有限责任公司印刷

◆ 开本：800×1000　1/16
　　印张：26.25　　　　　　　　2025 年 7 月第 2 版
　　字数：650 千字　　　　　　2025 年 7 月河北第 1 次印刷

定价：89.80 元

读者服务热线：(010)81055410　印装质量热线：(010)81055316
反盗版热线：(010)81055315

序一

自 Go 语言问世以来，它凭借着简洁、高效和强大的特性，赢得了全球开发者的青睐。Go 语言以其"少即是多"（less is more）的设计哲学，重新定义了现代编程语言的标准。在我多年的开发实践中，Go 语言始终是我最为推崇的工具之一，因为它不仅易学易用，还能够在高并发、高性能的应用场景中表现出色。经过 10 多年的发展，Go 语言已经证明了其在多个领域的广泛适用性，特别是在云计算、微服务架构及容器化技术的推动下，Go 语言的应用场景愈加广泛。

这本书正是在这一背景下应运而生的。它不仅深入探讨了 Go 语言的核心技术和应用，尤其在性能优化、系统架构等方面做了详尽的讲解，同时也融入了 Go 语言近年来在 WebAssembly 和人工智能领域的最新应用和技术。这使得这本书在传统 Go 编程图书中脱颖而出，成为广大开发者提升技术深度和广度的重要工具。

对许多开发者而言，Go 语言最大的魅力在于其简洁明了的语法和高效的并发模型。作为一种面向高性能系统设计的编程语言，Go 语言通过 goroutine 和通道等核心特性，使得并发编程变得直观且易于管理。这使得 Go 在处理高并发的网络服务时，能够保持卓越的性能，成为开发高效服务系统的首选语言。

这本书的内容紧跟 Go 语言的新发展，对基础语法、复杂的并发模型、底层的内存管理、垃圾收集机制等都进行了深入剖析。书中不仅讲解了 Go 语言的常见应用模式，还通过大量实际案例帮助读者深入理解 Go 语言的高效运作方式。此外，书中的每一章都提供了丰富的代码示例，帮助开发者在实践中掌握关键技术。

特别值得一提的是，这本书在深入 Go 语言核心特性的同时，还专注于解决实际开发中遇到的复杂问题。例如，在介绍 CGO 和 Go 汇编语言时，作者结合了大量性能优化的案例，帮助开发者更好地理解如何通过底层技术实现系统性能的极致优化。这些内容对高性能计算、嵌入式系统及需要跨语言互操作的项目开发者尤为重要。

而这一版的亮点之一是其对新兴领域内容的拓展。例如，WebAssembly（简称 WASM）作为近年来蓬勃发展的技术，已经在浏览器端和云端之间架起了一座桥梁。这本书详细讲解了 Go 语言如何与 WebAssembly 结合，为开发者提供了更多的可能性，特别是在前端开发和跨平台应用开发方面。

另外，人工智能和机器学习的快速发展也带来了新的技术挑战。这一版中深入探讨了 Go 语言在人工智能领域的应用，通过实例讲解了 Go 语言如何与现代人工智能框架结合，帮助开发者在人工智能相关项目中发挥 Go 语言的高效性能。

总的来说，这是一本兼具深度与广度的经典之作。无论是 Go 语言的初学者，还是有一定基础的开发者，都能从中汲取大量宝贵的知识。特别是对于那些希望深入理解 Go 语言底层原理、提升开发效率并进行性能优化的开发者，这本书无疑是一本不可多得的好书。它不仅帮助开发者理解 Go 语言的高级特性，还能够提升解决实际开发问题的能力，特别是在分布式系统、微服务架构及现代高并发应用开发方面。

　　作为一名从事高并发、高性能系统开发的开发者，我深知掌握一门语言的底层原理和高级特性对技术成长的重要性。这正是一本帮助开发者深入理解 Go 语言的优质教程，它不仅提供了丰富的技术细节，而且鼓励开发者从设计哲学的角度去思考和探索，最终掌握 Go 语言的核心精髓。

　　　　　　　　　丁尔男，武汉航天远景科技股份有限公司副总裁、凹语言联合发起人

序二

自 2009 年诞生到 2025 年，Go 语言已经在多个领域取得显著成就，在全球收获众多开发者，并长期位居 TIOBE 编程语言排行榜前列。

这本书的作者柴树杉和曹春晖是国内最早的一批 Gopher，他们最早将 Go 语言应用到真实产品项目中，最早对 CGO、Go 汇编语言等 Go 语言核心原理进行深入探索，最早向 Go 工具官方仓库贡献代码。他们为国内 Gopher 摸索出了一条从使用者到探索者再到贡献者的升级路径，鼓舞了更多中国 Gopher 向社区上游贡献代码。

除此之外，两位作者还是中国最大的 Go 语言社区 Gopher China 的讲师，在 Gopher China 大会上贡献了丰富的干货。另外，柴树杉还出版了其他数本畅销技术书，并创立了凹语言项目。

市面上关于 Go 语言的书很多，2019 年出版的这本书的第 1 版是其中销量名列前茅且极具特色的一本。6 年后两位作者再接再厉，推出了多角度更新的第 2 版，对 CGO、Go 汇编语言等传统内容进行了更新，还讲解了 Go 语言在近年来兴起的 WebAssembly 和 AI 领域的应用。

希望读者能从这本书中获得更多的知识和技能。

史斌，全球排名前 100 的 Go 语言代码贡献者、LLVM 项目代码贡献者

前　言

　　Go 语言在近 10 年的发展中已经奠定了非常稳固的基础，并进入了新的发展阶段。《Go 语言高级编程》的第 1 版于 2019 年正式出版。当时，Go 1.11 刚刚发布，Go 的工作区与模块化工具、WebAssembly 支持等特性都是在那个时期出现的，为后续引入泛型、迭代器等特性铺平了道路。尽管这些变化为《Go 语言高级编程》一书的版本升级提供了动力，但这并非唯一的理由。

　　我们写《Go 语言高级编程》的初衷是希望覆盖一些入门教程中少有涉及的"冷知识"，如 CGO、Go 汇编语言、运行时和编译器等。但因当时个人能力和经验的局限，我们未能深入探讨运行时和编译器的相关内容。随着我们在使用 Go 语言和参与开发 Go 语言的过程中积累的经验越来越多，我们对 Go 语言的设计理念、运行时机制和编译器架构的思考和理解也越来越深入，因此，我们希望在这一版中弥补之前的不足，增加这些内容，同时增加对 WebAssembly 和大语言模型的讨论。

　　本书的内容结构如下。

- 第 1 章"Go 语言基础"简要回顾 Go 语言的发展历程。
- 第 2 章"CGO 编程"系统介绍 CGO 编程的使用方法。
- 第 3 章"Go 汇编语言"系统介绍 Go 汇编语言的使用方法。
- 第 4 章"Go 运行时"介绍与 Go 语言运行时相关的包及其应用。
- 第 5 章"Go 编译器"探讨标准库中与编译器相关的话题。
- 第 6 章"RPC 和 Protobuf"深入讲解 RPC 和 Protobuf 技术，并展示如何构建一个自定义的 RPC 系统。
- 第 7 章"Go Web 编程"讨论工业级 Web 系统的开发及其所用的技术。
- 第 8 章"Go 和 WebAssembly"探索 Go 语言与 WebAssembly 的结合及应用场景。
- 第 9 章"Go GUI 编程"讨论 Go 语言开发 GUI 程序所使用的部分框架。
- 第 10 章"大模型"讨论 Go 语言与大模型相关的技术及应用。

　　作为 Go 语言爱好者与学习者，我们不敢妄称自己已经达到了多高的水平。尽管我们已经尽力而为，但仍难免存在不足之处，欢迎大家提出宝贵的改进意见。

致谢

　　首先，我们要感谢 Go 语言的创始人及每一位为 Go 语言贡献代码和提交补丁的开发者。感谢 Fango（樊虹剑）撰写了第一部以 Go 语言为主题的网络小说《胡文 Go.ogle》及第一本中文 Go 语言图书《Go 语言·云动力》，正是您的分享激发了大家学习 Go 语言的热情。感谢韦光京完善了 CGO

对 Windows 系统的支持，否则本书可能不会有专门讲解 CGO 的章节。感谢所有为本书第 1 版提交过 Issue 或 PR 的朋友，尤其是 Fuwensun、Lewgun 等。特别感谢史斌在 Go 语言运行时和编译器方向的工作；感谢蒙卓将 Go 语言的 `plugin` 包引入 RISC-V 64 平台；感谢朱德江在 CGO 性能优化方向的工作；感谢崔爽对 go vet 工具的改进及对本书的细致审校。诸位的关注和支持始终是我们写作的最大动力。感谢王敏为本书创作很多精美的插画。最后，感谢人民邮电出版社杨海玲编辑，没有您的帮助和耐心指导，本书不可能顺利出版。再次感谢大家！

目　录

第 6 章　RPC 和 Protobuf ········ 218

第 7 章　Go Web 编程 ········· 267

第 1 章

Go 语言基础

本章首先简要介绍 Go 语言的发展历史，并较详细地分析"Hello, World"程序在各个祖先语言中的演化过程；然后，对以数组、字符串和切片为代表的基础结构，以函数、方法和接口体现的面向过程编程和鸭子型的面向对象编程，以及 Go 语言特有的并发编程模型和错误处理哲学做简单介绍；最后，针对 macOS、Windows、Linux 几种主流的操作系统，推荐几种较友好的 Go 语言编辑器和集成开发环境，因为好的工具可以极大地提高我们的效率。

1.1 Go 语言创世纪

Go 语言由谷歌公司的 Robert Griesemer、Ken Thompson 和 Rob Pike 这 3 位技术大咖于 2007 年开始设计，设计新语言的最初动力来自对超级复杂的 C++ 11 特性的吹捧报告的鄙视，最终的目标是设计网络和多核时代的 C 语言。2008 年中，语言的大部分特性已经设计完成并开始着手实现编译器和运行时，此时 Russ Cox 作为主力开发者加入。到 2009 年，Go 语言已经逐步趋于稳定。同年 9 月，Go 语言正式发布并开源了代码。

Go 语言很多时候被描述为"类 C 语言"或者"21 世纪的 C 语言"。从各种角度看，Go 语言确实从 C 语言继承了相似的表达式语法、控制流结构、基础数据类型、调用参数传值、指针等诸多编程思想，并彻底继承和发扬了 C 语言简单直接的暴力编程哲学等。图 1-1 展示了《Go 语言程序设计》（*The Go Programming Language*，这本书在国内 Go 语言社区中被誉为"Go 语言圣经"，阅读这本书可以系统地学习 Go 语言）中给出的 Go 语言基因族谱，我们可以从中看到有哪些编程语言对 Go 语言产生了影响。

首先看基因族谱的左边一支。可以明确看出 Go 语言的并发特性是由 CSP 理论演化而来的。CSP 理论是贝尔实验室的 Hoare 于 1978 年提出的。其后，CSP 并发模型在 Squeak/Newsqueak 和 Alef 等编程语言中逐步完善并走向实际应用，最终这些设计经验被消化并吸收到了 Go 语言中。业界比较熟悉的 Erlang 编程语言的并发编程模型也是 CSP 理论的一种实现。

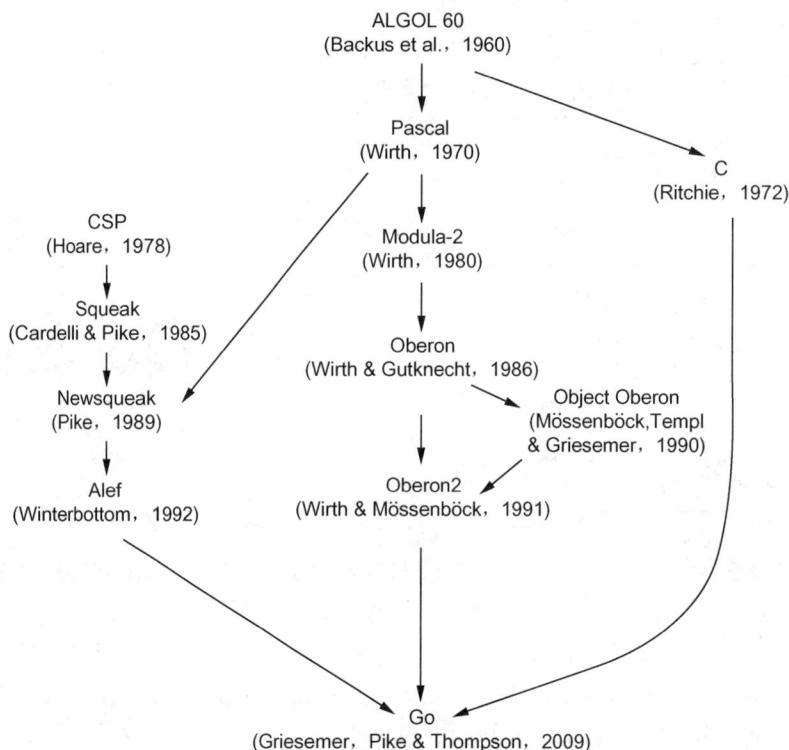

图 1-1 Go 语言基因族谱

接着看基因族谱的中间一支。这一支展现了 Go 语言中面向对象和包特性的演化历程。Go 语言中包和接口及面向对象等特性继承自 Niklaus Wirth 所设计的 Pascal 语言及其后衍生的相关编程语言。其中包、包的导入和声明等语法主要来自 Modula-2 编程语言，面向对象特性所提供的方法的声明语法等则来自 Oberon 编程语言。最终 Go 语言演化出了自己特有的支持鸭子型的面向对象模型的隐式接口等诸多特性。

最后看基因族谱的右边一支。这一支是对 C 语言的致敬。Go 语言是对 C 语言最彻底的一次扬弃，在语法上对 C 语言做了很多简化和改进，最重要的是舍弃了 C 语言中灵活但是危险的指针运算。Go 语言还重新设计了 C 语言中部分不太合理的运算符优先级，并在很多细微的地方都做了必要的打磨和改变。当然，C 语言中少即是多、简单直接的暴力编程哲学被 Go 语言更彻底地发扬光大了（Go 语言居然只有 25 个关键字，语言规范还不到 50 页）。

Go 语言的其他特性零散地来自其他一些编程语言，例如，iota 语法是从 APL 语言借鉴的，词法作用域与嵌套函数等特性来自 Scheme 语言（和其他很多编程语言）。Go 语言中也有很多自己发明创新的设计。例如 Go 语言的切片为轻量级动态数组提供了有效的随机存取的功能，这可能会让人联想到链表的底层共享机制。还有 Go 语言新发明的 defer 语句（Ken 发明）也是神来之笔。

1.1.1 来自贝尔实验室特有基因

作为 Go 语言标志性的并发编程特性来自贝尔实验室的 Tony Hoare 于 1978 年发表的鲜为外界所

知的关于并发研究的基础文献：通信顺序进程（communicating sequential processes，CSP）。在最初的 CSP 论文中，程序只是一组没有中间共享状态的并发运行的处理过程，它们之间使用通道进行通信和控制同步。Tony Hoare 的 CSP 并发模型只是一种用于描述并发性基本概念的描述语言，并不是编写可执行程序的通用编程语言。

CSP 并发模型最经典的实际应用是爱立信公司发明的 Erlang 编程语言。不过，在 Erlang 将 CSP 理论作为并发编程模型的同时，同样来自贝尔实验室的 Rob Pike 及其同事也在不断尝试将 CSP 并发模型引入当时新发明的编程语言中。他们尝试在 Newsqueak 语言中支持 CSP 模式的并发编程。此后的 Alef 语言试图将 C 语言改造为系统编程语言（Alef 也是 C 语言之父 Ritchie 比较喜爱的编程语言），但是因为缺少垃圾收集机制而导致并发编程很痛苦（这也是继承 C 语言手工管理内存的代价）。在 Alef 语言之后还有一款名为 Limbo 的编程语言，是运行在虚拟机中的脚本语言。Limbo 语言是与 Go 语言最接近的祖先，它和 Go 语言有着最接近的语法。到设计 Go 语言时，Rob Pike 在 CSP 并发编程模型的实践中已经积累了 20 多年的经验，关于 Go 语言并发编程的特性完全是信手拈来，新编程语言的到来也是水到渠成。

图 1-2 展示了 Go 语言代码库的早期开发日志（在 Git 中用 `git log --before={2008-03-03} --reverse` 命令查看），由此可以看出 Go 语言最直接的演化历程。

```
C:\go\go-tip>hg log -r 0:4
changeset:   0:f6182e5abf5e
user:        Brian Kernighan <bwk>
date:        Tue Jul 18 19:05:45 1972 -0500
summary:     hello, world

changeset:   1:b66d0bf8da3e
user:        Brian Kernighan <bwk>
date:        Sun Jan 20 01:02:03 1974 -0400
summary:     convert to C

changeset:   2:ac3363d7e788
user:        Brian Kernighan <research!bwk>
date:        Fri Apr 01 02:02:04 1988 -0500
summary:     convert to Draft-Proposed ANSI C

changeset:   3:172d32922e72
user:        Brian Kernighan <bwk@research.att.com>
date:        Fri Apr 01 02:03:04 1988 -0500
summary:     last-minute fix: convert to ANSI C

changeset:   4:4e9a5b095532
user:        Robert Griesemer <gri@golang.org>
date:        Sun Mar 02 20:47:34 2008 -0800
summary:     Go spec starting point.

C:\go\go-tip>
```

图 1-2　Go 语言开发日志

从早期提交的日志中可以看出，Go 语言是从 Ken Thompson 发明的 B 语言、Dennis M. Ritchie 发明的 C 语言逐步演化过来的，它先是 C 语言家族的成员，因此很多人将 Go 语言称为 21 世纪的 C 语言。

图 1-3 给出的是 Go 语言中来自贝尔实验室特有并发编程基因的演化过程。

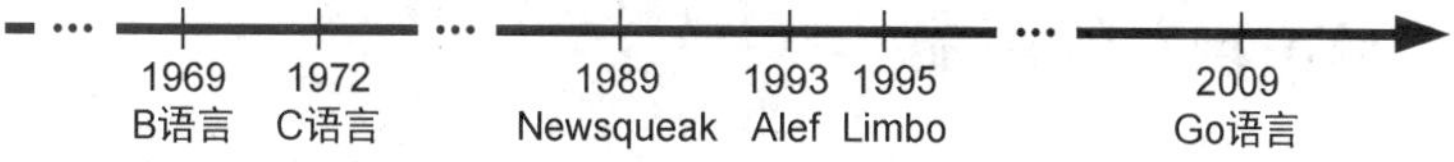

```
    ···        ···                    ···
    1969   1972        1989    1993  1995         2009
    B语言   C语言       Newsqueak Alef Limbo       Go语言
```

图 1-3　Go 语言并发演化历史

回顾贝尔实验室开发编程语言的进程，从 B 语言、C 语言到 Newsqueak、Alef、Limbo，一路走来，Go 语言继承了来自贝尔实验室的近半个世纪的软件设计基因，终于完成了 C 语言革新的使命。纵观近几年的发展趋势，Go 语言已经成为云计算、云存储时代甚至大语言模型时代最重要的基础编程语言。

1.1.2 你好，世界

按照惯例，介绍所有编程语言的第一个程序都是 "Hello, World!"。虽然本书假设读者已经了解了 Go 语言，但是我们还是不想打破这个惯例（因为这个传统正是从 Go 语言的前辈 C 语言传承而来的）。下面的代码展示的 Go 语言程序输出的是中文 "你好，世界!"。

```
package main

import "fmt"

func main() {
    fmt.Println("你好, 世界!")
}
```

将这段代码保存到 hello.go 文件中。因为代码中有非 ASCII 的中文字符，我们需要将文件的编码显式指定为无 BOM 的 UTF-8 编码格式（源文件采用 UTF-8 编码是 Go 语言规范所要求的）。然后进入命令行并切换到 hello.go 文件所在的目录。此时，我们可以将 Go 语言当作脚本语言，在命令行中直接输入 go run hello.go 来运行程序。如果一切正常的话，应该可以在命令行看到输出 "你好, 世界!" 的结果。

现在，让我们简单介绍一下程序。所有的 Go 程序都由最基本的函数和变量构成，函数和变量被组织到一个个单独的 Go 源文件中，这些源文件再按照作者的意图组织成合适的包（package），最终这些包有机地组成一个完整的 Go 语言程序。其中，函数用于包含一系列语句（指明要执行的操作序列），以及执行操作时存储数据变量。这个程序中函数的名字是 main。虽然 Go 语言对函数名没有太多限制，但是 main 包中的 main() 函数默认是每个可执行程序的入口。而包则用于包装和组织相关的函数、变量和常量。在使用一个包之前，需要使用 import 语句导入包。例如，这个程序中导入了 fmt 包（fmt 是 format 的缩写，表示格式化相关的包），然后我们才可以使用 fmt 包中的 Println() 函数。

双引号包含的 "你好, 世界!" 是 Go 语言的字符串字面值常量。和 C 语言中的字符串不同，Go 语言中的字符串内容是不可变更的。在将字符串作为参数传递给 fmt.Println() 函数时，字符串的内容并没有被复制——传递的仅是字符串的地址和长度（字符串的结构在 reflect.StringHeader 中定义）。在 Go 语言中，函数参数都是以复制的方式（不支持以引用的方式）传递的（比较特殊的是，Go 语言闭包函数对外部变量是以引用的方式使用的）。

1.2 "Hello, World" 的革命

1.1 节中简单介绍了 Go 语言基因族谱，对其中来自贝尔实验室的特有并发编程基因做了重点介绍，最后引出了 Go 语言版的 "Hello, World" 程序。其实 "Hello, World" 程序是展示各种语言特性的

最好的例子，是通向该语言的一个窗口。本节将沿着编程语言演化的时间轴（如图 1-3 所示），简单回顾一下"Hello, World"程序是如何逐步演化到目前的 Go 语言形式并最终完成它的使命的。

1.2.1 B 语言——Ken Thompson，1969

B 语言是"Go 语言之父"——贝尔实验室的 Ken Thompson 早年间开发的一种通用的程序设计语言，用于辅助 UNIX 系统的开发。但是，由于 B 语言缺乏灵活的类型系统，因此使用比较困难。后来，Ken Thompson 的同事 Dennis Ritchie 以 B 语言为基础开发出了 C 语言，C 语言提供了丰富的类型，极大地增强了语言的表达能力。到目前为止，C 语言依然是世界上最常用的程序设计语言之一。而 B 语言自从被它取代之后，就只存在于各种文献之中，成为了历史。

目前见到的 B 语言版本的"Hello, World"，一般认为是来自 Brian W. Kernighan（Go 核心代码库中第一个提交者的名字正是 Brian W. Kernighan）编写的 B 语言入门教程，程序如下：

```
main() {
    extrn a, b, c;
    putchar(a); putchar(b); putchar(c);
    putchar('!*n');
}
a 'hell';
b 'o, w';
c 'orld';
```

因为 B 语言缺乏灵活的数据类型，所以只能分别以全局变量 a、b、c 来定义要输出的内容，并且每个变量的长度必须对齐到 4 字节（有一种写汇编语言的感觉）。然后通过多次调用 putchar() 函数输出字符，最后的'!*n'表示输出一个换行的意思。

总体来说，B 语言简单，功能也比较有限。

1.2.2 C 语言——Dennis Ritchie，1972—1989

C 语言是由 Dennis Ritchie 在 B 语言的基础上改进而来，它增加了丰富的数据类型，并最终实现了用它重写 UNIX 的伟大目标。C 语言可以说是现代 IT 行业最重要的软件基石，目前主流的操作系统几乎全部是用 C 语言开发的，许多基础系统软件也是用 C 语言开发的。C 系家族的编程语言占据程序设计语言统治地位达几十年之久，半个多世纪以来依然充满活力。

在 Brian W. Kernighan 于 1974 年左右编写的 C 语言入门教程中，出现了第一个 C 语言版本的"Hello, World"程序。自此，后来的大部分编程语言教程都以"Hello, World"为第一个程序示例。第一个 C 语言版本的"Hello, World"程序如下：

```
main()
{
    printf("hello, world");
}
```

关于这个程序，有几点需要说明：首先，main() 函数没有明确返回值类型，因此默认返回 int 类型；其次，printf() 函数默认不需要导入函数声明即可以使用；最后，main() 没有明确返回语句，但默认返回 0。在这个程序出现时，C 语言还未被标准化，我们看到的是早先的 C 语言语法：函数不用写返回值，函数参数也可以忽略，使用 printf() 时不需要包含头文件等。

这个例子同样出现在了 1978 年出版的《C 程序设计语言》(*The C Programming Language*，简称 K&R) 中，作者正是 Brian W. Kernighan 和 Dennis M. Ritchie。书中的 "Hello, World" 程序末尾增加了一个换行符：

```
main()
{
    printf("hello, world\n");
}
```

这个例子在字符串末尾增加了一个换行符，C 语言的换行符\n 比 B 语言的换行符'!*n'看起来简洁了一些。

在《C 程序设计语言》面世 10 年之后的 1988 年，此书的第 2 版终于出版了。此时 ANSI C 语言的标准化草案已经初步完成，但正式版本的文档尚未发布。《C 程序设计语言（第 2 版）》中的 "Hello, World" 程序根据新规范增加了头文件包含语句#include <stdio.h>，用于包含 printf() 函数的声明（在 C89 标准中，对 printf() 函数依然可以不用声明函数而直接使用）。

```
#include <stdio.h>

main()
{
    printf("hello, world\n");
}
```

1989 年，ANSI 通过了 C 语言的第一个官方标准，一般称为 C89。C89 是流行最广泛的一版 C 语言标准，目前依然被大量使用。《C 程序设计语言》也针对新发布的 C89 规范出版了新版，给 main() 函数的参数增加了 void 输入参数说明，表示没有输入参数的意思。

```
#include <stdio.h>

main(void)
{
    printf("hello, world\n");
}
```

至此，C 语言本身的进化基本完成。后面的 C92/C99/C11 都只是针对一些语言细节做了完善。因为各种历史因素，C89 依然是当前使用最广泛的 C 语言标准。

1.2.3 Newsqueak——Rob Pike，1989

Newsqueak 是 Rob Pike 发明的"老鼠"语言的第二代，是他用于实践 CSP 并发编程模型的战场。Newsqueak 是"新 Squeak 语言"的意思，其中 squeak 是老鼠"吱吱吱"的叫声，也可以理解成类似鼠标点击的声音。Squeak 语言是一种提供鼠标和键盘事件处理的编程语言，其通道是静态创建的。对 Squeak 进行了改进的 Newsqueak 语言是一种带垃圾收集机制的纯函数式语言，它仍然针对键盘、鼠标和窗口事件管理，但其通道是动态创建的，属于第一类值，可以保存到变量中。Newsqueak 还提供了类似 C 语言的语句和表达式的语法，还有类似 Pascal 语言的推导语法。

类似于脚本语言，Newsqueak 内置了一个 print() 函数，它的 "Hello, World" 程序看不出什么特色：

```
print("Hello,", "World", "\n");
```

从上面的程序中我们除了能猜测出 print() 函数可以支持多个参数，很难看到 Newsqueak 语言相关的特性。由于 Newsqueak 语言和 Go 语言相关的特性主要是并发和通道，因此下面我们通过一个并发版本的"素数筛"算法来略窥 Newsqueak 语言的特性。"素数筛"的原理如图 1-4 所示。

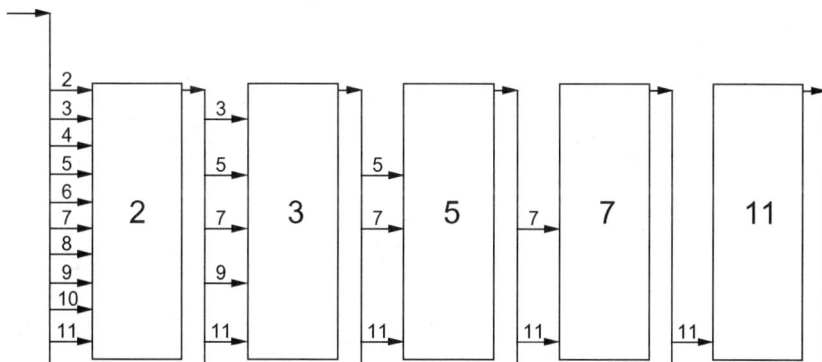

图 1-4 素数筛

Newsqueak 语言并发版本的"素数筛"程序如下：

```
// 向通道输出从 2 开始的自然数序列
counter := prog(c:chan of int) {
    i := 2;
    for(;;) {
        c <-= i++;
    }
};

// 针对 listen 通道获取的数列，过滤掉是 prime 倍数的数
// 新序列输出到 send 通道
filter := prog(prime:int, listen, send:chan of int) {
    i:int;
    for(;;) {
        if((i = <-listen)%prime) {
            send <-= i;
        }
    }
};

// 主函数
// 每个通道第一个流出的数必然是素数
```

```
// 然后基于这个新素数构建新的素数过滤器
sieve := prog() of chan of int {
    c := mk(chan of int);
    begin counter(c);
    prime := mk(chan of int);
    begin prog(){
        p:int;
        newc:chan of int;
        for(;;){
            prime <-= p =<- c;
            newc = mk();
            begin filter(p, c, newc);
            c = newc;
        }
    }();
    become prime;
};

// 启动素数筛
prime := sieve();
```

程序中的 counter() 函数用于向通道输出原始的自然数序列，每个 filter() 函数对象则对应每个新的素数过滤通道，这些素数过滤通道根据当前的素数筛将流入输入通道的数列筛选后重新输出到输出通道。mk(chan of int) 用于创建通道，类似 Go 语言的 make(chan int) 语句；begin filter(p, c, newc) 关键字启动素数筛的并发体，类似 Go 语言的 go filter(p, c, newc) 语句；become 用于返回函数结果，类似 return 语句。

Newsqueak 语言中并发体和通道的语法与 Go 语言已经比较接近了，后置的类型声明和 Go 语言的语法也很相似。

1.2.4 Alef——Phil Winterbottom，1993

在 Go 语言出现之前，Alef 语言是比较完美的并发语言，Alef 语法和运行时基本是无缝兼容 C 语言。Alef 语言对线程并发体和进程并发体都提供了支持，其中 proc receive(c) 以线程方式启动一个并发体，task receive(c) 以线程方式启动一个并发体，它们之间通过通道 c 进行通信。不过，由于 Alef 语言同时支持进程并发体和线程并发体，而且在并发体中可以再次启动更多的并发体，因此 Alef 的并发状态异常复杂。同时 Alef 没有自动垃圾收集机制（Alef 保留的 C 语言灵活的指针特性也导致自动垃圾收集机制实现比较困难），各种资源充斥于不同的线程和进程之间，导致并发体的内存资源管理也异常复杂。

Alef 语言只在 Plan 9 系统中得到过短暂的支持，其他操作系统中并没有实际可以运行的 Alef 开发环境。关于 Alef 语言的资料也只有 *Plan 9 Programmer's Manual*（Plan 9 程序员手册）中的 "Alef Language Reference Manual"（Alef 语言参考手册）和 "Alef User's Guide"（Alef 用户指南）部分，因此在贝尔实验室之外关于 Alef 语言的讨论并不多。

图 1-5 展示了 Alef 用户指南中给出的一个可能的并发体状态。

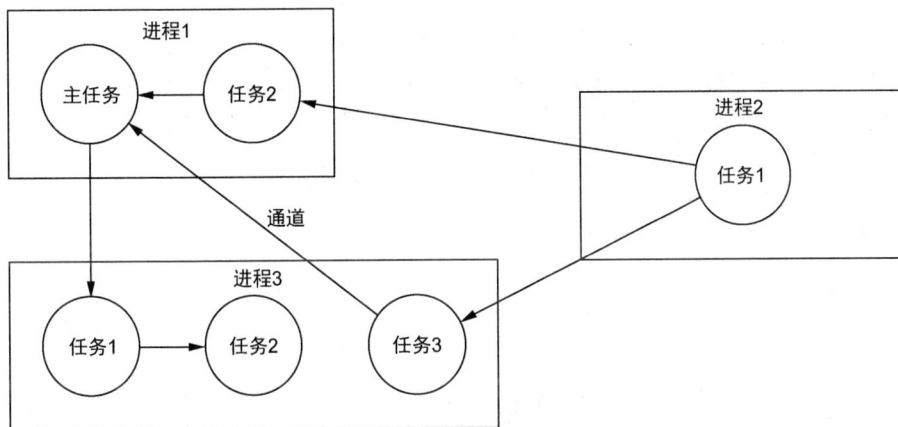

图 1-5 Alef 并发模型

Alef 语言并发版本的 "Hello, World" 程序如下：

```
#include <alef.h>

void receive(chan(byte*) c) {
    byte *s;
    s = <- c;
    print("%s\n", s);
    terminate(nil);
}

void main(void) {
    chan(byte*) c;
    alloc c;
    proc receive(c);
    task receive(c);
    c <- = "hello proc or task";
    c <- = "hello proc or task";
    print("done\n");
    terminate(nil);
}
```

程序开头的 #include <alef.h> 语句用于包含 Alef 语言的运行时库。receive() 是一个普通函数，用作程序中每个并发体的入口函数；main() 函数中的 alloc c 语句先创建一个 chan(byte*) 类型的通道，类似 Go 语言的 make(chan []byte) 语句；然后分别以进程和线程的方式运行 receive() 函数，启动并发体；启动并发体之后，main() 函数向 c 通道发送了两个字符串数据；而以进程和线程状态运行的 receive() 函数会以不确定的顺序先后从通道收到数据后，分别打印字符串；最后每个并发体都通过调用 terminate(nil) 来结束自己。

Alef 的语法和 C 语言基本保持一致，可以认为它是在 C 语言的语法基础上增加了并发编程相关的特性，可以看作是另一个维度的 C++ 语言。

1.2.5　Limbo——Sean Dorward, Phil Winterbottom, Rob Pike，1995

Limbo 是用于开发运行在小型计算机上的分布式应用的编程语言，它支持模块化编程、编译时和运行时的强类型检查、进程内基于具有类型的通信通道、原子性垃圾收集和简单的抽象数据类型。Limbo 的设计初衷是使代码即便在没有硬件内存保护的小型设备上也能安全运行。Limbo 语言主要运行在 Inferno 系统之上。

Limbo 语言版本的"Hello, World"程序如下：

```
implement Hello;

include "sys.m";
include "draw.m";

sys: Sys;

Hello: module
{
    init: fn(ctxt: ref Draw->Context, args: list of string);
};

init(ctxt: ref Draw->Context, args: list of string)
{
    sys = load Sys Sys->PATH;
    sys->print("hello, world\n");
}
```

从这个版本的"Hello, World"程序中，已经可以发现很多 Go 语言特性的雏形。第一句 implement Hello; 基本对应 Go 语言的包声明语句 package Hello。随后的 include "sys.m"; 和 include "draw.m"; 语句用于导入其他模块，类似 Go 语言的 import "sys" 和 import "draw" 语句。Hello 包模块还提供了模块初始化函数 init()，并且函数的参数的类型也是后置的，不过 Go 语言的初始化函数是没有参数的。

1.2.6　Go 语言——2007—2009

贝尔实验室后来经历了多次动荡，包括 Ken Thompson 在内的 Plan 9 项目原班人马最终加入了谷歌公司。在 Limbo 等前辈语言诞生 10 多年后的 2007 年底，Go 语言 3 个最初的设计者因为偶然的因素聚集到一起批斗 C++（传说是 C++ 语言的布道师在谷歌公司到处鼓吹 C++11 各种强大的特性彻底惹恼了他们），他们终于抽出了 20% 的自由时间创造了 Go 语言。最初的 Go 语言规范从 2008 年 3 月开始编写，最初的 Go 程序也是直接编译为 C 语言，然后再二次编译为机器码。到 2008 年 5 月，谷歌公司终于发现了 Go 语言的巨大潜力，从而开始全力支持这个项目（谷歌的创始人甚至还贡献了 func 关键字），让他们可以将全部工作时间投到 Go 语言的设计和开发中。在 Go 语言规范初版完成之后，Go 语言的编译器终于可以直接生成机器码了。

1. hello.go——2008 年 6 月

下面是初期 Go 语言程序正式开始测试的版本：

```
package main

func main() int {
    print "hello, world\n";
    return 0;
}
```

内置的用于调试的 print 语句已经存在，不过是以命令的方式使用的。入口 main() 函数还和 C 语言中的 main() 函数一样返回 int 类型的值，而且需要 return 显式地返回值。每个语句末尾的分号也还存在。

2. hello.go——2008 年 6 月 27 日

下面是 2008 年 6 月 27 日的 Go 代码：

```
package main

func main() {
    print "hello, world\n";
}
```

入口函数 main() 已经去掉了返回值，程序默认通过隐式调用 exit(0) 来返回。Go 语言朝着简单的方向逐步进化。

3. hello.go——2008 年 8 月 11 日

下面是 2008 年 8 月的代码：

```
package main

func main() {
    print("hello, world\n");
}
```

用于调试的内置的 print 由开始的命令改为普通的内置函数，使语法更加简单一致。

4. hello.go——2008 年 10 月 24 日

下面是 2008 年 10 月的代码：

```
package main

import "fmt"

func main() {
    fmt.printf("hello, world\n");
}
```

作为 C 语言中招牌的 printf() 格式化函数已经移植到了 Go 语言中，函数放在 fmt 包中。不过 printf() 函数名的开头字母依然是小写字母，采用大写字母表示导出的特性还没有出现。

5. hello.go——2009 年 1 月 15 日

下面是 2009 年 1 月的代码：

```
package main

import "fmt"

func main() {
    fmt.Printf("hello, world\n");
}
```

Go 语言开始采用是否大小写首字母来区分符号是否可以导出。大写字母开头表示导出的公共符号，小写字母开头表示包内部的私有符号。但需要注意的是，汉字中没有大小写字母的概念，因此以汉字开头的符号目前是无法导出的（针对该问题，虽然我国的 Go 语言用户早在 2013 年就已经给出过相关建议，但是目前仍没有结果）。

6. hello.go——2009 年 12 月 11 日

下面是 2009 年 12 月的代码：

```
package main

import "fmt"

func main() {
    fmt.Printf("hello, world\n")
}
```

Go 语言终于移除了语句末尾的分号。这是 Go 语言在 2009 年 11 月 10 日正式开源之后第一个比较重要的语法改进。从 1978 年《C 程序设计语言》引入分号分隔的规则到现在，Go 语言的设计者花了整整 32 年终于移除了语句末尾的分号。在这 32 年的演化过程中必然充满了各种八卦故事，我想这一定是 Go 语言设计者深思熟虑的结果（现在 Swift 等新语言也是默认忽略分号的，可见分号确实并不是那么重要）。

1.2.7 你好，世界!——2.0 版本

经过半个世纪的涅槃重生，Go 语言不仅打印出了 Unicode 版本的"Hello, World"，而且可以方便地向全球用户提供打印服务。下面的版本通过 HTTP 服务向每个访问的客户端打印中文的"你好，世界!"和当前的时间信息：

```
package main

import (
    "fmt"
    "log"
    "net/http"
```

```
        "time"
)

func main() {
    fmt.Println("Please visit http://127.0.0.1:12345/")
    http.HandleFunc("/", func(w http.ResponseWriter, req *http.Request) {
        s := fmt.Sprintf("你好, 世界! -- Time: %s", time.Now().String())
        fmt.Fprintf(w, "%v\n", s)
        log.Printf("%v\n", s)
    })
    if err := http.ListenAndServe(":12345", nil); err != nil {
        log.Fatal("ListenAndServe: ", err)
    }
}
```

这里我们通过 Go 语言标准库自带的 net/http 包，构造了一个独立运行的 HTTP 服务，其中 http.HandleFunc("/", ...)针对根路径/请求注册了响应处理函数。在响应处理函数中，我们依然使用 fmt.Fprintf()格式化输出函数实现了通过 HTTP 向请求的客户端打印格式化的字符串，同时通过标准库的日志包在服务器端也打印相关字符串。最后通过 http.ListenAndServe()函数调用来启动 HTTP 服务。

至此，Go 语言终于完成了从单机单核时代的 C 语言到 21 世纪互联网时代多核环境的通用编程语言的蜕变。

1.3 数组、字符串和切片

在主流的编程语言中，数组及其相关的数据结构是使用最为频繁的，只有在数组及其相关的数据结构不能满足时才会考虑链表、哈希表（哈希表可以看作是数组和链表的混合体）和更复杂的自定义数据结构。

在 Go 语言中，数组、字符串和切片三者是密切相关的数据结构。这 3 种数据类型的底层原始数据有着相同的内存结构，但因为语法的限制，在上层却有着不同的行为表现。首先，Go 语言的数组是一种值类型，虽然数组的元素可以被修改，但是数组本身的赋值和函数传参都是以整体复制的方式处理的。其次，Go 语言的字符串底层数据也是字节数组，但是字符串的只读属性禁止了在程序中对底层字节数组的元素的修改，字符串赋值只是复制了数据地址和对应的长度，而不会导致底层数据的复制。最后，切片的行为更为灵活，切片的结构和字符串结构类似，但是解除了只读限制。虽然切片的底层数据也是相应数据类型的数组，但是每个切片还有独立的长度和容量信息，切片赋值和函数传参时也是将切片头信息部分以传值的方式处理。因为切片头含有底层数据的指针，所以它的赋值也不会导致底层数据的复制。Go 语言的赋值和函数传参规则很简单，除闭包函数以引用的方式对外部变量访问之外，其他赋值和函数传参都以传值的方式处理。要理解数组、字符串和切片这 3 种不同的处理方式的原因，需要详细了解它们的底层数据结构。

1.3.1 数组

数组是一个由固定长度的特定类型元素组成的序列，一个数组可以由零个或多个元素组成。数组的长度是数组类型的一部分，所以不同长度或不同类型的元素组成的数组都是不同类型的数组。因此，Go 语言中很少直接使用数组（因不同长度的数组属于不同的数组类型而无法直接赋值）。与数组对应的类型是切片，切片是可以动态增长和收缩的序列，切片的功能也更加灵活，但是要理解切片的工作原理还是要先理解数组。

我们先看看数组有哪些定义方式：

```
var a [3]int                   // 定义长度为 3 的 int 型数组，元素全部为 0
var b = [...]int{1, 2, 3}      // 定义长度为 3 的 int 型数组，元素为 1、2、3
var c = [...]int{2: 3, 1: 2}   // 定义长度为 3 的 int 型数组，元素为 0、2、3
var d = [...]int{1, 2, 4: 5, 6} // 定义长度为 6 的 int 型数组，元素为 1、2、0、0、5、6
```

第一种方式是定义一个数组变量的最基本的方式，数组的长度明确指定，数组中的每个元素都以零值初始化。

第二种方式是在定义数组的时候顺序指定全部元素的初始值，数组的长度根据初始化元素的数目自动计算。

第三种方式是以索引的方式来初始化数组的元素，因此元素的初始值出现顺序比较随意。这种初始化方式和 map[int]Type 类型的初始化语法类似。数组的长度以出现的最大的索引为准，没有明确初始化的元素依然用零值初始化。

第四种方式是混合了第二种和第三种的初始化方式，前面两个元素采用顺序初始化，第三个和第四个元素采用零值初始化，第五个元素通过索引初始化，最后一个元素跟在前面的第五个元素之后采用顺序初始化。

数组的内存结构比较简单。例如，图 1-6 给出的是数组[4]int{2,3,5,7}的内存结构。

| 2 | 3 | 5 | 7 |

图 1-6　数组[4]int{2,3,5,7}的内存结构

Go 语言中数组是值语义。一个数组变量即表示整个数组，它并不是隐式地指向第一个元素的指针（C 语言的数组变量是指针），而是一个完整的值。当一个数组变量被赋值或者被传递的时候，实际上会复制整个数组。如果数组较大的话，数组的赋值也会有较大的开销。为了避免复制数组带来的开销，可以传递一个指向数组的指针，但是数组指针并不是数组。

```
var a = [...]int{1, 2, 3} // a 是一个数组
var b = &a                // b 是指向数组的指针

fmt.Println(a[0], a[1])   // 打印数组的前两个元素
fmt.Println(b[0], b[1])   // 通过数组指针访问数组元素的写法和直接访问数组类似

for i, v := range b {     // 通过数组指针遍历数组的元素
    fmt.Println(i, v)
}
```

其中 b 是指向数组 a 的指针，但是通过 b 访问数组中元素的写法和直接访问 a 是类似的。还可以通过 for range 来遍历数组指针指向的数组元素。其实数组指针类型除类型和数组不同之外，通过数组指针操作数组的方式和通过数组本身的操作类似，而且数组指针赋值时只会复制一个指针。但是数组指针类型依然不够灵活，因为数组的长度是数组类型的一部分，指向不同长度数组的数组指

针类型也是完全不同的。

可以将数组看作一个特殊的结构体，结构的字段名对应数组的索引，同时结构体成员的数目是固定的。内置函数 `len()` 可以用于计算数组的长度，`cap()` 函数可以用于计算数组的容量。不过对数组类型来说，`len()` 和 `cap()` 函数返回的结果始终是一样的，都是对应数组类型的长度。

我们可以用 `for` 循环来遍历数组。下面常见的几种方式都可以用来遍历数组：

```go
for i := range a {
    fmt.Printf("a[%d]: %d\n", i, a[i])
}
for i, v := range b {
    fmt.Printf("b[%d]: %d\n", i, v)
}
for i := 0; i < len(c); i++ {
    fmt.Printf("c[%d]: %d\n", i, c[i])
}
```

`for range` 循环的性能可能会更好一些，因为这种循环可以保证不会出现数组越界的情形，在每次迭代对数组元素访问时可以省去对下标越界的判断。

使用 `for range` 循环遍历还可以忽略迭代时的下标：

```go
var times [5][0]int
for range times {
    fmt.Println("hello")
}
```

其中，`times` 对应一个 `[5][0]int` 类型的数组，虽然第一维数组有长度，但是数组的元素 `[0]int` 大小是 0，因此整个数组占用的内存大小依然是 0。不用付出额外的内存代价，我们就通过 `for range` 循环实现了 `times` 次快速迭代（Go 1.22 已经支持基于一个整数的 `for range` 用法）。

数组不仅可以定义数值数组，还可以定义字符串数组、结构体数组、函数数组、接口数组、通道数组等：

```go
// 字符串数组
var s1 = [2]string{"hello", "world"}
var s2 = [...]string{"你好", "世界"}
var s3 = [...]string{1: "世界", 0: "你好", }

// 结构体数组
var line1 [2]image.Point
var line2 = [...]image.Point{image.Point{X: 0, Y: 0}, image.Point{X: 1, Y: 1}}
var line3 = [...]image.Point{{0, 0}, {1, 1}}

// 图像解码器数组
var decoder1 [2]func(io.Reader) (image.Image, error)
var decoder2 = [...]func(io.Reader) (image.Image, error){
    png.Decode,
    jpeg.Decode,
}

// 接口数组
```

```
var unknown1 [2]interface{}
var unknown2 = [...]interface{}{123, "你好"}

// 通道数组
var chanList = [2]chan int{}
```

我们还可以定义一个空的数组：

```
var d [0]int          // 定义一个长度为 0 的数组
var e = [0]int{}      // 定义一个长度为 0 的数组
var f = [...]int{}    // 定义一个长度为 0 的数组
```

长度为 0 的数组（空数组）在内存中并不占用空间。空数组虽然很少直接使用，但是可以用于强调某种特有类型的操作时避免分配额外的内存空间，如用于通道的同步操作：

```
c1 := make(chan [0]int)
go func() {
    fmt.Println("c1")
    c1 <- [0]int{}
}()
<-c1
```

在这里，我们并不关心通道中传输数据的真实类型，其中通道接收和发送操作只是用于消息的同步。对于这种场景，我们用空数组作为通道类型可以减少通道元素赋值时的开销。当然，一般更倾向于用无类型的匿名结构体代替空数组：

```
c2 := make(chan struct{})
go func() {
    fmt.Println("c2")
    c2 <- struct{}{} // struct{}部分是类型，{}表示对应的结构体值
}()
<-c2
```

我们可以用 fmt.Printf() 函数提供的 %T 或 %#v 谓词语法来打印数组的类型和详细信息：

```
fmt.Printf("b: %T\n", b)  // b: [3]int
fmt.Printf("b: %#v\n", b) // b: [3]int{1, 2, 3}
```

在 Go 语言中，数组类型是切片和字符串等结构的基础。以上对于数组的很多操作都可以直接用于字符串或切片中。

1.3.2　字符串

一个字符串是一个不可变的字节序列。字符串通常用来存储人类可读的文本数据。与数组不同，字符串的元素不可修改，因此字符串类似于一个只读的字节数组。虽然每个字符串的长度是固定的，但是长度并不是字符串类型的一部分。由于 Go 语言的源文件要求使用 UTF-8 编码，因此 Go 源文件中出现的字符串字面值常量一般也是 UTF-8 编码的。源文件中的文本字符串通常被解释为采用 UTF-8 编码的 Unicode 码点（rune）序列。因为字节序列对应的是二进制字节序列，所以字符串可以包含任意的数据，包括字节值 0。我们也可以用字符串表示 GBK 等非 UTF-8 编码的数据，不过这时候将

字符串看作是一个只读的二进制数组更准确，因为 for range 等语法并不能支持非 UTF-8 编码的字符串的遍历。

Go 语言字符串的底层结构在 reflect.StringHeader 中定义：

```
type StringHeader struct {
    Data uintptr
    Len  int
}
```

字符串结构由两个信息组成：第一个是指向字符串底层的字节数组的地址；第二个是字符串底层的字节数组长度。字符串其实是一个结构体，因此字符串的赋值操作也就是 reflect.StringHeader 结构体的复制过程，并不会涉及底层字节数组的复制。1.3.1 节中提到的 [2]string 字符串数组对应的底层结构和 [2]reflect.StringHeader 对应的底层结构是一样的，可以将字符串数组看作一个结构体数组。

我们可以看看字符串 "hello, world" 的内存结构，如图 1-7 所示。

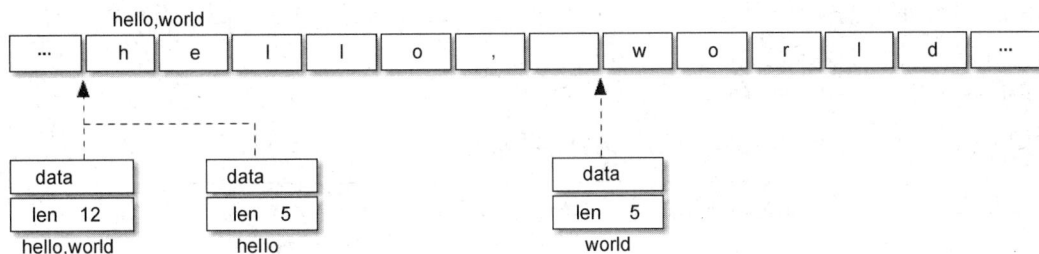

图 1-7 字符串 "hello, world" 的内存结构

分析可以发现，字符串 "hello, world" 的底层数据和以下数组是完全一致的：

```
var data = [...]byte{
    'h', 'e', 'l', 'l', 'o', ',', ' ', 'w', 'o', 'r', 'l', 'd',
}
```

字符串虽然不是切片，但是支持切片操作，不同位置的切片底层访问的是同一块内存数据（因为字符串是只读的，所以相同的字符串字面值常量通常对应同一个字符串常量）：

```
s := "hello, world"
hello := s[:5]
world := s[7:]

s1 := "hello, world"[:5]
s2 := "hello, world"[7:]
```

字符串和数组类似，内置的 len() 函数返回字符串的长度。也可以通过 reflect. StringHeader 结构访问字符串的长度（这里只是为了演示字符串的结构，并不是推荐的做法）：

```
fmt.Println("len(s):", (*reflect.StringHeader)(unsafe.Pointer(&s)).Len)   // 12
fmt.Println("len(s1):", (*reflect.StringHeader)(unsafe.Pointer(&s1)).Len) // 5
fmt.Println("len(s2):", (*reflect.StringHeader)(unsafe.Pointer(&s2)).Len) // 5
```

根据 Go 语言规范，Go 语言的源文件都采用 UTF-8 编码。因此，Go 源文件中出现的字符串字面值常量一般也是 UTF-8 编码的（对于转义字符，则没有这个限制）。提到 Go 字符串时，一般都会假设字符串对应的是一个合法的 UTF-8 编码的字节序列。可以用内置的 `print` 调试函数或 `fmt.Print()` 函数直接打印，也可以用 `for range` 循环直接遍历 UTF-8 解码后的 Unicode 码点值。

下面的`"hello, 世界"`字符串中包含了中文字符，可以通过打印对应的字节切片来查看字符底层对应的数据：

```
fmt.Printf("%#v\n", []byte("hello, 世界"))
```

输出的结果是：

```
[]byte{0x48, 0x65, 0x6c, 0x6c, 0x6f, 0x2c, 0x20, 0xe4, 0xb8, 0x96, 0xe7, \
0x95, 0x8c}
```

分析结果可以发现，`0xe4`， `0xb8`， `0x96` 对应中文“世”，`0xe7`， `0x95`， `0x8c` 对应中文“界”。我们也可以在字符串字面值中直接指定 UTF-8 编码后的值（源文件中全部是 ASCII 码，可以避免出现多字节的字符）。

```
fmt.Println("\xe4\xb8\x96") // 打印“世”
fmt.Println("\xe7\x95\x8c") // 打印“界”
```

图 1-8 展示了字符串`"hello, 世界"`的内存结构。

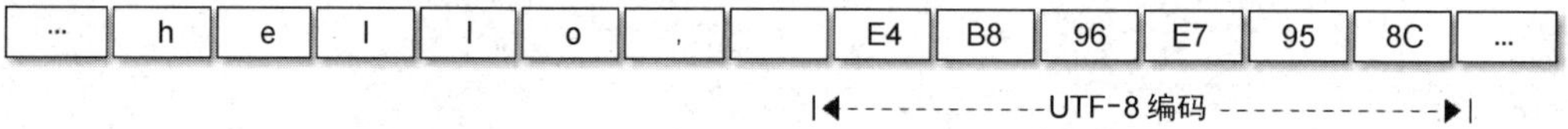

图 1-8 字符串`"hello, 世界"`的内存结构

Go 语言的字符串中可以存放任意的二进制字节序列。即使是 UTF-8 字节序列，也可能会遇到错误的编码。如果遇到一个错误的 UTF-8 编码输入，将生成一个特别的 Unicode 字符，这个字符在不同的软件中的显示效果可能不太一样，在印刷中，这个字符通常是一个黑色六角形或钻石形状，里面包含一个白色的问号，即“�”。

在下面的字符串中，我们故意损坏了第一字符的第二和第三字节，因此第一字符将会打印为“�”，第二和第三字节则被忽略，后面的“abc”依然可以正常解码打印（错误编码不会向后扩散是 UTF-8 编码的优秀特性之一）。

```
fmt.Println("\xe4\x00\x00\xe7\x95\x8cabc") // �界 abc
```

在用 `for range` 循环遍历这个损坏的 UTF-8 字符串时，第一字符的第二和第三字节依然会被单独遍历到，不过此时得到的值是损坏后的 0：

```
for i, c := range "\xe4\x00\x00\xe7\x95\x8cabc" {
    fmt.Println(i, c)
}
// 0 65533  // \uFFF, 对应�
// 1 0      // 空字符
// 2 0      // 空字符
// 3 30028  // 界
```

```
// 6 97    // a
// 7 98    // b
// 8 99    // c
```

如果不想解码 UTF-8 字符串，而想直接遍历原始的字节码，可以将字符串强制转换为 []byte 字节序列后再进行遍历（这里的转换一般不会产生运行时开销）：

```
for i, c := range []byte("世界abc") {
    fmt.Println(i, c)
}
```

或者采用传统的下标方式遍历字符串的字节数组：

```
const s = "\xe4\x00\x00\xe7\x95\x8cabc"
for i := 0; i < len(s); i++ {
    fmt.Printf("%d %x\n", i, s[i])
}
```

Go 语言除了 for range 语法对 UTF-8 字符串提供了特殊支持外，还对字符串和 []rune 类型的相互转换提供了特殊的支持。

```
fmt.Printf("%#v\n", []rune("世界"))            // []int32{19990, 30028}
fmt.Printf("%#v\n", string([]rune{'世', '界'}))  // 世界
```

从上面代码的输出结果可以发现，[]rune 其实是 []int32 类型，这里的 rune 只是 int32 类型的别名，并不是重新定义的类型。rune 用于表示每个 Unicode 码点，目前只使用了 21 位。

字符串相关的强制类型转换主要涉及 []byte 和 []rune 两种类型。每种转换都可能隐含重新分配内存的代价，在最坏的情况下，它们运算的时间复杂度都是 $O(n)$。不过字符串和 []rune 的转换要更为特殊一些，因为通常的强制类型转换要求两个类型的底层内存结构要尽量一致，但字符串和 []rune 底层对应的 []byte 和 []int32 类型是完全不同的内存结构，因此这种转换可能隐含重新分配内存的操作。

下面分别用伪代码简单模拟 Go 语言对字符串内置的一些操作，这样对每个操作的时间复杂度和空间复杂度都会有较明确的认识。

（1） for range 对字符串的遍历模拟实现如下：

```
func forOnString(s string, forBody func(i int, r rune)) {
    for i := 0; len(s) > 0; {
        r, size := utf8.DecodeRuneInString(s)
        forBody(i, r)
        s = s[size:]
        i += size
    }
}
```

用 for range 循环遍历字符串时，每次解码一个 Unicode 字符，然后进入 for 循环体，遇到损坏的编码并不会导致循环停止。

（2） []byte(s) 转换模拟实现如下：

```go
func str2bytes(s string) []byte {
    p := make([]byte, len(s))
    for i := 0; i < len(s); i++ {
        c := s[i]
        p[i] = c
    }
    return p
}
```

模拟实现中新创建了一个切片，然后将字符串的数组逐一复制到切片中，这是为了保证字符串只读的语义。当然，在将字符串转换为 []byte 时，如果转换后的变量没有被修改，编译器可能会直接返回原始的字符串对应的底层数据。

（3）string(bytes)转换模拟实现如下：

```go
func bytes2str(s []byte) (p string) {
    data := make([]byte, len(s))
    for i, c := range s {
        data[i] = c
    }

    hdr := (*reflect.StringHeader)(unsafe.Pointer(&p))
    hdr.Data = uintptr(unsafe.Pointer(&data[0]))
    hdr.Len = len(s)

    return p
}
```

因为 Go 语言的字符串是只读的，无法以直接构造底层字节数组的方式生成字符串。在模拟实现中通过 unsafe 包获取字符串的底层数据结构，然后将切片的数据逐一复制到字符串中，这同样是为了保证字符串只读的语义不受切片的影响。如果转换后的字符串在生命周期中原始的 []byte 的变量不发生变化，编译器可能会直接基于 []byte 底层的数据构建字符串。

（4）[]rune(s)转换模拟实现如下：

```go
func str2runes(s string) []rune {
    var p []int32
    for len(s) > 0 {
        r, size := utf8.DecodeRuneInString(s)
        p = append(p, int32(r))
        s = s[size:]
    }
    return []rune(p)
}
```

因为底层内存结构的差异，所以字符串到 []rune 的转换必然会导致重新分配 []rune 内存空间，然后依次解码并复制对应的 Unicode 码点值。这种强制转换并不存在前面提到的字符串和字节切片转换时的优化情况。

（5）string(runes)转换模拟实现如下：

```
func runes2string(s []int32) string {
    var p []byte
    buf := make([]byte, 3)
    for _, r := range s {
        n := utf8.EncodeRune(buf, r)
        p = append(p, buf[:n]...)
    }
    return string(p)
}
```

同样因为底层内存结构的差异，[]rune 到字符串的转换也必然会导致重新构造字符串。这种强制转换并不存在前面提到的优化情况。

1.3.3 切片

简单地说，切片（slice）就是一种简化版的动态数组。因为动态数组的长度不固定，所以切片的长度自然也就不能是类型的组成部分了。数组虽然有适用的地方，但是数组的类型和操作都不够灵活，因此在 Go 语言中数组使用得并不多。而切片则使用得相当广泛，理解切片的原理和用法是 Go 程序员的必备技能。

我们先看一下切片的结构定义，即 reflect 包里定义的 SliceHeader：

```
type SliceHeader struct {
    Data uintptr
    Len  int
    Cap  int
}
```

由此可以看出切片的开头部分和 Go 字符串是一样的，但是切片多了一个 Cap 成员表示切片指向的内存空间的最大容量（元素的个数，而不是字节数）。图1-9给出了 x := []int{2,3,5, 7,11} 和 y := x[1:3] 两个切片的内存结构。

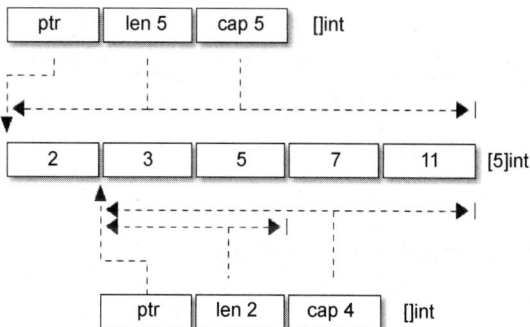

图 1-9 切片的内存结构

让我们看看切片有哪些定义方式：

```
var (
    a []int               // nil 切片，和 nil 相等，一般用来表示一个不存在的切片
    b = []int{}           // 空切片，和 nil 不相等，一般用来表示一个空的集合
    c = []int{1, 2, 3}    // 有 3 个元素的切片，len 和 cap 都为 3
    d = c[:2]             // 有 2 个元素的切片，len 为 2，cap 为 3
    e = c[0:2:cap(c)]     // 有 2 个元素的切片，len 为 2，cap 为 3
    f = c[:0]             // 有 0 个元素的切片，len 为 0，cap 为 3
    g = make([]int, 3)    // 有 3 个元素的切片，len 和 cap 都为 3
    h = make([]int, 2, 3) // 有 2 个元素的切片，len 为 2，cap 为 3
    i = make([]int, 0, 3) // 有 0 个元素的切片，len 为 0，cap 为 3
)
```

和数组一样，内置的 len() 函数返回切片中有效元素的长度，内置的 cap() 函数返回切片容量大小，容量必须大于或等于切片的长度。也可以通过 reflect.SliceHeader 结构访问切片的信息（只是为了说明切片的结构，并不是推荐的做法）。切片可以和 nil 进行比较，只有当切片底层数据指针为空时切片本身才为 nil，这时候切片的长度和容量信息将是无效的。如果有切片的底层数据指针为空，但是长度和容量不为 0 的情况，说明切片本身已经损坏了（如直接通过 reflect.SliceHeader 或 unsafe 包对切片作了不正确的修改）。

遍历切片的方式和遍历数组的方式类似：

```
for i := range a {
    fmt.Printf("a[%d]: %d\n", i, a[i])
}
for i, v := range b {
    fmt.Printf("b[%d]: %d\n", i, v)
}
for i := 0; i < len(c); i++ {
    fmt.Printf("c[%d]: %d\n", i, c[i])
}
```

其实，只要切片的底层数据指针、长度和容量没有发生变化，对切片的遍历、元素的读取和修改就和数组一样。在对切片本身进行赋值或参数传递时，和数组指针的操作方式类似，但是只复制切片头信息（reflect.SliceHeader），而不会复制底层的数据。在类型上，与数组最大的不同是，切片的类型和长度信息无关，只要是相同类型元素构成的切片均对应相同的切片类型。

如前所述，切片是一种简化版的动态数组，这是切片类型的灵魂。除构造切片和遍历切片之外，添加切片元素、删除切片元素都是切片类型的常用操作。

1. 添加切片元素

内置的泛型函数 append() 可以在切片的尾部追加 n 个元素：

```
var a []int
a = append(a, 1)           // 追加 1 个元素
a = append(a, 1, 2, 3)     // 追加多个元素，手写解包方式
```

```
a = append(a, []int{1,2,3}...)      // 追加 1 个切片, 切片需要解包
```

不过, 要注意的是, 在容量不足的情况下, append() 操作会重新分配内存, 可能导致巨大的内存分配和复制数据的代价。即使容量足够, 依然需要用 append() 函数的返回值来更新切片本身, 因为新切片的长度已经发生了变化。

除了在切片的尾部追加元素, 还可以在切片的开头添加元素:

```
var a = []int{1,2,3}
a = append([]int{0}, a...)        // 在开头添加 1 个元素
a = append([]int{-3,-2,-1}, a...) // 在开头添加 1 个切片
```

在开头添加元素一般都会重新分配内存, 而且会导致已有的元素全部复制一次。因此, 从切片的开头添加元素的性能一般要比从尾部追加元素的性能差很多。

由于 append() 函数返回新的切片, 也就是说它支持链式操作, 我们就可以将多个 append() 操作组合起来, 实现在切片中间插入元素:

```
var a []int
a = append(a[:i], append([]int{x}, a[i:]...)...)       // 在第 i 个位置插入 x
a = append(a[:i], append([]int{1,2,3}, a[i:]...)...)   // 在第 i 个位置插入切片
```

每个添加操作中的第二个 append() 调用都会创建一个临时切片, 并将 a[i:] 的内容复制到新创建的切片中, 然后将临时创建的切片再追加到 a[:i]。

用 copy() 和 append() 组合可以避免创建中间的临时切片。同样是完成添加元素的操作:

```
a = append(a, 0)        // 切片扩展 1 个空间
copy(a[i+1:], a[i:])    // a[i:]向后移动 1 个位置
a[i] = x                // 设置新添加的元素
```

第一句中的 append() 用于扩展切片的长度, 为要插入的元素留出空间。第二句中的 copy() 操作将要插入位置开始之后的元素向后移动 1 个位置。第三句真实地将新添加的元素赋值给对应的位置。操作语句虽然冗长了一点, 但是相比前面的方法, 可以减少中间创建的临时切片。

用 copy() 和 append() 组合也可以实现在中间位置插入多个元素 (也就是插入 1 个切片):

```
a = append(a, x...)          // 为 x 切片扩展足够的空间
copy(a[i+len(x):], a[i:])    // a[i:]向后移动 len(x) 个位置
copy(a[i:], x)               // 复制新添加的切片
```

稍显不足的是, 在第一句扩展切片容量的时候, 扩展空间部分的元素复制是没有必要的。没有专门的内置函数用于扩展切片的容量, append() 本质是用于追加元素而不是扩展容量, 扩展切片容量只是 append() 的一个副作用。

2. 删除切片元素

根据要删除元素的位置, 有从开头位置删除、从中间位置删除和从尾部删除 3 种情况, 其中删除切片尾部的元素最快:

```
a = []int{1, 2, 3}
a = a[:len(a)-1]   // 删除尾部 1 个元素
```

```
a = a[:len(a)-N]    // 删除尾部 N 个元素
```

要删除开头的元素可以直接移动数据指针：

```
a = []int{1, 2, 3}
a = a[1:] // 删除开头 1 个元素
a = a[N:] // 删除开头 N 个元素
```

删除开头的元素也可以不移动数据指针，而将后面的数据向开头移动。可以用 append() 原地完成（所谓原地完成是指在原有的切片数据对应的内存空间内完成，不会导致内存空间结构的变化）：

```
a = []int{1, 2, 3}
a = append(a[:0], a[1:]...) // 删除开头 1 个元素
a = append(a[:0], a[N:]...) // 删除开头 N 个元素
```

也可以用 copy() 删除开头的元素：

```
a = []int{1, 2, 3}
a = a[:copy(a, a[1:])] // 删除开头 1 个元素
a = a[:copy(a, a[N:])] // 删除开头 N 个元素
```

对于删除中间的元素，需要对剩余的元素进行一次整体移动，同样可以用 append() 或 copy() 原地完成：

```
a = []int{1, 2, 3, ...}

a = append(a[:i], a[i+1:]...) // 删除中间 1 个元素
a = append(a[:i], a[i+N:]...) // 删除中间 N 个元素

a = a[:i+copy(a[i:], a[i+1:])]  // 删除中间 1 个元素
a = a[:i+copy(a[i:], a[i+N:])]  // 删除中间 N 个元素
```

删除开头的元素和删除尾部的元素都可以认为是删除中间的元素操作的特殊情况。

3. 切片内存技巧

在 1.3.1 节中我们提到过类似 [0]int 的空数组，空数组一般很少用到。但是对切片来说，len 为 0 但 cap 不为 0 是非常有用的特性。当然，如果 len 和 cap 都为 0 的话，则变成一个真正的空切片，虽然它并不是一个 nil 的切片。当判断一个切片是否为空时，通常通过 len 获取切片的长度来判断，一般很少将切片和 nil 做直接比较。

例如，下面的 TrimSpace() 函数用于删除 []byte 中的空格。函数实现利用了长度为 0 的切片特性，实现高效而且简洁。

```
func TrimSpace(s []byte) []byte {
    b := s[:0]
    for _, x := range s {
        if x != ' ' {
            b = append(b, x)
        }
```

```
    }
    return b
}
```

其实类似的根据过滤条件原地删除切片元素的算法都可以采用类似的方式处理（因为是删除操作，所以不会出现内存不足的情形）：

```
func Filter(s []byte, fn func(x byte) bool) []byte {
    b := s[:0]
    for _, x := range s {
        if !fn(x) {
            b = append(b, x)
        }
    }
    return b
}
```

切片高效操作的要点是要降低内存分配的次数，尽量保证 append() 操作不会超出 cap，减少触发内存分配的次数和每次分配内存的大小。

4. 避免切片内存泄漏

如前所述，切片操作并不会复制底层的数据。底层的数组会被保存在内存中，直到它不再被引用。但是有时候可能会因为一个小的内存引用而导致底层整个数组处于被使用的状态，这会延迟垃圾收集器对底层数组的回收。

例如，FindPhoneNumber() 函数加载整个文件到内存，然后搜索第一个出现的电话号码，最后结果以切片方式返回。

```
func FindPhoneNumber(filename string) []byte {
    b, _ := ioutil.ReadFile(filename)
    return regexp.MustCompile("[0-9]+").Find(b)
}
```

这段代码返回的[]byte 指向保存整个文件的数组。由于切片引用了整个原始数组，因此垃圾收集器不能及时释放底层数组的空间。一个小的需求可能导致需要长时间保存整个文件数据。这虽然不是传统意义上的内存泄漏，但是可能会降低系统的整体性能。

要解决这个问题，可以将感兴趣的数据复制到一个新切片中（数据的传值是 Go 语言编程的一个哲学，虽然传值有一定的代价，但是换取的好处是切断了对原始数据的依赖）：

```
func FindPhoneNumber(filename string) []byte {
    b, _ := ioutil.ReadFile(filename)
    b = regexp.MustCompile("[0-9]+").Find(b)
    return append([]byte{}, b...)
}
```

类似的问题在删除切片元素时也可能会遇到。假设切片里存放的是指针对象，那么下面删除尾部的元素后，被删除的元素依然被切片底层数组引用，从而导致不能及时被垃圾收集器回收（这要依

赖回收器的实现方式):

```
var a []*int{ ... }
a = a[:len(a)-1]     // 被删除的最后一个元素依然被引用，可能导致垃圾收集操作被阻碍
```

保险的方式是先将指向需要回收内存的指针设置为 nil，保证垃圾收集器可以发现需要回收的对象，然后再进行切片的删除操作:

```
var a []*int{ ... }
a[len(a)-1] = nil // 垃圾收集器回收最后一个元素的内存
a = a[:len(a)-1]   // 从切片中删除最后一个元素
```

当然，如果切片的生命周期很短，可以不用刻意处理这个问题。因为如果切片本身已经可以被垃圾收集器回收，切片对应的每个元素自然也就可以被回收了。

5. 切片类型强制转换

为了安全，当两个切片类型[]T 和[]Y 的底层数据类型不同时，Go 语言是无法直接转换类型的。不过，有时候这种类型转换是有它的价值的——可以简化编码或者提升代码的性能。例如在 64 位系统上，需要对一个[]float64 类型且没有负数的切片进行快速排序，我们可以将它强制转换为整型切片[]int，然后以整数的方式进行排序（因为 float64 遵循 IEEE 754 浮点数标准特性，所以当几个非负浮点数有序时，其底层内存数据作为整数时也必然是有序的)。

下面的代码通过两种方法将[]float64 类型的切片转换为[]int 类型的切片:

```
// +build amd64 arm64

import "sort"

var a = []float64{4, 2, 5, 7, 2, 1, 88, 1}

func SortFloat64FastV1(a []float64) {
    // 强制类型转换
    var b []int = ((*[1 << 20]int)(unsafe.Pointer(&a[0])))[:len(a):cap(a)]

    // 以 int 方式给 float64 排序（不支持负数）
    sort.Ints(b)
}

func SortFloat64FastV2(a []float64) {
    // 通过 reflect.SliceHeader 更新切片头部信息实现转换
    var c []int
    aHdr := (*reflect.SliceHeader)(unsafe.Pointer(&a))
    cHdr := (*reflect.SliceHeader)(unsafe.Pointer(&c))
    *cHdr = *aHdr

    // 以 int 方式给 float64 排序（不支持负数）
    sort.Ints(c)
}
```

第一种强制类型转换是先将切片数据的开始地址转换为一个指向长度较大的数组的指针，然后对数组指针对应的数组重新做切片操作。中间需要 `unsafe.Pointer` 来连接两个不同类型的指针传递。第二种转换操作是分别取两个不同类型的切片头信息指针，任何类型的切片头部信息底层都对应 `reflect.SliceHeader` 结构，然后通过更新结构体方式来更新切片信息，从而实现 a 对应的 `[]float64` 切片到 c 对应的 `[]int` 类型的切片的转换。

在 Go 1.17 到 Go 1.20 之间，`unsafe` 包提供了类似的功能，因此新的写法如下：

```go
func SortFloat64FastV3(a []float64) {
    c := unsafe.Slice(
        (*int)(unsafe.Pointer(unsafe.SliceData(a))),
        len(a),
    )

    // 以 int 方式给 float64 排序（不支持负数）
    sort.Ints(c)
}
```

`unsafe.SliceData()` 从切片提取底层数据的指针，`unsafe.Slice()` 则根据数据指针和长度构建新的切片。

通过基准测试可以发现，用 `sort.Ints` 对转换后的 `[]int` 排序的性能要比用 `sort.Float64s` 排序的性能好一点。不过需要注意的是，这个方法可行的前提是要保证 `[]float64` 中没有 NaN 和 Inf 等非规范的浮点数（因为浮点数中 NaN 不可排序，正 0 和负 0 相等，但是整数中没有这类情形）。

1.4　函数、方法和接口

函数对应操作序列，是程序的基本组成元素。在 Go 语言中，函数有具名函数和匿名函数之分，具名函数一般对应于包级函数，是匿名函数的一种特例。如果匿名函数引用了外部作用域中的变量，就成了闭包函数，闭包函数是函数式编程语言的核心。方法是绑定到一个具体类型的特殊函数，Go 语言中的方法是依托于类型的，必须在编译时静态绑定。接口定义了方法的集合，这些方法依托于运行时的接口对象，因此接口对应的方法是在运行时动态绑定的。Go 语言通过隐式接口机制实现了鸭子型的面向对象模型。

1.4.1　函数

在 Go 语言中，函数是第一类对象，可以将函数保存到变量中。当然，Go 语言中每个类型还可以有自己的方法，方法其实也是函数的一种。

```go
// 具名函数
func Add(a, b int) int {
    return a+b
}
```

```
// 匿名函数
var Add = func(a, b int) int {
    return a+b
}
```

Go 语言中的函数可以有多个参数和多个返回值，参数和返回值都是以传值的方式和被调用者交换数据。在语法上，函数还支持可变数量的参数，可变数量的参数必须是最后出现的参数，可变数量的参数其实是一个切片类型的参数。

```
// 多个参数和多个返回值
func Swap(a, b int) (int, int) {
    return b, a
}


// 可变数量的参数
// more 对应[]int 切片类型
func Sum(a int, more ...int) int {
    for _, v := range more {
        a += v
    }
    return a
}
```

当可变数量的参数是一个空接口类型时，调用者是否解包可变数量的参数会导致不同的结果：

```
func main() {
    var a = []interface{}{123, "abc"}

    Print(a...) // 123 abc
    Print(a)    // [123 abc]
}


func Print(a ...interface{}) {
    fmt.Println(a...)
}
```

第一个 Print 调用时传入的是参数 a...，等价于直接调用 Print(123, "abc")；第二个 Print 调用时传入的是未解包的 a，等价于直接调用 Print([]interface{}{123, "abc"})。

不仅函数的参数可以有名字，也可以给函数的返回值命名：

```
func Find(m map[int]int, key int) (value int, ok bool) {
    value, ok = m[key]
    return
}
```

如果返回值命名了，可以通过名字来修改返回值，也可以通过 defer 语句在 return 语句之后修改返回值：

```
func Inc() (v int) {
    defer func(){ v++ } ()
    return 42
}
```

其中 defer 语句延迟执行了一个匿名函数，因为这个匿名函数捕获了外部函数的局部变量 v，这种函数一般称为闭包。闭包对捕获的外部变量并不是以传值方式访问，而是以引用方式访问。

闭包的这种以引用方式访问外部变量的行为可能会导致一些问题。以 Go 1.22 版本为界，下面的例子执行会有差异：

```
func main() {
    for i := 0; i < 3; i++ {
        defer func(){ println(i) } ()
    }
}
// 输出（版本高于 Go 1.22）:
// 2
// 1
// 0

// 输出（版本低于 Go 1.22）:
// 3
// 3
// 3
```

在 for 循环语句中，循环变量 i 只会被创建一次，因此 defer 语句中的闭包函数每次捕获的都是同一个 i 变量，在循环结束后这个变量的值为 3，因此最终输出的都是 3。

上述工作机制完全符合 C 语言程序员对 for 循环的经验习惯，但是 Go 语言依然存在大量由这种用法引起的 bug。因此，在 Go 1.22 版本之后，为了配合自定义迭代器必然带来的语义变化，将 for range 的循环变量改成了每次迭代都重新创建一次。

修复的思路是在每次迭代中为每个 defer() 函数生成独有的变量。可以用下面两种方式：

```
func main() {
    for i := 0; i < 3; i++ {
        i := i // 定义一个循环体内的局部变量 i
        defer func(){ println(i) } ()
    }
}

func main() {
    for i := 0; i < 3; i++ {
        // 通过函数传入 i
        // defer 语句对调用参数求值
```

```
        defer func(i int){ println(i) } (i)
    }
}
```

第一种方式是在循环体内部再定义一个局部变量，这样，在每次迭代中，defer 语句中的闭包函数捕获的都是不同的变量，这些变量的值对应迭代时的值。第二种方式是将循环变量通过闭包函数的参数传入，defer 语句对调用参数求值。两种方式都是可以工作的。不过，一般来说，在 for循环内部执行 defer 语句并不是一个好的习惯（可能导致大量的 defer 延迟执行函数堆积），此处仅为示例，不建议如此使用。

在 Go 语言中，如果以切片为参数调用函数，有时候会给人一种参数采用了传引用的方式的假象：因为在被调用函数内部可以修改传入的切片的元素。其实，任何可以通过函数参数修改调用参数的情形，都是因为函数参数中显式或隐式传入了指针参数。函数参数传值的规范更准确说是只针对数据结构中固定的部分传值，例如字符串或切片对应结构体中的指针和字符串长度传值，但是并不包含指针指向的内容。将切片类型的参数替换为类似 reflect.SliceHeader 结构体就能更好地理解切片传值的含义了：

```go
func twice(x []int) {
    for i := range x {
        x[i] *= 2
    }
}


type IntSliceHeader struct {
    Data []int
    Len  int
    Cap  int
}

func twice(x IntSliceHeader) {
    for i := 0; i < x.Len; i++ {
        x.Data[i] *= 2
    }
}
```

因为切片中的底层数组部分通过隐式指针传递（指针本身依然是传值的，但是指针指向的却是同一份数据），所以被调用函数可以通过指针修改调用参数切片中的数据。除数据之外，切片结构中还包含了切片长度和切片容量，这两个信息也是传值的。如果被调用函数中修改了 Len 或 Cap 信息，是无法反映到调用参数的切片中的，这时候我们一般会通过返回修改后的切片来更新之前的切片。这也是内置的 append() 必须返回一个切片的原因。

在 Go 语言中，函数还可以直接或间接地调用自己，也就是支持递归调用。Go 语言函数的递归调用深度在逻辑上没有限制，函数调用的栈是不会出现溢出错误的，因为 Go 语言运行时会根据需要动态地调整函数栈的大小。每个 goroutine 刚启动时只会分配很小的栈（4 KB 或 8 KB，具体大小依赖实现），根据需要动态调整栈的大小，栈最大可以达到 GB 级。在 Go 1.4 以前，采用的是分段式的动态栈，通俗地说就是采用一个链表来实现动态栈，每个链表的节点内存位置不会发生变化。但是链表实现的动态栈对某些跨越链表不同节点的热点调用的性能影响较大，因为相邻的链表节点在内存位置一般不是相邻的，这会增加 CPU 高速缓存命中失败的概率。为了解决热点调用的 CPU 缓存命中率问题，Go 1.4 之后改用连续的动态栈实现，也就是采用一个类似动态数组的结构来表示栈。不过连续动态栈也带来了新的问题：当连续栈动态增长时，需要将之前的数据移到新的内存空间，这会导致之前栈中全部变量的地址发生变化。虽然 Go 语言运行时会自动更新引用了地址变化的栈变量的指针，但 Go 语言中的指针不再是固定不变的了，因此不能再随意将指针保存到数值变量中，地址也不能随意保存到不在垃圾收集器控制的环境中，而且在使用 CGO 时不能在 C 语言中长期持有 Go 语言对象的地址。

因为 Go 语言函数的栈会自动调整大小，所以普通 Go 程序员已经很少需要关心栈的运行机制了。在 Go 语言规范中甚至故意没有讲到栈和堆的概念。我们无法知道也不需要知道函数参数或局部变量到底是保存在栈中还是堆中，我们只需要知道它们能够正常工作就可以了。看看下面这个例子：

```
func f(x int) *int {
    return &x
}

func g() int {
    x = new(int)
    return *x
}
```

第一个函数直接返回了函数参数变量的地址——这似乎是不可以的，因为如果参数变量在栈中，函数返回之后栈变量就失效了，返回的地址自然也应该失效了。但是 Go 语言的编译器和运行时比我们聪明得多，它会保证指针指向的变量在合适的地方。第二个函数内部虽然调用 new() 函数创建了 *int 类型的指针对象，但是依然不知道它具体保存在哪里。对于有 C/C++编程经验的程序员需要强调的是：不用关心 Go 语言中函数栈和堆的问题，编译器和运行时会帮我们搞定；同样不要假设变量在内存中的位置是固定不变的，指针随时可能会变化，特别是在你不期望它变化的时候。

1.4.2　方法

方法一般是面向对象编程（object-oriented programming，OOP）的一个特性，在 C++语言中方法对应一个类对象的成员函数，是关联到具体对象上的虚表中的。但是 Go 语言的方法却是关联到类型的，这样可以在编译阶段完成方法的静态绑定。一个面向对象的程序会用方法来表达其属性对应的操作，这样使用这个对象的用户就不需要直接去操作对象，而是借助方法来做这些事情。面向对象编程进入主流开发领域一般认为是从 C++开始的，C++就是在兼容 C 语言的基础上支持了类等面向对象的特性。Java 编程则号称是纯粹的面向对象语言，因为 Java 中函数是不能独立存在的，每个函数都必然是属于某个类的。

面向对象编程更多的只是一种思想，很多号称支持面向对象编程的语言只是将经常用到的特性内置到语言中而已。Go 语言的祖先 C 语言虽然不是一个支持面向对象的语言，但是 C 语言的标准库中与文件相关的函数也用到了面向对象编程的思想。下面我们实现一组 C 语言风格的与文件相关的函数：

```
// 文件对象
type File struct {
    fd int
}

// 打开文件
func OpenFile(name string) (f *File, err error) {
    // ...
}

// 关闭文件
func CloseFile(f *File) error {
    // ...
}

// 读文件数据
func ReadFile(f *File, offset int64, data []byte) int {
    // ...
}
```

其中 OpenFile() 类似于构造函数，用于打开文件对象，CloseFile() 类似于析构函数，用于关闭文件对象，ReadFile() 则类似于普通的成员函数，这 3 个函数都是普通函数。CloseFile() 和 ReadFile() 作为普通函数，需要占用包级空间中的名字资源。不过 CloseFile() 和 ReadFile() 函数只是针对 File 类型对象的操作，这时候我们更希望这类函数和操作对象的类型紧密绑定在一起。

Go 语言的做法是将函数 CloseFile() 和 ReadFile() 的第一个参数移到函数名的开头：

```
// 关闭文件
func (f *File) CloseFile() error {
    // ...
}

// 读文件数据
func (f *File) ReadFile(offset int64, data []byte) int {
    // ...
}
```

这样的话，函数 CloseFile() 和 ReadFile() 就成了 File 类型独有的方法了（而不是 File 对象方法)。它们也不再占用包级空间中的名字资源,同时 File 类型已经明确了它们的操作对象,因此方法名字一般简化为 Close 和 Read:

```go
// 关闭文件
func (f *File) Close() error {
    // ...
}

// 读文件数据
func (f *File) Read(offset int64, data []byte) int {
    // ...
}
```

将第一个函数参数移到函数前面,从代码角度看虽然只是一个小的改动,但是从编程哲学角度看,Go 语言已经是进入面向对象语言的行列了。我们可以给任何自定义类型添加一个或多个方法。每种类型对应的方法必须和类型的定义在同一个包中,因此是无法给 int 这类内置类型添加方法的(因为方法的定义和类型的定义不在一个包中)。对于给定的类型,每个方法的名字必须是唯一的,同时方法和函数一样也不支持重载。

方法由函数演变而来,只是将函数的第一个对象参数移到了函数名前面而已。因此,我们依然可以按照原始的过程式思维来使用方法。通过称为方法表达式的特性可以将方法还原为普通类型的函数:

```go
// 不依赖具体的文件对象
// func CloseFile(f *File) error
var CloseFile = (*File).Close

// 不依赖具体的文件对象
// func ReadFile(f *File, offset int64, data []byte) int
var ReadFile = (*File).Read

// 文件处理
f, _ := OpenFile("foo.dat")
ReadFile(f, 0, data)
CloseFile(f)
```

有些场景更关心一组相似的操作。例如,Read() 读取一些数组,然后调用 Close() 关闭。在此种场景中,用户并不关心操作对象的类型,只要能满足通用的 Read() 和 Close() 行为就可以了。不过在方法表达式中,因为得到的 ReadFile() 和 CloseFile() 函数参数中含有 File 这个特有的类型参数,这使得 File 相关的方法无法与其他不是 File 类型但是有着相同 Read() 和 Close() 方法的对象无缝适配。这种小困难难不倒 Go 语言程序员,我们可以结合闭包特性来消除方法表达式中第一个参数类型的差异:

```go
// 打开文件对象
f, _ := OpenFile("foo.dat")

// 绑定到 f 对象
// func Close() error
```

```
var Close = func Close() error {
    return (*File).Close(f)
}

// 绑定到 f 对象
// func Read(offset int64, data []byte) int
var Read = func(offset int64, data []byte) int {
    return (*File).Read(f, offset, data)
}

// 文件处理
Read(0, data)
Close()
```

这刚好是方法值也要解决的问题。我们可以用方法值特性简化实现：

```
// 打开文件对象
f, _ := OpenFile("foo.dat")

// 方法值：绑定到 f 对象
// func Close() error
var Close = f.Close

// 方法值：绑定到 f 对象
// func Read(offset int64, data []byte) int
var Read = f.Read

// 文件处理
Read(0, data)
Close()
```

Go 语言不支持传统面向对象中的继承特性，而是以其特有的组合方式支持了方法的继承。Go 语言中，通过在结构体内置匿名的成员来实现继承：

```
import "image/color"

type Point struct{ X, Y float64 }

type ColoredPoint struct {
    Point
    Color color.RGBA
}
```

虽然我们可以将 ColoredPoint 定义为一个有 3 个字段的扁平结构的结构体，但是这里将 Point 嵌入 ColoredPoint 来提供 X 和 Y 这两个字段：

```
var cp ColoredPoint
cp.X = 1
fmt.Println(cp.Point.X) // "1"
cp.Point.Y = 2
fmt.Println(cp.Y)       // "2"
```

通过嵌入匿名的成员，不仅可以继承匿名成员的内部成员，而且可以继承匿名成员类型所对应的方法。我们一般会将 `Point` 看作基类，把 `ColoredPoint` 看作 `Point` 的继承类或子类。不过这种方式继承的方法并不能实现 C++中虚函数的多态特性。所有继承来的方法的接收者参数依然是那个匿名成员本身，而不是当前的变量。

```go
type Cache struct {
    m map[string]string
    sync.Mutex
}

func (p *Cache) Lookup(key string) string {
    p.Lock()
    defer p.Unlock()

    return p.m[key]
}
```

`Cache` 结构体类型通过嵌入一个匿名的 `sync.Mutex` 来继承它的方法 `Lock()` 和 `Unlock()`。但是在调用 `p.Lock()` 和 `p.Unlock()` 时，`p` 并不是方法 `Lock()` 和 `Unlock()` 的真正接收者，而是会将它们展开为 `p.Mutex.Lock()` 和 `p.Mutex.Unlock()` 调用。这种展开是编译时完成的，并没有运行时代价。

在传统的面向对象语言（如 C++或 Java）的继承中，子类的方法是在运行时动态绑定到对象的，因此基类实现的某些方法看到的 `this` 可能不是基类类型对应的对象，这个特性会导致基类方法运行的不确定性。而在 Go 语言通过嵌入匿名的成员来"继承"的基类方法，`this` 就是实现该方法的类型的对象，Go 语言中方法是编译时静态绑定的。如果需要虚函数的多态特性，我们需要借助接口来实现。

1.4.3 接口

Go 语言之父 Rob Pike 曾说过一句名言："试图禁止白痴行为的编程语言，本身会变得白痴。"（Languages that try to disallow idiocy become themselves idiotic.）一般静态编程语言都有严格的类型系统，这使编译器可以深入检查程序员有没有做出什么出格的举动。但是，过于严格的类型系统却会使得编程太过烦琐，让程序员把时间都浪费在和编译器的斗争中。Go 语言试图让程序员能在安全和灵活的编程之间取得一种平衡。它在提供严格的类型检查的同时，通过接口类型实现了对鸭子型的类型的支持，使得安全动态的编程变得相对容易。

Go 的接口类型是对其他类型行为的抽象和概括，因为接口类型不会和特定的实现细节绑定在一起，通过这种抽象的方式，我们可以让对象更加灵活和更具有适应能力。很多面向对象的语言都有相似的接口概念，但 Go 语言中接口类型的独特之处在于它是满足隐式实现的鸭子型。所谓鸭子型说的是：只要走起路来像鸭子、叫起来也像鸭子，那么就可以把它当作鸭子。Go 语言中的面向对象就是如此，如果一个对象只要看起来像是某种接口类型的实现，那么它就可以作为该接口类型使用。这种设计使程序员可以创建一个新的接口类型满足已经存在的具体类型却不用去破坏这些类型原有的定义。当使用的类型来自不受我们控制的包时这种设计尤其灵活有用。Go 语言的接口类型是延迟绑定，可以实现类似于虚函数的多态功能。

接口在 Go 语言中无处不在，在"Hello, World"的例子中，`fmt.Printf()` 函数的设计就是完全基于接口的，它的真正功能由 `fmt.Fprintf()` 函数完成。用于表示错误的 `error` 类型更是内置的接口类型。在 C 语言中，`printf` 只能将几种有限的基础数据类型打印到文件对象中。但是 Go 语言由于灵活的接口特性，`fmt.Fprintf` 可以向任何自定义的输出流对象打印，可以打印到文件或标准输出，也可以打印到网络，甚至可以打印到一个压缩文件；同时，打印的数据也不仅局限于语言内置的基础类型，任意隐式满足 `fmt.Stringer` 接口的对象都可以打印，不满足 `fmt.Stringer` 接口的依然可以通过反射的技术打印。`fmt.Fprintf()` 函数的签名如下：

```go
func Fprintf(w io.Writer, format string, args ...interface{}) (int, error)
```

其中 `io.Writer` 是用于输出的接口，`error` 是内置的错误接口，它们的定义如下：

```go
type io.Writer interface {
    Write(p []byte) (n int, err error)
}

type error interface {
    Error() string
}
```

我们可以通过定制自己的输出对象，将每个字符转换为大写字符后输出：

```go
type UpperWriter struct {
    io.Writer
}

func (p *UpperWriter) Write(data []byte) (n int, err error) {
    return p.Writer.Write(bytes.ToUpper(data))
}

func main() {
    fmt.Fprintln(&UpperWriter{os.Stdout}, "hello, world")
}
```

当然，我们也可以定义自己的打印格式来实现将每个字符转换为大写字符后输出的效果。对于每个要打印的对象，如果满足了 `fmt.Stringer` 接口，则默认使用对象的 `String()` 方法返回的结果打印：

```go
type UpperString string

func (s UpperString) String() string {
    return strings.ToUpper(string(s))
}

type fmt.Stringer interface {
    String() string
}
```

```
func main() {
    fmt.Fprintln(os.Stdout, UpperString("hello, world"))
}
```

Go 语言中，对于基础类型（非接口类型）不支持隐式的转换，我们无法将一个 int 类型的值直接赋值给 int64 类型的变量，也无法将 int 类型的值赋值给底层是 int 类型的新定义具名变量。Go 语言对基础类型的类型一致性要求可谓是非常严格，但是 Go 语言对于接口类型的转换则非常灵活。对象和接口之间的转换、接口和接口之间的转换都可能是隐式的转换。可以看下面的例子：

```
var (
    a io.ReadCloser = (*os.File)(f)   // 隐式转换，*os.File 满足 io.ReadCloser 接口
    b io.Reader      = a              // 隐式转换，io.ReadCloser 满足 io.Reader 接口
    c io.Closer      = a              // 隐式转换，io.ReadCloser 满足 io.Closer 接口
    d io.Reader      = c.(io.Reader)  // 显式转换，io.Closer 不满足 io.Reader 接口
)
```

有时候对象和接口之间太灵活了，需要人为地限制这种无意之间的适配。常见的做法是定义一个特殊方法来区分接口。例如，runtime 包中的 Error 接口就定义了一个特有的 RuntimeError() 方法，用于避免其他类型无意中适配该接口：

```
type runtime.Error interface {
    error

    // RuntimeError is a no-op function but
    // serves to distinguish types that are run time
    // errors from ordinary errors: a type is a
    // run time error if it has a RuntimeError method.
    RuntimeError()
}
```

在 Protobuf 中，Message 接口也采用了类似的方法，定义了一个特有的 ProtoMessage() 方法，用于避免其他类型无意中适配该接口：

```
type proto.Message interface {
    Reset()
    String() string
    ProtoMessage()
}
```

不过这种做法只是"君子协定"，如果有人故意伪造一个 proto.Message 接口也是很容易的。再严格一点的做法是给接口定义一个私有方法。只有满足了这个私有方法的对象才可能满足这个接口，而私有方法的名字是包含包的绝对路径名的，因此只有在包内部实现这个私有方法才能满足这个接口。测试包中的 testing.TB 接口就是采用类似的技术：

```
type testing.TB interface {
    Error(args ...interface{})
    Errorf(format string, args ...interface{})
    ...
```

```
    // A private method to prevent users implementing the
    // interface and so future additions to it will not
    // violate Go 1 compatibility.
    private()
}
```

不过这种通过私有方法禁止外部对象实现接口的做法也是有代价的：首先，这个接口只能在包内部使用，外部包在正常情况下是无法直接创建满足该接口的对象的；其次，这种防护措施也不是绝对的，恶意用户依然可以绕过这种保护机制。

1.4.2 节中讲到，通过在结构体中嵌入匿名类型成员，可以继承匿名类型的方法。其实这个被嵌入的匿名成员不一定是普通类型，也可以是接口类型。我们可以通过嵌入匿名的 testing.TB 接口来伪造私有方法，因为接口方法是延迟绑定，所以编译时私有方法是否真的存在并不重要。

```
package main

import (
    "fmt"
    "testing"
)

type TB struct {
    testing.TB
}

func (p *TB) Fatal(args ...interface{}) {
    fmt.Println("TB.Fatal disabled!")
}

func main() {
    var tb testing.TB = new(TB)
    tb.Fatal("Hello, playground")
}
```

我们在自己的 TB 结构体类型中重新实现了 Fatal() 方法，然后通过将对象隐式转换为 testing.TB 接口类型（因为内嵌了匿名的 testing.TB 对象，所以是满足 testing.TB 接口的），再通过 testing.TB 接口来调用自己的 Fatal() 方法。

这种通过嵌入匿名接口或嵌入匿名指针对象来实现继承的做法其实是一种纯虚继承，继承的只是接口指定的规范，真正的实现在运行时才被注入。例如，可以模拟实现一个 gRPC 的插件：

```
type grpcPlugin struct {
    *generator.Generator
}

func (p *grpcPlugin) Name() string { return "grpc" }

func (p *grpcPlugin) Init(g *generator.Generator) {
    p.Generator = g
}
```

```
func (p *grpcPlugin) GenerateImports(file *generator.FileDescriptor) {
    if len(file.Service) == 0 {
        return
    }

    p.P(`import "google.golang.org/grpc"`)
    // ...
}
```

构造的 grpcPlugin 类型对象必须满足 generate.Plugin 接口：

```
type Plugin interface {
    // Name identifies the plugin.
    Name() string
    // Init is called once after data structures are built but before
    // code generation begins.
    Init(g *Generator)
    // Generate produces the code generated by the plugin for this file,
    // except for the imports, by calling the generator's methods
    // P, In, and Out.
    Generate(file *FileDescriptor)
    // GenerateImports produces the import declarations for this file.
    // It is called after Generate.
    GenerateImports(file *FileDescriptor)
}
```

而 generate.Plugin 接口对应的 grpcPlugin 类型的 GenerateImports() 方法中使用的 p.P(...) 函数却是通过 Init() 函数注入的 generator.Generator 对象实现的。这里的 generator.Generator 对应一个具体类型，如果 generator.Generator 是接口类型，我们甚至可以传入真正的实现。

Go 语言通过几种简单特性的组合，就轻易实现了鸭子型的面向对象和虚拟继承等高级特性，真的是不可思议。

1.5 面向并发的内存模型

在早期，CPU 都是以单核的形式顺序执行机器指令。Go 语言的祖先 C 语言正是这种顺序编程语言的代表。顺序编程语言中的顺序是指：所有的指令都是以串行的方式执行，在相同的时刻有且仅有一个 CPU 在顺序执行程序的指令。

随着处理器技术的发展，单核时代以提升处理器频率来提高运行效率的方式遇到了瓶颈，目前各种主流的 CPU 频率基本被锁定在了 3 GHz 附近。单核 CPU 发展的停滞为多核 CPU 的发展带来了机遇。相应地，编程语言也开始逐步向并行化的方向发展。Go 语言正是在多核和网络化的时代背景下诞生的原生支持并发的编程语言。

常见的并发编程有多种模型，主要有多线程并发编程模型、消息传递并发编程模型等。从理论上看，多线程并发编程模型和消息传递并发编程模型是等价的。由于多线程可以自然对应到多核的处理器，因此主流的操作系统都提供了系统级的多线程支持，同时从概念上讲，多线程似乎也更直观，因此多线程并发编程模型逐步被吸纳到主流的编程语言特性或语言扩展库中。而主流编程语言对消息传递并发编程模型的支持相对较少，Erlang 语言是支持消息传递并发编程模型的代表者，它的并发体之间不共享内存。Go 语言是消息传递并发编程模型的集大成者，它将基于 CSP 模型的并发编程内置到了语言中，通过一个 go 关键字就可以轻易地启动一个 goroutine，与 Erlang 不同的是，Go 语言的 goroutine 之间是共享内存的。

1.5.1 goroutine 和系统线程

goroutine 是 Go 语言特有的并发体，是一种轻量级的线程，由 go 关键字启动。在真实的 Go 语言实现中，goroutine 和系统线程不是等价的。尽管两者的区别实际上只是一个量的区别，但正是这个量变引发了 Go 语言并发编程质的飞跃。

每个系统线程都会有一个固定大小的栈（一般默认是 2 MB），这个栈主要用来保存函数递归调用时的参数和局部变量。固定栈的大小导致了两个问题：对于很多只需要小的栈空间的线程，这是一种巨大的浪费；对于少数需要巨大栈空间的线程，这又增大了栈溢出的风险。针对这两个问题，要么减小固定的栈大小，提升空间的利用率，要么增大栈的大小以允许更深的函数递归调用，但这两者是无法兼得的。而 goroutine 可以以一个很小的栈启动（可能是 2 KB 或 4 KB），当遇到深度递归导致当前栈空间不足时，goroutine 会根据需要动态地伸缩栈的大小（主流实现中栈的最大值可达到 1 GB）。因为启动的代价很小，所以我们可以轻易地启动成千上万个 goroutine。

Go 语言的运行时还包含了其自己的调度器，这个调度器使用了一些技术手段，可以在 n 个操作系统线程上多工调度 m 个 goroutine。Go 调度器的工作原理和内核的调度是相似的，但是这个调度器只关注单独的 Go 程序中的 goroutine。在 Go 1.14 之前，goroutine 采用的是半抢占式的协作调度，只有在当前 goroutine 发生阻塞时才会导致调度；调度发生在用户态，调度器会根据具体函数只保存必要的寄存器，切换的代价要比系统线程低得多。Go 1.14 开始支持 goroutine 异步抢占调度，通过操作系统的信号机制让运行 goroutine 的底层系统线程进入休眠模式，从而完成调度工作。此外，运行时有一个 runtime.GOMAXPROCS 变量，用于控制当前正常非阻塞运行 goroutine 的系统线程数目。

在 Go 语言中启动一个 goroutine 不仅和调用函数一样简单，而且在 goroutine 之间调度代价也很低，这些因素极大地促进了并发编程的流行和发展。

1.5.2 原子操作

所谓的原子操作就是并发编程中"最小的且不可并行化"的操作。通常，如果多个并发体对同一个共享资源进行的操作是原子操作，那么同一时刻最多只能有一个并发体对该资源进行操作。从线程角度看，在当前线程修改共享资源期间，其他线程是不能访问该资源的。原子操作对多线程并发编程模型来说，不会发生有别于单线程的意外情况，共享资源的完整性可以得到保证。

一般情况下，原子操作都是通过"互斥"访问来保证的，通常由特殊的 CPU 指令提供保护。当然，如果只是想模拟粗粒度的原子操作，可以借助 sync.Mutex 来实现：

```
import (
    "sync"
)
```

```go
var total struct {
    sync.Mutex
    value int
}

func worker(wg *sync.WaitGroup) {
    defer wg.Done()

    for i := 0; i <= 100; i++ {
        total.Lock()
        total.value += i
        total.Unlock()
    }
}

func main() {
    var wg sync.WaitGroup
    wg.Add(2)
    go worker(&wg)
    go worker(&wg)
    wg.Wait()

    fmt.Println(total.value)
}
```

在 worker 的迭代中，为了保证 total.value += i 的原子性，我们通过 sync.Mutex 加锁和解锁来保证该语句在同一时刻只被一个线程访问。对多线程并发编程模型的程序而言，进出临界区前后进行加锁和解锁都是必需的。如果没有锁的保护，total 的最终值将由于多线程之间的竞争而可能不正确。

用互斥锁来保护一个数值型的共享资源麻烦且效率低下。标准库的 sync/atomic 包对原子操作提供了丰富的支持。我们可以重新实现上面的例子：

```go
import (
    "sync"
    "sync/atomic"
)

var total uint64

func worker(wg *sync.WaitGroup) {
    defer wg.Done()

    var i uint64
    for i = 0; i <= 100; i++ {
        atomic.AddUint64(&total, i)
    }
}
```

```go
func main() {
    var wg sync.WaitGroup
    wg.Add(2)

    go worker(&wg)
    go worker(&wg)
    wg.Wait()
}
```

atomic.AddUint64() 函数调用保证了 total 的读取、更新和保存是一个原子操作，因此在多线程中访问也是安全的。

原子操作配合互斥锁可以实现非常高效的单件模式（singleton pattern）。互斥锁的代价比普通整数的原子读写高很多，在性能敏感的地方可以增加一个数值型的标志位，通过原子检测标志位状态降低互斥锁的使用次数来提高性能。

```go
type singleton struct {}

var (
    instance    *singleton
    initialized uint32
    mu          sync.Mutex
)

func Instance() *singleton {
    if atomic.LoadUint32(&initialized) == 1 {
        return instance
    }

    mu.Lock()
    defer mu.Unlock()

    if instance == nil {
        defer atomic.StoreUint32(&initialized, 1)
        instance = &singleton{}
    }
    return instance
}
```

我们将通用的代码提取出来，就成了标准库中 sync.Once 的实现：

```go
type Once struct {
    m    Mutex
    done uint32
}

func (o *Once) Do(f func()) {
    if atomic.LoadUint32(&o.done) == 1 {
        return
    }
```

```
        o.m.Lock()
        defer o.m.Unlock()

        if o.done == 0 {
            defer atomic.StoreUint32(&o.done, 1)
            f()
        }
    }
```

基于 `sync.Once` 重新实现单件模式：

```
var (
    instance *singleton
    once     sync.Once
)

func Instance() *singleton {
    once.Do(func() {
        instance = &singleton{}
    })
    return instance
}
```

`sync/atomic` 包对基本数值类型及复杂对象的读写都提供了原子操作的支持。`atomic.Value` 原子对象提供了 `Load()` 和 `Store()` 两个原子方法，分别用于加载和保存数据，返回值和参数都是 `interface{}` 类型，因此可以用于任意自定义复杂类型。

```
var config atomic.Value // 保存当前配置信息

// 初始化配置信息
config.Store(loadConfig())

// 启动一个后台线程，加载更新后的配置信息
go func() {
    for {
        time.Sleep(time.Second)
        config.Store(loadConfig())
    }
}()

// 用于处理请求的工作者线程始终采用最新的配置信息
for i := 0; i < 10; i++ {
    go func() {
        for r := range requests() {
            c := config.Load()
            // ...
        }
    }()
}
```

这是一个简化的生产者-消费者模型：后台线程生成最新的配置信息；前台多个工作者线程获取

最新的配置信息。所有线程共享配置信息资源。

1.5.3 顺序一致性内存模型

如果只是想简单地在线程之间进行数据同步的话，原子操作已经为编程人员提供了一些同步保障。不过这种保障有一个前提：顺序一致性内存模型。要了解顺序一致性，先看一个简单的例子：

```
var a string
var done bool

func setup() {
    a = "hello, world"
    done = true
}

func main() {
    go setup()
    for !done {}
    print(a)
}
```

我们创建了 setup 线程，用于对字符串 a 的初始化工作，初始化完成之后设置 done 标志为 true。main()函数所在的主线程中，通过 for !done {}检测 done 变为 true 时，认为字符串初始化工作完成，然后进行字符串的打印工作。

但是，Go 语言并不保证在 main()函数中观测到的对 done 的写入操作发生在对字符串 a 的写入操作之后，因此程序很可能打印一个空字符串。更糟糕的是，因为两个线程之间没有同步事件，setup 线程对 done 的写入操作甚至无法被 main 线程看到，main()函数有可能陷入死循环中。

在 Go 语言中，同一个 goroutine 内部，顺序一致性内存模型是得到保证的。但是不同的 goroutine 之间，并不满足顺序一致性内存模型，需要通过明确定义的同步事件来作为同步的参考。如果两个事件不可排序，那么就说这两个事件是并发的。为了最大化并行，Go 语言的编译器和处理器在不影响上述规定的前提下可能会对执行语句重新排序（CPU 也会对一些指令进行乱序执行）。

因此，如果在一个 goroutine 中顺序执行 a = 1;和 b = 2;这两个语句，虽然在当前的 goroutine 中可以认为 a = 1;语句先于 b = 2;语句执行，但是在另一个 goroutine 中 b = 2;语句可能会先于 a = 1;语句执行，甚至无法看到它们的变化（可能始终在寄存器中）。也就是说，在另一个 goroutine 看来，a = 1;和 b = 2;这两个语句的执行顺序是不确定的。如果一个并发程序无法确定事件的顺序关系，那么程序的运行结果往往会不确定。例如，下面这个程序：

```
func main() {
    go println("你好, 世界")
}
```

根据 Go 语言规范，main()函数退出时程序结束，不会等待任何后台线程。但因为 goroutine 的执行和 main()函数的返回事件是并发的，谁都有可能先发生，所以什么时候打印、能否打印都是未知的。

用前面的原子操作并不能解决问题，因为我们无法确定两个原子操作之间的顺序。解决问题的办法就是通过同步原语来给两个事件明确排序：

```go
func main() {
    done := make(chan int)

    go func(){
        println("你好，世界")
        done <- 1
    }()

    <-done
}
```

当 <-done 执行时，必然要求 done <- 1 也已经执行。根据同一个 goroutine 依然满足顺序一致性规则，可以判断当 done <- 1 执行时，println("你好，世界") 语句必然已经执行完成了。因此，现在的程序确保可以正常打印结果。

当然，通过 sync.Mutex 互斥量也是可以实现同步的：

```go
func main() {
    var mu sync.Mutex

    mu.Lock()
    go func(){
        println("你好，世界")
        mu.Unlock()
    }()

    mu.Lock()
}
```

可以确定，后台线程的 mu.Unlock() 必然在 println("你好，世界") 完成后发生（同一个线程满足顺序一致性），main() 函数的第二个 mu.Lock() 必然在后台线程的 mu.Unlock() 之后发生（sync.Mutex 保证），此时后台线程的打印工作已经顺利完成了。

1.5.4　初始化顺序

Go 程序的初始化和执行总是从 main.main() 函数开始的。但是如果 main 包里导入了其他包，则会按照顺序将它们包含到 main 包里（这里的导入顺序依赖具体实现，一般可能是以文件名或包路径名的字符串顺序导入）。如果某个包被多次导入，那么在执行的时候只会导入一次。当一个包被导入时，如果它还导入了其他包，则先将其他包都包含进来，然后创建和初始化这个包的常量和变量。再调用包里的 init() 函数，如果一个包有多个 init() 函数，实现可能是以文件名的顺序调用，那么同一个文件内的多个 init() 是以出现的顺序依次调用的（init() 不是普通函数，可以定义多个，但是不能被其他函数调用）。最终，在 main 包的所有包常量、包变量被创建和初始化，并且只有在 init() 函数被执行后，才会进入 main.main() 函数，程序开始正常执行。图 1-10 展示了 Go 程序启动时的包初始化流程。

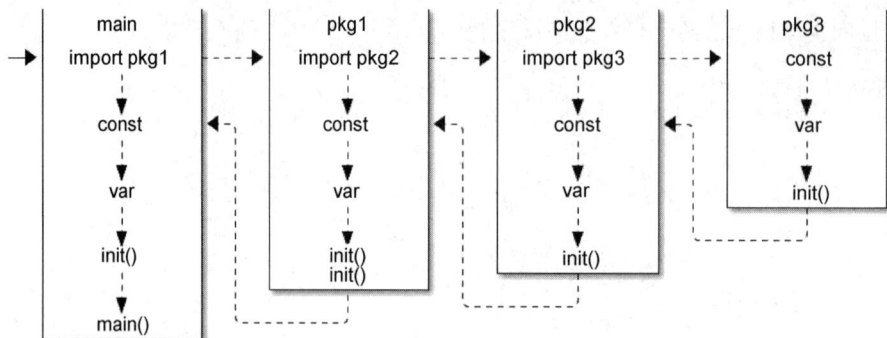

图 1-10　Go 程序启动时的包初始化流程

要注意的是，在 `main.main()` 函数执行之前，所有代码都运行在同一个 goroutine 中，也是运行在程序的主系统线程中。如果某个 `init()` 函数内部用 go 关键字启动了新的 goroutine，那么新的 goroutine 和 `main.main()` 函数是并发执行的。

因为所有的 `init()` 函数和 `main()` 函数都是在主线程完成，它们也满足顺序一致性模型。

1.5.5　goroutine 的创建

go 语句会在当前 goroutine 对应函数返回前创建新的 goroutine。例如：

```
var a string

func f() {
    print(a)
}

func hello() {
    a = "hello, world"
    go f()
}
```

执行 `go f()` 语句创建 goroutine 和 `hello()` 函数是在同一个 goroutine 中执行，根据语句的书写顺序可以确定 goroutine 的创建发生在 `hello()` 函数返回之前，但是新创建 goroutine 对应的 `f()` 的执行事件和 `hello()` 函数返回的事件则是不可排序的，也就是并发的。调用 `hello()` 可能会在将来的某一时刻打印 "hello, world"，也很可能是在 `hello()` 函数执行完成后才打印。

1.5.6　基于通道的通信

通道（channel）是在 goroutine 之间进行同步的主要方法。在无缓存的通道上的每一次发送操作都有与其对应的接收操作，发送操作和接收操作通常发生在不同的 goroutine 中（在同一个 goroutine 中执行两个操作很容易导致死锁）。无缓存的通道上的发送操作总在对应的接收操作完成前发生。

```
var done = make(chan bool)
var msg string
```

```go
func aGoroutine() {
    msg = "你好，世界"
    done <- true
}

func main() {
    go aGoroutine()
    <-done
    println(msg)
}
```

以上程序可保证打印出"你好，世界"。该程序首先对 msg 进行写入，然后在 done 通道上发送同步信号，随后从 done 接收对应的同步信号，最后执行 println() 函数。

若在关闭通道后继续从中接收数据，接收者就会收到该通道返回的零值。因此在这个例子中，用 close(done) 关闭通道代替 done <- true 依然能保证该程序产生相同的行为。

```go
var done = make(chan bool)
var msg string

func aGoroutine() {
    msg = "你好，世界"
    close(done)
}

func main() {
    go aGoroutine()
    <-done
    println(msg)
}
```

根据 Go 语言内存模型规范，对于从无缓存的通道进行的接收，发生在对该通道进行的发送完成之前。基于上面这个规则可知，交换两个 goroutine 中的接收操作和发送操作也是可以的（但是很危险）：

```go
var done = make(chan bool)
var msg string

func aGoroutine() {
    msg = "hello, world"
    <-done
}
func main() {
    go aGoroutine()
    done <- true
    println(msg)
}
```

这样也可保证打印出"hello, world"。因为 main 线程中 done <- true 发送完成前后台线程

<-done 接收已经开始（这保证 msg = "hello, world"被执行了），所以之后 println(msg)
的 msg 已经被赋过值了。简而言之，后台线程首先对 msg 进行写入，然后从 done 中接收信号，随
后 main 线程向 done 发送对应的信号，最后执行 println()函数完成。但是，若该通道为带缓存
的（如 done = make(chan bool, 1)），main 线程的 done <- true 接收操作将不会被后台
线程的<-done 接收操作阻塞，该程序将无法保证打印出"hello, world"。

对于带缓存的通道，对通道中的第 K 个接收操作发生在第 $K+C$ 个发送操作完成之前，其中 C 是
通道的缓存大小。如果将 C 设置为 0，自然就对应无缓存的通道，也就是第 K 个接收操作在第 K 个
发送操作完成之前。因为无缓存的通道只能同步发 1 个，所以也就简化为前面无缓存通道的规则：
对于从无缓存的通道进行的接收，发生在对该通道进行的发送完成之前。

我们可以根据控制通道的缓存大小来控制并发执行的 goroutine 的最大数目，例如：

```go
var limit = make(chan int, 3)
var work = []func(){
    func() { println("1"); time.Sleep(1 * time.Second) },
    func() { println("2"); time.Sleep(1 * time.Second) },
    func() { println("3"); time.Sleep(1 * time.Second) },
    func() { println("4"); time.Sleep(1 * time.Second) },
    func() { println("5"); time.Sleep(1 * time.Second) },
}

func main() {
    for _, w := range work {
        go func(w func()) {
            limit <- 1
            w()
            <-limit
        }(w)
    }
    select{}
}
```

在循环创建 goroutine 过程中，使用了匿名函数并在函数中引用了循环变量 w，由于 w 是传引用
的而非传值的，因此无法保证 goroutine 在运行时调用的 w 与循环创建时的 w 是同一个值。为了解决
这个问题，可以利用函数传递参数的值副本来为每个 goroutine 单独复制一份 w。

最后的 select{}是一个空的通道选择语句，该语句会导致 main 线程阻塞，从而避免程序过
早退出。还有 for{}、<-make(chan int)等诸多方法可以达到类似的效果。因为 main 线程被阻
塞了，如果需要程序正常退出，可以调用 os.Exit(0)。

1.5.7　不靠谱的同步

前面我们已经分析过，下面代码无法保证正常打印结果，实际的运行也大概率不能正常输出结果。

```go
func main() {
    go println("你好, 世界")
}
```

如果刚接触 Go 语言，可能希望通过加入一个随机的休眠时间来保证正常的输出：

```
func main() {
    go println("hello, world")
    time.Sleep(time.Second)
}
```

因为主线程休眠了 1 秒，所以这个程序大概率是可以正常输出结果的。因此，很多人会觉得这个程序已经没有问题了。但是这个程序是不稳健的，依然有失败的可能。我们先假设程序是可以稳定输出结果的。因为 Go 线程的启动是非阻塞的，main 线程显式休眠了 1 秒退出导致程序结束，我们可以近似地认为程序总共执行了 1 秒多。现在假设 println() 函数内部实现休眠的时间大于 main 线程休眠的时间，这样就会导致矛盾：后台线程既然先于 main 线程完成打印，那么执行时间肯定是小于 main 线程执行时间的。当然这是不可能的。

严谨的并发程序的正确性不应该依赖于 CPU 的执行速度和休眠时间等不靠谱的因素。严谨的并发应该是可以静态推导出结果的：根据线程内顺序一致性，结合通道或 sync 事件的可排序性来推导，最终完成各个线程各段代码的偏序关系排序。如果两个事件无法根据此规则来排序，那么它们就是并发的，也就是执行先后顺序不可靠的。

解决同步问题的思路是相同的：使用显式的同步。

1.6 泛型编程

其实 Go 2 的开发从 Go 1.10 逐步启动，到 Go 1.18 主要的泛型特性落地。泛型的使用教程已经很多，这里从几个侧面谈谈泛型。

1.6.1 认识 Go 语言的泛型

泛型的价值主要在几个方面：一是简化一些相似代码的生成；二是为一些通用容器提供类型安全的 API；三是为优化提供了更高的天花板。但是，泛型的代价也是明显的：设计复杂，实现复杂，用户心智负担大。

现在看一个 Go 语言的泛型的例子：

```
func main() {
s := []int{1, 3, 5, 2, 4}
    fmt.Println(index(s, 3))
    fmt.Println(index(s, 6))
}

func index[E comparable](s []E, v E) int {
    for i, vs := range s {
        if v == vs {
            return i
        }
    }
    return -1
}
```

其中，index 就是一个泛型函数，可以针对不同类型的切片做索引查询操作。[E comparable]是在编译阶段定义一个可以被比较的 comparable 的类型 E，然后基于 E 定义切片和要查询的元素的类型。

在 main()函数调用 index()函数的时候，Go 语言的泛型编译器会自动进行类型推导得到泛型函数需要的参数类型信息。如果是 Go 1.17 之前的版本，可以通过空接口实现类似的函数：

```
func indexGo17(list, value interface{}) int {
    sv := reflect.ValueOf(list)
    if sv.Kind() != reflect.Slice {
        panic(fmt.Sprintf("called with non-slice value of type %T", list))
    }
    if reflect.ValueOf(value).Kind() != sv.Type().Elem().Kind() {
        panic("type(value) != type(list[_])")
    }
    for i := 0; i < sv.Len(); i++ {
        if reflect.DeepEqual(sv.Index(i).Interface(), value) {
            return i
        }
    }
    return -1
}
```

因为是在运行时才能检查切片和对应值的类型，所以可能会出现运行时 panic 的情况，而泛型则可以在编译阶段给出 panic 对应的错误（运行时同时依赖执行路径，编译时则没有函数执行路径的问题）。

1.6.2　泛型和接口

在前面的例子中出现了 comparable 类型，它是针对泛型新加的内置接口类型。查看 comparable 接口类型的文档，其中详细说明了它的功能：

```
$ go doc builtin.comparable
package builtin // import "builtin"

type comparable interface{ comparable }
    comparable is an interface that is implemented by all comparable types
    (booleans, numbers, strings, pointers, channels, arrays of comparable types,
    structs whose fields are all comparable types). The comparable interface may
    only be used as a type parameter constraint, not as the type of a variable.
```

comparable 表示可比较类型的集合。但是，传统 Go 语言接口只能通过方法集来筛选类型集合，无法做到对某些不涉及方法的类型的集合定义，因此 Go 泛型设计在接口语法的基础之上扩展了具体类型的定义语法。例如，interface{ int|string|bool }定义了 3 种类型的集合。

可以说，泛型是类似静态的接口，可以将某些运行时的类型错误检查提前到编译阶段（并且不依赖执行路径），而其他性能的差别主要是和实现优化有关；也可以说，泛型是接口在编译时的形态，如果将运行时接口和编译时接口看作是二维坐标系的 x 轴和 y 轴，那么 x 轴和 y 轴的交点则是 interface{}空接口，也就是很多语言的 any 类型。如果从静态接口和动态接口的交点 any 回推，那么是否存在一种编译时的接口呢？编译时的接口的使用场景是什么？

例如，`Point2D` 和 `Point3D` 两种类型都实现了 `Clone()` 方法，代码如下：

```
type Point2D struct { X, Y int }
type Point3D struct { X, Y, Z int }

func (p Point2D) Clone() Point2D { return p }
func (p Point3D) Clone() Point3D { return p }
```

那么，如何为这两种类型的 `Clone()` 方法抽象出一个接口？在 Go 1.18 之前没有支持泛型的版本中是不行的，因为 `Clone()` 方法的返回值类型不同。但是，通过泛型接口则可以这样定义：

```
type Cloner[Self any] interface {
    Clone() Self
}
```

`Cloner` 接口引入了一个 `Self` 编译时参数类型，作为 `Clone()` 方法的返回值。因此可以这样使用：

```
func main() {
    var c1 Cloner[Point2D] = Point2D{1, 2}
    var c2 Cloner[Point3D] = Point3D{4, 5, 6}

    fmt.Printf("c1 type: %T\n", c1) // c1 type: main.Point2D
    fmt.Printf("c2 type: %T\n", c2) // c2 type: main.Point3D
}
```

`c1` 和 `c2` 是分别采用 `Point2D` 和 `Point3D` 类型特化的 `Cloner` 接口，在运行时对应的是不同的类型。这种静态接口在运行时是一个具体类型，并不是传统意义上的 Go 语言运行时接口。这种静态接口其实是给泛型的类型约束使用的，具体看下面的例子：

```
func DoClone[T Cloner[T]](c T) T {
    return c.Clone()
}

func main() {
    var c1 Cloner[Point2D] = Point2D{1, 2}
    var c2 Cloner[Point3D] = Point3D{1, 2, 3}
    fmt.Printf("%[1]T: %+[1]v\n", DoClone(Point2D{1, 2}))
    fmt.Printf("%[1]T: %+[1]v\n", DoClone(c1.(Point2D)))
    fmt.Printf("%[1]T: %+[1]v\n", DoClone(Point3D{1, 2, 3}))
    fmt.Printf("%[1]T: %+[1]v\n", DoClone(c2.(Point3D)))
}
```

`DoClone` 泛型函数的参数是 `T` 类型，`T` 类型满足 `Cloner[T]` 静态接口约束，必须有 `Clone()` 方法。因此 `Point2D{1, 2}` 字面值满足 `DoClone()` 函数的参数类型约束。而 `c1` 对应静态接口类型，必须通过静态类型断言转换为 `Point2D` 类型才可以。

如果直接用 `c1` 作为参数调用 `DoClone(c1)`，将产生以下错误：

```
T (type Cloner[Point2D]) does not satisfy Cloner[T] (wrong type for method Clone)
```

```
have Clone() Point2D
want Clone() T
```

简单来理解,c1 是 Cloner 接口,Cloner 接口中只定义了 Clone() T,而 Cloner[Point2D] 特化后接口定义的 Clone() Point2D 方法与 Clone() T 不匹配。

1.6.3 运行时 Cloner[T] 和 T 类型的区别

DoClone 的静态类型还可以写到函数参数类型位置:

```
func DoCloneV2[T any](c Cloner[T]) T {
    return c.Clone()
}
```

DoClone() 函数类型为 func(main.Point2D) main.Point2D, DoCloneV2 函数类型为 func(main.Cloner[main.Point2D]) main.Point2D。对于正常代码都可以通过编译,只是错误代码的提示会有区别,例如一个缺少 Clone() 方法的 Point4D 类型值作为参数,在 Go 1.21 中 DoClone 的错误提示为 "T (type Point4D) does not satisfy Cloner[T] (missing method Clone)", 而 DoCloneV2 的错误提示为 "type Point4D of Point4D{…} does not match Cloner[T] (cannot infer T)"。

从输入参数似乎看不出这种差异,我们可以将返回值也做一些调整:

```
func DoCloneV3[T any](c Cloner[T]) Cloner[T] {
    return c.Clone()
}
```

但是,这个函数编译会出现下面的错误提示:"cannot use c.Clone() (value of type T constrained by any) as Cloner[T] value in return statement"。虽然输入的 c 参数满足了 Cloner[T],但是 Clone() 方法返回的 T 并不能保证满足 Cloner[T]。

因此,我们再构建一个 DoCloneV4:

```
func DoCloneV4[T Cloner[T]](c T) Cloner[T] {
    return c.Clone()
}
```

现在可以编译了:泛型参数 T 满足 Cloner[T],因此函数参数 T 类型也必须满足 Cloner[T]; 而返回值 c.Clone() 返回的 T 类型也满足 Cloner[T],因此返回值类型也可以写成 Cloner[T]。

那么 DoCloneV4 函数在运行时返回值是什么类型呢?返回的结果是什么类型呢?构造以下代码:

```
func main() {
    var f4 = DoCloneV4[Point2D]
    fmt.Printf("f4 %T\n", f4)
    // f4 func(main.Point2D) main.Cloner[main.Point2D]

    var x4 = DoCloneV4(Point2D{4,4})
    fmt.Printf("x4 %T\n", x4)
    // x4 main.Point2D
}
```

测试发现，DoCloneV4 泛型函数特化后的返回值类型为 main.Cloner[main.Point2D]，但是其调用的返回结果类型却是 main.Point2D。那么在运行时两者是什么关系？有何区别？其实 x4 返回的就是 Point2D.Clone() 方法返回的 Point2D 类型。

前者有点类似于无类型的字面值常量的类型，后者是运行时绑定到具体变量的类型。当具体的值绑定到某个变量就必然被特化到具体类型。例如：

```
func main() {
    var c1 Cloner[Point2D] = Point2D{1, 2}
    fmt.Printf("c1 %T\n", c1)
    // c1 main.Point2D
}
```

c1 对应的类型 Cloner[Point2D] 是编译时的约束，在运行时 DoCloneV4 泛型函数也可以返回该类型的结果，但是结果依然是编译时的约束。而 Point2D{1, 2} 字面值和 Point2D.Clone() 方法返回的都是 Point2D 类型的值，因此在运行时看到的 c1 是 Point2D 类型。

读者可以思考是否有办法在运行时构造出 Cloner[Point2D] 类型的变量。

1.6.4 泛型后方法沦为"二等公民"

Go 语言诞生时，方法和全局函数本质上是一样的。例如，有一个自定义的打印机对象 MyPrinter：

```
type MyPrinter struct{}
```

我们再给 MyPrinter 定义一个 Print() 方法，以及一个等价的全局 MyPrinter_Print() 函数：

```
func (p *MyPrinter) Print(v any) {}

func MyPrinter_Print(p *MyPrinter, v any) {}
```

可以通过以下代码验证 Print() 方法和 MyPrinter_Print() 全局函数底层是等价的：

```
func main() {
    f := MyPrinter_Print[any]
    f = (*MyPrinter).Print
    _ = f
}
```

在 Go 1.18 引入泛型之后，我们自然会想将 Print() 方法和 MyPrinter_Print() 全局函数改成泛型版本：

```
func (p *MyPrinter) Print[T any](v T) {}

func MyPrinter_Print[T any](p *MyPrinter, v T) {}
```

不过，以上泛型版本的方法编译时出现了以下错误（方法不支持类型参数）：

```
syntax error: method must have no type parameters
```

因为泛型的引入，这里出现了一个违反直觉的用法：在加泛型前，方法与全局函数等价或者具有相似的语法规则，但是加了泛型后方法就变成了"二等公民"！

1.6.5 方法不支持泛型的原因

如果单从全局函数支持泛型的类型参数开始推导，Go 语言的方法自然也应该支持泛型，而且这个特性在编译时可以和谐存在。但是 Go 1 最开始是围绕接口设计的运行时泛型，而接口通过在运行时判断规则与静态方法集形成完全正交的设计。

在引入泛型后，Go 语言选择了通过扩展接口的语法来实现编译时的类型参数约束。例如：

```
type IPinter[T any] interface {
    Print(v T)
}

func MyPrint[T IPinter[T]](v T) {
    v.Print(v)
}
```

泛型工作在编译时阶段，MyPrint 全局函数的 T 类型通过 IPinter[T]来约束。接口要求 T 类型必须带有一个 Print()方法，而该方法的参数 T 也是类型参数。

针对不同类型特化的 IPinter 接口（如 IPinter[int]和 IPinter[float32]）会产生两个不同签名的 Print()方法，它们的返回值参数分别是 int 和 float32，从运行时接口看，这两个是不同的方法。根据目前 Go 语言接口的运行机制，同一个方法名只能有一个确定的函数签名。这导致了接口在编译时和运行时语义的矛盾，这也是泛型引入带来的核心设计哲学的分裂。

为了避免泛型接口的方法在编译时和运行时分裂（接口的方法因为 T 类型参数导致了签名的差异），Go 语言在方法的定义一侧禁止了泛型的类型参数特性，与此同时也象征性地禁止了接口中方法的类型参数。方法和接口分别代表编译时和运行时两端，Go 语言通过微妙的部分禁止方法泛型和扩展接口的部分泛型特性，来避免在编译时类型约束和运行时方法同时出现泛型参数而引起的语义矛盾。

Go 语言的方法不支持泛型参数是为了适配接口不能在运行时支持静态泛型的妥协。此外，在泛型类型的参数类型约束中，无法通过接口明确泛型方法的类型参数，这将导致泛型函数中无法静态使用泛型的方法。因此，泛型方法只能在它所依附的类型彻底特化之后被调用，这将是一个比较孤立的特性。可能是两个因素最终影响了设计，方法的泛型也最终被禁止。

泛型可以提高代码的可复用性，但它也引入了一些的新复杂性和潜在的问题，对 Go 语言原本相对和谐、正交的设计产生了根本性的破坏。

1.6.6 Go 语言的泛型为何用方括号

Go 语言的泛型除了因功能相对较弱（如内置运算符无法被重载导致很多自定义类型与内置类型的代码风格不一致）不被看好外，其采用方括号来表示参数的方式也受到一些批评，因为这和 C++、Java 等主流编程语言的泛型参数用尖括号表示习惯不同。官方解释了这样设计的原因：用方括号表示泛型参数可以简化编译器中语法分析器的编写。例如，在 C++中，老版本的编译器不能直接处理

std::vector<std::vector <int>>，因为 C++编译器不能识别右边的>>符号。尽管这确实是一个正当的理由，并且有 C++反面案例为证，但我更愿意相信 Go 语言用方括号作为泛型语法是经过深思熟虑的，因为使用方括号也可能带来其他复杂性。例如，m[x] 可能不是一个切片取元素的表达式，而是一个泛型的类型参数。如果对比 Go 语言的前辈 Limbo 的前身 Alef 语言，可以发现 Alef 语言也是用方括号表示泛型参数：

```
adt Stack[T]
{
    int  tos;
    T    data[100];
    void push(*Stack, T);
    T    pop(*Stack)
}
```

其中，adt 关键字用于定义新的抽象类型（与 C++的 struct 关键字类似），然后用类型参数 T 实例化 Stack 泛型容器，这里就是用方括号。方括号作为泛型参数的使用正在成为主流，Google 新推出的 Carbon 语言也是用方括号表示泛型参数。

1.7 自定义迭代器

Go 1.24 版本的 strings 包增加了 5 个新方法，它们都与自定义迭代器有关。自定义迭代器是 Go 1.23 引入的特性，用于支持用户自定义迭代器并通过 for range 循环来迭代。本节将简单介绍自定义迭代器的用法和原理。

1.7.1 使用迭代器

下面以分割字符串的 strings.Split() 为例，基于 Go 1.24 版本，添加基于迭代器版本的 strings.SplitSeq()。这两个函数的输入参数相同，区别仅在于返回值：前者返回一个字符串切片，后者返回迭代器。两个函数的签名如下：

```
package strings // import "strings"

func Split(s, sep string) []string
func SplitSeq(s, sep string) iter.Seq[string]
```

它们的用法也很类似，都支持 for range 循环迭代：

```
package main

import (
    "fmt"
    "strings"
)

func main() {
    for _, s := range strings.Split("abc,123,456", ",") {
        fmt.Println(s)
    }
```

```
        fmt.Println("---")
        for s := range strings.SplitSeq("abc,123,456", ",") {
            fmt.Println(s)
        }
    }
```

在这段代码中，第一个 for range 迭代的是切片的返回值，因此如果只有一个循环变量，则应是切片元素的索引下标，如果仅读取切片元素，则需要两个循环变量，其中第一个是下划线占位符；第二个 for range 只有一个循环变量（就是元素），这与 Python 的迭代习惯比较相似。

这两种循环迭代主要有两处差别：一是切片的仅元素迭代中存在索引下标的语法噪声；二是第一种循环迭代需要返回一个切片，这需要在迭代中额外为临时切片分配空间，但这并非自定义迭代器的核心优势。自定义迭代器的本质是基于迭代器的循环是可以自定义的，可以被定义为最适合用户场景的迭代方式。

1.7.2　迭代器的定义

strings.SplitSeq() 函数的返回值是 iter.Seq[string] 泛型类型，该类型是在 Go 1.23 中引入的 iter 包定义的。查看 iter.Seq 类型的文档，其中详细说明了它的用法：

```
$ go doc iter.Seq
package iter // import "iter"

type Seq[V any] func(yield func(V) bool)
    Seq is an iterator over sequences of individual values. When called as
    seq(yield), seq calls yield(v) for each value v in the sequence, stopping
    early if yield returns false. See the iter package documentation for more
    details.
```

因此，strings.SplitSeq() 函数的返回值类型展开后对应 func(yield func(string) bool) 闭包函数：

```
// SplitSeq returns an iterator over all substrings of s separated by sep.
// The iterator yields the same strings that would be returned by [Split](s, sep),
// but without constructing the slice.
// It returns a single-use iterator.
func SplitSeq(s, sep string) iter.Seq[string] {
    return splitSeq(s, sep, 0)
}

// splitSeq is SplitSeq or SplitAfterSeq, configured by how many
// bytes of sep to include in the results (none or all).
func splitSeq(s, sep string, sepSave int) iter.Seq[string] {
    return func(yield func(string) bool) {
        for {
            i := Index(s, sep)
            if i < 0 {
                break
```

```
        }
        frag := s[:i+sepSave]
        if !yield(frag) {
            return
        }
        s = s[i+len(sep):]
    }
    yield(s)
}
}
```

返回的迭代器其实是一个函数，它将要迭代的元素依次传递给一个名为 yield 的回调函数。迭代器函数会在回调函数 yield() 返回 false 时提前终止，或者在迭代操作全部结束时终止。

1.7.3　迭代器的原理

前面已经讲过 strings.SplitSeq() 如何返回一个迭代器函数，那么迭代器的原理是怎样的呢？其实，所有的魔法在回调函数 yield()，它是一个编译器帮助实现的函数，对应 for range 循环体部分的语句。

例如，基于自定义迭代器的循环代码

```
func main() {
    for s := range strings.SplitSeq("abc,123,456", ",") {
        fmt.Println(s)
    }
}
```

会被编译器转换为

```
func main() {
    strings.SplitSeq("abc,123,456", ",")(func(s string) bool {
        fmt.Println(s)
        return true
    })
}
```

然后继续用迭代器函数内联展开为

```
func main() {
    yield := func(s string) bool {
        fmt.Println(s)
        return true
    }

    s, sep := "abc,123,456", ","
    for {
        i := strings.Index(s, sep)
        if i < 0 {
            break
```

```
    }
    if !yield(s[:i]) {
        return
    }
    s = s[i+len(sep):]
}
yield(s)
}
```

虽然这只是最简单的情形，但是可以展示自定义迭代器的基本原理，同时可以看出迭代器本身对泛型特性并无实质性的依赖。更复杂的情况可能涉及多层嵌套，以及包含 continue、break 和 defer 等语句，具体的转换规则可以参考$GOROOT/src/cmd/compile/internal/rangefunc/rewrite.go 文件。

1.7.4 `loopvar` 语义调整

Go 1.22 中引入了一个语义变化，如果在构建时设置了 GOEXPERIMENT=loopvar，for range 将在每次迭代时产生新的循环变量。最直接的影响是以下被很多新手抱怨的代码：

```go
func Print123() {
    var prints []func()
    for i := 1; i <= 3; i++ {
        prints = append(prints, func() { fmt.Println(i) })
    }
    for _, print := range prints {
        print()
    }
}
```

很多新手期望这段代码输出 123，但是实际上输出了 444。这其实是闭包函数捕获外部变量的正常行为，在 JavaScript 中也是类似的：

```javascript
function main() {
    var funcs = [];
    for(var i = 0; i < 10; i++) {
        funcs.push(function() {
            return console.log(i);
        })
    }
    for(let k = 0; k < 10; k++) {
        funcs[k]();
    }
}
```

为了向新手妥协，JavaScript 的 ES6 标准引入了补丁特性：在循环体内的每次迭代产生一个与循环变量同名的临时变量。Go 语言引入类似的语义调整，似乎也有和 JavaScript 同样的原因。

但是，Go 语言的 loopvar 语义的调整更多的是为 Go 1.24 增加自定义迭代器扫清障碍。因为如果 for range 每次迭代都对应迭代函数调用，自然会产生不同的参数变量。这种设计最大的代价就是破坏了 Go 1 的用法兼容性承诺。

1.8 补充说明

本书定位为 Go 语言进阶图书，因此读者需要有一定的 Go 语言基础。如果读者对 Go 语言不太了解，推荐通过以下资料开始学习 Go 语言。学习 Go 语言需要先安装 Go 语言环境，再结合 Golang 官方网站提供的"A Tour of Go"教程学习。在学习"A Tour of Go"教程的同时，也可以阅读 Go 语言官方团队编写的《Go 程序设计语言》（*The Go Programming Language*）一书。读者可以尝试一边学习一边用 Go 语言解决一些小问题，如果要查阅 API，可以通过 `go doc` 命令打开 Go 语言自带的文档查询。Go 语言代码仓库不仅包含了所有的文档，也包含了所有标准库的实现代码，是最权威的第一手 Go 语言资料。

第 2 章

CGO 编程

C/C++经过几十年的发展，已经积累了庞大的软件资产，其中有很多资产是久经考验的且性能已充分优化。Go 语言必须能够站在 C/C++这个"巨人"的肩膀之上，只有有了海量的 C/C++软件资产作为基础，我们才可以放心愉快地用 Go 语言编程。C 语言作为一种通用语言，很多库会选择提供一个 C 兼容的 API，然后用其他不同的编程语言实现。Go 语言通过自带的 CGO 工具来支持 C 语言函数调用，同时我们可以用 Go 语言导出 C 动态库接口供其他语言使用。

在 2010 年，中国的 Go 语言爱好者韦光京完善了 CGO 对 Windows 系统的支持。10 多年后，中国的 Go 语言爱好者朱德江为从 C 语言函数调用 Go 语言函数带来了近 10 倍的性能提升。可以说，CGO 与中国 Go 语言爱好者有着密切的关系。

本章将主要讨论 CGO 编程中涉及的一些问题。

2.1 快速入门

本节将通过一系列由浅入深的小例子来帮助读者快速掌握 CGO 的基本用法。

2.1.1 最简 CGO 程序

真实的 CGO 程序一般都比较复杂，不过我们可以由浅入深。一个最简 CGO 程序该是什么样的呢？要构造一个最简 CGO 程序，既要忽视一些复杂的 CGO 特性，还要能展示 CGO 程序和纯 Go 程序的差别。下面是我们构建的最简 CGO 程序：

```
package main

import "C"

func main() {
    println("hello cgo")
}
```

这段代码通过 import "C"语句启用了 CGO 特性，主函数只是通过 Go 内置的 println()函数输出字符串，其中没有任何与 CGO 相关的代码。虽然没有调用 CGO 的相关函数，但是 go build 命令会在编译和连接阶段启动 gcc 编译器，这已经是一个完整的 CGO 程序了。

2.1.2 基于 C 标准库函数输出字符串

2.1.1 节中的 CGO 程序还不够简单，现在来看一个更简单的版本：

```
package main

// #include <stdio.h>

import "C"

func main() {
    C.puts(C.CString("Hello, World\n"))
}
```

这个版本不仅通过 import "C"语句启用了 CGO 特性，还包含了 C 语言的 stdio.h 头文件。然后通过 cgo 包的 C.CString() 函数将 Go 语言字符串转换为 C 语言字符串，最后调用 cgo 包的 C.puts() 函数向标准输出打印转换后的 C 字符串。

这个版本与 1.2 节中的 CGO 程序的最大不同是：没有在程序退出前释放 C.Cstring 创建的 C 语言字符串，而是用 puts() 函数直接向标准输出打印，而之前是用 fputs() 函数向标准输出打印。

没有释放使用 C.CString 创建的 C 语言字符串会导致内存泄漏。但是对这个小程序来说，这样是可以接受的，因为程序退出后操作系统会自动回收程序的所有资源。

2.1.3 使用自己的 C 语言函数

前面我们使用的是标准库中的函数，现在我们先自定义一个名为 SayHello 的 C 语言函数来实现打印，然后从 Go 语言环境中调用这个 SayHello()函数：

```
package main

/*
#include <stdio.h>

static void SayHello(const char* s) {
    puts(s);
}
*/
import "C"

func main() {
    C.SayHello(C.CString("Hello, World\n"))
}
```

除了 SayHello() 函数是我们实现的，其他部分与前两节中的例子基本相似。

我们也可以将 SayHello() 函数放到当前目录下的一个 C 语言源文件中（扩展名必须是 .c）。因为是编写在独立的 C 文件中，所以为了允许外部引用，需要去掉函数的 static 修饰符。

```c
// hello.c

#include <stdio.h>

void SayHello(const char* s) {
    puts(s);
}
```

然后在 CGO 部分先声明 SayHello() 函数，其他部分不变：

```go
package main

//void SayHello(const char* s);
import "C"

func main() {
    C.SayHello(C.CString("Hello, World\n"))
}
```

注意，如果之前运行的命令是 go run hello.go 或 go build hello.go，此处必须使用 go run "your/package"或 go build "your/package"。如果已经在包路径下，也可以直接运行 go run .或 go build。

既然 SayHello() 函数已经放到独立的 C 文件中，我们自然可以将对应的 C 文件编译为静态库文件或动态库文件供使用。如果是以静态库或动态库方式引用 SayHello() 函数，则需要将对应的 C 源文件移出当前目录（CGO 构建程序会自动构建当前目录下的 C 源文件，从而导致 C 语言函数名冲突）。

2.1.4　C 代码的模块化

在编程中，抽象和模块化是简化复杂问题的通用手段。当代码增多时，可以将相似的代码封装到函数中；当函数增多时，可以将函数拆分到不同的文件或模块中。模块化编程的核心是面向接口编程（这里的接口是 API 的概念，而非 Go 语言的 interface）。

在前面的例子中，我们可以抽象一个名为 hello 的模块，模块的全部接口函数都在 hello.h 头文件中定义：

```c
// hello.h
void SayHello(const char* s);
```

其中只有一个 SayHello() 函数的声明。作为 hello 模块的用户，可以放心地使用 SayHello() 函数，无须关心函数的具体实现；而作为 SayHello() 函数的实现者，只要函数的实现满足头文件中函数的声明的规范即可。下面是 SayHello() 函数的 C 语言实现，对应 hello.c 文件：

```c
// hello.c

#include "hello.h"
#include <stdio.h>
```

```
void SayHello(const char* s) {
    puts(s);
}
```

在 hello.c 文件的开头,实现者通过 `#include "hello.h"` 语句包含 `SayHello()` 函数的声明,可以确保函数的实现满足模块对外公开的接口。

接口文件 hello.h 是 `hello` 模块的实现者和使用者之间的约定,但是该约定并没有要求必须使用 C 语言实现 `SayHello()` 函数。我们也可以用 C++语言来重新实现这个函数:

```cpp
// hello.cpp

#include <iostream>

extern "C" {
    #include "hello.h"
}

void SayHello(const char* s) {
    std::cout << s;
}
```

在 C++版本的 `SayHello()` 函数实现中,我们通过 C++特有的 `std::cout` 输出流输出字符串。为了确保 C++实现的 `SayHello()` 函数满足 C 语言头文件 hello.h 中定义的函数规范,需要通过 `extern "C"` 语句指示该函数的连接符号遵循 C 语言的规则。

通过面向 C 语言接口编程,我们彻底打破了模块实现者的语言限制:实现者可以用任何编程语言实现模块,只要最终满足公开的 API 约定即可。我们可以用 C 语言、C++语言、汇编语言,甚至 Go 语言,重新实现 `SayHello()` 函数。

2.1.5 用 Go 重新实现 C 语言函数

CGO 不仅可以用于在 Go 语言函数中调用 C 语言函数,还可以用于将 Go 语言函数导出为 C 语言函数。在前面的例子中,我们已经抽象了一个名为 `hello` 的模块,模块的全部接口函数都在 hello.h 头文件中定义:

```c
// hello.h
void SayHello(/*const*/ char* s);
```

现在我们创建一个 hello.go 文件,用 Go 语言重新实现 C 语言接口函数 `SayHello()`:

```go
// hello.go
package main

import "C"

import "fmt"

//export SayHello
func SayHello(s *C.char) {
    fmt.Print(C.GoString(s))
}
```

我们通过 CGO 的//export SayHello 命令将 Go 语言实现的 SayHello() 函数导出为 C 语言函数。为了适配 CGO 导出的 C 语言函数,我们在函数声明中去掉了 const 修饰符。需要注意的是,这里其实有两个版本的 SayHello() 函数:一个是 Go 语言环境的,另一个是 C 语言环境中的。CGO 生成的 C 语言版本的 SayHello() 函数最终会通过桥接代码调用 Go 语言版本的 SayHello() 函数。

通过面向 C 语言接口编程,不仅解放了函数的实现者,同时也简化了函数的使用。现在我们可以将 SayHello() 当作一个标准库函数使用(和 puts() 函数的使用方式类似):

```
package main

// #include <hello.h>
import "C"

func main() {
    C.SayHello(C.CString("Hello, World\n"))
}
```

虽然代码看起来与最初的 CGO 代码类似,但其内涵更丰富了。

2.1.6 面向 C 语言接口的 Go 编程

在前几节的例子中,CGO 代码最初都在一个 Go 文件中。然后,我们通过面向 C 语言接口编程,将 SayHello() 分别拆分到不同的 C 文件中,而 main 依然是在一个 Go 文件中。接着,我们又用 Go 语言重新实现了 C 语言接口的 SayHello() 函数。但是,目前的例子只有一个函数,要将其拆分到 3 个不同的文件确实有些烦琐。

正所谓"合久必分,分久必合",我们现在尝试将这些文件重新合并到一个 Go 文件中。下面是合并后的代码:

```
package main

//void SayHello(char* s);
import "C"

import (
    "fmt"
)

func main() {
    C.SayHello(C.CString("Hello, World\n"))
}

//export SayHello
func SayHello(s *C.char) {
    fmt.Print(C.GoString(s))
}
```

在这个版本的 CGO 代码中,C 语言代码的比例已经很少了,但是我们依然可以进一步优化。通过分析可以发现,如果 SayHello() 函数的参数可以直接使用 Go 字符串会更加方便。在 Go 1.10 中,CGO 新增加了一个 _GoString_ 预定义的 C 语言类型,用来表示 Go 语言字符串。下面是改进后的代码:

```
// +build go1.10

package main

//void SayHello(_GoString_ s);
import "C"

import (
    "fmt"
)

func main() {
    C.SayHello("Hello, World\n")
}

//export SayHello
func SayHello(s string) {
    fmt.Print(s)
}
```

虽然这段代码看起来全是 Go 语言代码,但是执行的时候实际上是先从 Go 语言的 main() 函数调用 CGO 自动生成的 C 语言版本的桥接函数 SayHello(),然后又回到 Go 语言环境的 SayHello() 函数。这段代码体现了 CGO 编程的精髓,读者需要深入理解。

思考 main() 函数和 SayHello() 函数是否在同一个 goroutine 中执行?

2.2 CGO 基础

要使用 CGO 特性,需要安装 C/C++构建工具链,在 macOS 和 Linux 下需要安装 GCC,在 Windows 下需要安装 MinGW 工具链。同时,需要确保环境变量 CGO_ENABLED 被设置为 1,这表示 CGO 处于启用状态。在本地构建时 CGO 默认是启用的,而在交叉构建时 CGO 默认是禁用的。例如,要交叉构建运行于 ARM 体系结构上的 Go 程序,需要手动设置好 C/C++交叉构建的工具链,并启用 CGO_ENABLED 环境变量。然后通过 import "C"语句启用 CGO 特性。

2.2.1 `import "C"`语句

如果在 Go 代码中出现 import "C"语句,则表示使用了 CGO 特性,该语句前的注释是一种特殊语法,其中包含的是正常的 C 语言代码。当 CGO 启用时,还可以在当前目录中包含 C/C++对应的源文件。

举个最简单的例子:

```
package main
```

```
/*
#include <stdio.h>

void printint(int v) {
    printf("printint: %d\n", v);
}
*/
import "C"

func main() {
    v := 42
    C.printint(C.int(v))
}
```

这个例子展示了 CGO 的基本使用方法。开头的注释中写了要调用的 C 语言函数和相关的头文件。包含了头文件后，头文件中的所有 C 语言元素都会被加入"C"这个虚拟的 C 包中。需要注意的是，import "C" 导入语句需要单独占一行，不能与其他包一同导入。向 C 语言函数传递参数也很简单，只需将参数直接转换为对应的 C 语言类型即可。例如，上例中 C.int(v) 用于将 Go 中的 int 类型值强制转换为 C 语言中的 int 类型值，然后调用 C 语言定义的 printint() 函数进行打印。

需要注意的是，Go 是强类型语言，所以 CGO 中传递的参数类型必须与声明的类型完全一致，而且传递前必须用虚拟的 C 包中的转换函数转换为对应的 C 语言类型，不能直接传入 Go 中的变量类型。此外，通过虚拟的 C 包导入的 C 语言符号不需要以大写字母开头，它们不受 Go 语言的导出规则的约束。

CGO 将当前包引用的 C 语言符号都放到了虚拟的 C 包中，当前包依赖的其他 Go 语言包内部可能也通过 CGO 引入了类似的虚拟的 C 包，但是不同的 Go 语言包引入的虚拟的 C 包之间的类型是不通用的。这一约束对于要自己构造 CGO 辅助函数可能会产生一定影响。

例如，我们希望在 Go 中定义一个 C 语言字符指针对应的 CChar 类型，并为其增加一个 GoString() 方法，返回 Go 语言字符串：

```
package cgo_helper

// #include <stdio.h>
import "C"

type CChar C.char

func (p *CChar) GoString() string {
    return C.GoString((*C.char)(p))
}

func PrintCString(cs *C.char) {
    C.puts(cs)
}
```

现在我们可能会想在其他 Go 语言包中使用这个辅助函数：

```
package main

//static const char* cs = "hello";
import "C"
import "./cgo_helper"

func main() {
    cgo_helper.PrintCString(C.cs)
}
```

然而，这段代码是不能正常工作的，因为当前 main 包引入的 C.cs 变量的类型是当前 main 包的 CGO 构造的虚拟的 C 包下的*char 类型（具体为*main.C.char），而 cgo_helper 包引入的 *C.char 类型（具体为*cgo_helper.C.char）是不同的。在 Go 语言中，方法是依附于类型存在的，不同 Go 包中引入的虚拟的 C 包的类型是不同的（main.C 与 cgo_helper.C 类型不同），这导致从它们延伸出来的 Go 类型也是不同的(*main.C.char 与*cgo_helper.C.char 类型不同)，因此，上述代码不能正常工作。

有 Go 语言使用经验的用户可能会建议对参数进行类型转换后再传入，但这种方法也是不可行的，因为 cgo_helper.PrintCString 的参数是其自身包引入的*C.char 类型，在外部是无法直接获取这个类型的。换言之，如果一个包在其公开的接口中直接使用了类似*C.char 等虚拟的 C 包的类型，其他 Go 包将无法直接使用这些类型，除非这个 Go 包也提供了*C.char 类型的构造函数。出于同样的原因，如果想在 go test 环境直接测试上述 CGO 导出的类型，也会有相同的限制。

2.2.2　#cgo 命令

在 import "C"语句前的注释中，可以通过#cgo 命令设置编译阶段和连接阶段的相关参数。编译阶段的参数主要用于定义相关宏和指定头文件检索路径。连接阶段的参数主要用于指定库文件检索路径和要连接的库文件：

```
// #cgo CFLAGS: -DPNG_DEBUG=1 -I./include
// #cgo LDFLAGS: -L/usr/local/lib -lpng
// #include <png.h>
import "C"
```

在上面的代码中，CFLAGS 部分的-D 用于定义宏 PNG_DEBUG，值为 1，-I 用于定义头文件检索目录；LDFLAGS 部分的-L 用于指定连接时库文件检索目录，-l 用于指定连接时需要连接 png 库。

由于 C/C++遗留的问题，头文件检索目录可以是相对路径，但是库文件检索目录必须是绝对路径。在库文件检索目录中可以通过${SRCDIR}变量表示当前包目录的绝对路径：

```
// #cgo LDFLAGS: -L${SRCDIR}/libs -lfoo
```

上面的代码在连接时将被展开为：

```
// #cgo LDFLAGS: -L/go/src/foo/libs -lfoo
```

#cgo 命令主要影响 CFLAGS、CPPFLAGS、CXXFLAGS、FFLAGS 和 LDFLAGS 几个编译器环境变量。LDFLAGS 用于设置连接时的参数，其他几个变量用于改变编译阶段的构建参数（CFLAGS 用于针对 C 语言代码设置编译参数）。

在 CGO 环境中混合使用 C 和 C++的用户可能有 3 种不同的编译选项，其中 CFLAGS 是 C 语言特有的编译选项，CXXFLAGS 是 C++特有的编译选项，CPPFLAGS 是 C 和 C++共有的编译选项。但是在连接阶段，C 和 C++的连接选项是通用的，由于这个时候目标文件的类型是相同的，因此不再区分 C 和 C++语言。

#cgo 命令还支持条件选择，当满足某种操作系统或某种 CPU 体系结构时，相应的编译选项或连接选项才会生效。例如，以下代码分别针对 Windows 系统和非 Windows 系统设置了编译选项和连接选项：

```
// #cgo windows CFLAGS: -DX86=1
// #cgo !windows LDFLAGS: -lm
```

其中，在 Windows 系统中，编译时会预定义 X86 宏为 1；在非 Windows 平台下，在连接时会连接 math 库。这种用法对于不同系统只有少数编译选项差异的场景比较适用。

如果在不同的系统中 CGO 对应的 C 代码不同，那么可以先使用#cgo 命令定义不同的 C 语言的宏，然后通过宏来区分代码：

```
package main

/*
#cgo windows CFLAGS: -DCGO_OS_WINDOWS=1
#cgo darwin CFLAGS: -DCGO_OS_DARWIN=1
#cgo linux CFLAGS: -DCGO_OS_LINUX=1

#if defined(CGO_OS_WINDOWS)
    const char* os = "windows";
#elif defined(CGO_OS_DARWIN)
    const char* os = "darwin";
#elif defined(CGO_OS_LINUX)
    const char* os = "linux";
#else
#    error(unknown os)
#endif
*/
import "C"

func main() {
    println(C.GoString(C.os))
}
```

通过这种方式，可以用 C 语言中常用的技术来处理不同系统之间的差异代码。

2.2.3　build 标志条件编译

build 标志是在 Go 或 CGO 环境中的 C/C++文件开头的一种特殊注释，用于条件编译。它类似于前面通过#cgo 命令针对不同系统定义宏的方式，只有在对应系统的宏被定义之后才会构建对应的代码。但是，通过#cgo 命令定义宏有个限制，即它只能是基于 Go 语言支持的 Windows、Darwin 和 Linux 等已经支持的操作系统，如果希望定义一个 DEBUG 标志的宏，#cgo 命令就无能为力了。而 Go 语言提供的 build 标志条件编译特性则容易做到。

例如，下面的源文件仅在设置 debug 构建标志时才会被构建：

```
// +build debug

package main

var buildMode = "debug"
```

可以用以下命令构建：

```
go build -tags="debug"
go build -tags="windows debug"
```

通过-tags 命令行参数可以同时指定多个 build 标志，标志之间用空格分隔。

当有多个 build 标志时，可以通过逻辑操作组合使用。例如，以下 build 标志表示只有在"Linux 操作系统 386 体系结构"或"Darwin 操作系统中非 CGO 环境"中才进行构建：

```
// +build linux,386 darwin,!cgo
```

其中，linux,386 中 linux 和 386 用逗号连接，表示"与"的关系，而 linux,386 和 darwin,!cgo 之间通过空格分隔，表示"或"的关系。

2.3 类型转换

CGO 最初是为了达到方便从 Go 语言函数调用 C 语言函数（用 C 语言实现 Go 语言声明的函数），以便复用 C 语言资源这一目的而设计的。由于 C 语言中还会涉及回调函数，因此 CGO 也支持从 C 语言函数调用 Go 语言函数（用 Go 语言实现 C 语言声明的函数）。如今，CGO 已经成为 C 语言和 Go 语言双向通信的桥梁。要利用好 CGO 特性，就需要了解这两种语言的类型之间的转换规则，这是本节要讨论的重点。

2.3.1 数值类型的转换

在 Go 语言中访问 C 语言的符号时，一般是通过虚拟的 C 包进行的，例如 C.int 对应 C 语言的 int 类型。然而，有些 C 语言类型是由多个关键字组成的，但通过虚拟的 C 包访问 C 语言类型时，名称中不能包含空格，那么像 unsigned int 这样的类型就不能直接通过 C.unsigned int 访问。因此，CGO 为 C 语言的数值类型提供了相应转换规则，例如 C.uint 对应 C 语言的 unsigned int。

Go 语言的数值类型与 C 语言的数值类型是相似的。C 语言的数值类型、CGO 的类型和 Go 语言的数值类型的对应关系如表 2-1 所示。

表 2-1　C 语言的数值类型、CGO 的类型和 Go 语言的数值类型的对应关系

C 语言的数值类型	CGO 的类型	Go 语言的数值类型
`char`	`C.char`	`byte`
`singed char`	`C.schar`	`int8`
`unsigned char`	`C.uchar`	`uint8`
`short`	`C.short`	`int16`
`unsigned short`	`C.ushort`	`uint16`
`int`	`C.int`	`int32`
`unsigned int`	`C.uint`	`uint32`
`long`	`C.long`	`int32`
`unsigned long`	`C.ulong`	`uint32`
`long long int`	`C.longlong`	`int64`
`unsigned long long int`	`C.ulonglong`	`uint64`
`float`	`C.float`	`float32`
`double`	`C.double`	`float64`
`size_t`	`C.size_t`	`uint`

　　需要注意的是，虽然在 C 语言中 `int`、`short` 等类型的内存大小没有明确定义，但是在 CGO 中这些类型的内存大小是固定的。在 CGO 中，C 语言的 `int` 和 `long` 类型均对应 4 字节的内存大小，`size_t` 类型可以视为 Go 语言无符号整型 `uint`。

　　在 CGO 中，虽然 C 语言的 `int` 类型的内存大小固定为 4 字节，但是 Go 语言自身的 `int` 和 `uint` 类型的内存大小在 32 位和 64 位系统中分别对应 4 字节和 8 字节。如果需要在 C 语言中访问 Go 语言的 `int` 类型，可以通过 `GoInt` 类型访问，`GoInt` 类型在 CGO 工具生成的_cgo_export.h 头文件中定义。在_cgo_export.h 头文件中，每个基本的 Go 语言的数值类型都定义了对应的 C 语言的数值类型，它们一般以 Go 为前缀。下面是在 64 位系统中_cgo_export.h 头文件生成的 Go 语言的数值类型的定义，其中 `GoInt` 和 `GoUint` 类型分别对应 `GoInt64` 和 `GoUint64` 类型：

```
typedef signed char GoInt8;
typedef unsigned char GoUint8;
typedef short GoInt16;
typedef unsigned short GoUint16;
typedef int GoInt32;
typedef unsigned int GoUint32;
typedef long long GoInt64;
typedef unsigned long long GoUint64;
typedef GoInt64 GoInt;
typedef GoUint64 GoUint;
typedef float GoFloat32;
typedef double GoFloat64;
```

　　除 `GoInt` 和 `GoUint` 之外，我们并不推荐直接访问 `GoInt32` 和 `GoInt64` 等类型。更好的做

法是通过 C 语言的 C99 标准引入的 stdint.h 头文件。为了提高 C 语言的可移植性，stdint.h 文件中不但为每个数值类型都提供了明确的内存大小，而且与 Go 语言的类型命名更加一致。C 语言的 stdint.h 中的数值类型、CGO 的类型和 Go 语言的数值类型的对应关系如表 2-2 所示。

表 2-2　C 语言的 stdint.h 中的数值类型、CGO 的类型和 Go 语言的数值类型的对应关系

C 语言的 stdint.h 中的数值类型	CGO 的类型	Go 语言的数值类型
int8_t	C.int8_t	int8
uint8_t	C.uint8_t	uint8
int16_t	C.int16_t	int16
uint16_t	C.uint16_t	uint16
int32_t	C.int32_t	int32
uint32_t	C.uint32_t	uint32
int64_t	C.int64_t	int64
uint64_t	C.uint64_t	uint64

前面讲过，如果 C 语言类型由多个关键字组成，就无法通过虚拟的 C 包直接访问，例如，C 语言的 unsigned short 不能直接通过 C.unsigned short 访问。但是，在 stdint.h 中，通过使用 typedef 关键字将 unsigned short 重新定义为 uint16_t，就可以通过 C.uint16_t 访问 unsigned short 类型了。对于复杂的 C 语言类型，推荐使用 typedef 关键字提供一个规范的类型命名，以便于在 CGO 中访问。

2.3.2　Go 字符串和切片的转换

在 CGO 生成的_cgo_export.h 头文件中还会为 Go 语言的字符串、切片、字典、接口和通道等特有的数据类型生成对应的 C 语言类型：

```
#ifndef GO_CGO_GOSTRING_TYPEDEF
typedef struct { const char *p; ptrdiff_t n; } _GoString_;
#endif

#ifndef GO_CGO_GOSTRING_TYPEDEF
typedef _GoString_ GoString;
#endif

typedef void *GoMap;
typedef void *GoChan;
typedef struct { void *t; void *v; } GoInterface;
typedef struct { void *data; GoInt len; GoInt cap; } GoSlice;
```

其中，_GoString_是 Go 1.10 引入的预定义字符串类型，GoInt 的大小和当前机器的指针的大小相同。为了避免被误用，CGO 还会生成对应的检查代码。例如，下面是在 AMD64 体系结构的机器中生成的 GoInt 检查代码：

```
/*
    static assertion to make sure the file is being used on architecture
```

```
at least with matching size of GoInt.
*/
typedef char _check_for_64_bit_pointer_matching_GoInt[sizeof(void*)==64/8 ? 1:-1];
```

这里将一个固定长度的数组定义为 `_check_for_64_bit_pointer_matching_GoInt` 类型，数组的长度通过计算当前指针的大小来确定。如果指针大小不是 8 字节，将产生一个负数的数组长度，从而导致编译错误。从这里也可以看出，C 语言的 `sizeof` 是编译时运算符，而且三元表达式也可以用于编译时计算。

需要注意的是，只有字符串和切片在 CGO 中有一定的使用价值。因为 CGO 为它们的某些 Go 语言版本的操作函数生成了 C 语言版本的函数，所以可以在 Go 语言函数调用 C 语言函数时直接使用这些函数。而 CGO 并未针对其他类型提供相关的辅助函数，且 Go 语言特有的内存模型导致无法保留这些由 Go 语言管理的内存指针，因此它们在 C 语言环境中并无使用价值。

在导出的 C 语言函数中可以直接使用 Go 字符串和切片。假设有以下两个导出函数：

```
//export helloString
func helloString(s string) {}

//export helloSlice
func helloSlice(s []byte) {}
```

CGO 生成的 _cgo_export.h 头文件会包含以下函数声明：

```
extern void helloString(GoString p0);
extern void helloSlice(GoSlice p0);
```

但需要注意，如果使用了 `GoString` 类型，则会对 _cgo_export.h 头文件产生依赖，而这个头文件是动态生成的。

Go 1.10 针对 Go 字符串引入了一个预定义类型 `_GoString_`，可以减少 CGO 代码中对 _cgo_export.h 头文件的循环依赖的风险。我们可以将 `helloString()` 函数的 C 语言声明调整为：

```
extern void helloString(_GoString_ p0);
```

因为 `_GoString_` 是预定义类型，所以无法通过此类型直接访问字符串的长度和指针信息。Go 1.10 同时引入了以下两个函数，用于获取字符串结构中的长度和指针信息：

```
size_t _GoStringLen(_GoString_ s);
const char *_GoStringPtr(_GoString_ s);
```

更严谨的做法是为 C 语言函数接口定义严格的头文件，然后基于稳定的头文件实现代码。

2.3.3 结构体、联合和枚举类型的转换

C 语言的结构体、联合、枚举类型不能作为匿名成员嵌入 Go 语言的结构体中。在 Go 语言中，可以通过 `C.struct_xxx` 访问 C 语言中定义的 `struct xxx` 结构体类型。C 语言的结构体的内存布局遵循 C 语言的通用对齐规则：在 32 位 Go 语言环境中按 32 位对齐，在 64 位 Go 语言环境中按 64 位对齐。对于指定了特殊对齐规则的结构体，无法在 CGO 中访问。

结构体的简单用法如下：

```
/*
struct A {
    int i;
    float f;
};
*/
import "C"
import "fmt"

func main() {
    var a C.struct_A
    fmt.Println(a.i)
    fmt.Println(a.f)
}
```

如果结构体的成员名与 Go 语言的关键字冲突，则可以通过在成员名开头添加下划线_来访问：

```
/*
struct A {
    int type; // type 是 Go 语言的关键字
};
*/
import "C"
import "fmt"

func main() {
    var a C.struct_A
    fmt.Println(a._type) // _type 对应 type
}
```

但是如果有两个成员，一个以 Go 语言关键字命名，另一个刚好是以_加 Go 语言关键字命名，那么以 Go 语言关键字命名的成员将无法访问（被屏蔽）：

```
/*
struct A {
    int   type;  // type 是 Go 语言的关键字
    float _type; // 将屏蔽 CGO 对 type 成员的访问
};
*/
import "C"
import "fmt"

func main() {
    var a = C.struct_A{1, 2}
    fmt.Println(a._type) // _type 对应_type
}
```

C 语言结构体中的位字段成员无法在 Go 语言中直接访问，如果要操作位字段成员，需要在 C 语言中定义辅助函数。零长数组的成员也无法在 Go 语言中直接访问，但可以通过 unsafe.Offsetof(a.arr) 获取数组成员的偏移量。例如：

```
/*
struct A {
    int   size: 10; // 位字段无法访问
    float arr[];     // 零长数组也无法访问
};
*/
import "C"
import "fmt"

func main() {
    var a C.struct_A
    fmt.Println(a.size) // 错误：位字段无法访问
    fmt.Println(a.arr)  // 错误：零长数组也无法访问
}
```

在 C 语言中，无法直接访问 Go 语言定义的结构体类型。

对于联合类型，可以通过 C.union_xxx 访问 C 语言中定义的 union xxx 类型。但在 Go 语言中联合类型会被转换为对应大小的字节数组。例如：

```
/*
#include <stdint.h>

union B1 {
    int i;
    float f;
};

union B2 {
    int8_t i8;
    int64_t i64;
};
*/
import "C"
import "fmt"

func main() {
    var b1 C.union_B1;
    fmt.Printf("%T\n", b1) // [4]uint8

    var b2 C.union_B2;
    fmt.Printf("%T\n", b2) // [8]uint8
}
```

如果要操作 C 语言的联合类型变量，一般有 3 种方法：第一种是在 C 语言中定义辅助函数；第二种是通过 Go 语言的 encoding/binary 手动解码成员（需要注意大小端问题）；第三种是使用 unsafe 包强制转换为对应类型（这是性能最好的方法）。下面是通过 unsafe 包访问联合类型成员的示例：

```
/*
#include <stdint.h>
```

```
union B {
    int i;
    float f;
};
*/
import "C"
import "fmt"

func main() {
    var b C.union_B;
    fmt.Println("b.i:", *(*C.int)(unsafe.Pointer(&b)))
    fmt.Println("b.f:", *(*C.float)(unsafe.Pointer(&b)))
}
```

虽然 unsafe 包访问方法最简单，性能也最好，但是对于嵌套联合类型，处理会变得很复杂。对于复杂的联合类型，推荐通过在 C 语言中定义辅助函数的方式处理。

对于枚举类型，可以通过 C.enum_xxx 访问 C 语言中定义的 enum xxx 类型。例如：

```
/*
enum C {
    ZERO,
    ONE,
    TWO,
};
*/
import "C"
import "fmt"

func main() {
    var c C.enum_C = C.TWO
    fmt.Println(c)
    fmt.Println(C.ONE)
    fmt.Println(C.TWO)
}
```

在 C 语言中，枚举类型底层对应 int 类型，支持负数值。可以通过 C.ONE、C.TWO 等直接访问定义的枚举值。

2.3.4　数组、字符串和切片的转换

在 C 语言中，数组名实际上是一个指针，指向特定类型特定长度的一段内存，但是这个指针不能被修改。当把数组名传递给一个函数时，实际上传递的是数组第一个元素的地址。为了讨论方便，我们将一段特定长度的内存统称为数组。C 语言的字符串是一个 char 类型的数组，其长度由表示结尾的 NULL 字符的位置决定。C 语言中没有切片类型。

在 Go 语言中，数组是一种值类型，其长度是类型的一部分。Go 语言字符串对应一段长度确定的只读 byte 类型的内存。Go 语言的切片则是一个简化版的动态数组。

Go 语言和 C 语言的数组、字符串和切片之间的相互转换可以简化为 Go 语言的切片和 C 语言中指向特定长度内存的指针之间的转换。

CGO 的 C 虚拟包提供了以下一组函数, 用于 Go 语言和 C 语言之间数组和字符串的双向转换:

```
// Go string to C string
// The C string is allocated in the C heap using malloc.
// It is the caller's responsibility to arrange for it to be
// freed, such as by calling C.free (be sure to include stdlib.h
// if C.free is needed).
func C.CString(string) *C.char

// Go []byte slice to C array
// The C array is allocated in the C heap using malloc.
// It is the caller's responsibility to arrange for it to be
// freed, such as by calling C.free (be sure to include stdlib.h
// if C.free is needed).
func C.CBytes([]byte) unsafe.Pointer

// C string to Go string
func C.GoString(*C.char) string

// C data with explicit length to Go string
func C.GoStringN(*C.char, C.int) string

// C data with explicit length to Go []byte
func C.GoBytes(unsafe.Pointer, C.int) []byte
```

其中, C.CString() 将输入的 Go 字符串克隆为一个 C 语言的字符串, 返回的字符串由 C 语言的 malloc() 函数分配, 不使用时须通过 C 语言的 free() 函数释放; C.CBytes() 函数的功能与 C.CString() 类似, 用于将输入的 Go 语言字节切片克隆为一个 C 语言的字节数组, 返回的数组需要在合适的时候释放; C.GoString() 用于将以 NULL 结尾的 C 语言字符串克隆为一个 Go 语言字符串; C.GoStringN() 是一个字符数组克隆函数; C.GoBytes() 用于将 C 语言数组克隆为一个 Go 语言字节切片。

该组辅助函数都是以克隆的方式运行的。当 Go 语言字符串和切片向 C 语言转换时, 克隆的内存由 C 语言的 malloc() 函数分配, 最终通过 free() 函数释放。当 C 语言字符串或数组向 Go 语言转换时, 克隆的内存由 Go 语言分配管理。通过该组转换函数, 转换前和转换后的内存依然在各自的语言环境中, 没有跨越 Go 语言和 C 语言。克隆方式的优点是接口和内存管理都很简单, 缺点是克隆需要分配新的内存和执行复制操作, 可能会导致额外的开销。

在 Go 1.17 之前, 在 reflect 包中有字符串和切片的定义:

```
type StringHeader struct {
    Data uintptr
    Len  int
}

type SliceHeader struct {
    Data uintptr
    Len  int
    Cap  int
}
```

如果不希望单独分配内存，可以在 Go 语言中直接访问 C 语言的内存空间：

```
/*
#include <string.h>
char arr[10];
char *s = "Hello";
*/
import "C"
import (
    "reflect"
    "unsafe"
)
func main() {
    // 通过 reflect.SliceHeader 转换
    var arr0 []byte
    var arr0Hdr = (*reflect.SliceHeader)(unsafe.Pointer(&arr0))
    arr0Hdr.Data = uintptr(unsafe.Pointer(&C.arr[0]))
    arr0Hdr.Len = 10
    arr0Hdr.Cap = 10

    // 通过切片语法转换
    arr1 := (*[31]byte)(unsafe.Pointer(&C.arr[0]))[:10:10]

    var s0 string
    var s0Hdr = (*reflect.StringHeader)(unsafe.Pointer(&s0))
    s0Hdr.Data = uintptr(unsafe.Pointer(C.s))
    s0Hdr.Len = int(C.strlen(C.s))

    sLen := int(C.strlen(C.s))
    s1 := string((*[31]byte)(unsafe.Pointer(C.s))[:sLen:sLen])
}
```

因为 Go 语言的字符串是只读的，用户需要自己确保在 Go 字符串使用期间，底层对应的 C 字符串内容不会发生变化，且内存不会被提前释放。

在 Go 1.17 到 Go 1.20 中，unsafe 包增加了一组指针、字符串和切片的处理函数：

```
func Add(ptr Pointer, len IntegerType) Pointer
func String(ptr *byte, len IntegerType) string
func StringData(str string) *byte

func Slice(ptr *ArbitraryType, len IntegerType) []ArbitraryType
func SliceData(slice []ArbitraryType) *ArbitraryType
```

可以用 Add 实现指针的加法，用 String 和 StringData 实现 C 语言指针和 Go 语言字符串的互转，用 Slice 和 SliceData 实现 C 语言指针和 Go 切片的互转。因此，不再推荐使用 reflect 包的字符串结构体和切片的结构体。

在 CGO 中，会为字符串和切片生成对应的 C 语言版本的结构体：

```
typedef struct { const char *p; GoInt n; } GoString;
typedef struct { void *data; GoInt len; GoInt cap; } GoSlice;
```

在 C 语言中，可以通过 GoString 和 GoSlice 访问 Go 语言的字符串和切片。如果是 Go 语言中数组类型，可以将数组转为切片后再行转换。如果字符串或切片对应的底层内存空间由 Go 语言的运行时管理，那么在 C 语言中不能长时间保存 Go 内存对象。

关于 CGO 内存模型的细节在 2.7 节中会详细讨论。

2.3.5 指针间的转换

在 C 语言中，不同类型的指针是可以显式转换或隐式转换的，隐式转换通常会在编译时给出一些警告信息。但是，Go 语言对不同类型的转换非常严格，任何在 C 语言中可能出现的警告信息在 Go 语言中都可能是错误。指针是 C 语言的灵魂，指针间的自由转换也是 CGO 代码中经常要解决的问题。

如果在 Go 语言中两个指针的类型完全一致，则不需要转换，可以直接通用。如果一个指针类型是用 type 命令在另一个指针类型基础之上构建的，换言之，两个指针底层结构完全相同，则可以通过强制转换语法进行指针间的转换。但是 CGO 经常要处理的是两个类型完全不同的指针间的转换，原则上这种操作在纯 Go 语言代码中是严格禁止的。

CGO 存在的一个重要目的就是打破 Go 语言的限制，恢复 C 语言中指针的自由转换和指针运算。以下代码演示了如何将 X 类型的指针转换为 Y 类型的指针：

```
var p *X
var q *Y

q = (*Y)(unsafe.Pointer(p)) // *X => *Y
p = (*X)(unsafe.Pointer(q)) // *Y => *X
```

为了实现 X 类型的指针到 Y 类型的指针的转换，需要借助 unsafe.Pointer 作为中间类型。unsafe.Pointer 类似于 C 语言中的 void* 类型的指针。任何类型的指针都可以通过强制转换为 unsafe.Pointer 类型去除原有的类型信息，再重新赋予新的指针类型，从而实现指针间的转换。

图 2-1 展示了 X 类型的指针和 Y 类型的指针间的转换流程。

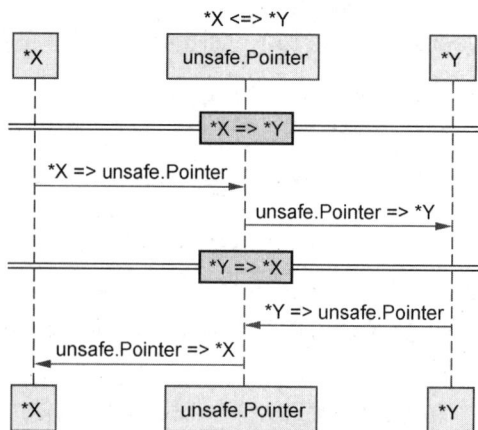

图 2-1 X 类型的指针和 Y 类型的指针间的转换流程

2.3.6　数值和指针的转换

不同类型的指针间的转换看似复杂，但是在 CGO 中已经算是比较简单的了。在 C 语言中，还经常遇到用普通数值表示指针的场景，因此，如何实现数值和指针的转换也是 CGO 需要解决的一个问题。

为了严格控制指针的使用，Go 语言禁止将数值类型直接转换为指针类型。不过，Go 语言针对 unsafe.Pointer 指针类型特别定义了一个 uintptr 类型。以 uintptr 为中介可以实现数值类型到 unsafe.Pointer 指针类型的转换，再结合 2.3.5 节提到的方法，就可以实现数值类型和指针类型间的转换了。

图 2-2 展示了 int32 类型和 char* 指针类型间的转换流程。

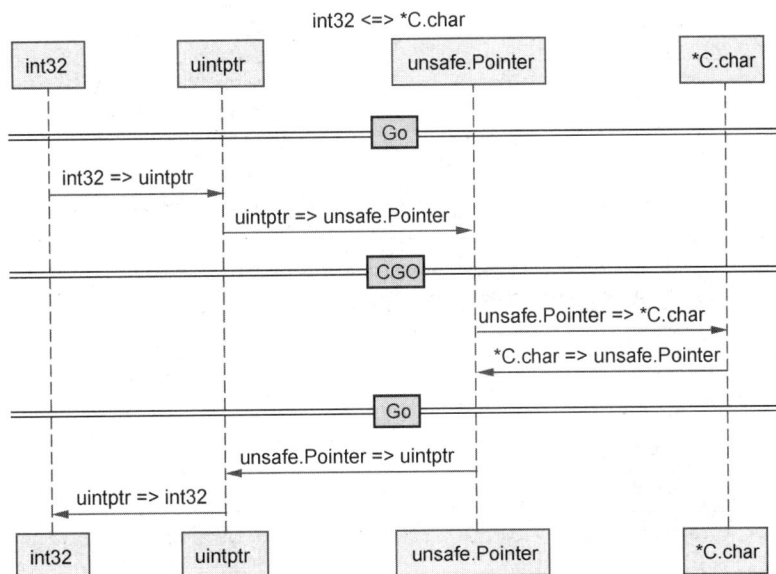

图 2-2　int32 类型和 char* 指针类型间的转换流程

从 int32 类型转换为 char* 指针类型分为几个阶段，在每个阶段实现一个小目标：首先是 int32 转换为 uintptr 类型，然后是 uintptr 转换为 unsafe.Pointer 指针类型，最后是 unsafe.Pointer 指针类型转换为*C.char 类型。反之亦然。

2.3.7　切片间的转换

在 C 语言中，数组本质上也是一种指针，因此两个不同类型数组之间的转换和指针间的转换基本类似。但是在 Go 语言中，数组或数组对应的切片不再是指针类型，因此无法直接实现不同类型的切片之间的转换。

不过，Go 语言的 reflect 包提供了切片类型的底层结构，再结合 2.3.5 节中讨论的不同类型的指针间的转换方法，就可以实现[]X 类型的切片和[]Y 类型的切片间的转换：

```
var p []X
var q []Y
```

```
pHdr := (*reflect.SliceHeader)(unsafe.Pointer(&p))
qHdr := (*reflect.SliceHeader)(unsafe.Pointer(&q))

pHdr.Data = qHdr.Data
pHdr.Len = qHdr.Len * unsafe.Sizeof(q[0]) / unsafe.Sizeof(p[0])
pHdr.Cap = qHdr.Cap * unsafe.Sizeof(q[0]) / unsafe.Sizeof(p[0])
```

不同类型的切片间转换的思路是，先构造一个空的目标切片，然后用原有切片的底层数据填充目标切片。如果类型 X 和 Y 的大小不同，则需要重新设置 Len 和 Cap 属性。需要注意的是，如果 X 或 Y 是空类型，则上述代码可能导致除以 0 的错误，实际代码需要根据具体情况谨慎处理。

图 2-3 展示了 X 类型的切片和 Y 类型的切片间的转换流程。

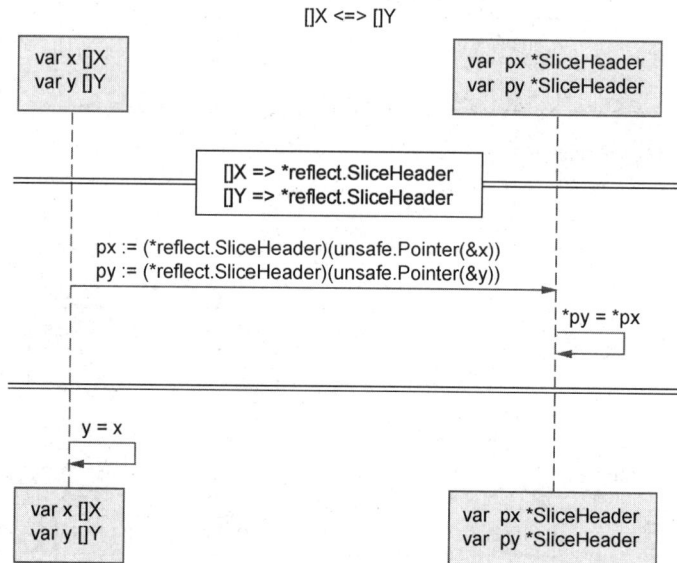

图 2-3　X 类型的切片和 Y 类型的切片间的转换流程

针对 CGO 中常用的功能，笔者提供了 github.com/chai2010/cgo 包，其中包括基本的转换功能，具体的细节可以参考实现代码。

2.4　函数调用

函数是跨语言调用的核心问题，CGO 不仅可以用于在 Go 语言函数中调用 C 语言函数，也可以用于将 Go 语言函数导出为 C 语言函数。

2.4.1　Go 调用 C 语言函数

对于一个启用 CGO 特性的程序，CGO 会构造一个虚拟的 C 包。通过这个虚拟的 C 包可以调用 C 语言函数。

```
/*
static int add(int a, int b) {
```

```
    return a+b;
}
*/
import "C"

func main() {
    C.add(1, 1)
}
```

以上 CGO 代码中先定义了一个在当前文件内可见的 `add()` 函数,然后通过 `C.add()` 调用 C 语言实现的函数。

2.4.2　C 语言函数的返回值

对于有返回值的 C 语言函数,可以直接获取返回值。例如,下面的 `div()` 函数实现了一个整数除法运算,并通过返回值返回除法的结果:

```
/*
static int div(int a, int b) {
    return a/b;
}
*/
import "C"
import "fmt"

func main() {
    v := C.div(6, 3)
    fmt.Println(v)
}
```

然而,这个函数对除数为 0 的情形并没有做特殊处理。现在希望在除数为 0 的时候返回一个错误,其他时候返回正常的结果。因为 C 语言不支持返回多个结果,所以 C 语言标准库的 errno.h 头文件提供了一个 `errno` 宏用于返回错误状态。可以将 `errno` 视为一个线程安全的全局变量,用于记录最近一次错误的状态码。

改进后的 `div()` 函数实现如下:

```
#include <errno.h>

int div(int a, int b) {
    if(b == 0) {
        errno = EINVAL;
        return 0;
    }
    return a/b;
}
```

CGO 对 errno.h 头文件中的 `errno` 宏提供了特殊支持:在 CGO 调用 C 语言函数时,如果有两个返回值,那么第二个返回值将对应 `errno` 错误状态:

```
/*
#include <errno.h>

static int div(int a, int b) {
    if(b == 0) {
        errno = EINVAL;
        return 0;
    }
    return a/b;
}
*/
import "C"
import "fmt"

func main() {
    v0, err0 := C.div(2, 1)
    fmt.Println(v0, err0)

    v1, err1 := C.div(1, 0)
    fmt.Println(v1, err1)
}
```

运行这段代码将会产生以下输出:

```
2 <nil>
0 invalid argument
```

可以将 `div()` 函数视为以下类型的函数:

```
func C.div(a, b C.int) (C.int, error)
```

第二个返回值是 `error` 接口类型,底层对应 `syscall.Errno` 错误类型,这个返回值是可选的。

2.4.3 **void** 函数的返回值

C 语言中还有一种没有返回值类型的函数,用 `void` 表示返回值类型。一般情况下,无法获取 `void` 类型函数的返回值,因为其没有返回值。在前面的例子中提到,CGO 对 `errno` 做了特殊处理,可以通过第二个返回值获取 C 语言的错误状态。对于 `void` 类型函数,这个特性依然适用。

以下代码展示了如何获取没有返回值函数的错误状态码:

```
//static void noreturn() {}
import "C"
import "fmt"

func main() {
    _, err := C.noreturn()
    fmt.Println(err)
}
```

在这段代码中,忽略了第一个返回值,只获取第二个返回值对应的错误码。

也可以尝试获取第一个返回值,它对应 C 语言的 `void` 类型对应的 Go 语言类型:

```
//static void noreturn() {}
import "C"
import "fmt"

func main() {
    v, _ := C.noreturn()
    fmt.Printf("%#v", v)
}
```

运行这段代码将产生以下输出：

```
main._Ctype_void{}
```

可以看出，C 语言的 void 类型对应的是当前的 main 包中的 _Ctype_void 类型。实际上，可以将 C 语言的 noreturn() 函数看作返回 _Ctype_void 类型的函数，从而直接获取 void 类型函数的返回值：

```
//static void noreturn() {}
import "C"
import "fmt"

func main() {
    fmt.Println(C.noreturn())
}
```

运行这段代码将产生以下输出：

```
[]
```

其实，在 CGO 生成的代码中，_Ctype_void 类型对应一个长度为 0 的数组类型 [0]byte，因此 fmt.Println 输出的是一对表示空数值的方括号。

通过上述示例我们可以精确掌握 CGO 代码的边界，从而从更深层次的设计的角度思考产生这些特性的原因。

2.4.4　C 调用 Go 导出函数

CGO 还有一个强大的特性：将 Go 语言函数导出为 C 语言函数。这样的话就可以定义好 C 语言接口，然后通过 Go 语言实现。在 2.1 节中已经展示过 Go 语言导出 C 语言函数的例子。

下面是用 Go 语言重新实现的 2.4.1 节中的 add() 函数：

```
import "C"

//export add
func add(a, b C.int) C.int {
    return a+b
}
```

add() 函数名以小写字母开头，在 Go 语言中是包内的私有函数。但是从 C 语言角度看，导出的 add() 函数是一个可全局访问的 C 语言函数。如果在两个不同的 Go 语言包中存在同名的要导出为 C 语言函数的 add() 函数，那么在最终的连接阶段将会出现重名问题。

前面讲过，CGO 生成的_cgo_export.h 头文件会包含导出后的 C 语言函数的声明，因此我们可以在纯 C 源文件中包含_cgo_export.h 文件来引用导出的 add() 函数：

```
#include "_cgo_export.h"

int call_add(int a, int b) {
    return add(a, b);
}
```

如果希望在当前的 CGO 文件中直接使用导出的 C 语言的 add() 函数，则无法引用_cgo_export.h 文件。因为_cgo_export.h 文件的生成依赖于当前文件，所以如果当前文件内部循环依赖尚未生成的_cgo_export.h 文件，就会导致 CGO 命令错误。

当导出 C 语言接口时，需要确保函数的参数和返回值类型都是 C 语言友好的类型，且返回值不得直接或间接包含 Go 语言内存空间的指针。

2.5 内存模型

CGO 是连接 Go 语言和 C 语言的桥梁，它使二者在二进制接口层面实现了互通，但是，我们要注意两种语言的内存模型的差异可能引发的问题。在 CGO 处理的跨语言函数调用中，如果涉及指针的传递，则可能会出现 Go 语言和 C 语言共享同一段内存的情况。C 语言的内存在分配之后是稳定的，但是 Go 语言函数栈是动态伸缩的，这可能导致栈中内存地址的移动（这是 Go 和 C 内存模型的最大差异）。如果 C 语言持有的是移动之前的 Go 指针，那么以旧指针访问 Go 对象时会导致程序崩溃。

2.5.1 Go 访问 C 内存

C 语言的内存是稳定的，只要没有被人为提前释放，在 Go 语言空间就可以放心使用。在 Go 语言访问 C 语言内存是最简单的情形，我们在之前的例子中已经见过多次。因此，也可以在 C 语言空间中创建切片：

```
package main

/*
#include <stdlib.h>

void* makeslice(size_t memsize) {
    return malloc(memsize);
}
*/
import "C"
import "unsafe"

func makeByteSlice(n int) []byte {
    p := C.makeslice(C.size_t(n))
    return ((*[1 << 31]byte)(p))[0:n:n]
}

func freeByteSlice(p []byte) {
```

```
        C.free(unsafe.Pointer(&p[0]))
}

func main() {
    s := makeByteSlice(1 << 10)
    defer freeByteSlice(s)

    s[len(s)-1] = 255
    print(s[len(s)-1])
}
```

在这个例子中，我们通过 `makeByteSlice()` 在 C 语言管理的内存空间中创建切片，从而绕过了 Go 语言垃圾收集的一些限制，并通过 `freeByteSlice()` 辅助函数释放内存。

因为 C 语言的内存是稳定的，所以基于 C 语言内存构造的切片也是绝对稳定的，不会因为 Go 语言栈的变化而被移动。

2.5.2　C 临时访问传入的 Go 内存

CGO 存在的一大原因是方便在 Go 语言中使用过去几十年用 C/C++语言构建的大量软件资源。C/C++库都是需要通过指针直接处理传入的内存数据的，因此 CGO 中也有很多需要将 Go 内存传入 C 语言函数的应用场景。

假设一个极端场景：将一块位于某 goroutine 的栈上的 Go 语言内存传入 C 语言函数后，在该 C 语言函数执行期间，该 goroutinue 的栈因为空间不足发生了扩展，导致原来的 Go 语言内存被移到了新的位置。但是此时 C 语言函数并不知道该 Go 语言内存已经移动了位置，仍然用之前的地址操作该内存——这将导致内存越界。虽然这是一个推论（真实情况有些差异），但说明 C 访问传入的 Go 内存确实是不安全的！

当然，有 RPC 远程过程调用经验的用户可能会考虑通过完全传值的方式处理：借助 C 语言内存稳定的特性，在 C 语言空间先开辟同样大小的内存，然后将 Go 的内存复制到 C 的内存空间，返回的内存也如此处理。下面的例子是这种思路的具体实现：

```
package main

/*
#include <stdlib.h>
#include <stdio.h>

void printString(const char* s) {
    printf("%s\n", s);
}
*/
import "C"
import "unsafe"

func printString(s string) {
    cs := C.CString(s)
    defer C.free(unsafe.Pointer(cs))

    C.printString(cs)
```

```
}

func main() {
    s := "hello"
    printString(s)
}
```

在需要将 Go 的字符串传入 C 语言时，先通过 `C.CString` 将 Go 语言字符串对应的内存数据复制到新创建的 C 语言内存空间中。虽然这种处理思路是安全的，但是效率较低（因为要多次分配内存并逐个复制元素），同时也较为烦琐。

为了简化并高效处理向 C 语言函数传入 Go 语言内存的问题，CGO 针对该场景定义了专门的规则：在 CGO 调用的 C 语言函数返回前，CGO 确保传入的 Go 语言内存在此期间不会发生移动，C 语言函数可以安全地使用 Go 语言的内存。

根据新的规则，我们可以直接传入 Go 字符串的内存：

```
package main

/*
#include<stdio.h>

void printString(const char* s, int n) {
    int i;
    for(i = 0; i < n; i++) {
        putchar(s[i]);
    }
    putchar('\n');
}
*/
import "C"
import "unsafe"

func printString(s string) {
    C.printString((*C.char)(unsafe.Pointer(unsafe.StringData(s))), C.int(len(s)))
}
func main() {
    s := "hello"
    printString(s)
}
```

现在的处理方式更加直接，且避免了分配额外的内存。这是高效的解决方案！

然而，任何技术都可能被滥用，CGO 的这种看似完美的规则也存在隐患。我们假设调用的 C 语言函数需要长时间运行，那么被它引用的 Go 语言内存在 C 语言函数返回前不能被移动，这可能会间接导致该 Go 内存栈对应的 goroutine 不能动态伸缩栈内存，从而可能导致这个 goroutine 被阻塞。因此，在需要长时间运行的 C 语言函数（特别是在纯 CPU 运算之外，还可能因为需要等待其他资源而需要不确定时间才能完成的函数）中，需要谨慎处理传入的 Go 语言内存。

需要注意的是，取得 Go 内存后必须立即传入 C 语言函数，不能保存到临时变量后再间接传入 C 语言函数。因为 CGO 只能保证在 C 语言函数调用期间传入的 Go 语言内存不会发生移动，而不能保证 Go 语言内存在传入 C 语言函数之前不发生变化。

以下代码是错误的：

```
// 错误的代码
tmp := uintptr(unsafe.Pointer(&x))
pb := (*int16)(unsafe.Pointer(tmp))
*pb = 42
```

因为 tmp 不是指针类型，所以在它获取到 Go 对象地址之后 x 对象可能会被移动。也正是因为 tmp 不是指针类型，所以它不会被 Go 语言运行时更新为新内存的地址。这与在 C 语言环境中保持 Go 对象的地址的效果是一样的：如果原始的 Go 对象内存发生了移动，Go 语言运行时并不会同步更新它们。

2.5.3　C 长期持有 Go 指针对象

Go 程序员在使用 CGO 时潜意识中会认为总是 Go 语言调用 C 语言函数。其实，在 CGO 中，C 语言函数也可以回调 Go 语言实现的函数。特别是，我们可以用 Go 语言写一个动态库，导出 C 语言规范的接口供其他用户调用。当 C 语言函数调用 Go 语言函数的时候，C 语言函数就成了程序的调用方，Go 语言函数返回的 Go 对象内存的生命周期也就超出了 Go 语言运行时的管理。简言之，不能在 C 语言函数中直接使用 Go 语言对象的内存。

Go 1.17 可以通过标准库的 runtime/cgo.Handle 将 Go 对象映射为句柄 id，再映射为 C 语言的指针：

```
package main

/*
#include<stdlib.h>
extern char* NewGoString(char* s);
extern void FreeGoString(char* s);
extern void PrintGoString(char* s);

static void printString(char* s) {
    char* gs = NewGoString(s);
    PrintGoString(gs);
    FreeGoString(gs);
}
*/
import "C"
import "runtime/cgo"

//export NewGoString
func NewGoString(s *C.char) *C.char {
    gs := C.GoString(s)
    id := cgo.NewHandle(gs)
    return (*C.char)(unsafe.Pointer(uintptr(id)))
}

//export FreeGoString
func FreeGoString(p *C.char) {
```

```
    id := cgo.Handle(uintptr(unsafe.Pointer(p)))
    id.Delete()
}

//export PrintGoString
func PrintGoString(p *C.char) {
    id := cgo.Handle(uintptr(unsafe.Pointer(p)))
    gs := id.Value().(string)
    print(gs)
}

func main() {
    p := C.CString("hello")
    defer C.free(unsafe.Pointer(p))
    C.printString(p)
}
```

在 printString() 函数中，我们通过 NewGoString() 创建一个对应的 Go 字符串对象，返回的其实是一个 id，不能直接使用。我们借助 PrintGoString() 函数将 id 解析为 Go 语言字符串后打印。该字符串在 C 语言函数中完全跨越了 Go 语言的内存管理，在调用 PrintGoString() 前即使发生了栈伸缩导致的 Go 字符串地址变化，也依然可以正常工作，因为只要该字符串对应的 id 是稳定的，在 Go 语言空间通过 id 解码得到的字符串就是有效的。

2.5.4　导出 C 语言函数不能返回 Go 内存

在 Go 语言中，内存是从一个固定的虚拟地址空间分配的。而 C 语言分配的内存则不能使用 Go 语言保留的虚拟内存空间。在 CGO 环境，Go 语言运行时默认会检查导出函数返回的内存是不是由 Go 语言分配的，如果是，则会抛出运行时异常。

下面是 CGO 运行时异常的例子：

```
/*
extern int* getGoPtr();

static void Main() {
    int* p = getGoPtr();
    *p = 42;
}
*/
import "C"

func main() {
    C.Main()
}

//export getGoPtr
func getGoPtr() *C.int {
    return new(C.int)
}
```

其中，`getGoPtr()`返回的虽然是 C 语言类型的指针，但是内存本身是从 Go 语言的 `new()` 函数分配的，也就是由 Go 语言运行时统一管理的内存。然后我们在 C 语言的 `Main()` 函数中调用了 `getGoPtr()` 函数，此时会抛出运行时异常：

```
$ go run main.go
# command-line-arguments
panic: runtime error: cgo result has Go pointer

goroutine 1 [running]:
main._Cfunc_Main()
        _cgo_gotypes.go:43 +0x38
main.main()
        /path/to/example/main.go:14 +0x20
exit status 2
```

异常表明 CGO 函数返回的结果中含有由 Go 语言分配的指针。指针的检查操作发生在 C 语言版的 `getGoPtr()` 函数中，这个 C 语言版的 `getGoPtr()` 函数是由 CGO 生成的 C 语言和 Go 语言的桥接函数。

2.5.5　`runtime.Pinner` 类型

Go 1.21 新增了 `runtime.Pinner` 类型，用于解决将 Go 指针传递给 C 语言环境时可能出现的异常问题。该类型的文档如下：

```
$ go doc runtime.Pinner
package runtime // import "runtime"

type Pinner struct {}

    A Pinner is a set of pinned Go objects. An object can be pinned with the
    Pin method and all pinned objects of a Pinner can be unpinned with the Unpin
    method.

func (p *Pinner) Pin(pointer any)
func (p *Pinner) Unpin()
```

简言之，一个 `runtime.Pinner` 代表一组被钉住的 Go 对象，这些对象暂时不会受 Go 语言的垃圾收集器的影响。下面看一下 `Pinner.Pin()` 方法的文档：

```
$ go doc runtime.Pinner.Pin
package runtime // import "runtime"

func (p *Pinner) Pin(pointer any)
    Pin pins a Go object, preventing it from being moved or freed by the garbage
    collector until the Unpin method has been called.

    A pointer to a pinned object can be directly stored in C memory or can be
    contained in Go memory passed to C functions. If the pinned object itself
    contains pointers to Go objects, these objects must be pinned separately if
    they are going to be accessed from C code.
```

```
The argument must be a pointer of any type or an unsafe.Pointer. It must
be the result of calling new, taking the address of a composite literal,
or taking the address of a local variable. If one of these conditions is not
met, Pin will panic.
```

如果希望将一个 Go 语言管理的指针传递给 C 语言函数，则可以通过 `Pinner.Pin()` 将内存钉住，然后像前一个例子那样返回到 C 语言函数。代码修改如下：

```
package main


/*
extern int* getGoPtr();

static void Main() {
    int* p = getGoPtr();
    *p = 42;
}
*/
import "C"
import "runtime"

var pinner runtime.Pinner

func main() { C.Main() }

//export getGoPtr
func getGoPtr() *C.int {
    p := new(C.int)
    pinner.Pin(p)
    return p
}
```

运行该代码时就不会再遇到 `cgoCheckPointer()` 抛出的异常了。

2.6 C++类封装

CGO 是 C 语言和 Go 语言之间的桥梁，原则上无法直接支持 C++的类。CGO 不支持 C++语法的根本原因是 C++至今还没有一个统一的应用二进制接口（application binary interface，ABI）规范。一个 C++类的构造函数在编译为目标文件时，连接符号名的生成方式、方法在不同系统甚至不同版本的 C++编译器中的实现都是不一样的。但是，C++兼容 C 语言，所以我们可以通过增加一组 C 语言函数接口作为 C++类和 CGO 之间的桥梁，这样就可以间接地实现 C++和 Go 之间的互操作。当然，因为 CGO 只支持 C 语言中值类型的数据类型，所以无法直接使用 C++的引用参数等特性。

2.6.1 C++类到 Go 语言对象

实现 C++类到 Go 语言对象的封装需要经过以下几个步骤：首先用纯 C 语言函数接口封装 C++

类，然后通过 CGO 将纯 C 语言函数接口映射到 Go 语言函数，最后创建一个 Go 封装对象，将 C++ 类的方法用 Go 对象的方法实现。

1. 准备一个 C++类

为了演示简单，我们基于 `std::string` 实现一个最简单的缓存类 MyBuffer。除构造函数和析构函数之外，它只有两个成员函数，分别返回缓存大小和底层数据指针。因为是二进制缓存，所以可以存储任意数据。

```
// my_buffer.h
#include <string>

struct MyBuffer {
    std::string* s_;

    MyBuffer(int size) {
        this->s_ = new std::string(size, char('\0'));
    }
    ~MyBuffer() {
        delete this->s_;
    }

    int Size() const {
        return this->s_->size();
    }
    char* Data() {
        return (char*)this->s_->data();
    }
};
```

我们在构造函数中指定缓存大小并分配空间，使用完后通过析构函数释放内部分配的内存。下面是简单的使用方式：

```
int main() {
    auto pBuf = new MyBuffer(1024);

    auto data = pBuf->Data();
    auto size = pBuf->Size();

    delete pBuf;
}
```

为了方便向 C 语言接口过渡，这里我们故意没有定义 C++的复制构造函数。必须用 `new` 和 `delete` 来分配和释放缓存对象，而不能以值传递的方式使用。

2. 用纯 C 语言函数接口封装 C++类

如果要将上面的 C++类用 C 语言函数接口封装，可以从使用方式入手。可以将 `new` 和 `delete` 映射为 C 语言函数，将对象的方法也映射为 C 语言函数。

在 C 语言中，我们期望 MyBuffer 类可以这样使用：

```
int main() {
    MyBuffer* pBuf = NewMyBuffer(1024);

    char* data = MyBuffer_Data(pBuf);
    auto size = MyBuffer_Size(pBuf);

    DeleteMyBuffer(pBuf);
}
```

先从 C 语言接口用户的角度思考需要什么样的接口，然后创建 my_buffer_capi.h 头文件接口规范：

```
// my_buffer_capi.h
typedef struct MyBuffer_T MyBuffer_T;

MyBuffer_T* NewMyBuffer(int size);
void DeleteMyBuffer(MyBuffer_T* p);

char* MyBuffer_Data(MyBuffer_T* p);
int MyBuffer_Size(MyBuffer_T* p);
```

然后就可以基于 C++的 MyBuffer 类定义这些 C 语言封装函数。我们创建对应的 my_buffer_capi.cc 文件如下：

```
// my_buffer_capi.cc

#include "./my_buffer.h"

extern "C" {
    #include "./my_buffer_capi.h"
}

struct MyBuffer_T: MyBuffer {
    MyBuffer_T(int size): MyBuffer(size) {}
    ~MyBuffer_T() {}
};

MyBuffer_T* NewMyBuffer(int size) {
    auto p = new MyBuffer_T(size);
    return p;
}
void DeleteMyBuffer(MyBuffer_T* p) {
    delete p;
}

char* MyBuffer_Data(MyBuffer_T* p) {
    return p->Data();
}
int MyBuffer_Size(MyBuffer_T* p) {
    return p->Size();
}
```

因为头文件 my_buffer_capi.h 用于 CGO，所以必须采用 C 语言规范的函数名修饰规则。在 C++ 源文件包含时需要用 extern "C"语句说明。另外，MyBuffer_T 的实现只是从 MyBuffer 继承的类，这样可以简化封装代码的实现。同时，与 CGO 通信时必须通过 MyBuffer_T 指针，无法将具体的实现暴露给 CGO，因为实现中包含了 C++特有的语法，CGO 无法识别 C++特性。

将 C++类封装为纯 C 语言接口之后，下一步是将 C 语言函数转换为 Go 语言函数。

3. 将纯 C 语言接口函数封装为 Go 语言函数

将纯 C 语言函数封装为对应的 Go 语言函数的过程相对简单。需要注意的是，由于我们的包中包含 C++11 语法，因此需要通过#cgo CXXFLAGS：-std=c++11 启用 C++11 选项：

```go
// my_buffer_capi.go

package main

/*
#cgo CXXFLAGS: -std=c++11

#include "my_buffer_capi.h"
*/
import "C"

type cgo_MyBuffer_T C.MyBuffer_T

func cgo_NewMyBuffer(size int) *cgo_MyBuffer_T {
    p := C.NewMyBuffer(C.int(size))
    return (*cgo_MyBuffer_T)(p)
}

func cgo_DeleteMyBuffer(p *cgo_MyBuffer_T) {
    C.DeleteMyBuffer((*C.MyBuffer_T)(p))
}

func cgo_MyBuffer_Data(p *cgo_MyBuffer_T) *C.char {
    return C.MyBuffer_Data((*C.MyBuffer_T)(p))
}

func cgo_MyBuffer_Size(p *cgo_MyBuffer_T) C.int {
    return C.MyBuffer_Size((*C.MyBuffer_T)(p))
}
```

为了区分，我们在 Go 中的每个类型和函数名称前增加了 cgo_ 前缀，例如，cgo_MyBuffer_T 类型对应 C 中的 MyBuffer_T 类型。

为了处理简单，在将纯 C 语言函数封装为 Go 语言函数时，除 cgo_MyBuffer_T 类型外，对输入参数和返回值的基础类型，我们依然使用 C 语言类型。

4. 封装为 Go 对象

将纯 C 语言接口封装为 Go 语言函数之后，就可以很容易地基于封装的 Go 语言函数构造 Go 对象。由于 cgo_MyBuffer_T 是从 C 语言空间导入的类型，它无法定义自己的方法，因此我们构造了一个新的 MyBuffer 类型，其成员持有 cgo_MyBuffer_T 指向的 C 语言缓存对象：

```go
// my_buffer.go

package main

import "unsafe"

type MyBuffer struct {
    cptr *cgo_MyBuffer_T
}

func NewMyBuffer(size int) *MyBuffer {
    return &MyBuffer{
        cptr: cgo_NewMyBuffer(size),
    }
}

func (p *MyBuffer) Delete() {
    cgo_DeleteMyBuffer(p.cptr)
}

func (p *MyBuffer) Data() []byte {
    data := cgo_MyBuffer_Data(p.cptr)
    size := cgo_MyBuffer_Size(p.cptr)
    return ((*[1 << 31]byte)(unsafe.Pointer(data)))[0:int(size):int(size)]
}
```

同时，因为 Go 语言的切片本身含有长度信息，所以我们将 cgo_MyBuffer_Data() 和 cgo_MyBuffer_Size() 两个函数合并为 MyBuffer.Data() 方法，它返回一个对应底层 C 语言缓存空间的切片。

现在我们就可以很容易地在 Go 语言中使用封装后的缓存对象（底层基于 C++ 的 std::string 实现）：

```go
package main

// #include <stdio.h>
import "C"
import "unsafe"

func main() {
    buf := NewMyBuffer(1024)
    defer buf.Delete()

    copy(buf.Data(), []byte("hello\x00"))
    C.puts((*C.char)(unsafe.Pointer(&(buf.Data()[0]))))
}
```

　　在上面的例子中，我们创建了一个 1024 字节的缓存，然后通过 copy() 函数向缓存中填充了一个字符串。为了方便 C 语言字符串函数处理，我们在填充字符串时默认用 '\0' 表示字符串结束。最后，我们直接获取缓存的底层数据指针，用 C 语言的 puts() 函数打印缓存的内容。

2.6.2　Go 语言对象到 C++类

　　实现 Go 语言对象到 C++类的封装需要经过以下几个步骤：首先将 Go 对象映射为一个 id，然后基于 id 导出对应的 C 语言接口函数，最后基于 C 语言接口函数封装为 C++对象。

1. 构造一个 Go 对象

　　为了便于演示，我们用 Go 语言构建了一个 Person 对象，每个 Person 有名字和年龄信息：

```
package main

type Person struct {
    name string
    age  int
}

func NewPerson(name string, age int) *Person {
    return &Person{
        name: name,
        age:  age,
    }
}

func (p *Person) Set(name string, age int) {
    p.name = name
    p.age = age
}

func (p *Person) Get() (name string, age int) {
    return p.name, p.age
}
```

　　如果想在 C/C++中访问 Person 对象，需要通过 CGO 导出 C 语言接口来访问。

2. 导出 C 语言接口

　　我们仿照 C++对象到 C 语言接口的过程，抽象一组 C 语言接口描述 Person 对象。创建一个 **person_capi.h** 文件，对应 C 语言接口规范文件：

```
// person_capi.h
#include <stdint.h>

typedef uintptr_t person_handle_t;

person_handle_t person_new(char* name, int age);
void person_delete(person_handle_t p);
```

```
void person_set(person_handle_t p, char* name, int age);
char* person_get_name(person_handle_t p, char* buf, int size);
int person_get_age(person_handle_t p);
```

然后在 Go 语言中实现这一组 C 语言函数。

需要注意的是，通过 CGO 导出 C 语言函数时，输入参数和返回值类型都不支持 const 修饰，同时也不支持可变参数的函数类型。如 2.5 节所述，我们无法在 C/C++中直接长期访问 Go 内存对象。因此，我们使用 2.5.3 节所述的方法将 Go 对象映射为一个整数 id。

下面是 person_capi.go 文件，对应 C 语言接口函数的实现：

```go
// #include "./person_capi.h"
import "C"
import (
    "runtime/cgo"
    "unsafe"
)

//export person_new
func person_new(name *C.char, age C.int) C.person_handle_t {
    id := cgo.NewHandle(NewPerson(C.GoString(name), int(age)))
    return C.person_handle_t(id)
}

//export person_delete
func person_delete(h C.person_handle_t) {
    cgo.Handle(h).Delete()
}

//export person_set
func person_set(h C.person_handle_t, name *C.char, age C.int) {
    p := cgo.Handle(h).Value().(*Person)
    p.Set(C.GoString(name), int(age))
}

//export person_get_name
func person_get_name(h C.person_handle_t, buf *C.char, size C.int) *C.char {
    p := cgo.Handle(h).Value().(*Person)
    name, _ := p.Get()

    n := int(size) - 1
    bufSlice := ((*[1 << 31]byte)(unsafe.Pointer(buf)))[0:n:n]
    n = copy(bufSlice, []byte(name))
    bufSlice[n] = 0

    return buf
}

//export person_get_age
func person_get_age(h C.person_handle_t) C.int {
    p := cgo.Handle(h).Value().(*Person)
```

```
    _, age := p.Get()
    return C.int(age)
}
```

创建 Go 对象后，我们通过 `cgo.NewHandle()` 将 Go 对象映射为 id，然后将 id 强制转换为 `person_handle_t` 类型返回，其他接口函数则是根据 `person_handle_t` 表示的 id 解析出对应的 Go 对象。

3. 封装 C++对象

有了 C 语言接口之后，封装 C++对象就比较简单了。常见的做法是新建一个 `Person` 类，其中包含一个对应真实 Go 对象的 `person_handle_t` 类型的成员，然后在构造函数中通过 C 语言接口创建 Go 对象，在析构函数中通过 C 语言接口释放 Go 对象。下面是采用这种技术的实现：

```cpp
extern "C" {
    #include "./person_capi.h"
}

struct Person {
    person_handle_t goobj_;

    Person(const char* name, int age) {
        this->goobj_ = person_new((char*)name, age);
    }
    ~Person() {
        person_delete(this->goobj_);
    }

    void Set(char* name, int age) {
        person_set(this->goobj_, name, age);
    }
    char* GetName(char* buf, int size) {
        return person_get_name(this->goobj_ buf, size);
    }
    int GetAge() {
        return person_get_age(this->goobj_);
    }
}
```

封装后就可以像普通 C++类那样使用它了：

```cpp
#include "person.h"

#include <stdio.h>

int main() {
    auto p = new Person("gopher", 15);

    char buf[64];
    char* name = p->GetName(buf, sizeof(buf)-1);
    int age = p->GetAge();
```

```
        printf("%s, %d years old.\n", name, age);
        delete p;

        return 0;
    }
```

4. 封装 C++对象改进

在前面的封装 C++对象的实现中，每次通过 new 创建一个 Person 实例都需要进行两次内存分配：一次是针对 C++版本的 Person，另一次是针对 Go 语言版本的 Person。其实，C++版本的 Person 内部只有一个person_handle_t 类型的id，用于映射 Go 对象。我们完全可以将person_handle_t 直接当作 C++对象来使用。

下面是改进后的封装方式：

```
extern "C" {
    #include "./person_capi.h"
}

struct Person {
    static Person* New(const char* name, int age) {
        return (Person*)person_new((char*)name, age);
    }
    void Delete() {
        person_delete(person_handle_t(this));
    }

    void Set(char* name, int age) {
        person_set(person_handle_t(this), name, age);
    }
    char* GetName(char* buf, int size) {
        return person_get_name(person_handle_t(this), buf, size);
    }
    int GetAge() {
        return person_get_age(person_handle_t(this));
    }
};
```

我们在 Person 类中增加了一个名为 New 的静态成员函数，用于创建新的 Person 实例。在 New()函数中通过调用person_new创建 Person实例，返回的是person_handle_t 类型的id，我们将其强制转换为 Person*类型的指针返回。在其他成员函数中，我们通过将 this 指针反向转换为person_handle_t 类型，然后通过 C 语言接口调用对应的函数。

至此，我们就达到了将 Go 对象导出为 C 语言接口，然后基于 C 语言接口再封装为 C++对象以便于使用的目的。

2.6.3 彻底解放 C++的 this 指针

熟悉 Go 语言的读者会发现，Go 语言中方法是绑定到类型的。例如，我们基于 int 类型定义一个新的 Int 类型，就可以为其添加方法：

```
type Int int

func (p Int) Twice() int {
    return int(p)*2
}

func main() {
    var x = Int(42)
    fmt.Println(int(x))
    fmt.Println(x.Twice())
}
```

这样就可以在不改变原有数据底层内存结构的前提下，自由切换 int 和 Int 类型来使用变量。而在 C++中要实现类似的特性，一般会采用以下代码：

```
class Int {
    int v_;

    Int(v int) { this.v_ = v; }
    int Twice() const{ return this.v_*2; }
};

int main() {
    Int v(42);

    printf("%d\n", v); // error
    printf("%d\n", v.Twice());
}
```

新封装后的 Int 类型虽然增加了 Twice()方法，但是失去了自由转换回 int 类型的权利。此时 printf 不仅无法输出 Int 类型本身的值，而且失去了 int 类型运算的所有特性。这就是 C++构造函数的失败之处：以失去原有特性的代价换取 class 的"施舍"。

造成这个问题的根源是 C++中 this 被固定为 class 的指针类型。我们重新回顾一下 this 在 Go 语言中的本质：

```
func (this Int) Twice() int
func Int_Twice(this Int) int
```

在 Go 语言中，和 this 有着相似功能的类型接收者参数其实只是一个普通的函数参数，我们可以自由选择值或指针类型。

如果从 C 语言的角度来思考，this 也只是一个普通的 void*类型的指针，我们可以自由地将 this 转换为其他类型。

```
struct Int {
    int Twice() {
        const int* p = (int*)(this);
        return (*p) * 2;
    }
};
int main() {
    int x = 42;
```

```
    printf("%d\n", x);
    printf("%d\n", ((Int*)(&x))->Twice());
    return 0;
}
```

这样就可以通过将 int 类型的指针强制转换为 Int 类型的指针，代替通过 new 调用默认的构造函数来构造 Int 对象。在 Twice() 函数内部，再以相反的操作将 this 指针转换回 int 类型的指针，就可以解析出原有的 int 类型的值。此时，Int 类型只是编译时的一个 "壳子"，并不会在运行时占用额外的空间。

因此，C++的方法也可以用于普通非 class 类型，C++的成员函数也可以绑定到类型上。只有纯虚方法（即接口）才是绑定到对象的。

2.7 MOSN 带来的优化

如本章开头所述，国内的 Go 语言爱好者朱德江为从 C 语言调用 Go 代码带来了近 10 倍的性能提升，从而显著改进了 MOSN 框架中一些核心跨语言代码的性能。MOSN 是一个主要使用 Go 语言开发的云原生网络代理平台，它在云原生领域有广泛的应用，既可以与 Istio 集成构建服务网格（sevice mesh），也可以作为独立的四层或七层负载均衡器使用。

目前，MOSN 社区新推出的 MoE 架构将 Go 语言嵌入 Envoy，重度依赖 CGO，尤其是对 C 语言调用 Go 语言的性能非常敏感。在优化前，每次从 C 语言函数调用 Go 语言函数都需要将 C 语言的线程绑定到 Go 语言的系统线程，在 Go 1.21 版本中，朱德江优化了该操作，使每个 C 线程仅需绑定一次，获得了近 10 倍的性能提升。

此外，朱德江还引入了#cgo noescape 和#cgo nocallback 两个编译器注解命令，让 CGO 用户可以更精细地控制内存分配策略。被标注为不会逃逸的 Go 对象内存优先在栈上分配，从而获得更好的性能。这两个优化特性的具体使用可以参考 src/cmd/cgo/internal/test/test.go 中的性能测试代码：

```
// escape vs noescape

#cgo noescape handleGoStringPointerNoescape
void handleGoStringPointerNoescape(void *s) {}

void handleGoStringPointerEscape(void *s) {}

func benchCgoCall(b *testing.B) {
    b.Run("string-pointer-escape", func(b *testing.B) {
        for i := 0; i < b.N; i++ {
            var s string
            C.handleGoStringPointerEscape(unsafe.Pointer(&s))
        }
    })
    b.Run("string-pointer-noescape", func(b *testing.B) {
        for i := 0; i < b.N; i++ {
            var s string
            C.handleGoStringPointerNoescape(unsafe.Pointer(&s))
        }
```

```
    })
}
```

根据笔者的测试结果，对于将一个 Go 字符串传入 C 的场景，性能对比数据如下：

```
BenchmarkCgoCall/string-pointer-escape
BenchmarkCgoCall/string-pointer-escape-12          67731663          87.02 ns/op
BenchmarkCgoCall/string-pointer-noescape
BenchmarkCgoCall/string-pointer-noescape-12        99424776          61.30 ns/op
```

目前该特性的代码已经被合并到 Go 的主分支，并在 Go 1.24 版本中正式可用。

2.8　补充说明

CGO 是 C 语言和 Go 语言混合编程的技术，因此要想熟练使用 CGO，就需要了解这两门语言。对于 C 语言，推荐两本书：第一本是 C 语言之父编写的《C 程序设计语言》（*The C Programming Language*）；第二本是讲述 C 语言模块化编程的《C 语言接口与实现：创建可重用软件的技术》（*C Interfaces and Implementations: Techniques for Creating Reusable Software*）。对于 Go 语言，推荐《Go 程序设计语言》（*The Go Programming Language*）和 Go 语言自带的全部文档和代码。

为什么要花费大量精力学习 CGO 呢？任何技术和语言都有它自身的优点和不足，Go 语言不是"银弹"，它无法解决所有问题。通过 CGO，我们可以继承 C/C++将近半个世纪的软件遗产，用 Go 语言为其他系统编写 C 语言接口的共享库，还可以让 Go 语言编写的代码很好地融入现有的软件生态——而现有的软件大多是基于 C/C++语言构建的。因此，CGO 是一个重要的后备技术，是 Go 语言的一个重量级补充，值得每位严肃的 Go 语言开发者学习。

第 3 章
Go 汇编语言

> func main {
>   println("你好，Go语言！")
> }

Go 语言中很多设计思想和工具都是源自 Plan 9 操作系统，Go 汇编语言也是基于 Plan 9 汇编演化而来的。根据 Rob Pike 的介绍，Ken Thompson 在 1986 年为 Plan 9 系统编写的 C 语言编译器输出的汇编伪代码正是 Plan 9 汇编语言的前身。所谓的 Plan 9 汇编语言只是便于手工编写 C 语言编译器输出的汇编伪代码而已。

无论高级语言如何发展，汇编语言作为最接近 CPU 的语言，其地位依然无法被完全替代。只有用汇编语言才能充分挖掘 CPU 芯片的功能，因此操作系统的引导过程离不开汇编语言的支持。只有用汇编语言才能"榨取"CPU 芯片的最大性能，因此很多对性能敏感的底层算法（如加密解密算法），会用汇编语言进行优化。

对于每一位严肃的 Go 语言开发者，Go 汇编语言都是一项不可忽视的技术。哪怕只懂一点儿汇编知识，也有助于更好地理解计算机原理，以及 Go 语言中动态栈、接口等高级特性的实现原理。掌握了 Go 汇编语言后，开发者将站在编程语言鄙视链的顶端，不再担心被其他高级编程语言用户轻视。

本章将以 AMD64 体系结构为主要开发环境，简单地探讨 Go 1.22 汇编语言的基础用法。

3.1 快速入门

Go 汇编语言程序一直给人一种神秘的感觉。我们将通过分析简单的 Go 程序生成的汇编代码，学习如何用 Go 汇编语言实现一个简单的输出程序。

3.1.1 实现和声明

Go 汇编语言并不是一种独立的语言。Go 汇编语言程序无法单独使用，它必须以 Go 包的形式组织，并且包中至少要有一个 Go 语言文件用于指明当前包名等基本包信息。如果 Go 汇编代码中定义的变量或函数要被其他 Go 语言代码引用，还需要通过 Go 语言代码将汇编中定义的符号导出。用于变量的定义和函数的定义的 Go 汇编文件类似于 C 语言中的.c 文件，而用于导出汇编中定义的符号的 Go 源文件类似于 C 语言中的.h 文件。

3.1.2 定义整型变量

为了简化问题，我们先用 Go 语言定义并初始化一个整型变量，然后查看生成的汇编代码。

首先创建一个 pkg.go 文件，内容如下：

```
package pkg

var Id = 9527
```

这段代码中定义了一个包级的 int 类型变量 Id，并进行了初始化。

然后使用以下命令查看 Go 语言程序对应的伪汇编代码：

```
$ go tool compile -S pkg.go
...
<unlinkable>.Id SNOPTRDATA size=8
    0x0000 37 25 00 00 00 00 00 00                  7%......
...
```

go tool compile 命令用于调用 Go 语言的底层工具，其中参数-S 表示输出汇编格式。输出的汇编代码比较简单，其中<unlinkable>.Id 对应变量 Id 的符号，该变量的内存大小为 8 字节。变量的初始化内容为 37 25 00 00 00 00 00 00，即十六进制的 0x2537，对应十进制的 9527。SNOPTRDATA 是一个标志，表示数据中不包含指针。

以上的内容只是目标文件对应的汇编代码，与 Go 汇编语言相似但并不完全相同。Go 语言官网提供了一个 Go 汇编语言的入门教程。

Go 汇编语言提供了 DATA 命令用于初始化包变量，其语法如下：

```
DATA symbol+offset(SB)/width, value
```

其中，symbol 是变量在 Go 汇编语言中的符号名，offset 是符号的起始地址偏移量，width 是给符号分配的内存宽度，value 是初始化值。当前包中 Go 语言定义的 symbol 在汇编代码中表示为·symbol，中点符号（·）是一个特殊的 Unicode 字符。如果 symbol 加一个后缀变为 symbol<>，则表明该符号仅在当前源文件中可见，类似于 C 语言中的 static 全局变量。

以下命令可以将变量 Id 初始化为十六进制的 0x2537，对应十进制的 9527（注意，常量需要以美元符号$开头）：

```
DATA ·Id+0(SB)/1,$0x37
DATA ·Id+1(SB)/1,$0x25
```

变量定义好之后需要导出，供其他代码引用。Go 汇编语言提供了 GLOBL 命令用于将符号导出：

```
GLOBL symbol(SB), width
```

其中 symbol 是 Go 汇编语言中的符号名；width 是符号内存宽度。用以下命令可以将汇编中的·Id 变量导出：

```
GLOBL ·Id, $8
```

为了便于其他包使用 Id 变量，我们还需要在 Go 代码中声明该变量，并为其指定一个合适的类型。修改 pkg.go 文件的内容如下：

```
package pkg

var Id int
```

此时，Go 语言代码的作用不再是定义一个变量，而是声明一个变量（声明变量时不能进行初始化）。变量 Id 的定义已经用 Go 汇编语言完成了。

完整的汇编代码如下（我们将其保存到 pkg_amd64.s 文件中）：

```
#include "textflag.h"

GLOBL ·Id(SB),NOPTR,$8

DATA ·Id+0(SB)/1,$0x37
DATA ·Id+1(SB)/1,$0x25
DATA ·Id+2(SB)/1,$0x00
DATA ·Id+3(SB)/1,$0x00
DATA ·Id+4(SB)/1,$0x00
DATA ·Id+5(SB)/1,$0x00
DATA ·Id+6(SB)/1,$0x00
DATA ·Id+7(SB)/1,$0x00
```

pkg_amd64.s 文件的扩展名.s 表示这是 AMD64 体系结构中的汇编代码文件。需要注意的是，GLOBL 声明的 Id 中有一个 NOPTR 标志，它表示该变量不包含指针。

虽然 pkg 包是用 Go 汇编语言实现的，但其用法与之前的 Go 语言版本完全一样：

```
package main

import pkg "myapp/pkg"

func main() {
    println(pkg.Id)
}
```

对 Go 包的用户来说，用 Go 汇编语言实现还是用 Go 语言实现无任何区别。

3.1.3 定义字符串类型变量

在前面的例子中，我们用 Go 汇编语言定义了一个整型变量。现在我们尝试用 Go 汇编语言定义一个字符串类型变量。虽然从 Go 语言角度看，定义字符串类型变量和整型变量的语法相似，但是字符串类型变量的底层结构比单个整型变量更为复杂。

实验的流程与前面的例子一样：先用 Go 语言实现类似的功能，然后分析生成的汇编代码，最后用 Go 汇编语言仿写。

首先创建 pkg.go 文件，用 Go 语言定义一个字符串类型变量：

```
package pkg

var Name = "gopher"
```

然后用以下命令查看 Go 语言程序对应的伪汇编代码:

```
$ go tool compile -S pkg.go
go:string."gopher" SRODATA dupok size=6
    0x0000 67 6f 70 68 65 72                                 gopher
<unlinkable>.Name SDATA size=16
    0x0000 00 00 00 00 00 00 00 00 06 00 00 00 00 00 00 00   ...............
    rel 0+8 t=R_ADDR go:string."gopher"+0
```

输出中出现了一个新的符号 go:string."gopher",根据其长度和内容可以猜测,这对应底层的"gopher"字符串。Go 语言的字符串并不是值类型,而是一种只读的引用类型。如果多个代码中出现了相同的字符串字面值"gopher",程序连接后可以引用同一个符号 go:string."gopher"。因此,该符号有一个 SRODATA 标志,表示数据存储在只读内存段中,dupok 表示允许重复定义,但只保留一个副本。

而真正的 Go 字符串类型变量 Name 的存储空间只有 16 字节。实际上,Name 变量并不是直接存储字符串"gopher",而是对应一个 16 字节大小的 reflect.StringHeader 结构体:

```
type reflect.StringHeader struct {
    Data uintptr
    Len  int
}
```

从汇编角度看,Name 变量实际上对应的是 reflect.StringHeader 结构体。前 8 字节存储底层字符串的指针,也就是符号 go:string."gopher"的地址。后 8 字节存储底层字符串的有效长度,这里是 6 字节。

现在创建 **pkg_amd64.s** 文件,尝试用汇编代码重新定义并初始化字符串类型变量 Name:

```
GLOBL  ·NameData(SB),$8
DATA   ·NameData(SB)/8,$"gopher"

GLOBL  ·Name(SB),$16
DATA   ·Name+0(SB)/8,$·NameData(SB)
DATA   ·Name+8(SB)/8,$6
```

在 Go 汇编语言中,go:string."gopher"不是一个合法的符号,无法手动创建(这是给编译器保留的特权,因为手动创建类似符号可能打破编译器输出代码的某些规则)。因此,我们新创建了一个 ·NameData 符号用来存储底层字符串,然后定义 ·Name 符号的内存大小为 16 字节,其中前 8 字节用 ·NameData 符号的地址初始化,后 8 字节为常量 6,表示字符串长度。

用 Go 汇编语言定义并导出字符串类型变量后,还需要在 Go 语言中声明该字符串类型变量,然后就可以用 Go 语言代码测试 Name 变量了:

```
package main

import pkg "myapp/pkg"
```

```
func main() {
    println(pkg.Name)
}
```

遗憾的是，运行时出现了以下错误：

```
runtime.gcdata: missing Go type information for global symbol pkg.NameData: size 8
runtime.gcdata: missing Go type information for global symbol pkg.Name: size 16
```

错误提示汇编中定义的 ·NameData 符号缺少类型信息。实际上，Go 汇编语言中定义的数据没有所谓的类型，每个符号只不过是对应一块内存而已，因此 ·NameData 符号没有类型。但是，Go 语言是自带垃圾收集器的，而 Go 汇编语言是运行在垃圾收集体系内的。当 Go 语言的垃圾收集器扫描到 NameData 变量的时候，无法确定该变量是否包含指针，因此报错。问题的根本原因并不是 ·NameData 符号缺少类型，而是它没有标注是否包含指针。

通过为 Name 和 NameData 变量增加 NOPTR 标志，表示它们不包含指针数据，可以修复该错误：

```
#include "textflag.h"

GLOBL  ·NameData(SB),NOPTR,$8
GLOBL  ·Name(SB),NOPTR,$16
```

在这个实现中，字符串类型变量 Name 底层引用的是 NameData 内存对应的"gopher"字符串字面值。因此，如果 NameData 发生变化，变量 Name 的内容也会随之变化。

```
func main() {
    println(pkg.Name)

    pkg.NameData[0] = '?'
    println(pkg.Name)
}
```

如果将 NameData 放到只读数据段，如下修改：

```
GLOBL  ·NameData(SB),(NOPTR+RODATA),$8
```

运行时将会抛出异常：

```
gopher
unexpected fault address 0x11c998
fatal error: fault
[signal 0xc0000005 code=0x1 addr=0x11c998 pc=0xf12f0]

goroutine 1 gp=0xc000040000 m=0 mp=0x16f240 [running]:
runtime.throw({0x102870?, 0x1?})
...
```

正常的代码应避免这种情况。最好的方法是不导出内部的 NameData 变量，以免内部数据被意外破坏。

在用 Go 汇编语言定义字符串时，可以换一种思维方式：将底层的字符串数据和字符串头结构体

定义在一起,这样可以避免引入 ·NameData 符号:

```
#include "textflag.h"

GLOBL ·Name(SB),NOPTR,$24

DATA ·Name+0(SB)/8,$·Name+16(SB)
DATA ·Name+8(SB)/8,$6
DATA ·Name+16(SB)/8,$"gopher"
```

在新的结构中, ·Name 符号对应的内存从 16 字节扩展到 24 字节,多出的 8 字节用于存储底层的"gopher"字符串。·Name 符号的前 16 字节依然对应 reflect.StringHeader 结构体:Data 部分用$ ·Name+16(SB) 初始化,表示数据的地址为 ·Name 符号偏移 16 字节的位置;Len 部分依然用常量 6 表示字符串长度。这是 C 语言程序员经常使用的技巧。

3.1.4 定义 `main()` 函数

前面的例子展示了如何用 Go 汇编语言定义整型变量和字符串类型变量。现在我们尝试用 Go 汇编语言实现一个函数,并输出一个字符串。

首先创建 main.go 文件,定义并初始化字符串类型变量,并声明 main() 函数:

```
package main

var helloworld = "你好, 世界"

func println(s string) {
    fmt.Println(s)
}

func main()
```

然后创建 main_amd64.s 文件,其中保存实现 main() 函数的代码:

```
TEXT ·main(SB), $16-0
    MOVQ ·helloworld+0(SB), AX
    MOVQ AX, 0(SP)
    MOVQ ·helloworld+8(SB), BX
    MOVQ BX, 8(SP)
    CALL ·println(SB)
    RET
```

TEXT ·main(SB), $16-0 用于定义 main() 函数,其中$16-0 表示 main() 函数的帧大小是 16 字节(对应 string 头部结构体的大小,用于向 ·println 函数传递参数),0 表示 main()函数没有参数和返回值。main() 函数内部通过调用运行时的 ·println(SB)函数来打印字符串。

Go 语言在调用函数时,完全通过栈传递调用参数和返回值。首先通过 MOVQ 指令,将 helloworld 对应的字符串头部结构体的 16 字节复制到栈指针 SP 对应的 16 字节空间,然后通过 CALL 指令调用目标函数,最后通过 RET 指令返回。

3.1.5　特殊字符

Go 语言函数或方法符号在编译为目标文件后，每个符号均包含对应包的绝对导入路径，因此目标文件中的符号名可能非常复杂，例如 `path/to/pkg.(*SomeType).SomeMethod` 或 `go:string."abc"` 等。这些符号名中不仅包含普通的字母，还可能包含点号、星号、小括号和双引号等特殊字符。然而，Go 语言的汇编器源自 Plan 9，无法直接处理这些特殊字符，这导致用 Go 汇编语言手动实现 Go 语言的诸多特性时会遇到各种限制。

Go 汇编语言同样遵循 Go 语言 "少即是多" 的哲学，它只保留了编程语言最基本的特性，即定义变量和全局函数。为了简化 Go 汇编器的词法分析程序的实现，Go 汇编语言引入了 Unicode 中的中点（·）和除法斜杠（/），对应的 Unicode 码点为 U+00B7 和 U+2215。经过汇编器编译后，中点（·）会被替换为 ASCII 中的点（.），除法斜杠会被替换为 ASCII 码中的除法符号（/）。例如，`math/rand·Int` 会被替换为 `math/rand.Int`。这种设计可以将中点与浮点数中的小数点、除法斜杠与表达式中的除法符号区分开，简化汇编器的词法分析程序的实现。

即使暂时抛开 Go 汇编语言设计取舍的问题，在不同的操作系统和输入法中输入中点（·）和除法斜杠（/）也是一个挑战。这两个字符在 Go 语言官方网站的 ASM 文档中有详细描述，直接从该页面复制是最简单可靠的方式。

如果是在 macOS 系统中，则有以下几种方法可以输入中点（·）：在不打开输入法时，直接用组合键 option+shift+9 输入；如果使用自带的简体拼音输入法，输入左上角的~键即可得到中点（·）；如果使用自带的 Unicode 输入法，可以输入对应的 Unicode 码点。Unicode 输入法可能是最安全可靠的输入方式。

3.1.6　没有分号

在 Go 汇编语言中，分号可以用于分隔同一行内的多个语句。例如：

```
TEXT ·main(SB), $16-0; MOVQ ·helloworld+0(SB), AX; MOVQ ·helloworld+8(SB), BX;
MOVQ AX, 0(SP);MOVQ BX, 8(SP);CALL ·println(SB);RET;
```

与在 Go 语言中一样，在 Go 汇编语言中行尾的分号也可以省略。当遇到行尾时，汇编器会自动插入分号。下面是省略分号后的代码：

```
TEXT ·main(SB), $16-0
    MOVQ ·helloworld+0(SB), AX
    MOVQ AX, 0(SP)
    MOVQ ·helloworld+8(SB), BX
    MOVQ BX, 8(SP)
    CALL ·println(SB)
    RET
```

与 Go 语言一样，Go 汇编语言中多个连续的空白字符与一个空格是等价的。

3.2　计算机体系结构

汇编语言是直面计算机的编程语言，因此理解计算机体系结构是掌握汇编语言的前提。当前流行的计算机大多采用的是冯·诺依曼体系结构（在某些特殊领域也有采用哈佛体系结构的）。冯·诺依曼体系结构也称为普林斯顿体系结构，其特点是将程序指令和数据存储在同一个存储器中。这里的存储器指的是计算机的内存，再配合 CPU 处理器，就组成了一个最简单的计算机了。

汇编语言其实是一种非常简单的编程语言，因为它面向的计算机模型本身就很基础。但是，人们普遍觉得汇编语言难以掌握，主要有几个原因：不同类型的 CPU 拥有各自的指令集；即使是相同的 CPU，32 位和 64 位运行模式之间也会有差异；不同的汇编工具也有自己特有的指令格式；不同的操作系统和高级编程语言与底层汇编语言的调用规范也不尽相同。本节将介绍几种有趣的汇编语言模型，并最终精简出一个适用于 AMD64 体系结构的指令集，以便于学习 Go 汇编语言。

3.2.1 图灵机和 Brainfuck 语言

图灵机是由艾伦·图灵提出的一种抽象计算模型。它包含一条无限长的纸带，纸带被划分成一个个小方格，每个方格可以有不同的颜色，类似于计算机中的内存单元。同时，图灵机配备一个探头，可以在纸带上移动，类似于通过内存地址读写内存上的数据的操作。探头内部有一组计算状态，还有一些固定的程序指令（类似于哈佛体系结构）。在每一时刻，探头都会从纸带上读入当前方格的信息，根据内部状态和程序指令将信息输出到纸带的方格上，同时更新内部状态并移动。图灵机虽然难以编程，但其原理非常直观。

Brainfuck 是一种极简化的编程语言，它的工作模式与图灵机非常相似。Brainfuck 语言由 Urban Müller 于 1993 年创建，简称 BF 语言。Müller 最初的目标是创建一种简单的、可以用最小的编译器实现的、符合图灵完备性的编程语言。这种语言由 8 个指令构成，早期为 Amiga 机器编写的第 2 版编译器只有 240 字节！

尽管 Brainfuck 程序很难读懂，但它与图灵机一样，能够完成任何计算任务。虽然 Brainfuck 的计算方式与众不同，但它确实能够正确运行。这种语言基于一个简单的机器模型，除了指令，这个机器还包括一个以字节为单位的数组（初始化为 0）、一个指向该数组的指针（初始时指向数组的第一个字节）和用于输入/输出的两个字节流。Brainfuck 是一种图灵完备的语言，它的主要设计思路是：用最少的概念实现一种"简单"的语言。Brainfuck 语言只有 8 个指令（每个指令由一个字符标识），所有的操作都由这 8 个指令的组合来完成。表 3-1 中给出了这 8 个指令字符、描述及其对应的 C 语言语句。

表 3-1　Brainfuck 语言的 8 个指令字符、描述及其对应的 C 语言语句

指令字符	描　　述	对应的 C 语言语句
>	指针加 1	`++ptr;`
<	指针减 1	`--ptr;`
+	指针指向的字节中的值加 1	`++*ptr;`
-	指针指向的字节中的值减 1	`--*ptr;`
.	输出指针指向的字节中的值（ASCII 码）	`putchar(*ptr);`
,	将值输入内容到指针指向的字节（ASCII 码）	`*ptr = getch();`
[	如果指针指向的字节中的值为零，跳转到对应的]指令的下一指令	`while(*ptr) {`
]	如果指针指向的字节中的值不为零，跳转到对应的[指令的下一指令	`}`

下面是一个 Brainfuck 程序，用于向标准输出打印"hi"字符串：

```
++++++++++[>++++++++++<-]>++++.+.
```

理论上我们可以将 Brainfuck 语言当作目标机器语言，将其他高级编程语言编译为 Brainfuck 语言后就可以在 Brainfuck 虚拟机上运行了。

3.2.2 《人力资源机器》游戏

《人力资源机器》（*Human Resource Machine*）是一款设计精良的汇编语言编程游戏。在游戏中，玩家扮演一名职员，模拟人力资源机器的运行。通过完成领导布置的任务实现晋升，完成任务的途径是用游戏提供的 11 个机器指令编写正确的汇编语言程序，以获得正确的输出结果。可以认为《人力资源机器》的汇编语言是一种跨平台、跨操作系统的通用汇编语言，因为该游戏在 macOS、Windows、Linux 和 iOS 上的玩法都是完全一致的。

《人力资源机器》的机器模型非常简单：INBOX 指令对应输入，OUTBOX 指令对应输出，每个玩家手中（寄存器）用于存储临时数据，地板对应内存。此外，还有数据传输、加减法和跳转等基本指令。该机器模型总共有 11 个指令，如表 3-2 所示。

表 3-2　《人力资源机器》的机器模型的 11 个指令

指令分类	指　　令	描　　述
输入/输出指令	INBOX	从输入通道取一个整数数据，放到手中（寄存器）
	OUTBOX	将手中（寄存器）的数据放入输出通道，手中（寄存器）没有数据（此时有些指令不能运行）
数据传输指令	COPYFROM	将地板（内存）上某个编号的格子中的数据复制到手中（寄存器），手中原有数据作废，地板上的格子中必须有数据
	COPYTO	将手中（寄存器）的数据复制到地板（内存）上某个编号的格子中，手中的数据不变
算术运算指令	ADD	将手中（寄存器）的数据与地板（内存）上某个编号的格子中的数据相加，结果数据放到手中，手中原有数据作废
	SUB	将手中（寄存器）的数据与地板（内存）上某个编号的格子中的数据相减，结果数据放到手中，手中原有数据作废
	BUMP+	手中（寄存器）数据自加 1
	BUMP-	手中（寄存器）数据自减 1
跳转指令	JUMP	无条件跳转
	JUMP = 0	数据为 0 时跳转
	JUMP < 0	数据小于 0 时跳转

除机器指令外，游戏中还提供类似于寄存器的临时存储空间，用于存储临时数据。《人力资源机器》的指令主要分为以下几类。

- 输入/输出指令：输入后手中（寄存器）仅保留 1 份数据，输出后手中没有数据。
- 数据传输指令：用于寄存器和内存之间的数据传输，传输时要确保源数据是有效的。

- 算术运算指令。
- 跳转指令：条件跳转时，寄存器中必须有数据。

主流处理器的指令集也类似。基本的算术运算指令和逻辑运算指令与条件跳转结合指令就可以实现分支和循环等控制流结构。

图 3-1 展示了《人力资源机器》的某一层任务：将输入数据中的 0 剔除，将非 0 数据依次输出。图右边部分是解决方案。

图 3-1 《人力资源机器》的任务示例

整个程序包含一条输入指令、一条输出指令和两条跳转指令，共 4 条指令：

```
LOOP:
    INBOX
    JUMP-if-zero LOOP
    OUTBOX
    JUMP LOOP
```

这个程序首先通过 INBOX 指令读取一个数据，然后判断数据是否为 0。如果为 0，就跳转到循环开头继续读取下一个数据；否则输出数据，然后跳转到循环开头。依此循环处理数据，直到任务完成，玩家晋升到更高级别，处理更复杂的任务。

3.2.3 x86-64 体系结构

x86 是 80x86 的简称，包括 Intel 8086、80286、80386 和 80486 等指令集合，因此其体系结构被称为 x86 体系结构。x86-64 是 AMD 公司于 1999 年设计的 x86 体系结构的 64 位拓展，向后兼容 16 位及 32 位的 x86 体系结构。x86-64 的正式名称为 AMD64，这也是 Go 语言中 GOARCH 环境变量指定的 AMD64。如果没有特殊说明，本章中的 Go 汇编语言程序均针对 64 位的 x86-64 体系结构。

在使用 Go 汇编语言之前必须要了解对应的 CPU 体系结构。x86/AMD64 体系结构如图 3-2 所示。

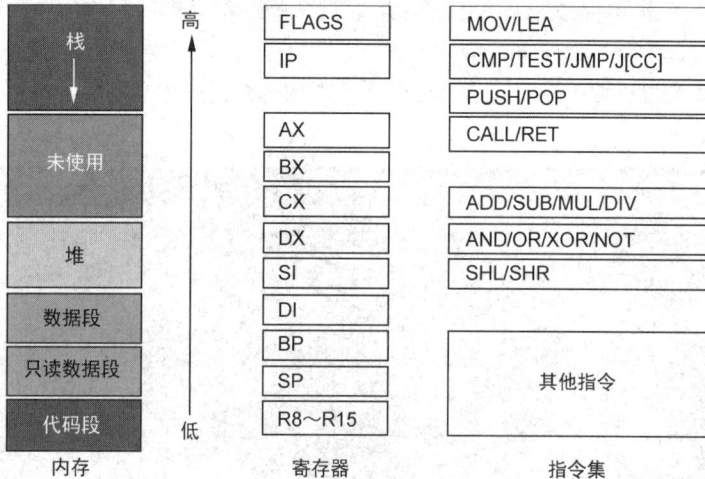

图 3-2　x86/AMD64 体系结构

图 3-2 左侧展示的是常见的内存布局，其中，代码段（text segment）用于存储要执行的指令，代码段一般是只读的；只读数据段（rodata segment）用于存储只读的全局变量；数据段（data segment）用于存储全局变量，数据段中的所有变量都是可读写的；堆（heap）用于管理动态数据；栈（stack）用于管理每个函数调用时的局部变量。在汇编语言中，一般重点关注代码段和数据段，因此 Go 汇编语言中专门提供了 TEXT 和 DATA 指令，用于定义代码和数据。

图 3-2 中间展示了 x86 提供的寄存器。寄存器是 CPU 中最重要的资源，所有要处理的内存数据原则上都需要先放入寄存器由 CPU 处理，同时寄存器中处理完的结果需要存回内存。x86 体系结构中除了状态寄存器 FLAGS 和指令寄存器 IP 这两个特殊的寄存器，还有 AX、BX、CX、DX、SI、DI、BP、SP 几个通用寄存器。在 x86-64 体系结构中又增加了 8 个以 R8～R15 命名的通用寄存器。由于历史原因，R0～R7 并不是通用寄存器，而是 x87 体系结构中 MMX 指令专用的寄存器。BP 寄存器和 SP 寄存器是两个比较特殊的通用寄存器，其中 BP 寄存器用于记录当前函数帧的起始位置，与函数调用相关的指令会隐式地影响 BP 寄存器的值，SP 寄存器则对应当前栈指针的位置，与栈相关的指令会隐式地影响 SP 寄存器的值，而某些调试工具需要 BP 寄存器才能正常工作。

图 3-2 右侧展示的是 x86 的指令集。CPU 是由指令和寄存器组成的，指令是 CPU 内置的算法，指令处理的对象是寄存器和内存。我们可以将每个指令看作是 CPU 内置标准库中的函数，而使用汇编语言编程的过程就是基于这些函数构建更复杂程序的过程。

3.2.4　Go 汇编中的伪寄存器

为了简化汇编代码的编写，Go 汇编引入了 PC、FP、SP、SB 这 4 个伪寄存器。这 4 个伪寄存器加上其他通用寄存器构成了 Go 汇编语言对 CPU 的重新抽象，该抽象的结构也适用于其他非 x86 类型的体系结构。

4 个伪寄存器与 x86/AMD64 的内存和寄存器的相互关系如图 3-3 所示。

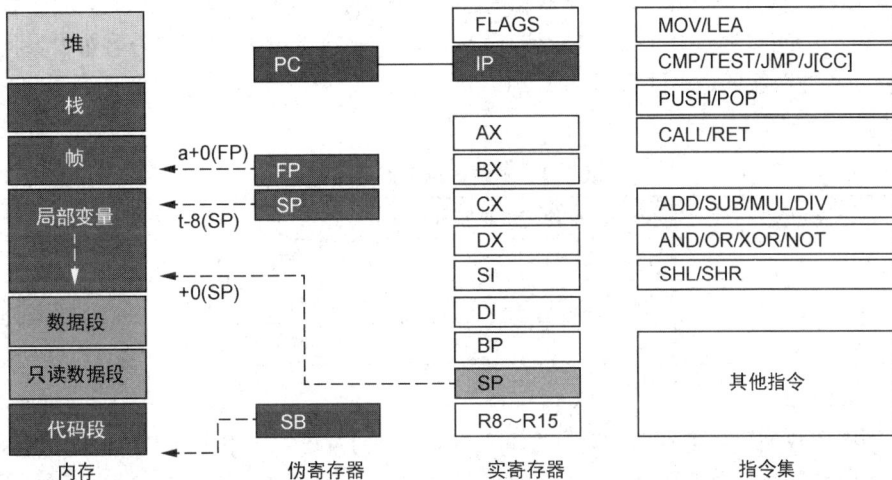

图 3-3 Go 汇编语言的伪寄存器

在 AMD64 体系结构中,伪 PC 寄存器是指令指针(IP)寄存器的别名。伪 FP 寄存器对应函数的帧指针,用于访问函数的参数和返回值。伪 SP 寄存器对应当前函数栈帧(不包括参数和返回值部分)的底部,用于定位局部变量。伪 SB 寄存器用于表示符号表的基地址。

伪 SP 寄存器是一个比较特殊的寄存器,因为还存在一个真 SP 寄存器,真 SP 寄存器对应栈的顶部,用于定位调用其他函数的参数和返回值。当需要区分伪寄存器和真寄存器的时候只需要记住一点:伪寄存器一般需要一个标识符和偏移量为前缀,如果没有标识符前缀,则表示真寄存器。例如,(SP) 和 +8(SP) 没有标识符前缀,表示真 SP 寄存器;而 a(SP) 和 b+8(SP) 有标识符前缀,表示伪 SP 寄存器。

3.2.5 x86-64 指令集

许多汇编语言的教程都强调汇编语言的不可移植性。严格来说,汇编语言在不同的 CPU 类型、不同的操作系统环境或不同的汇编工具链下确实是不可移植的,但在同一种 CPU 中运行的机器指令是完全一致的。汇编语言的这种不可移植性是其普及的一大障碍。虽然 CPU 指令集的差异是汇编语言不好移植的原因之一,但是汇编语言的相关工具链对此也有不可推卸的责任。源自 Plan 9 的 Go 汇编语言对此做了一定的改进:首先,Go 汇编语言在相同 CPU 体系结构上是完全一致的,屏蔽了操作系统的差异;其次,Go 汇编语言将一些基础且类似的指令抽象为相同名称的伪指令,从而减少不同CPU 体系结构下汇编代码的差异(寄存器名称和数量的差异仍然存在)。本节的目标是精简出一个适用于 Go 汇编语言的学习的 x86-64 指令集。

x86 是一个极其复杂的系统,x86-64 中指令数量接近 1000 条。不仅如此,x86 中的很多单个指令的功能也非常强大,有论文证明单个 MOV 指令就可以构成一个图灵完备的系统。这种极端情况从侧面体现了 MOV 指令的重要性。

通用的基础机器指令大致可以分为数据传输指令、算术运算指令和逻辑运算指令、控制流指令和其他指令等几类。我们先看看重要的 MOV 指令。MOV 指令用于将字面值移到寄存器、将字面值移到内存、寄存器之间的数据传输、寄存器和内存之间的数据传输。需要注意的是，MOV 指令的内存操作数只能有一个，可以通过某个临时寄存器达到类似目的。最简单的是忽略符号位的数据传输操作，x86 和 AMD64 指令相同，不同数据宽度（1 字节、2 字节、4 字节和 8 字节）有不同的传输指令，如表 3-3 所示。

表 3-3　不同数据宽度的传输指令

数据宽度	x86/AMD64 指令	描　　述
1 字节	MOVB	传输字节（byte）
2 字节	MOVW	传输字（word）
4 字节	MOVL	传输长字（long）
8 字节	MOVQ	传输四字（quadword）

MOV 指令不仅用于在寄存器和内存之间传输数据，而且还可以用于处理数据的扩展和截断操作。当数据宽度与寄存器宽度不同而又需要处理符号位时，x86 和 AMD64 有各自的指令，如表 3-4 所示。

表 3-4　数据扩展和数据截断指令

数据类型	x86 指令	AMD64 指令	描　　述
int8	MOVBLSX	MOVBQSX	带符号位扩展
uint8	MOVBLZX	MOVBQZX	用 0 扩展
int16	MOVWLSX	MOVWQSX	带符号位扩展
uint16	MOVWLZX	MOVWQZX	用 0 扩展

例如，将一个 int64 类型的数据转换为 bool 类型时，需要使用 MOVBQZX 指令处理。

基础的算术运算指令和逻辑运算指令如表 3-5 所示。

表 3-5　基础的算术运算指令和逻辑运算指令

指　　令	描　　述
ADD	加法
SUB	减法
MUL	乘法
DIV	除法
AND	逻辑与
OR	逻辑或
NOT	逻辑非

表 3-5 中的算术运算指令和逻辑运算指令是顺序编程的基础。通过逻辑比较影响状态寄存器，再结合条件跳转指令就可以实现更复杂的分支或循环结构。需要注意的是，MUL 和 DIV 等乘除法指令可能隐含使用了某些寄存器，具体细节请查阅相关手册。

控制流指令如表 3-6 所示。

表 3-6 控制流指令

指 令	描 述
CMP	对两个操作数做减法，并根据结果设置状态寄存器的符号位和零位，可以用于条件跳转的条件
JMP-if-x	一组条件跳转指令，常用的有 JL、JLE、JE、JNE、JG、JGE 等指令，分别对应小于、小于等于、等于、不等于、大于和大于等于等条件时跳转
JMP	无条件跳转，将目标地址设置到 IP 寄存器中实现跳转
CALL	调用函数
RET	从函数返回

无条件跳转和条件跳转指令是实现分支和循环控制流指令的基础。理论上，我们也可以通过跳转指令实现函数的调用和返回功能。然而，由于函数是现代计算机中最基础的抽象，大部分 CPU 都针对函数的调用和返回提供了专门的指令和寄存器。

其他比较重要的指令如表 3-7 所示。

表 3-7 其他比较重要的指令

指 令	描 述
LEA	取地址，将内存地址加载到寄存器（而不是加载内存内容）
PUSH	压栈
POP	出栈

当需要通过间接索引的方式访问数组或结构体成员时，可以用 LEA 指令先对当前内存取地址，然后操作对应的数据。栈指令则可以用于函数调整自己的栈空间大小。

最后需要说明的是，Go 汇编语言可能没有支持全部的 CPU 指令。如果遇到未被支持的 CPU 指令，可以通过 Go 汇编语言提供的 BYTE 命令将真实的 CPU 指令对应的机器码填充到对应的位置。完整的 x86 指令集在 Go 语言的 GitHub 官方网站的相关文件中有定义。此外，Go 汇编语言还为一些指令定义了别名，具体可以参考 Go 语言的官方网站。

3.2.6 ARM64 指令集

随着苹果 Macbook M1 等使用 ARM64 芯片的计算机逐渐普及，ARM64 体系结构也越来越受到关注。Go 汇编语言在 ARM64 环境下主要是寄存器名和指令的差别。本节将简要介绍 ARM64 体系结构中的寄存器和常见指令。

在 ARM64 体系结构中，一般有 31 个通用整数寄存器和 31 个通用浮点数寄存器。整数寄存器以 R0 到 R30 命名，其中 R18 是平台保留的寄存器（被特别命名为 R18_PLATFORM）；R27 和 R28 是为编译器和连接器保留的寄存器，R27 用于存储当前 goroutine 状态的 g 结构体指针，R29 是函数调用帧指针。对于初学者，建议选择前面的 R0 ~ R7 寄存器使用。

数据传输是汇编语言中最常用的操作，ARM64 的部分数据传输指令如表 3-8 所示。更详细的指令映射规则可参考 Go 语言开发者中心中关于 arm64 包的文档。

表 3-8 ARM64 的部分数据传输指令

指　　令	描　　述
MOVD	用于 64 位数据传输
MOVW	用于 32 位数据传输
ADD	加法指令
SUB	减法指令
CMP	比较指令
BNE、BEQ、BLT、BGT	条件跳转指令
B	无条件跳转指令
BL	带返回的无条件跳转指令
SVC	用于触发系统调用
RET	函数返回指令

3.3　常量和全局变量

程序中所有变量的初始值都直接或间接地依赖于常量或常量表达式。在 Go 语言中，很多变量默认以零值初始化，但是 Go 汇编中定义的变量最好通过常量显式初始化。有了常量之后，就可以定义全局变量，并使用常量表达式初始化其他各种变量。本节将简单讨论 Go 汇编语言中常量和全局变量的用法。

3.3.1　常量

在 Go 汇编语言中，常量以美元符号 $ 为前缀。常量的类型包括整型常量、浮点型常量、字符常量和字符串常量等。以下是几种类型的常量的例子：

```
$1              // 十进制数
$0xf4f8fcff     // 十六进制数
$1.5            // 浮点数
$'a'            // 字符
$"abcd"         // 字符串
```

整型常量默认是十进制的，也可以用十六进制表示。所有的常量值必须与要初始化的变量的内存大小匹配。

对于数值型常量，可以通过常量表达式构成新的常量：

```
$2+2            // 常量表达式
$3&1<<2         // == $4
$(3&1)<<2       // == $4
```

常量表达式中运算符的优先级与 Go 语言一致。

Go 汇编语言中的常量不仅包括编译时常量，还包括运行时常量。例如，包中的全局变量的地址和全局函数的地址在运行时是固定的，这些地址也可以被视为汇编中的常量。

下面的代码增强了 3.1.3 节中定义并初始化字符串类型变量的代码：

```
GLOBL ·NameData(SB),(NOPTR+RODATA),$8
```

```
DATA    ·NameData(SB)/8,$"gopher"

GLOBL   ·Name(SB),(NOPTR+RODATA),$16
DATA    ·Name+0(SB)/8,$·NameData(SB)
DATA    ·Name+8(SB)/8,$6
```

其中，$·NameData(SB) 以美元符号$为前缀，可以被视为一个常量，它对应包变量 NameData 的地址。在汇编指令中，可以通过 LEA 指令获取包变量 NameData 的地址。(NOPTR+RODATA) 是一个标志表达式，用于计算组合标志位，其中 NOPTR 和 RODATA 都是在 textflag.h 头文件中定义的标志，它们都是 2 的幂，对应一个独立的位，因此可以通过加法或者按位或运算组合。

3.3.2 全局变量

在 Go 语言中，变量根据作用域和生命周期分为全局变量和局部变量。全局变量是包级变量，一般有较为固定的内存地址，其生命周期贯穿整个程序运行时间。局部变量一般在函数内部定义，仅在函数执行期间存在于栈上，函数调用完成后会被回收（暂时不考虑闭包捕获局部变量的情况）。

从 Go 汇编语言角度来看，全局变量和局部变量存在显著差异。在 Go 汇编语言中，全局变量和全局函数更为相似，它们都通过人为定义的符号引用内存，区别仅在于内存中存储的是数据还是指令。在冯·诺依曼体系结构的计算机中指令也是数据，而且指令和数据存储在统一编址的内存中，也就是说指令和数据没有本质的区别，因此我们甚至可以像操作数据那样动态生成指令（这是所有 JIT 技术的原理）。而局部变量需要在了解了汇编函数后，通过 SP 栈空间隐式定义。

在 Go 汇编语言中，内存是通过伪 SB 寄存器定位的。SB 是 static base pointer 的缩写，表示静态内存的起始地址。可以将 SB 想象为一个与内存容量大小相同的字节数组，所有静态全局符号通常可以通过 SB 加偏移量定位，而我们定义的符号其实就是相对于 SB 的偏移量。对于伪 SB 寄存器，全局变量和全局函数的符号没有区别。

要定义全局变量，需要先声明变量对应的符号及其内存宽度。导出变量符号的语法如下：

```
GLOBL symbol(SB), FLAGS, width
```

GLOBL 汇编指令用于定义名为 symbol 的变量，FLAGS 是变量的类型标志信息，width 是变量的内存宽度，内存宽度部分必须用常量初始化。下面的代码用 Go 汇编语言定义一个 int32 类型的 Count 变量：

```
GLOBL  ·Count(SB), NOPTR, $4
```

其中，符号 ·Count 以中点开头，表示当前包的变量，最终符号名被展开为 path/to/pkg.Count。Count 变量的内存宽度是 4 字节，常量必须以美元符号$开头。内存大小必须是 2 的幂，编译器会确保变量的真实地址对齐到机器字的倍数。需要注意的是，在 Go 汇编中无法为 Count 变量指定具体类型。用 Go 汇编语言定义全局变量时，我们只关心变量名和内存大小，变量的最终类型只能在 Go 语言中声明。

变量定义之后，我们可以通过 DATA 汇编指令指定对应内存中的数据，语法如下：

```
DATA symbol+offset(SB)/width, value
```

具体的含义是，从 symbol+offset 偏移量开始，内存宽度为 width，用 value 对应的值初始化。DATA 初始化内存时，width 必须是 1、2、4、8 这几个值之一，因为更大的内存无法一次性用一个 uint64 大小的值表示。

对 int32 类型的 Count 变量来说，我们既可以逐个字节初始化，也可以一次性初始化：

```
DATA ·Count+0(SB)/1,$1
DATA ·Count+1(SB)/1,$2
DATA ·Count+2(SB)/1,$3
DATA ·Count+3(SB)/1,$4

// 或者
DATA ·Count+0(SB)/4,$0x04030201
```

因为 x86 处理器是小端序，所以用十六进制 0x04030201 初始化全部 4 字节与用 1、2、3、4 逐个初始化 4 个字节的效果相同。

最后，还需要在 Go 语言中声明对应的变量（和 C 语言头文件声明变量的作用类似），这样垃圾收集器会根据变量的类型管理其中与指针相关的内存数据。

1. 数组类型变量

在汇编语言中，数组也是一种非常简单的类型。Go 语言中的数组是一种具有扁平内存结构的基础类型。因此，[2]byte 类型和[1]uint16 类型具有相同的内存结构。只有当数组和结构体结合时，情况才会变得稍微复杂。

下面我们尝试用 Go 语言声明一个[2]int 类型的数组变量 num：

```
var num [2]int
```

然后用 Go 汇编语言定义一个 16 字节的变量，并用零值进行初始化：

```
GLOBL ·num(SB),NOPTR,$16
DATA ·num+0(SB)/8,$0
DATA ·num+8(SB)/8,$0
```

图 3-4 展示了用 Go 语言声明变量和用 Go 汇编语言定义变量的对应关系。

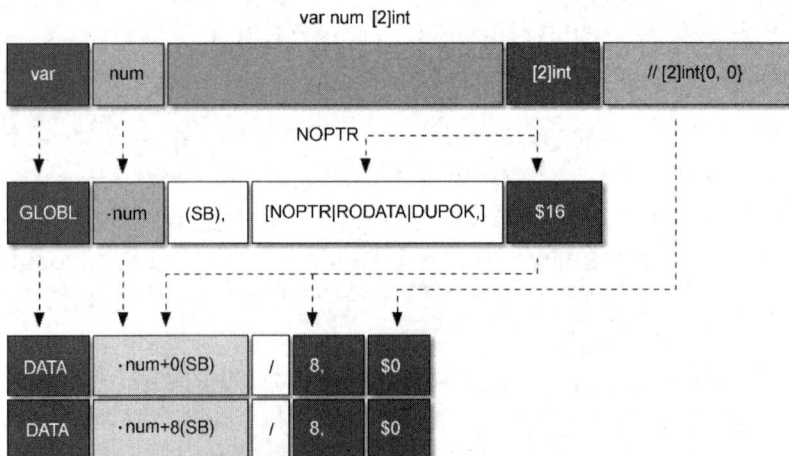

图 3-4　用 Go 语言声明变量和用 Go 汇编语言定义变量的对应关系

在 Go 1.10 中，汇编代码中不需要 NOPTR 标志，因为 Go 编译器可以从 Go 语言语句声明的 [2]int 类型中推导出该变量内部不包含指针数据。但是在 Go 1.22 版本中，需要在汇编代码中显式添加 NOPTR 标志。

2. 布尔类型变量

Go 汇编语言定义变量无法指定类型信息，因此需要通过 Go 语言声明变量的类型。下面是在 Go 语言中声明的几个布尔（bool）类型变量：

```
var (
    BoolValue  bool
    TrueValue  bool
    FalseValue bool
)
```

在 Go 语言中声明的变量不能包含初始化语句。

下面在 AMD64 体系结构中用汇编语言定义 bool 类型变量：

```
GLOBL ·BoolValue(SB),NOPTR,$1    // 未初始化

GLOBL ·TrueValue(SB),NOPTR,$1    // var TrueValue = true
DATA  ·TrueValue(SB)/1,$1        // 非 0 均为 true

GLOBL ·FalseValue(SB),NOPTR,$1   // var FalseValue = false
DATA  ·FalseValue(SB)/1,$0
```

bool 类型变量的内存大小为 1 字节。用 Go 汇编语言定义的变量需要手动指定初始化值，否则可能导致产生未初始化的变量。当需要将 1 字节的 bool 类型变量加载到 8 字节的寄存器中时，需要使用 MOVBQZX 指令将不足的高位用 0 填充。

3. 整型变量

所有的整型变量均有类似的定义方式，主要区别在于整数类型的内存大小和整数是否有符号。下面是在 Go 语言中声明 int32 和 uint32 类型变量：

```
var I32Value int32

var U32Value uint32
```

在 Go 语言中声明的变量不能包含初始化语句。

下面是在 AMD64 体系结构中用 Go 汇编语言定义整型变量：

```
GLOBL ·I32Value(SB),NOPTR,$4
DATA  ·I32Value+0(SB)/1,$0x01      // 初始化第 0 字节
DATA  ·I32Value+1(SB)/1,$0x02      // 初始化第 1 字节
DATA  ·I32Value+2(SB)/2,$0x0304    // 初始化第 3~4 字节

GLOBL ·U32Value(SB),NOPTR,$4
DATA  ·U32Value(SB)/4,$0x01020304  // 初始化第 1~4 字节
```

用 Go 汇编语言定义变量时初始化数据不区分整数是否有符号。只有在 CPU 指令处理该寄存器数据时，才会根据指令的类型区分数据的类型或者是否有符号。

4. 浮点型变量

Go 汇编语言通常无法区分变量是否为浮点型，相关的浮点型指令会将变量当作浮点数处理。Go 语言的浮点数遵循 IEEE 754 标准，有 float32 类型（单精度浮点数）和 float64 类型（双精度浮点数）。

IEEE 754 标准中的浮点数格式规定，最高位为符号位，接下来是指数位（采用移码表示），然后是有效数部分（小数点左边的一位被省略）。图 3-5 展示了 IEEE 754 中 float32 类型的浮点数的位布局。

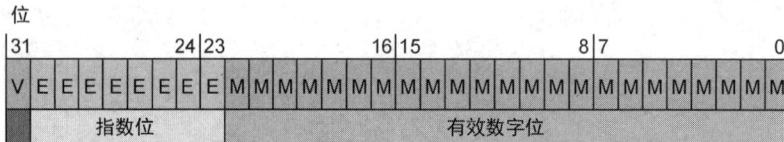

图 3-5　IEEE 754 中 float32 类型的浮点数的位布局

IEEE 754 浮点数还有一些奇妙的特性：有正负两个 0；除了无穷（Inf），还有非数（NaN）；如果两个浮点数是有序的，那么对应的有符号整数也是有序的（反之不一定成立）。浮点数是程序中最复杂的部分，因为很多浮点数字面值无法用常量精确表达，浮点数计算涉及的舍入误差可能随机出现。

下面是用 Go 语言声明的两个浮点型变量（如果没有用 Go 汇编语言定义变量，那么声明的同时也会定义变量）。

```
var F32Value float32

var F64Value float64
```

然后用 Go 汇编语言定义并初始化上面声明的两个浮点型变量：

```
GLOBL ·F32Value(SB), NOPTR, $4
DATA  ·F32Value+0(SB)/4, $1.5          // var F32Value = 1.5，初始化为 1.5（float32）

GLOBL ·F64Value(SB), NOPTR, $8
DATA  ·F64Value(SB)/8, $0x01020304   // 以位方式初始化，初始化为 1234（float64）
```

我们在 3.2.5 节精简的算术运算指令中都是针对整数，如果要通过整数指令处理浮点数的加减法，必须根据浮点数的运算规则进行：先对齐小数点，然后进行整数加减法，最后对结果进行归一化并处理精度舍入问题。不过，现在主流 CPU 都针对浮点数提供了专有的运算指令。

5. 字符串类型变量

从 Go 汇编语言角度看，字符串只是一种结构体。字符串头的结构体定义如下：

```
type reflect.StringHeader struct {
    Data uintptr
    Len  int
}
```

在 AMD64 体系结构中，StringHeader 结构体的大小为 16 字节，因此，我们先用 Go 代码声明字符串类型变量，然后用 Go 汇编语言定义一个 16 字节的变量：

```
var Helloworld string
GLOBL ·Helloworld(SB),NOPTR,$16
```

同时，我们可以为字符串准备真正的数据。在下面的汇编代码中，我们定义了一个当前文件内的私有变量 text（以<>为扩展名），内容为"Hello World!"：

```
GLOBL text<>(SB),NOPTR,$16
DATA text<>+0(SB)/8,$"Hello Wo"
DATA text<>+8(SB)/8,$"rld!"
```

虽然私有变量 text<>表示的字符串只有 12 个字符，但是我们仍然需要将变量的长度扩展为 2 的幂，即 16 字节。代码中的 NOPTR 表示 text<>不包含指针数据。

然后，使用私有变量 text<>的内存地址初始化字符串头结构体中的 Data 成员，并且手动将 Len 成员初始化为字符串的长度：

```
DATA ·Helloworld+0(SB)/8,$text<>(SB)    // StringHeader.Data
DATA ·Helloworld+8(SB)/8,$12            // StringHeader.Len
```

需要注意的是，字符串类型是只读类型，要避免用汇编语言直接修改字符串底层数据的内容。

6. 切片类型变量

切片类型变量与字符串类型变量相似，只不过切片类型变量对应的是切片头结构体。切片头的结构体定义如下：

```
type reflect.SliceHeader struct {
    Data uintptr
    Len  int
    Cap  int
}
```

通过对比可以发现，切片头的前两个成员与字符串头相同。因此，我们可以在字符串类型变量的基础上，再扩展一个 Cap 成员就成了切片类型了：

```
var Helloworld []byte
GLOBL ·Helloworld(SB),NOPTR,$24           // var Helloworld []byte("Hello World!")
DATA ·Helloworld+0(SB)/8,$text<>(SB)      // SliceHeader.Data
DATA ·Helloworld+8(SB)/8,$12              // SliceHeader.Len
DATA ·Helloworld+16(SB)/8,$16             // SliceHeader.Cap

GLOBL text<>(SB),NOPTR,$16
DATA text<>+0(SB)/8,$"Hello Wo"           // ...string data...
DATA text<>+8(SB)/8,$"rld!"               // ...string data...
```

因为切片和字符串的相容性，我们可以将切片头的前 16 字节临时作为字符串使用，这样可以省去不必要的转换。

3.3.3 变量的内存布局

我们已经多次强调，在 Go 汇编语言中，变量是没有类型的。因此，在 Go 语言中，不同类型的变量底层可能对应的是相同的内存结构。深刻理解每个变量的内存布局是汇编编程的必备条件。

首先查看前面提到的 [2]int 类型数组的内存布局，如图 3-6 所示。变量在数据段分配空间，数组的元素地址从低到高依次排列。

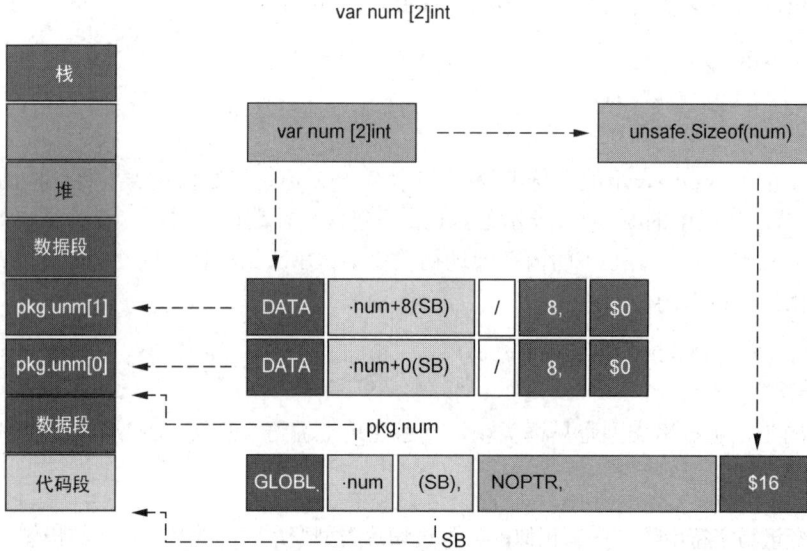

图 3-6 [2]int 类型数组的内存布局

然后查看标准库图像包中 image.Point 结构体类型变量的内存布局，如图 3-7 所示。变量也是在数据段分配空间，变量结构体成员的地址也从低到高依次排列。因此 [2]int 和 image.Point 类型底层具有近似相同的内存布局。

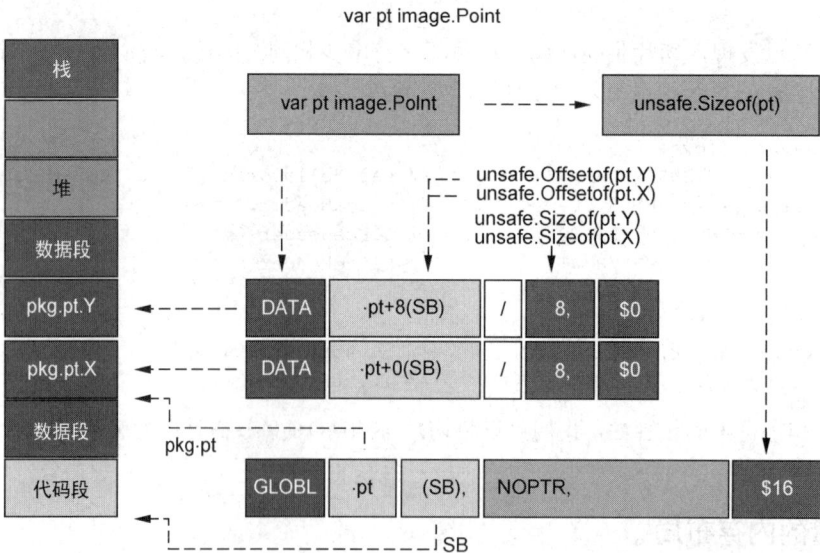

图 3-7 image.Point 结构体类型变量的内存布局

3.3.4 标识符规则和特殊标志

Go 语言的标识符可以通过绝对包路径加标识符本身定位，因此不同包中的同名标识符不会冲突。Go 汇编是通过特殊的符号来表示斜杠和点符号，因为这样可以简化汇编器词法扫描部分代码的编写，只要通过字符串替换就可以了。

下面是汇编中常见的几种标识符使用方式（通常也适用于函数标识符）：

```
GLOBL ·pkg_name1(SB),FLAGS,$1
GLOBL main·pkg_name2(SB),FLAGS,$1
GLOBL my/pkg·pkg_name(SB),FLAGS,$1
```

此外，Go 汇编中可以定义仅当前文件可以访问的私有标识符（类似 C 语言中文件内 static 修饰的变量），以<>为扩展名：

```
GLOBL file_private<>(SB),$1
```
这样可以减少私有标识符对其他文件内标识符命名的干扰。

此外，Go 汇编语言在 textflag.h 文件中还定义了一些标志，其中用于变量的标志有 DUPOK、RODATA 和 NOPTR。DUPOK 标志表示该变量对应的标识符可能有多个，在连接时只选择其中一个即可（一般用于合并相同的常量字符串，减少重复数据占用的空间）。RODATA 标志表示将变量定义在只读数据段，因此后续对该变量的任何修改操作都将导致异常（recover() 也无法捕获）。NOPTR 标志表示该变量的内部不包含指针数据，让垃圾收集器忽略对该变量的扫描。在 Go 1.10 版本中，如果变量已经在 Go 代码中声明过，Go 编译器会自动分析出该变量是否包含指针，这种情况下可以不手动添加 NOPTR 标志。但在 Go 1.22 中，汇编代码中的全局变量需要显式指定标志位信息。

例如，下面是用 Go 汇编语言定义一个只读的 int 类型变量的例子：

```
var const_id int // 只读
#include "textflag.h"

GLOBL ·const_id(SB),NOPTR|RODATA,$8
DATA  ·const_id+0(SB)/8,$9527
```

这里使用#include 语句包含定义标志的 textflag.h 头文件（类似于 C 语言中的预处理）。GLOBL 汇编命令在定义变量时，为变量添加了 NOPTR 和 RODATA 两个标志（多个标志间用竖线分隔），表示变量中不包含指针数据，且定义在只读数据段。

虽然 const_id 可以取地址，但它确实不能被修改。这种不能修改的限制不是因为编译器强制如此，而是因为对该变量的修改会导致对只读内存段进行写操作，从而导致异常。

3.4 函数

在 Go 汇编语言中，全局变量也建议通过 Go 语言来定义，所以剩下的就只有函数了。掌握汇编函数的基本用法是 Go 汇编语言入门的关键。本节将讨论 Go 汇编中函数的定义和用法。

3.4.1 基本语法

函数标识符通过 TEXT 汇编指令定义，表示该行开始的指令定义在代码段。TEXT 指令后的指令一般对应函数的实现，但 TEXT 指令本身并不关心其后是否有指令。因此，TEXT 和 LABEL 定义的符号是类似的，区别在于 LABEL 用于跳转标号，但是它们本质上都是通过标识符映射一个内存地址。

函数定义的语法如下：

```
TEXT symbol(SB), [flags,] $framesize[-argsize]
```

函数的定义由以下 5 部分组成。

（1）TEXT 指令：用于定义函数符号。

（2）函数名：当前包的路径可以省略。函数名后的 (SB) 表示函数名符号相对于伪 SB 寄存器的偏移量，二者组合形成绝对地址。全局变量和全局函数的地址都是基于伪 SB 寄存器的相对地址。

（3）标志（flags）：可选，用于指示函数的特殊行为。标志在 textflag.h 文件中定义。常见的 NOSPLIT 标志用于指示叶子函数不进行栈分裂。

（4）帧大小（framesize）：表示函数的局部变量所需的栈空间大小，包括调用其他函数时准备参数的隐式栈空间。

（5）函数参数大小（argsize）：可以省略。之所以可以省略是因为编译器可以从 Go 语言的函数声明中推导出函数参数所占内存的大小。

我们先从一个简单的 Swap() 函数开始。Swap() 函数用于交换输入的两个参数的顺序，并通过返回值返回交换后的结果。如果用 Go 语言声明 Swap() 函数，大致如下：

```
package main

//go:nosplit
func Swap(a, b int) (int, int)
```

下面是用 Go 汇编语言定义 Swap() 函数的两种方式：

```
// func Swap(a, b int) (int, int)
TEXT ·Swap(SB), NOSPLIT, $0-32

// func Swap(a, b int) (int, int)
TEXT ·Swap(SB), NOSPLIT, $0
```

图 3-8 展示了 Swap() 函数的几种定义方式的对比。

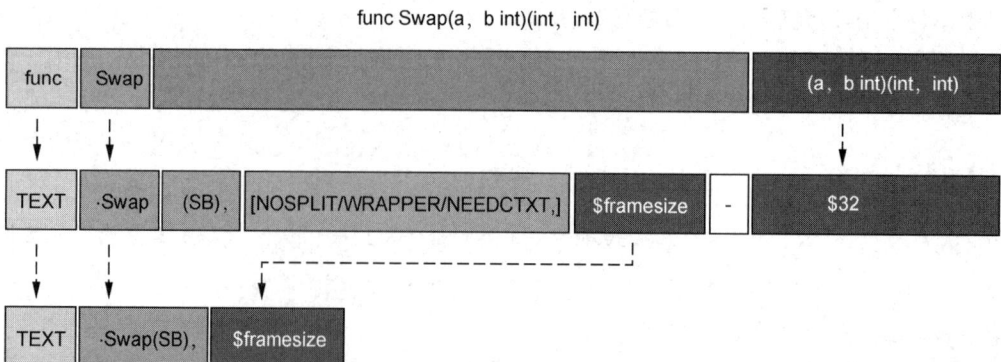

图 3-8 Swap() 函数的几种定义方式

第一种是最完整的写法：函数名包含了当前包的路径，同时指明了函数的参数大小为 32 字节（对应参数和返回值的 4 个 int 类型）。第二种写法则比较简洁，省略了当前包的路径和参数大小。如果有 `NOSPLIT` 标志，会禁止汇编器为汇编函数插入栈分裂的代码。`NOSPLIT` 对应 Go 语言中的 `//go:nosplit` 注释。

目前可能遇到的函数标志有 `NOSPLIT`、`WRAPPER` 和 `NEEDCTXT`，其中 `NOSPLIT` 标志表示不会生成或包含栈分裂代码，通常用于没有任何其他函数调用的叶子函数，这样可以适当提高性能；`WRAPPER` 标志表示这是一个包装函数，在 `panic` 或 `runtime.caller` 等某些处理函数帧的地方不会增加函数帧计数；`NEEDCTXT` 标志表示需要一个上下文参数，通常用于闭包函数。

需要注意的是，函数也没有类型，上面定义的 `Swap()` 函数签名可以采用下面任意一种格式：

```
func Swap(a, b, c int) int
func Swap(a, b, c, d int)
func Swap() (a, b, c, d int)
func Swap() (a []int, d int)
// ...
```

对汇编函数来说，只要是函数的名字和参数大小一致，就可以视为相同的函数。在 Go 汇编语言中，输入参数和返回值参数是没有任何区别的。

3.4.2　函数参数和返回值

对函数来说，最重要的是函数对外提供的 API 约定，包含函数的名称、参数和返回值。当这些都确定之后，如何精确计算参数和返回值的大小是第一个需要解决的问题。

例如，有一个 `Swap()` 函数的签名如下：

```
func Swap(a, b int) (ret0, ret1 int)
```

对于这个函数，我们很容易看出，它需要 4 个 int 类型的空间，参数和返回值的大小总共是 32 字节：

```
TEXT ·Swap(SB), $0-32
```

那么，如何在 Go 汇编语言中引用这 4 个参数呢？为此，Go 汇编引入了一个伪 FP 寄存器，表示函数当前帧的地址，也就是第一个参数的地址。因此，我们可以通过+0(FP)、+8(FP)、+16(FP) 和+24(FP) 分别引用 a、b、ret0 和 ret1 这 4 个参数。

然而，在汇编代码中，不能直接以+0(FP)的方式使用参数。为了编写易于维护的汇编代码，Go 汇编语言要求，任何通过伪 FP 寄存器访问的变量必须与一个临时标识符前缀组合后才能有效，一般使用参数对应的变量名作为前缀。

图 3-9 展示了 `Swap()` 函数的参数和返回值的内存布局。

下面的代码演示了如何在 Go 汇编语言的函数中使用参数和返回值：

```
TEXT ·Swap(SB), $0
    MOVQ a+0(FP), AX    // AX = a
    MOVQ b+8(FP), BX    // BX = b
    MOVQ BX, ret0+16(FP) // ret0 = BX
```

```
MOVQ AX, ret1+24(FP) // ret1 = AX
RET
```

从这段代码可以看出，a、b、ret0 和 ret1 的内存地址是依次递增的，伪 FP 寄存器是第一个变量的起始地址。

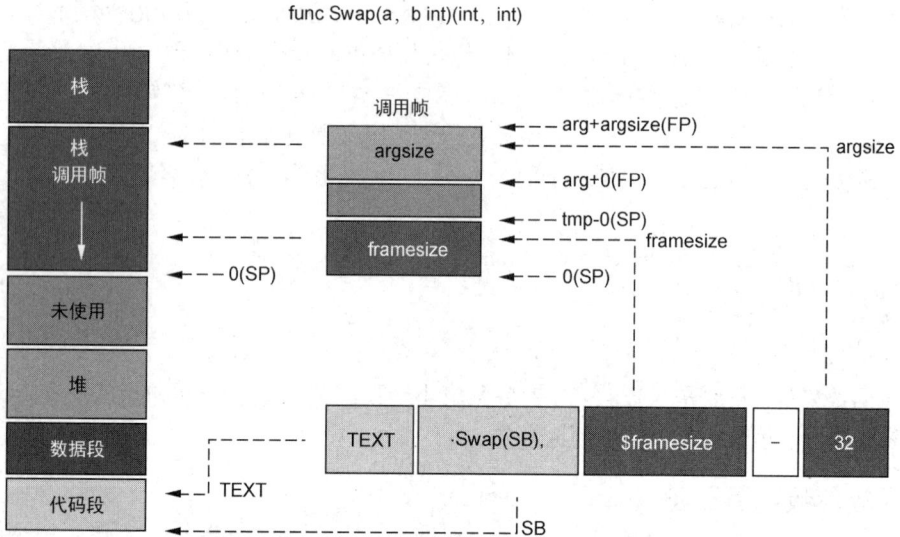

图 3-9　Swap()函数的参数和返回值的内存布局

3.4.3　参数和返回值的内存布局

如果参数和返回值类型比较复杂，该如何处理呢？例如，以下函数的参数的类型不同，且返回值中包含更复杂的切片类型，我们该如何计算每个参数的位置及参数和返回值的大小呢？

```
func Foo(a bool, b int16) (c []byte)
```

实际上，函数参数和返回值的大小和对齐问题与结构体的大小和成员对齐问题是一致的，函数的第一个参数和第一个返回值会分别进行一次地址对齐。我们可以用类比的方式将全部参数和返回值以同样的顺序分别放到两个结构体中，将伪 FP 寄存器作为唯一的指针参数，而每个成员的地址也就对应原来参数的地址。

用这样的策略可以很容易计算前面的 Foo()函数的参数和返回值的地址及参数和返回值的大小。为了便于描述，我们定义两个临时结构体类型 Foo_args 和 Foo_returns 用于类比原始的参数和返回值：

```
type Foo_args struct {
    a bool
    b int16
    c []byte
}
type Foo_returns struct {
    c []byte
}
```

然后将 Foo() 原来的参数替换为结构体形式，并且只保留唯一的 FP 作为参数：

```
func Foo(FP *Foo_args, FP_ret *Foo_returns) {
    // a = FP + offsetof(&args.a)
    _ = unsafe.Offsetof(FP.a) + uintptr(FP) // a
    // b = FP + offsetof(&args.b)

    // argsize = sizeof(args)
    argsize = unsafe.Offsetof(FP)

    // c = FP + argsize + offsetof(&return.c)
    _ = uintptr(FP) + argsize + unsafe.Offsetof(FP_ret.c)

    // framesize = sizeof(args) + sizeof(returns)
    _ = unsafe.Offsetof(FP) + unsafe.Offsetof(FP_ret)

    return
}
```

上面的代码与 Foo() 函数参数的方式非常类似，唯一的差异是每个函数的偏移量通过 unsafe.Offsetof() 函数自动计算生成。由于 Go 结构体中的每个成员已经满足了对齐要求，因此采用通用方式得到每个参数的偏移量也是满足对齐要求的。需要注意的是，第一个返回值地址需要重新对齐机器字大小的倍数。

图 3-10 展示了 Foo() 函数的参数和返回值和内存布局。

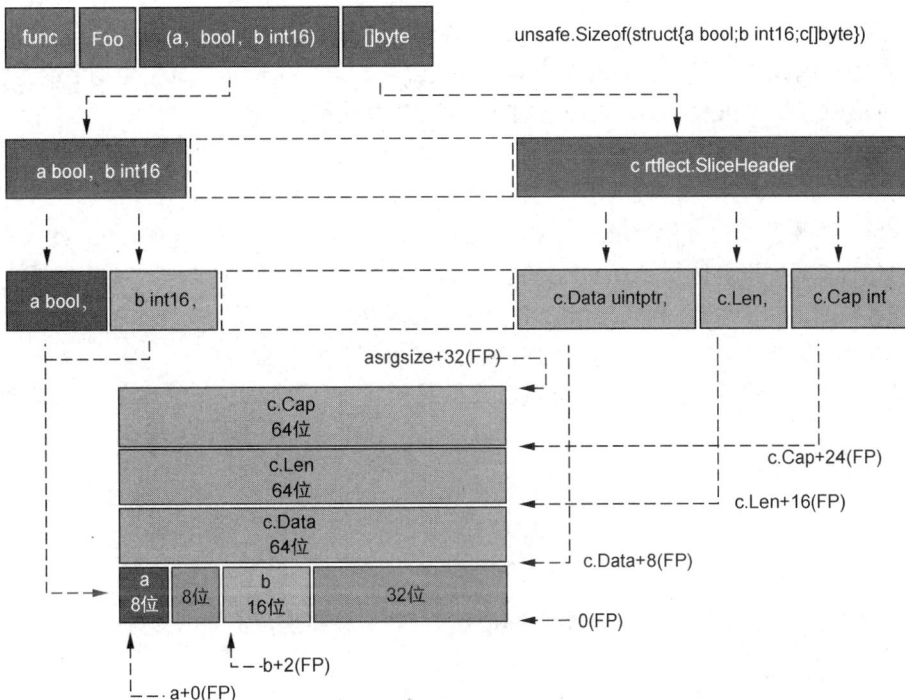

图 3-10　Foo() 函数的参数和返回值和内存布局

下面的代码演示了 Foo() 汇编函数参数和返回值的定位：

```
TEXT ·Foo(SB), $0
    MOVQ a+0(FP),       AX // a
    MOVQ b+2(FP),       BX // b
    MOVQ c_dat+8*1(FP), CX // c.Data
    MOVQ c_len+8*2(FP), DX // c.Len
    MOVQ c_cap+8*3(FP), DI // c.Cap
    RET
```

其中，a 和 b 参数之间出现了 1 字节的空洞，b 和 c 之间出现了 4 字节的空洞。出现空洞的原因是，要保证每个参数变量地址都要对齐到相应的倍数。

3.4.4 函数中的局部变量

从 Go 语言函数角度看，局部变量是函数内明确定义的变量，同时也包含函数的参数和返回值变量。但是，从 Go 汇编角度看，局部变量是指函数运行时在当前函数栈帧所对应的内存内的变量，不包含函数的参数和返回值（因为访问方式有差异）。函数栈帧的空间主要由函数参数和返回值、局部变量和其他被调用函数的参数和返回值空间组成。为了便于理解，我们可以将汇编函数的局部变量类比为 Go 语言函数中显式定义的变量，不包含参数和返回值部分。

为了便于访问局部变量，Go 汇编语言引入了伪 SP 寄存器，对应当前栈帧的底部。由于在当前栈帧的底部是固定不变的，因此局部变量的相对于伪 SP 寄存器的偏移量也是固定的，这可以简化局部变量的维护工作。真 SP 寄存器和伪 SP 寄存器的区分只有一个原则：如果使用 SP 时有一个临时标识符前缀就是伪 SP 寄存器，否则就是真 SP 寄存器。例如，a(SP) 和 b+8(SP) 有临时标识符 a 和 b 作为前缀，因此它们就是伪 SP 寄存器，前缀部分一般用于表示局部变量的名字；而 (SP) 和 +8(SP) 没有临时标识符作为前缀，因此它们就是真 SP 寄存器。

在 x86 体系结构中，函数的调用栈是从高地址向低地址增长的，因此伪 SP 寄存器对应栈帧的底部其实是对应更高的地址。当前栈的顶部对应真实存在的 SP 寄存器，对应当前函数栈帧的栈顶，对应更低的地址。如果整个内存用 Memory 数组表示，那么 Memory[0(SP):end-0(SP)] 就是对应当前栈帧的切片，其中开头位置是真 SP 寄存器，结尾位置是伪 SP 寄存器。真 SP 寄存器一般用于保存调用其他函数时的参数和返回值，真 SP 寄存器对应内存较低的地址，所以被访问变量的偏移量是正数；而伪 SP 寄存器对应高地址，对应的局部变量的偏移量是负数。

为了便于对比，我们将前面 Foo() 函数的参数和返回值变量改成局部变量：

```
func Foo() {
    var c []byte
    var b int16
    var a bool
}
```

然后用 Go 汇编语言重新实现 Foo() 函数，并通过伪 SP 寄存器来定位局部变量：

```
TEXT ·Foo(SB), $32-0
    MOVQ a-32(SP),      AX // a
```

```
MOVQ b-30(SP),       BX // b
MOVQ c_data-24(SP),  CX // c.Data
MOVQ c_len-16(SP),   DX // c.Len
MOVQ c_cap-8(SP),    DI // c.Cap
RET
```

Foo() 函数有 3 个局部变量，但是没有调用其他函数，因为进行了对齐和填充，所以函数的栈帧大小为 32 字节。因为 Foo() 函数没有参数和返回值，所以参数和返回值大小为 0 字节，当然这部分可以省略不写。局部变量中先定义的变量 c 地址最高，离伪 SP 寄存器对应的地址最近，最后定义的变量 a 离伪 SP 寄存器最远。有两个因素导致出现这种逆序的结果，一是从 Go 语言函数的角度理解，先定义的变量 c 地址要比后定义的变量的地址更高；二是伪 SP 寄存器对应栈帧的底部，而 x86 中的栈是从高地址向低地址增长的，最先定义的、地址更高的变量 c 离栈的底部伪 SP 寄存器更近。

我们同样可以通过结构体来模拟局部变量的布局：

```
func Foo() {
    var local [1]struct{
        a bool
        b int16
        c []byte
    }
    var SP = &local[1];

    _ = -(unsafe.Sizeof(local)-unsafe.Offsetof(local.a)) + uintptr(&SP) // a
    _ = -(unsafe.Sizeof(local)-unsafe.Offsetof(local.b)) + uintptr(&SP) // b
    _ = -(unsafe.Sizeof(local)-unsafe.Offsetof(local.c)) + uintptr(&SP) // c
}
```

我们将之前的 3 个局部变量挪到一个结构体中，然后用 Go 语言构造一个 SP 变量，对应 Go 汇编语言中的伪 SP 寄存器，表示局部变量结构体的底部。接着，我们根据结构体的总大小和每个成员相对于结构体起始位置的偏移量计算成员的地址。

通过这种方式可以处理复杂的局部变量的偏移，同时也能保证每个变量地址的对齐要求。当然，除地址对齐外，局部变量的布局并没有顺序要求。对汇编比较熟悉的读者可以根据自己的习惯组织变量的布局。

图 3-11 展示了 Foo() 函数的局部变量的内存布局。

从图 3-11 中可以看出，Foo() 函数的局部变量的内存布局与前一个例子中参数和返回值的内存布局完全一致，这也是我们故意设计的结果。但是参数和返回值是通过伪 FP 寄存器定位的，FP 寄存器对应第一个参数的起始地址（第一个参数地址较低），因此每个变量的偏移量是正数。局部变量是通过伪 SP 寄存器定位的，而伪 SP 寄存器对应的是第一个局部变量的结束地址（第一个局部变量地址较高），因此每个局部变量的偏移量都是负数。

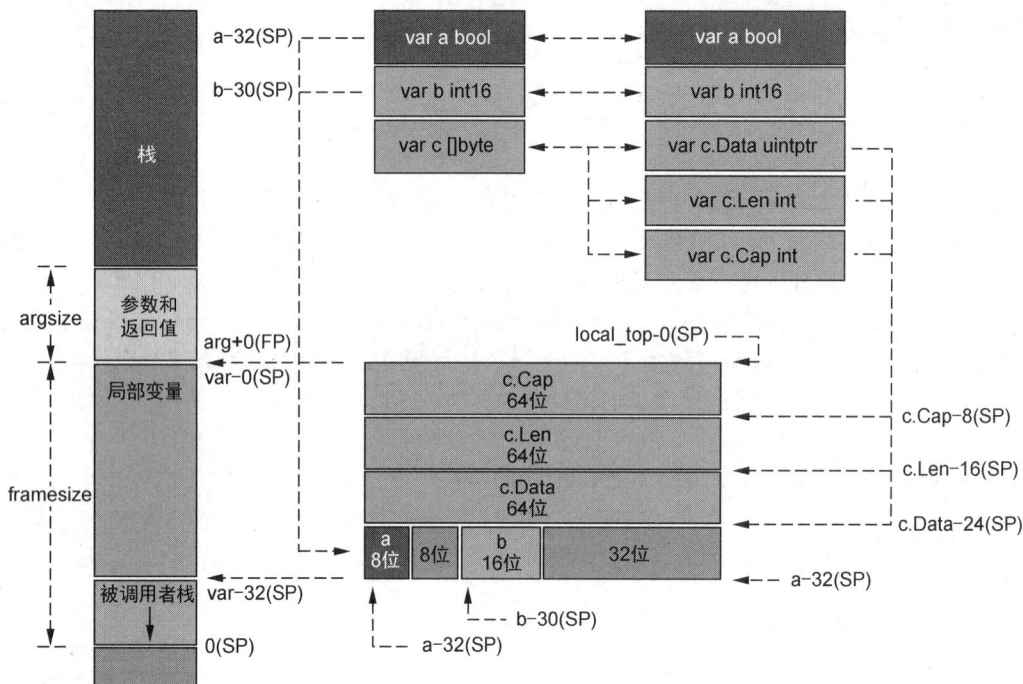

图 3-11　Foo() 函数的局部变量的内存布局

3.4.5　调用其他函数

常见的用 Go 汇编实现的函数都是叶子函数，也就是被其他函数调用但很少调用其他函数的函数。这主要是因为叶子函数相对简单，可以简化汇编函数的编写；同时，性能或特性的瓶颈一般也位于叶子函数。然而，能够调用其他函数和能够被其他函数调用同样重要，否则 Go 汇编语言就不是一个完整的汇编语言。

在 3.4.2 节中，我们已经学习了用 Go 汇编语言实现的函数的参数和返回值的处理规则。那么一个显然的问题是，用 Go 汇编语言实现的函数的参数是从哪里来的？答案同样明显，被调用函数的参数是由调用方准备的。调用方在栈上设置好空间和数据后调用函数，被调用方在返回前将返回值放在对应的位置，函数通过 RET 指令返回后，调用方再从返回值对应的栈内存位置取出结果。Go 语言函数的调用参数和返回值均是通过栈传输的，这种方式的优点是函数调用栈比较清晰，缺点是函数的调用有一定的性能损耗（Go 编译器是通过函数内联来缓解这个问题的影响的）。

为了便于展示，我们先使用 Go 语言来构造 3 个逐级调用的函数：

```go
func main() {
    printsum(1, 2)
}

func printsum(a, b int) {
    var ret = sum(a, b)
    println(ret)
}
```

```
func sum(a, b int) int {
    return a+b
}
```

其中，main()函数通过字面值常量直接调用 printsum()函数，printsum()函数输出两个整数的和，而 printsum()函数内部又通过调用 sum()函数计算两个数的和，并最终调用打印函数进行输出。因为 printsum()既是被调用函数又是调用函数，所以它是要重点分析的对象。

图 3-12 展示了 main()、printsum()和 sum()函数逐级调用时函数的参数和返回值的内存布局。

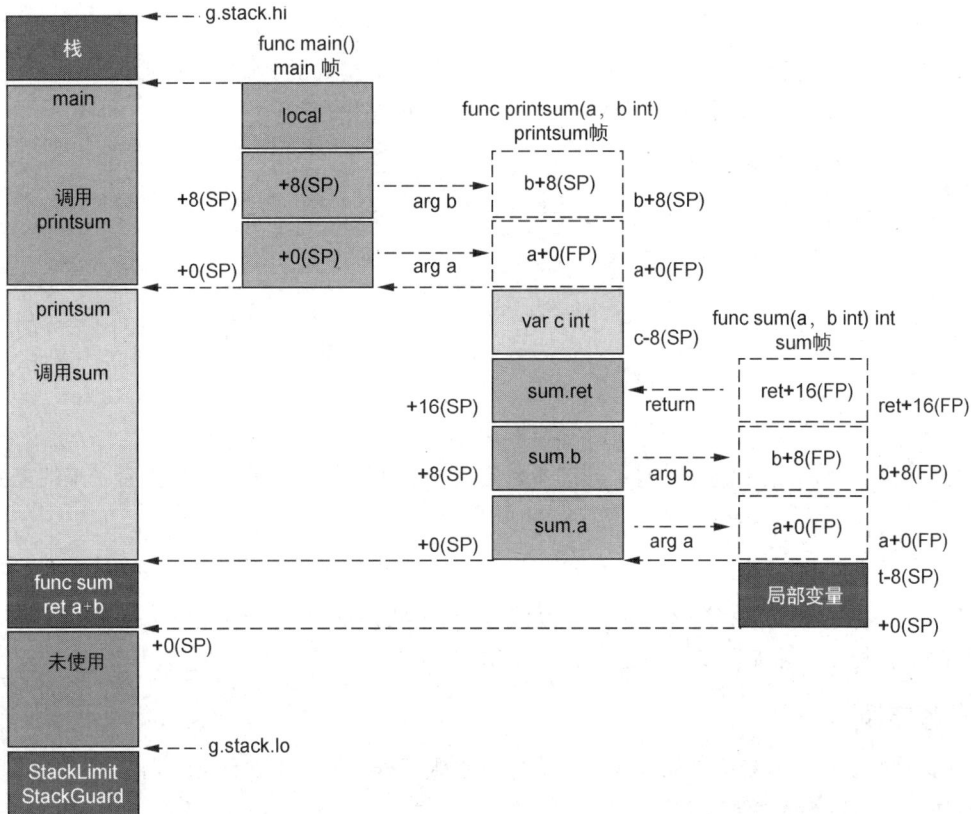

图 3-12　main()、printsum()和 sum()函数逐级调用时函数的参数和返回值的内存布局

为了便于理解，我们对真实的内存布局进行了简化。要记住的是，调用函数时，被调用函数的参数和返回值的内存空间都必须由调用者提供。因此，函数的局部变量和为调用其他函数准备的栈空间总和就确定了函数帧的大小。调用其他函数前调用方要选择保存相关寄存器到栈中，并在调用函数返回后选择要恢复的寄存器进行保存。最终通过 CALL 指令调用函数的过程与调用 println()函数的过程类似。

在 Go 语言中，函数调用是一个复杂的问题，因为 Go 语言函数不仅要了解函数调用参数的内存布局,还会涉及栈的跳转,以及栈上局部变量的生命周期管理。本节只是简单了解函数调用参数的内存布局规则,在 3.6 节中会更详细地讨论函数的细节。

3.4.6 宏函数

宏函数并不是由 Go 汇编语言定义,而是 Go 汇编引入的预处理特性。

在 C 语言中,我们可以通过带参数的宏定义一个交换两个数的宏函数:

```
#define SWAP(x, y) do{ int t = x; x = y; y = t; } while(0)
```

我们可以用类似的方式用 Go 汇编语言定义一个交换两个寄存器的宏:

```
#define SWAP(x, y, t) MOVQ x, t; MOVQ y, x; MOVQ t, y
```

因为 Go 汇编语言中无法定义临时变量,所以增加一个参数用于临时寄存器。下面的代码通过 SWAP 宏函数交换 AX 寄存器和 BX 寄存器的值,然后返回结果:

```
// func Swap(a, b int) (int, int)
TEXT ·Swap(SB), $0-32
    MOVQ a+0(FP), AX    // AX = a
    MOVQ b+8(FP), BX    // BX = b

    SWAP(AX, BX, CX)     // AX, BX = b, a

    MOVQ AX, ret0+16(FP) // return
    MOVQ BX, ret1+24(FP) //
    RET
```

预处理器可以通过条件编译针对不同的平台定义宏的实现,这样可以简化平台带来的差异。

3.5 控制流

程序主要有顺序、分支和循环 3 种执行流程。本节主要讨论如何将 Go 语言的控制流直观地转换为 Go 汇编语言程序,即如何以汇编思维来编写 Go 语言代码。

3.5.1 顺序执行

顺序执行是我们比较熟悉的工作模式,类似流水账编程。所有不含分支、循环和 goto 语句且没有递归调用的 Go 语言函数一般是顺序执行的。

例如,有如下顺序执行的代码:

```
func main() {
    var a = 10
    println(a)

    var b = (a+a)*a
    println(b)
}
```

我们尝试用 Go 汇编语言的思维改写上述函数。由于 x86 指令中一般只有两个操作数,因此在用

Go 汇编语言改写时要求变量表达式中最多只能有一个运算符。同时，对于一些函数调用，也需要用汇编语言中可以调用的函数来改写。

第一步改写依然使用 Go 语言，只不过是采用了 Go 汇编语言的思维：

```go
func main() {
    var a, b int

    a = 10
    printint(a)

    b = a
    b += b
    b *= a
    printint(b)
}

func printint(x int) {
    println(x)
}
```

这段代码先模仿 C 语言的处理方式，在函数入口处声明所有局部变量，然后根据 MOV、ADD、MUL 等指令的风格，将之前的变量表达式展开为用=、+=和*=运算表达的多个指令，最后用 printint() 函数代替之前的 println() 函数输出结果。

经过用 Go 汇编语言的思维改写后，上述的 Go 语言函数虽然看起来烦琐了一点，但是还是比较容易理解的。下面进一步尝试将改写后的函数转换为用 Go 汇编语言实现的函数：

```
TEXT ·main(SB), $24-0
    MOVQ $0, a-8*2(SP) // a = 0
    MOVQ $0, b-8*1(SP) // b = 0

    // 将新的值写入 a 对应的内存
    MOVQ $10, AX       // AX = 10
    MOVQ AX, a-8*2(SP) // a = AX

    // 以 a 为参数调用函数
    MOVQ AX, 0(SP)
    CALL ·printint(SB)

    // 函数调用后，AX 寄存器和 BX 寄存器可能被污染，需要重新加载
    MOVQ a-8*2(SP), AX // AX = a
    MOVQ b-8*1(SP), BX // BX = b

    // 计算 b 值，并写入内存
    MOVQ AX, BX        // BX = AX  // b = a
    ADDQ BX, BX        // BX += BX // b += a
    IMULQ AX, BX       // BX *= AX // b *= a
    MOVQ BX, b-8*1(SP) // b = BX

    // 以 b 为参数调用函数
    MOVQ BX, 0(SP)
```

```
CALL ·printint(SB)

RET
```

用 Go 汇编语言实现 main() 函数的第一步是计算函数栈帧的大小。因为函数内有 a、b 两个 int 类型变量，而且调用的 ·printint() 函数参数是一个 int 类型且没有返回值，所以 main() 函数的栈帧是 3 个 int 类型组成的 24 字节的栈内存空间。

在函数的开始处先将变量初始化为 0，其中 a-8*2(SP) 对应 a 变量、a-8*1(SP) 对应 b 变量（由于 a 变量先定义，因此 a 变量的地址更小）。

然后给 a 变量分配一个 AX 寄存器，并且通过 AX 寄存器将 a 变量对应的内存设置为 10，AX 也是 10。为了输出 a 变量，需要将 AX 寄存器的值放到 0(SP) 位置，这个位置的变量将在调用 ·printint() 函数时作为它的参数被打印。因为我们之前已经将 AX 的值保存到 a 变量对应的内存中了，所以在调用函数前并不需要再进行寄存器的备份工作。

在调用函数返回之后，所有寄存器都将被视为可能被调用函数的修改，因此我们需要从 a、b 对应的内存中重新恢复 AX 寄存器和 BX 寄存器，然后参考上面 Go 语言中 b 变量的计算方式更新 BX 对应的值，计算完成后同样将 BX 的值写入 b 变量对应的内存。

需要说明的是，上面的代码中使用了 IMULQ 指令来计算乘法。没有使用 MULQ 指令的原因是 MULQ 指令默认使用 AX 保存结果。读者可以自己尝试用 MULQ 指令改写上述代码。

最后以 b 变量作为参数再次调用 ·printint() 函数进行输出工作。所有寄存器同样可能被污染，不过 main() 函数马上就返回了，因此不再需要恢复 AX 和 BX 等寄存器。

重新分析汇编改写后的整个函数，会发现里面有很多冗余代码。我们不需要为 a、b 两个临时变量分配两个内存空间，也不需要在每个寄存器变化之后都写入内存。下面是经过优化的汇编代码：

```
TEXT ·main(SB), $16-0
    // var temp int

    // 将新的值写入 a 对应的内存
    MOVQ $10, AX        // AX = 10
    MOVQ AX, temp-8(SP) // temp = AX

    // 以 a 为参数调用函数
    CALL  ·printint(SB)

    // 函数调用后，AX 寄存器可能被污染，需要重新加载
    MOVQ temp-8*1(SP), AX // AX = temp

    // 计算 b 值，不需要写入内存
    MOVQ AX, BX        // BX = AX // b = a
    ADDQ BX, BX        // BX += BX // b += a
    IMULQ AX, BX       // BX *= AX // b *= a

    // ...
```

这段代码先将 main() 函数的栈帧大小从 24 字节减少到 16 字节。唯一需要保存的是 a 变量的值，因此在调用 ·printint() 函数输出时所有的寄存器都可能被污染，我们无法通过寄存器备份 a

变量的值,只有在栈内存中的值才是安全的。BX 寄存器的值并不需要保存到内存。其他部分的代码基本保持不变。

3.5.2 `if/goto` 跳转

Go 语言刚刚开源的时候并没有 goto 语句,后来虽然增加了 goto 语句,但是并不推荐在编程中使用。有一个与 CGO 类似的原则:如果可以不使用 goto 语句,那么就不要使用 goto 语句。Go 语言中的 goto 语句是有严格限制的:它无法跨越代码块,并且在被跨越的代码中不能含有变量定义的语句。虽然 Go 语言不推荐 goto 语句,但是 goto 语句确实是每个汇编语言程序员的最爱。因为 goto 近似等价于汇编语言中的无条件跳转指令 JMP,配合 if 条件,就组成了条件跳转指令,而条件跳转指令正是构建整个汇编代码控制流的基石。

为了便于理解,我们用 Go 语言构造一个模拟三元表达式的 If() 函数:

```
func If(ok bool, a, b int) int {
    if ok { return a } else { return b }
}
```

例如,求两个数最大值的三元表达式 (a>b)?a:b 用 If() 函数可以这样表达:If(a>b, a, b)。因为语言的限制,用来模拟三元表达式的 If() 函数不支持泛型(可以将 a、b 和返回类型改为空接口,不过使用会烦琐一些)。

这个函数虽然看似只有简单的一行,但是包含了 if 分支语句。在改用 Go 汇编语言实现前,我们还是先用 Go 汇编语言的思维来重新审视 If() 函数。在改写时同样要遵循每个表达式只能有一个运算符的限制,同时 if 语句的条件部分必须只有一个比较符号,if 语句的 body 部分只能是一个 goto 语句。

用 Go 汇编语言的思维改写后的 If() 函数实现如下:

```
func If(ok int, a, b int) int {
    if ok == 0 { goto L }
    return a
L:
    return b
}
```

因为 Go 汇编语言中没有 bool 类型,我们改用 int 类型代替 bool 类型(真实的汇编是用 byte 表示 bool 类型,可以通过 MOVBQZX 指令加载 byte 类型的值,这里做了简化处理)。当参数 ok 非 0 时,返回变量 a,否则返回变量 b。我们将 ok 的逻辑反转一下:当参数 ok 为 0 时,返回变量 b,否则返回变量 a。在 if 语句中,当参数 ok 为 0 时,goto 到 L 标号指定的语句,也就是返回变量 b。如果 if 条件不满足,也就是当参数 ok 非 0 时,执行后面的语句返回变量 a。

上述函数的实现已经非常接近 Go 汇编语言,下面是改为汇编语言实现的代码:

```
TEXT ·If(SB), NOSPLIT, $0-32
    MOVQ ok+8*0(FP), CX // ok
    MOVQ a+8*1(FP), AX  // a
    MOVQ b+8*2(FP), BX  // b
```

```
    CMPQ CX, $0          // test ok
    JZ   L               // if ok == 0, goto L
    MOVQ AX, ret+24(FP)  // return a
    RET

L:
    MOVQ BX, ret+24(FP)  // return b
    RET
```

这段代码先将 3 个参数加载到寄存器中，参数 ok 对应 CX 寄存器，a 和 b 分别对应 AX 寄存器和 BX 寄存器，然后使用 CMPQ 指令对 CX 寄存器和常数 0 进行比较，如果比较的结果为 0，那么下一条 JZ（为 0 时跳转）指令将跳转到 L 标号对应的语句，也就是返回变量 b 的值；如果比较的结果不为 0，那么 JZ 指令将没有效果，继续执行后面的指令，也就是返回变量 a 的值。

在跳转指令中，跳转的目标一般是通过一个标号表示。不过在有些通过宏实现的函数中，更希望通过相对位置跳转，这时候可以通过 PC 寄存器的偏移量来计算临近跳转的位置。

3.5.3　**for** 循环

Go 语言的 for 循环有多种用法，这里只选择最经典的 for 结构来讨论。经典的 for 循环由初始化、结束条件和迭代步长 3 部分组成，再配合循环体内部的 if 条件语句，这种 for 结构可以模拟其他各种循环类型。

基于经典的 for 循环结构，我们定义一个 LoopAdd() 函数，用于计算任意等差数列的和：

```
func LoopAdd(cnt, v0, step int) int {
    vi := v0
    result := vi
    for i := 0; i < cnt; i++ {
        vi += step
        result += vi
    }
    return result
}
```

例如，1+2+...+100 等差数列的和可以用 LoopAdd(100, 1, 1) 计算，而 10+8+...+0 等差数列的和则可以用 LoopAdd(5, 10, -2) 计算。在用 Go 汇编语言彻底重写之前，先采用与 3.5.2 节中的 if/goto 类似的方法改造 for 循环。

新的 LoopAdd() 函数只由 if/goto 语句构成：

```
func LoopAdd(cnt, v0, step int) int {
    var i = 0
    var vi = v0
    var result = 0

LOOP_BEGIN:
    result = vi

LOOP_IF:
```

```
    if i < cnt { goto LOOP_BODY }
    goto LOOP_END

LOOP_BODY:
    i += 1
    vi += step
    result += vi
    v0 += step
    goto LOOP_IF

LOOP_END:

    return result
}
```

函数的开头先定义 3 个局部变量便于后续代码使用，然后将 for 语句的初始化、结束条件和迭代步长 3 部分拆分为 3 个代码段，分别用 LOOP_BEGIN、LOOP_IF 和 LOOP_BODY 这 3 个标号表示，其中 LOOP_BEGIN 表示循环初始化部分，只会执行一次，因此该标号并不会被引用，可以省略。最后的 LOOP_END 表示 for 循环的结束。这 4 个标号分隔出的 3 个代码段分别对应 for 循环的初始化语句、循环条件和循环体，其中迭代语句被合并到循环体中了。

下面用 Go 汇编语言重新实现 LoopAdd() 函数：

```
#inchlude "textflag.h"

// func LoopAdd(cnt, v0, step int) int
TEXT ·LoopAdd(SB), NOSPLIT, $0-32
    MOVQ cnt+0(FP), AX     // cnt
    MOVQ v0+8(FP), BX      // v0/vi
    MOVQ step+16(FP), CX   // step
    MOVQ v0+8(FP), SI      // result

LOOP_BEGIN:
    MOVQ $i, DX            // i = 1

LOOP_IF:
    CMPQ DX, AX            // compare i, cnt
    JL   LOOP_BODY         // if i < cnt: goto LOOP_BODY
    JMP  LOOP_END

LOOP_BODY:
    ADDQ $1, DX            // i++
    ADDQ CX, BX            // vi += step
    ADDQ BX, SI            // result += v0
    JMP  LOOP_IF

LOOP_END:
```

```
MOVQ SI, ret+24(FP)  // return result
RET
```

其中 v0 和 vi 变量复用了一个 BX 寄存器。在 LOOP_BEGIN 标号对应的指令部分，用 MOVQ 将 DX 寄存器初始化为 1，DX 对应变量 i，即循环的迭代变量。在 LOOP_IF 标号对应的指令部分，使用 CMPQ 指令比较 DX 和 AX，如果循环没有结束则跳转到 LOOP_BODY 部分，否则跳转到 LOOP_END 部分结束循环。在 LOOP_BODY 部分，更新迭代变量并且执行循环体中的累加语句，然后直接跳转到 LOOP_IF 部分进入下一轮循环条件判断。LOOP_END 标号之后就是返回累加结果的语句。

循环是最复杂的控制流，循环中隐含了分支和跳转语句。掌握了循环的写法基本也就掌握了汇编语言的基础写法。更高级的玩法是用汇编语言打破传统的控制流，例如跨越多层函数直接返回，或者直接执行一个从 C 语言构建的代码片段等。总之，在掌握规律之后，读者会发现汇编语言编程变得异常简单和有趣。

3.6 再论函数

在 3.4 节中，我们已经简单讨论过 Go 的汇编函数，但是主要集中在叶子函数上。叶子函数的最大特点是它们不会调用其他函数，这意味着栈的大小是可以预知的，因此叶子函数可以基本忽略栈溢出的问题（即使发生栈溢出，也是调用它们的上级函数的问题）。如果没有栈溢出问题，也就不会有栈分裂的问题。如果没有栈分裂，就不需要移动栈上的指针，也就不会有栈上指针管理的问题。但是，在现实的 Go 语言中，函数是可以任意深度调用的，开发者无须担心栈溢出的风险。那么，这些特性是如何通过低级的 Go 汇编语言实现的呢？本节将尝试讨论这些问题。注意，本节内容是基于 Go 1.10 版本分析的，在新版本中可能有变化。

3.6.1 函数调用规范

在 Go 汇编语言中，CALL 指令用于调用函数，RET 指令用于从调用函数返回。但是 CALL 指令和 RET 指令并不处理函数调用时的输入参数和返回值。CALL 指令类似 PUSH IP 和 JMP somefunc 两个指令的组合，首先将当前的 IP 寄存器的值压入栈中，然后通过 JMP 指令将要调用函数的地址写入 IP 寄存器以实现跳转。而 RET 指令则是 CALL 指令的相反操作，基本与 POP IP 指令等价，也就是从栈中恢复 CALL 指令时保存的返回地址，并将其重新载入 IP 寄存器，从而实现函数的返回。

与 C 语言函数不同，Go 语言函数的参数和返回值完全通过栈传递。图 3-13 展示了 Go 语言函数调用时栈的内存布局。

在调用函数前，需要先准备输入参数和返回值的空间，然后 CALL 指令将触发返回地址入栈操作。进入被调用函数后，汇编器会自动插入 BP 寄存器相关的指令，因此 BP 寄存器和返回地址是紧挨着的。接下来就是当前函数的局部变量的空间，包含再次调用其他函数需要准备的参数空间。当被调用的函数执行 RET 返回指令时，它会先从栈恢复 BP 寄存器和 SP 寄存器，然后取出返回地址并跳转到对应的指令继续执行。

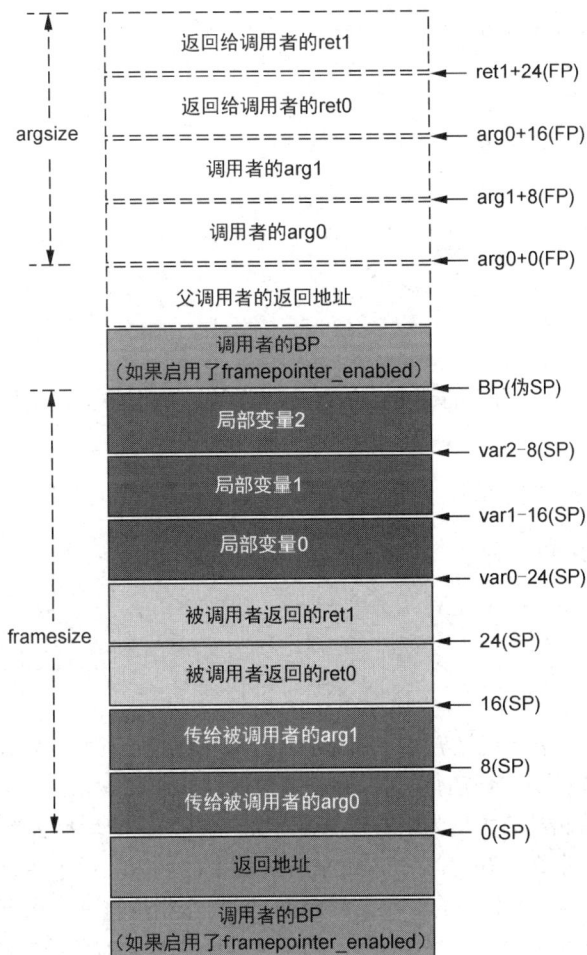

图 3-13　Go 语言函数调用时栈的内存布局

3.6.2　高级汇编语言

　　Go 汇编语言实际上是一种高级汇编语言。在这里，"高级"一词并没有任何褒义或贬义的色彩，而是强调 Go 汇编代码与最终实际执行的代码并不完全等价。在 Go 汇编语言中，一个指令在最终的目标代码中可能会被编译为其他等价的机器指令。Go 汇编实现的函数或调用函数的指令在最终代码中也可能被插入额外的指令。要彻底理解 Go 汇编语言，就需要了解汇编器到底插入了哪些指令。

　　为了便于分析，我们先构造一个禁止栈分裂的 printnl() 函数。printnl() 函数内部通过调用 _printnl() 函数输出换行：

```
TEXT ·printnl_nosplit(SB), NOSPLIT, $8
    CALL ·_printnl(SB)
    RET
```

然后通过 go tool asm -S main_amd64.s 指令查看编译后的目标代码：

```
"".printnl_nosplit STEXT nosplit size=29 args=0xffffffff80000000 locals=0x10
0x0000 00000 (main_amd64.s:5) TEXT "".printnl_nosplit(SB), NOSPLIT    $16
0x0000 00000 (main_amd64.s:5) SUBQ $16, SP

0x0004 00004 (main_amd64.s:5) MOVQ BP, 8(SP)
0x0009 00009 (main_amd64.s:5) LEAQ 8(SP), BP

0x000e 00014 (main_amd64.s:6) CALL ._printnl(SB)

0x0013 00019 (main_amd64.s:7) MOVQ 8(SP), BP
0x0018 00024 (main_amd64.s:7) ADDQ $16, SP
0x001c 00028 (main_amd64.s:7) RET
```

输出代码中我们删除了非指令的部分。为了便于讲述，我们将上述代码重新排版，并根据缩进表示相关的功能：

```
TEXT "".printnl(SB), NOSPLIT, $16
    SUBQ $16, SP
        MOVQ BP, 8(SP)
        LEAQ 8(SP), BP
            CALL ._printnl(SB)
        MOVQ 8(SP), BP
    ADDQ $16, SP
RET
```

第一层是 TEXT 指令，表示函数开始，到 RET 指令表示函数返回。第二层是 SUBQ $16, SP 指令，表示为当前函数帧分配 16 字节的空间，并在函数返回前通过 ADDQ $16, SP 指令回收这 16 字节的栈空间。我们谨慎猜测在第二层为函数多分配了 8 字节的空间。那么为何要多分配 8 字节的空间呢？继续查看第三层的指令：开始部分有 MOVQ BP, 8(SP) 和 LEAQ 8(SP), BP 两个指令，前一个指令将 BP 寄存器保存到多分配的 8 字节栈空间，后一个指令将 8(SP) 地址重新保存到了 BP 寄存器中；结束部分是 MOVQ 8(SP), BP 指令，用于从栈中恢复之前备份的前 BP 寄存器的值。最里面第四层才是我们编写的代码，调用 _printnl() 函数输出换行。

如果去掉 NOSPLIT 标志，再重新查看生成的目标代码，会发现在函数的开头和结尾处增加了新的指令。下面是经过缩进格式化的结果：

```
TEXT "".printnl_nosplit(SB), $16
L_BEGIN:
    MOVQ (TLS), CX
    CMPQ SP, 16(CX)
    JLS  L_MORE_STK

        SUBQ $16, SP
            MOVQ BP, 8(SP)
            LEAQ 8(SP), BP
                CALL ._printnl(SB)
            MOVQ 8(SP), BP
        ADDQ $16, SP
```

```
L_MORE_STK:
    CALL runtime.morestack_noctxt(SB)
    JMP  L_BEGIN
RET
```

这段代码中开头有 3 个新指令，MOVQ (TLS), CX 指令用于加载 g 结构体指针；CMPQ SP, 16(CX) 指令用于比较 SP 栈指针和 g 结构体中 stackguard0 成员，如果比较的结果小于 0，则跳转到结尾的 L_MORE_STK 部分；在获取到更多栈空间之后，通过 JMP L_BEGIN 指令跳回到函数的开始位置，重新进行栈空间检测。

g 结构体在$GOROOT/src/runtime/runtime2.go 文件中定义，其开头的结构成员如下：

```
type g struct {
    // Stack parameters.
    stack       stack   // offset known to runtime/cgo
    stackguard0 uintptr // offset known to liblink
    stackguard1 uintptr // offset known to liblink

    ...
}
```

第一个成员是 stack 类型，表示当前栈的开始和结束地址。stack 的定义如下：

```
// Stack describes a Go execution stack.
// The bounds of the stack are exactly [lo, hi),
// with no implicit data structures on either side.
type stack struct {
    lo uintptr
    hi uintptr
}
```

g 结构体中的 stackguard0 成员是栈溢出前的警戒线。stackguard0 的偏移量是 16 字节，因此上述代码中的 CMPQ SP, 16(AX) 表示将当前的真实 SP 与栈溢出警戒线进行比较，如果超出警戒线，则表示需要进行栈扩容，也就是跳转到 L_MORE_STK。在 L_MORE_STK 标号处，先调用 runtime·morestack_noctxt 进行栈扩容，然后跳回到函数的开始位置，此时，函数的栈已经调整，接着再进行一次栈大小的检测，如果依然不足，则继续扩容，直到栈足够大。

以上是栈的扩容过程，但是栈的回收是在何时处理的呢？我们知道 Go 运行时会定期进行垃圾收集操作，其中包括栈的回收工作。如果栈的使用比例小于一定的阈值，则分配一个较小的栈空间，并将栈上的数据移动到新的栈中，栈移动的过程与栈扩容的过程类似。

3.6.3 **PCDATA** 和 **FUNCDATA**

Go 语言中的 runtime.Caller() 函数可以获取当前函数的调用者列表。我们可以非常容易地在运行时定位每个函数的调用位置，以及函数的调用链。因此，在发生 panic 异常或用 log 输出信息时，可以精确定位代码的位置。

例如，以下代码可以打印程序的启动流程：

```
func main() {
```

```
for skip := 0; ; skip++ {
    pc, file, line, ok := runtime.Caller(skip)
    if !ok {
        break
    }

    p := runtime.FuncForPC(pc)
    fnfile, fnline := p.FileLine(0)

    fmt.Printf("skip = %d, pc = 0x%08X\n", skip, pc)
    fmt.Printf("  func: file = %s, line = L%03d, name = %s, entry = 0x%08X\n", fn
file, fnline, p.Name(), p.Entry())
    fmt.Printf("  call: file = %s, line = L%03d\n", file, line)
}
}
```

其中，`runtime.Caller` 先获取当时的 PC 寄存器值，以及文件和行号，然后根据 PC 寄存器表示
的指令位置，通过 `runtime.FuncForPC()` 函数获取函数的基本信息。Go 语言是如何实现这种特
性的呢？

Go 语言作为一门静态编译型语言，在执行时每个函数的地址都是固定的，函数的每条指令也是
固定的。如果针对每个函数和函数的每条指令生成一个地址表格（也称 PC 表格），那么在运行时我
们就可以根据 PC 寄存器的值轻松查询到指令当时对应的函数和位置信息。而 Go 语言也是采用类似
的策略，只不过地址表格经过裁剪，舍弃了不必要的信息。因为要在运行时获取任意一个地址的位置
必然要有一个函数调用，所以我们只需要为函数的开始和结束位置，以及每个函数的调用位置生成
地址表格就可以了。同时，地址是有大小顺序的，在排序后可以通过只记录增量来减少数据的大小，
在查询时可以通过二分法加快查找的速度。

在 Go 汇编语言中，`PCDATA` 用于生成 PC 表格，其指令用法为：`PCDATA tableid,
tableoffset`。PCDATA 有两个参数，第一个参数是表格的类型，第二个参数是表格的偏移量。在
目前的实现中，有 `PCDATA_StackMapIndex` 和 `PCDATA_InlTreeIndex` 两种表格类型。这两种
表格的数据结构类似，都包含代码所在的文件路径、行号和函数的信息，只不过
`PCDATA_InlTreeIndex` 是用于内联函数的表格。

此外，对于汇编函数中返回值包含指针的类型，在返回值指针被初始化之后需要执行一个
`GO_RESULTS_INITIALIZED` 指令：

```
#define GO_RESULTS_INITIALIZED    PCDATA $PCDATA_StackMapIndex, $1
```

`GO_RESULTS_INITIALIZED` 记录的也是 PC 表格的信息，表示在 PC 指针越过某个地址之后
返回值才完成初始化的状态。

Go 语言二进制文件中除了有 PC 表格，还有 FUNC 表格用于记录函数的参数、局部变量的指针
信息。`FUNCDATA` 指令和 `PCDATA` 指令的格式类似，具体格式为 `FUNCDATA tableid,
tableoffset`，第一个参数是表格的类型，第二个参数是表格的偏移量。目前的实现中定义了 3 种
`FUNCDATA` 表格类型：`FUNCDATA_ArgsPointerMaps` 表示函数参数的指针信息表，
`FUNCDATA_LocalsPointerMaps` 表示局部指针信息表，`FUNCDATA_InlTree` 表示被内联展开的

指针信息表。通过 FUNC 表格，Go 语言的垃圾收集器可以跟踪全部指针的生命周期，同时根据指针指向的地址是否在被移动的栈范围来确定是否要进行指针移动。

在前面递归函数的例子中，我们遇到一个 NO_LOCAL_POINTERS 宏。它的定义如下：

```
#define FUNCDATA_ArgsPointerMaps 0 /* garbage collector blocks */
#define FUNCDATA_LocalsPointerMaps 1
#define FUNCDATA_InlTree 2

#define NO_LOCAL_POINTERS FUNCDATA $FUNCDATA_LocalsPointerMaps, runtime·no_pointers_
stackmap(SB)
```

NO_LOCAL_POINTERS 宏表示的是 FUNCDATA_LocalsPointerMaps 对应的局部指针表格，而 runtime·no_pointers_stackmap 是一个空的指针表格，表示函数没有指针类型的局部变量。

查看 runtime/funcdata.h 文件可以看到这些伪汇编指令的说明：

```
// Pseudo-assembly statements.

// GO_ARGS, GO_RESULTS_INITIALIZED, and NO_LOCAL_POINTERS are macros
// that communicate to the runtime information about the location and liveness
// of pointers in an assembly function's arguments, results, and stack frame.
// This communication is only required in assembly functions that make calls
// to other functions that might be preempted or grow the stack.
// NOSPLIT functions that make no calls do not need to use these macros.

// GO_ARGS indicates that the Go prototype for this assembly function
// defines the pointer map for the function's arguments.
// GO_ARGS should be the first instruction in a function that uses it.
// It can be omitted if there are no arguments at all.
// GO_ARGS is inserted implicitly by the assembler for any function
// whose package-qualified symbol name belongs to the current package;
// it is therefore usually not necessary to write explicitly.
#define GO_ARGS FUNCDATA $FUNCDATA_ArgsPointerMaps, go_args_stackmap(SB)

// GO_RESULTS_INITIALIZED indicates that the assembly function
// has initialized the stack space for its results and that those results
// should be considered live for the remainder of the function.
#define GO_RESULTS_INITIALIZED  PCDATA $PCDATA_StackMapIndex, $1

// NO_LOCAL_POINTERS indicates that the assembly function stores
// no pointers to heap objects in its local stack variables.
#define NO_LOCAL_POINTERS  FUNCDATA $FUNCDATA_LocalsPointerMaps,
no_pointers_stackmap(SB)
```

GO_ARGS、GO_RESULTS_INITIALIZED 和 NO_LOCAL_POINTERS 分别标注函数参数、返回值和内部指针变量等信息，以配合栈伸缩和垃圾收集。当 Go 汇编语言独立使用时，无法直接访问汇编语言的函数的签名，特别是有些汇编语言的函数属于其他包，那个包虽然有 Go 语言定义的函数签名，但是从当前包无法看到，而 Go 语言是以包为编译单位的，只有在最终连接阶段才能通过这些伪指令定位到保存签名信息的符号。

因为汇编函数定义和声明不在同一个包而需要使用 `GO_ARGS` 伪汇编指令的例子极少，目前只有 `sync/atomic.LoadInt32` 这一组函数是定义在 **runtime/race_amd64.s** 文件中的：

```
// Atomic operations for sync/atomic package.

// 加载
TEXT sync/atomic.LoadInt32(SB), NOSPLIT|NOFRAME, $0-12
    GO_ARGS
    MOVQ    $__tsan_go_atomic32_load(SB), AX
    CALL    racecallatomic<>(SB)
    RET
```

而 sync/atomic 包的函数签名如下：

```
// LoadInt32 atomically loads *addr.
// Consider using the more ergonomic and less error-prone [Int32.Load] instead.
func LoadInt32(addr *int32) (val int32)
```

因为 `runtime` 包不能以导入 `sync` 或 `atomic` 包的方式看到 `LoadInt32` 的函数签名信息（标准库的设计原则约束），也无法以 Go 语言语法在 `runtime` 包中为 `sync` 或 `atomic` 包单独声明函数签名，所以通过 `GO_ARGS` 留下钩子等待连接器在最后时刻完成装配任务。

因此，`GO_ARGS` 是一个用户基本没有机会必须使用的特性。而 `GO_RESULTS_INITIALIZED` 和 `NO_LOCAL_POINTERS` 伪汇编指令因为涉及函数内部实现，所以无法单靠 Go 语法定义函数签名解决。

`PCDATA` 和 `FUNCDATA` 的数据一般是由编译器自动生成的，手动编写并不现实。如果函数已经有 Go 语言声明，那么编译器可以自动输出参数和返回值的指针表格。同时，函数调用一般是对应 `CALL` 指令，编译器也可以辅助生成 `PCDATA` 表格。编译器唯一无法自动生成的是函数局部变量的表格，因此一般要在汇编语言函数的局部变量中谨慎使用指针类型。

对 `PCDATA` 和 `FUNCDATA` 细节感兴趣的读者可以尝试从 debug/gosym 包入手，参考包的实现和测试代码。

3.6.4　递归函数：1 到 *n* 求和

递归函数是比较特殊的函数，它们通过调用自身并且在栈上保存状态，可以简化很多问题的处理。Go 语言中递归函数的强大之处在于不用担心栈溢出问题，因为栈可以根据需要进行扩容和回收。

首先用 Go 语言实现一个 1 到 n 的求和的递归函数：

```
// sum = 1+2+...+n
// sum(100) = 5050
func sum(n int) int {
    if n > 0 { return n+sum(n-1) } else { return 0 }
}
```

然后通过 if/goto 重构上面的递归函数，以便于转换为 Go 汇编语言版本：

```
func sum(n int) (result int) {
    var AX = n
```

```
    var BX int

    if n > 0 { goto L_STEP_TO_END }
    goto L_END

L_STEP_TO_END:
    AX -= 1
    BX = sum(AX)

    AX = n // 调用函数后，AX 重新恢复为 n
    BX += AX

    return BX

L_END:
    return 0
}
```

在改写之后，递归调用的参数需要引入局部变量，保存中间结果也需要引入局部变量。通过栈来保存中间的调用状态正是递归函数的核心。因为输入参数也在栈上，所以可以通过输入参数来保存少量的状态。同时，我们模拟定义了 AX 和寄存器 BX 寄存器，寄存器在使用前需要初始化，并且在函数调用后也需要重新初始化。

下面继续将函数改造为 Go 汇编语言版本：

```
#include "textflag.h"
#include "funcdata.h"

// func sum(n int) (result int)
TEXT ·sum(SB), NOFRAME, $16-16
    NO_LOCAL_POINTERS
    MOVQ n+0(FP), AX        // n
    MOVQ result+8(FP), BX   // result

    CMPQ AX, $0             // test n - 0
    JG   L_STEP_TO_END      // if > 0: goto L_STEP_TO_END
    JMP  L_END              // goto L_STEP_TO_END

L_STEP_TO_END:
    SUBQ $1, AX             // AX -= 1
    MOVQ AX, 0(SP)          // arg: n-1
    CALL ·sum(SB)           // call sum(n-1)
    MOVQ 8(SP), BX          // BX = sum(n-1)

    MOVQ n+0(FP), AX        // AX = n
    ADDQ AX, BX             // BX += AX
    MOVQ BX, result+8(FP)   // return BX
    RET

L_END:
```

```
        MOVQ $0, result+8(FP)    // return 0
        RET
```

在 Go 汇编语言版本的函数中并没有定义局部变量，只有用于调用自身的临时栈空间。因为函数本身的参数和返回值有 16 字节，所以栈帧的大小也为 16 字节。L_STEP_TO_END 标号部分用于处理递归调用，是函数比较复杂的部分。L_END 用于处理递归终结的部分。

调用 sum() 函数的参数在 0(SP) 位置，调用结束后的返回值在 8(SP) 位置。在函数调用之后要重新为需要的寄存器注入值，因为被调用的函数内部可能会破坏寄存器的状态。同时，调用函数的参数值也是不可信任的，输入参数值也可能在被调用函数内部被修改。

总的来说，用 Go 汇编语言实现递归函数和普通函数并没有什么区别，当然是在没有考虑栈溢出的前提下。我们的函数应该可以对较小的 n 进行求和，但是当 n 大到一定程度，也就是栈达到一定的深度时，必然会出现栈溢出的问题。栈溢出是 C 语言的特性，不应该在 Go 汇编语言中出现。

Go 语言的编译器在生成函数的机器代码时，会在开头插入一小段检查和扩容栈的代码。这里通过 NOFRAME 标志禁止了插入的检查代码，同时用 NO_LOCAL_POINTERS 标志标识当前函数不涉及指针处理，这样可以交由运行时处理栈的扩展问题。

这个例子只是为了方便演示递归的用法，并不建议在生产代码中使用。

3.6.5 闭包函数

闭包函数是最强大的函数，因为它们可以捕获外层局部作用域的局部变量，从而具有状态。从理论上说，全局的函数也是闭包函数的子集，只不过全局函数没有捕获外层变量而已。

为了理解闭包函数如何工作，我们先构造如下的例子：

```go
package main

func NewTwiceFunClosure(x int) func() int {
    return func() int {
        x *= 2
        return x
    }
}

func main() {
    fnTwice := NewTwiceFunClosure(1)

    println(fnTwice()) // 1*2 => 2
    println(fnTwice()) // 2*2 => 4
    println(fnTwice()) // 4*2 => 8
}
```

其中，NewTwiceFunClosure() 函数返回一个闭包函数对象，该闭包函数对象捕获了外层的 x 参数。返回的闭包函数对象在执行时，每次将捕获的外层变量乘以 2 之后再返回。在 main() 函数中，首先以 1 作为参数调用 NewTwiceFunClosure() 函数构造一个闭包函数，返回的闭包函数保存在 fnTwice 变量中；然后每次调用 fnTwice() 闭包函数返回翻倍后的结果，也就是 2、4、8。

上述代码从 Go 语言层面是非常容易理解的。但是，闭包函数在 Go 汇编语言层面是如何工作的呢？下面我们尝试构造闭包函数来展示闭包的工作原理。

首先构造 FunTwiceClosure 结构体类型，用来表示闭包对象：

```
type FunTwiceClosure struct {
    F uintptr
    X int
}
```

FunTwiceClosure 结构体包含两个成员，第一个成员 F 表示闭包函数的函数指令的地址，第二个成员 X 表示闭包捕获的外部变量。如果闭包函数捕获了多个外部变量，那么 FunTwiceClosure 结构体也要做相应的调整。

接着构造 FunTwiceClosure 结构体对象，也就是闭包函数对象：

```
func NewTwiceFunClosure(x int) func() int {
    var p = &FunTwiceClosure{
        F: asmFunTwiceClosureAddr(),
        X: x,
    }
    return ptrToFunc(unsafe.Pointer(p))
}
```

其中，asmFunTwiceClosureAddr() 函数用于辅助获取闭包函数的函数指令的地址，是用 Go 汇编语言实现的。最后通过 ptrToFunc() 辅助函数将结构体指针转换为闭包函数对象返回，该函数也是用 Go 汇编语言实现的。

汇编语言实现了以下 3 个辅助函数：

```
func ptrToFunc(p unsafe.Pointer) func() int
func asmFunTwiceClosureAddr() uintptr
func asmFunTwiceClosureBody() int
```

其中，ptrToFunc() 用于将指针转换为 func() int 类型的闭包函数，asmFunTwiceClosureAddr() 用于返回闭包函数机器指令的起始地址（类似全局函数的地址），asmFunTwiceClosureBody 是闭包函数对应的全局函数的实现。

然后用 Go 汇编语言实现以上 3 个辅助函数：

```
#include "textflag.h"

TEXT ·ptrToFunc(SB), NOSPLIT, $0-16
    MOVQ ptr+0(FP), AX // AX = ptr
    MOVQ AX, ret+8(FP) // return AX
    RET

TEXT ·asmFunTwiceClosureAddr(SB), NOSPLIT, $0-8
    LEAQ ·asmFunTwiceClosureBody(SB), AX // AX = ·asmFunTwiceClosureBody(SB)
    MOVQ AX, ret+0(FP)                   // return AX
    RET

TEXT ·asmFunTwiceClosureBody(SB), NOSPLIT|NEEDCTXT, $0-8
```

```
MOVQ 8(DX), AX
ADDQ AX   , AX          // AX *= 2
MOVQ AX   , 8(DX)       // ctx.X = AX
MOVQ AX   , ret+0(FP)   // return AX
RET
```

其中，·ptrToFunc() 和 ·asmFunTwiceClosureAddr() 函数的实现比较简单，我们不再详细描述。最重要的是 ·asmFunTwiceClosureBody() 函数的实现：它有一个 NEEDCTXT 标志。采用 NEEDCTXT 标志定义的汇编函数表示需要一个上下文环境，在 AMD64 体系结构中通过 DX 寄存器来传递这个上下文环境指针，也就是对应 FunTwiceClosure 结构体的指针。函数先从 FunTwiceClosure 结构体对象中取出之前捕获的 X，将 X 乘以 2 之后写回内存，最后返回修改之后的 X 的值。

如果是在 Go 汇编语言中调用闭包函数，也需要遵循同样的流程：先构造闭包对象，其中保存捕获的外层变量；在调用闭包函数时先要拿到闭包对象，用闭包对象初始化 DX，然后从闭包对象中取出函数地址并通过 CALL 指令调用。

3.6.6　调用约定

在 Go 1.10 版本之后，内部函数调用的 ABI 支持通过寄存器传递参数，这样便于编译器生成更优化的代码。因此对普通的函数调用而言，编译器可以利用 ABI 规则的优势生成更好的代码。如果是手动编写的汇编函数，则无法获得这种优势。

3.7　汇编语言的威力

汇编语言的真正威力体现在两个方面：一是突破框架限制，实现看似不可能的任务；二是突破指令限制，通过高级指令挖掘极致的性能。对于第一个方面，我们将演示如何通过 Go 汇编语言直接访问系统调用，和直接调用 C 语言函数。对于第二个方面，我们将演示 x64 指令集中 AVX 指令集等高级指令的简单用法。

3.7.1　系统调用

系统调用是操作系统对外提供的公共接口。因为操作系统彻底接管了底层硬件设备，所以操作系统提供的系统调用成了实现某些操作的唯一方法。系统调用类似于远程过程调用（RPC），只是通信通道是寄存器和内存。在系统调用时，我们向操作系统发送调用的编号和参数，然后阻塞等待系统调用的返回。因为涉及阻塞等待，所以系统调用期间的 CPU 利用率一般可以忽略不计。与 RPC 类似的是，操作系统内核处理系统调用时不会依赖用户的栈空间，因此不会导致栈溢出。因此，系统调用是一种简单且安全的调用方式。

系统调用虽然简单，但是它是操作系统对外的接口，不同的操作系统调用规范可能有很大差异。我们先看看 Linux 在 AMD64 体系结构中的系统调用规范，相关内容在 syscall/asm_linux_amd64.s 文件中有详细注释：

```
//
// System calls for AMD64, Linux
```

```
//
// func Syscall(trap int64, a1, a2, a3 uintptr) (r1, r2, err uintptr);
// Trap # in AX, args in DI SI DX R10 R8 R9, return in AX DX
// Note that this differs from "standard" ABI convention, which
// would pass 4th arg in CX, not R10.
```

这是 syscall.Syscall() 函数的内部注释，简要说明了 Linux 系统调用的规范。系统调用的前 6 个参数分别通过 DI、SI、DX、R10、R8 和 R9 寄存器传递，返回值通过 AX 和 DX 寄存器返回。macOS 等类 UNIX 系统的系统调用参数传递大多采用类似的规则。

macOS 的系统调用编号定义在/usr/include/sys/syscall.h 头文件中，Linux 的系统调用编号定义在/usr/include/asm/unistd.h 头文件中。虽然在 UNIX 家族中系统调用的参数和返回值的传递规则类似，但是不同操作系统提供的系统调用功能并不完全相同，因此系统调用编号也有很大的差异。以 UNIX 系统中著名的 write 系统调用为例，在 macOS 中的编号为 4，而在 Linux 中的编号为 1。

下面我们将基于 write 系统调用封装一个字符串输出函数。下面的代码是 AMD64 体系结构的 macOS 版本的实现：

```
// func SyscallWrite_Darwin(fd int, msg string) int
TEXT ·SyscallWrite_Darwin(SB), NOSPLIT, $0
    MOVQ $(0x2000000+4), AX // #define SYS_write 4
    MOVQ fd+0(FP),        DI
    MOVQ msg_data+8(FP), SI
    MOVQ msg_len+16(FP), DX
    SYSCALL
    MOVQ AX, ret+0(FP)
    RET
```

其中，第一个参数是输出文件的文件描述符编号，第二个参数是字符串头部。字符串头部由 reflect.StringHeader 结构定义，第一个成员是 8 字节的数据指针，第二个成员是 8 字节的数据长度。在 macOS 系统中，执行系统调用时需要将系统调用编号加上 0x2000000 后传入 AX 寄存器，然后将 fd、数据地址和长度作为 write 系统调用的 3 个参数输入，分别传入 DI、SI 和 DX 这 3 个寄存器，最后通过 SYSCALL 指令执行系统调用，系统调用返回后从 AX 寄存器获取返回值。

对于 ARM64 体系结构的 macOS，对应的代码如下：

```
// func SyscallWrite_Darwin(fd int, msg string) int
TEXT ·SyscallWrite_Darwin(SB), NOSPLIT, $0
    MOVD fd+0(FP),        R0
    MOVD msg_data+8(FP), R1
    MOVD msg_len+16(FP), R2

    MOVD $4, R16 // syscall entry, #define SYS_write 4
    SVC $0x80

    MOVD R0, ret+0(FP)
    RET
```

其中，R0、R1、R2、R16 都是 ARM64 的寄存器，系统调用通过 SVC 指令结合 R16 寄存器来完成，返回结果存储在 R0 寄存器中。

通过这种方式，我们基于系统调用封装了一个自定义的输出函数。在 UNIX 系统中，标准输入 stdout 的文件描述符编号是 1，因此我们可以用 1 作为参数实现字符串输出：

```
func SyscallWrite_Darwin(fd int, msg string) int

func main() {
    if runtime.GOOS == "darwin" {
        SyscallWrite_Darwin(1, "hello syscall!\n")
    }
}
```

如果是 Linux 系统，只需要将系统调用编号改为 write 系统调用对应的 1 即可。而 Windows 系统的系统调用则有另外的参数传递规则。在 x64 体系结构中，Windows 的系统调用参数传递规则与默认的 C 语言规则非常相似，接下来我们将详细讨论。

3.7.2 直接调用 C 语言函数

在计算机的发展过程中，C 语言和 UNIX 操作系统有着不可替代的作用。因此，操作系统的系统调用、汇编语言和 C 语言函数调用规则之间存在着密切联系。

在 x86 的 32 位系统时代，C 语言一般使用栈来传递参数，并通过 AX 寄存器返回结果，这种调用约定称为 cdecl 调用约定。Go 语言函数与 cdecl 调用约定非常相似，它们都通过栈来传递参数，且返回地址和 BP 寄存器的内存布局也类似。但是，Go 语言函数也通过栈返回返回值，因此 Go 语言函数支持多个返回值。我们可以将 Go 语言函数看作是没有返回值的 C 语言函数，同时将 Go 语言函数中的返回值移到 C 语言函数参数的尾部，这样栈不仅用于传入参数，也用于返回多个结果。

在 x64 时代，AMD 体系结构引入了 8 个通用寄存器，为了提高效率，C 语言也改为默认用寄存器来传递参数。在 x64 体系结构中，存在 System V AMD64 ABI 和 Microsoft x64 两种主要的 C 语言函数调用规范，其中，System V AMD64 ABI 规范适用于 Linux、FreeBSD、macOS 等类 UNIX 系统，而 Microsoft x64 规范则适用于 Windows 系统。

理解了 C 语言函数的调用规范之后，汇编代码就可以绕过 CGO 技术直接调用 C 语言函数。为了便于演示，我们先用 C 语言构造一个简单的加法函数 myadd()：

```
#include <stdint.h>

int64_t myadd(int64_t a, int64_t b) {
    return a+b;
}
```

然后我们需要实现一个 AsmCallCAdd() 函数：

```
func AsmCallCAdd(cfun uintptr, a, b int64) int64
```

由于 Go 汇编语言和 CGO 特性不能同时在一个包中使用（因为 CGO 会调用 gcc，而 gcc 会将 Go 汇编语言程序当作普通的汇编语言程序处理，从而导致错误），因此我们通过一个参数传入 C 语言 myadd() 函数的地址。AsmCallCAdd() 函数的其余参数与 C 语言 myadd() 函数的参数保持一致。

下面是基于 System V AMD64 ABI 规范的 AsmCallCAdd() 函数的实现：

```
// System V AMD64 ABI
// func AsmCallCAdd(cfun uintptr, a, b int64) int64
TEXT ·AsmCallCAdd(SB), NOSPLIT, $0
    MOVQ cfun+0(FP), AX // cfun
    MOVQ a+8(FP),    DI // a
    MOVQ b+16(FP),   SI // b
    CALL AX
    MOVQ AX, ret+24(FP)
    RET
```

这段代码先将 C 语言函数地址保存到 AX 寄存器，然后将 a 和 b 两个参数分别加载到 DI 寄存器和 SI 寄存器，通过 CALL 指令调用 C 语言函数，最后从 AX 寄存器获取 C 语言函数的返回值，并通过 AsmCallCAdd() 函数返回。

对于 **ARM64** 体系结构，对应的代码如下：

```
// System V ARM64 ABI
// func AsmCallCAdd(cfun uintptr, a, b int64) int64
TEXT ·AsmCallCAdd(SB), NOSPLIT, $0
    MOVD a+8(FP),    R0 // a
    MOVD b+16(FP),   R1 // b
    MOVD cfun+0(FP), R2 // cfun
    BL R2
    MOVD R0, ret+24(FP)
    RET
```

在 AMD64 体系结构中，调用函数的参数优先通过 R0 寄存器和 R1 寄存器传递（当寄存器不足时才会考虑通过栈传递参数），如果有返回值，则优先存储在 R0 寄存器中。

在 x64 体系结构的 Windows 系统中，C 语言调用规范类似，但只有 CX、DX、R8 和 R9 这 4 个寄存器用于传递参数（如果是浮点数则通过 XMM 寄存器传递），返回值依然通过 AX 返回。虽然参数可以通过寄存器传递，但是调用者依然要为前 4 个参数准备栈空间。需要注意的是，x64 体系结构的 Windows 系统的系统调用和 C 语言函数可能采用相同的调用规则。由于缺乏 Windows 测试环境，这里没有提供 Windows 版本的代码实现，Windows 用户可以自行尝试实现类似功能。

最后，我们就可以使用 AsmCallCAdd() 函数直接调用 C 语言函数了：

```
/*
#include <stdint.h>

int64_t myadd(int64_t a, int64_t b) {
    return a+b;
}
*/
import "C"

import (
    asmpkg "myapp/asm"
)

func main() {
```

```
    if runtime.GOOS != "windows" {
        println(asmpkg.AsmCallCAdd(
                    uintptr(unsafe.Pointer(C.myadd)),
            123, 456,
        ))
    }
}
```

在上面的代码中，通过 `C.myadd()` 获取 C 语言函数的地址，然后转换为合适的类型再传入
`AsmCallCAdd()` 函数。在这个例子中，汇编函数假设调用的 C 语言函数需要的栈空间很小，可以直
接复用 Go 语言函数中多余的空间。如果 C 语言函数需要较大的栈空间，可以尝试像 CGO 那样切换
到系统线程的栈上运行。

3.7.3　AVX 指令集

从 Go 1.11 开始，Go 汇编语言引入了 AVX512 指令集的支持。AVX 指令集是英特尔单指令流多
数据流（single-instruction stream multiple-data stream，SIMD）指令集的一部分，其最大特点是数据宽
度为 512 位，可以一次处理 8 个 64 位或等量的数据。因此，AVX 指令集可以用于优化矩阵或图像等
并行度很高的算法。不过，并不是每个 x86 体系结构的 CPU 都支持 AVX 指令集，因此在使用前要
先判断 CPU 是否支持这些高级指令。

在 Go 语言标准库的 `internal/cpu` 包中提供了 CPU 是否支持某些高级指令的基本信息，但
是只有标准库才能引用这个包（因为 internal 路径的限制）。该包底层是通过 x86 的 CPUID 指令
来识别处理器的详细信息的。最简便的方法是直接将 `internal/cpu` 包克隆一份。不过为了避免复
杂的依赖关系，这个包没有使用 `init()` 函数自动初始化，因此需要根据情况手动调用 `doinit()` 函
数进行初始化。

`internal/cpu` 包针对 x86 处理器提供了以下特性检测：

```
package cpu

var X86 x86

// The booleans in x86 contain the correspondingly named cpuid feature bit.
// HasAVX and HasAVX2 are only set if the OS does support XMM and YMM registers
// in addition to the cpuid feature bit being set.
// The struct is padded to avoid false sharing.
type x86 struct {
    HasAES       bool
    HasADX       bool
    HasAVX       bool
    HasAVX2      bool
    HasBMI1      bool
    HasBMI2      bool
    HasERMS      bool
    HasFMA       bool
    HasOSXSAVE   bool
    HasPCLMULQDQ bool
```

```
HasPOPCNT      bool
HasSSE2        bool
HasSSE3        bool
HasSSSE3       bool
HasSSE41       bool
HasSSE42       bool
}
```

因此，可以用以下的代码测试运行时的 CPU 是否支持 AVX2 指令集：

```
import (
    cpu "path/to/cpu"
)

func main() {
    if cpu.X86.HasAVX2 {
        // support AVX2
    }
}
```

AVX512 指令集是比较新的指令集，只有高端的 CPU 才会提供支持。为了使主流的 CPU 也能运行代码测试，我们选择 AVX2 指令集来构造例子。AVX2 指令集每次可以处理 32 字节的数据，可以用来提升数据复制工作的效率。

下面是用 AVX2 指令集复制数据，每次复制 32 字节倍数大小的数据的例子：

```
// func CopySlice_AVX2(dst, src []byte, len int)
TEXT ·CopySlice_AVX2(SB), NOSPLIT, $0
    MOVQ dst_data+0(FP),  DI
    MOVQ src_data+24(FP), SI
    MOVQ len+32(FP),      BX
    MOVQ $0,              AX

LOOP:
    VMOVDQU 0(SI)(AX*1), Y0
    VMOVDQU Y0, 0(DI)(AX*1)
    ADDQ $32, AX
    CMPQ AX, BX
    JL   LOOP
    RET
```

其中，`VMOVDQU` 指令先将从 `0(SI)(AX*1)` 地址开始的 32 字节数据复制到 `Y0` 寄存器中，然后再复制到 `0(DI)(AX*1)` 对应的目标内存中。`VMOVDQU` 指令操作的数据地址可以不对齐。

AVX2 指令集共有 16 个 `Y` 寄存器，每个寄存器有 256 位。如果要复制的数据很多，可以多个寄存器同时复制，这样可以利用更高效的流水线特性优化性能。

3.8 补充说明

如果是纯粹学习汇编语言，则可以从《深入理解程序设计：使用 Linux 汇编语言》（*Programming*

from the Ground Up）开始，该书讲述了如何以 C 语言的思维编写汇编语言程序。如果是学习 x86 汇编，则可以从《汇编语言：基于 x86 处理器》（*Assembly Language for x86 Processors*）开始，然后再结合《现代 x86 汇编语言程序设计》（*Modern X86 Assembly Language Programming*）学习 AVX 等高级汇编指令集的使用。

　　Go 汇编语言的官方文档非常有限，"A Quick Guide to Go's Assembler"是唯一系统讲述 Go 汇编语言的官方文章。该文章中又引入了另外两个 Plan 9 的文档"A Manual for the Plan 9 Assembler"和"Plan 9 C Compilers"，这两个文档分别讲述了 Go 汇编语言及与汇编相关的 C 语言编译器的细节。阅读这些文档之后，读者会对 Go 汇编语言有一个初步的概念，剩下的就需要在实战中通过代码来学习了。

　　Go 语言的编译器和汇编器都支持参数-S，可以用来查看生成的最终目标代码。通过对比目标代码和原始的 Go 语言或 Go 汇编语言代码，找出差异，可以加深对底层实现的理解。同时，Go 语言连接器的实现代码也包含了很多相关的信息。Go 汇编语言是依托 Go 语言的语言，因此理解 Go 语言的工作原理也是必要的。比较重要的部分是 Go 语言 `runtime` 和 `reflect` 包的实现原理。了解 CGO 技术对学习 Go 汇编语言也有很大帮助。最后，要了解 `syscall` 包是如何实现系统调用的。

　　得益于 Go 语言的设计，Go 汇编语言的优势也非常明显：跨操作系统、不同 CPU 之间的用法非常相似、支持 C 语言预处理器、支持模块。同时，Go 汇编语言也存在很多不足：它不是一个独立的语言，底层需要依赖 Go 语言甚至操作系统；很多高级特性很难通过手工汇编完成。虽然 Go 语言官方尽量保持 Go 汇编语言简单，但是汇编语言本身是一个比较大的话题，大到足以写一本 Go 汇编语言的教程。本章的目的是让读者对 Go 汇编语言有一个简单的入门，在看到底层汇编代码时不会感到困惑，并在某些性能受限的场合，能够通过 Go 汇编语言突破限制。

第 4 章

Go 运行时

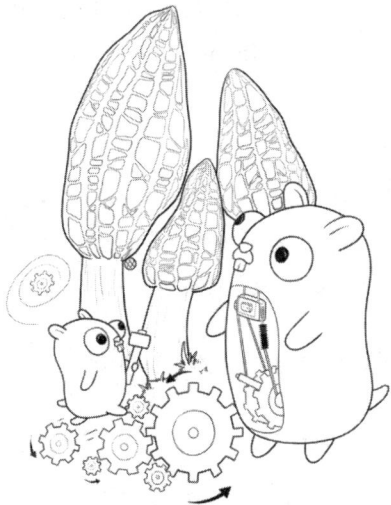

想要深入理解 Go 语言，运行时始终是绕不过去的话题，相比 C++等编译型语言，Go 语言的运行时（也称 Go 运行时）提供了丰富的功能。

尽管本书不是专门讲解 Go 运行时的，但希望通过对本章的学习，读者能够建立一个理解和运用 Go 运行时的思维框架，从而提升自身问题定位和 Go 程序理解能力。

4.1 运行时概览

Go 语言的运行时在程序启动后就持续工作，主要负责调度 goroutine、管理网络 I/O、分配内存及进行垃圾收集。下面这四大组件是支撑高并发与高效执行的关键所在：

- 调度器（scheduler）通过 goroutine 与线程的灵活配合最大化 CPU 利用率；
- 内存分配器（memory allocator）负责高并发环境下的安全高效分配；
- 垃圾收集器（garbage collector）自动回收不再使用的对象，进一步减轻内存管理的负担；
- 网络轮询器（netpoller）通过 epoll、kqueue 等机制快速捕获 I/O 就绪事件。

4.1.1 调度器

在 Go 运行时中，调度器是最核心的组件之一，它通过管理 goroutine、操作系统线程及处理器来完成对 goroutine 的统一调度。每当创建一个 goroutine 时，调度器就会为其分配必要的运行上下文，并在合适的时机安排它进入可运行队列。调度循环会不断扫描这些队列，将处于就绪状态的 goroutine 与可用的操作系统线程和处理器匹配，从而让 goroutine 获得 CPU 执行时间。通过这样一种"协程（G）－线程（M）－处理器（P）"三者分离的模式，Go 语言得以在高并发场景中实现灵活且高效的任务切换，并且避免了传统线程模型下大量的线程切换开销（当然，goroutine 的开销在其数量庞大时也不能忽略不计）。

值得注意的是，调度器不仅会在程序启动时工作，而且会根据程序的运行状态持续动态地调整 goroutine 和线程之间的配合。例如，如果某些线程长时间被阻塞，或者 goroutine 数量过多导致调度负载不均，调度器会尝试将 goroutine 迁移到其他空闲的处理器中（工作窃取机制），从而提升 CPU 整体利用率。同时，它还结合了可伸缩性和自适应原则，能在多核心 CPU 环境下充分发挥并行优势。

4.1.2   内存分配器

内存分配器负责管理 Go 程序运行时所需的堆（heap）内存。在 Go 语言中，开发者通过 new、make 或其他方式创建对象时，最终都要向运行时的内存分配器申请内存。为了在高并发场景下依然保持分配效率，Go 语言内存分配器采用了多级的分配策略：小块内存通常通过局部分配缓存获得，较大的内存则需要更复杂的堆操作。

同时，内存分配器会将内存划分成不同大小的"类"，以便快速匹配请求大小的内存并对相同的内存块进行复用。这样既能最大化地使用内存，又能减少碎片产生。大多数情况下，开发者只需正常创建对象，具体的分配细节和性能优化都由内存分配器在后台完成，这样开发者就能专注于业务逻辑本身。

4.1.3   垃圾收集器

垃圾收集器是 Go 运行时中不可或缺的部分，它能在不需要人工干预的情况下，自动回收已不再使用的内存，从而极大地降低内存泄漏的风险。Go 语言采用的垃圾收集算法不断演进，近年来的版本中通常使用"标记－清除"与并发执行结合的方案，以在回收效率和程序延迟之间取得良好平衡。

具体而言，垃圾收集器会在后台扫描堆上存活的对象，通过"标记"阶段标识哪些对象仍被引用。随后在"清除"阶段，对未标记的对象进行回收并将其纳入可用内存。为了减少对程序运行的影响，Go 运行时会在不同阶段采用分布式的并发标记策略，从而分散回收开销，让程序在高并发场景下依然能保持稳定的响应性能。这意味着，在绝大多数场景下，开发者无须关心手动释放内存，可以只专注于业务逻辑。

4.1.4   网络轮询器

网络轮询器是运行时中专门负责网络 I/O 管理的组件。它对底层网络文件描述符（file descriptor, FD）进行统一抽象，通过 epoll 或 kqueue 等操作系统机制来监控文件描述符的可读/可写状态。一旦检测到网络就绪事件（如数据可读或可写），网络轮询器便会通知调度器，从而唤醒相应的 goroutine 继续执行读/写操作。

这样的设计让 Go 语言能够高效地处理大量并发连接，而不会因阻塞 I/O 拖慢整体速度。通过将 I/O 事件与 goroutine 调度紧密结合，网络轮询器可以在第一时间唤醒需要执行网络操作的 goroutine。同时，网络轮询器也兼容不同操作系统的网络机制，对开发者来说，只需使用 Go 语言提供的网络 API，就能享受跨平台、高并发的网络性能。

4.1.5   小结

总的来说，Go 运行时的这四大组件共同构成了一个高效、稳定的运行环境，让开发者能够专注于业务逻辑，而不必过多关心底层的调度、I/O、内存管理等细节。在 Go 语言的设计哲学中，简洁、高效、易用是核心，而运行时的这些特性正是这一理念的体现。

如果读者的目标是成为 Go 语言专家，建议深入了解这些组件的工作原理，以便在性能调优、并发控制等方面做出更明智的决策。在后面几节中，我们将逐一深入探讨这些组件的工作原理，帮助读者更好地理解 Go 语言的运行时机制。

4.2 调度器

要理解调度器，需要将 Go 应用程序的执行理解为一个图 4-1 所示的生产者－消费者模型。

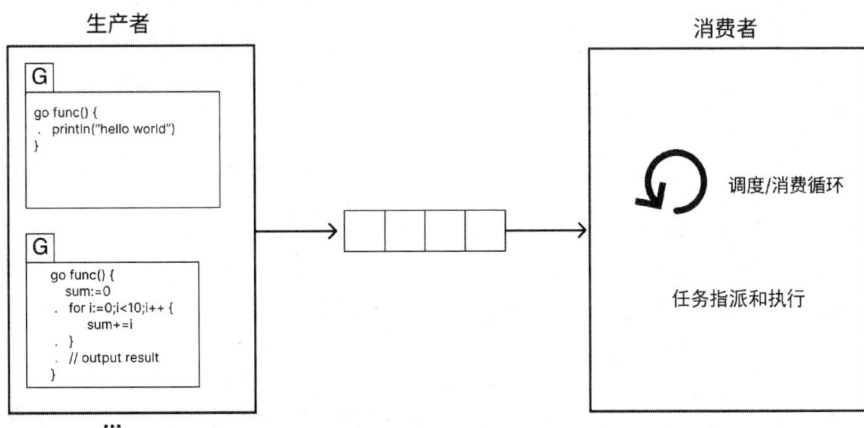

图 4-1 生产者－消费者模型

生产者和消费者围绕 goroutine 运作，goroutine 是用户或者运行时创建的执行任务，任务创建完之后，会交给消费者执行。

在 Go 语言里怎么创建一个待执行的任务呢？

```
go func() {
    println("hello world")
}()
```

没错，任何一个 goroutine 都可以看成一个待执行的任务。

对生产者来说，只要将任务的执行流（即函数代码）及任务的上下文（即闭包捕获的本地上下文）发送至队列即可。

对消费者来说，则是给 goroutine 找到合适的执行环境，并按照执行流依次执行函数指令。程序运行期间，用户任务 goroutine 会不断地产生，因此消费者需要在调度循环中不断消化生产者创建的任务，以使系统顺利执行。

4.2.1 生产者细节

生产者的逻辑相当简单，我们可以认为，在日常 Go 代码中只要创建了 goroutine 就生产了一个用户任务，go func() 本质上是 Go 语言提供给用户的语法糖。通过 Delve 调试器中的 disass 功能可以看到，这里其实是执行了运行时底层的 `newproc()` 函数。

```
(dlv) n
> main.main() ./g.go:4 (PC: 0x1027eef98)
     1: package main
     2:
     3: func main() {
=>   4:     go func() {
     5:         println(1)
     6:     }()
     7: }
(dlv) disass
TEXT main.main(SB) /Users/xargin/test/g.go
...
=> g.go:4   0x1027eef98 00010090    ADRP 131072(PC), R0
...
   g.go:4   0x1027eefa0 304eff97    CALL runtime.newproc(SB)
...
   g.go:3   0x1027eefb8 f2ffff17    JMP main.main(SB)
(dlv)
```

底层的 `newproc()` 函数会将该任务（goroutine）放进队列中，这就完成了生产者流程。

4.2.2 消费者细节

消费者的本质是线程，Go 会保证系统至少有核心数量个线程在执行调度循环，如图 4-2 所示。这些一直在执行调度循环的线程在 Go 语言的模型中称为线程（M），也是消费者。

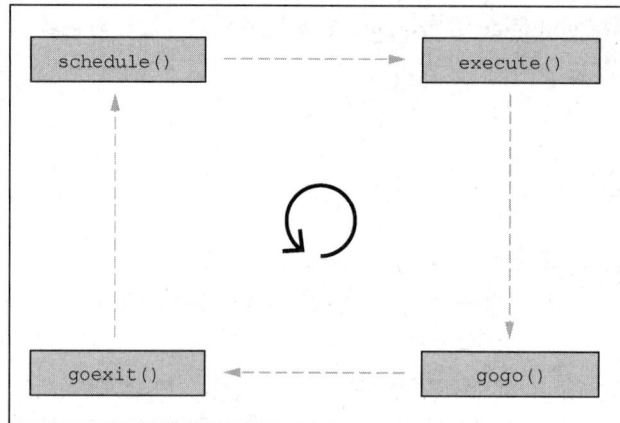

图 4-2 线程的调度/消费循环

调度循环会从任务队列中不停地寻找任务（待运行的 goroutine），并将任务与线程（M）绑定，然后开始执行。

当任务执行到被阻塞时，会将线程与处理器解绑定，然后重新进入调度循环消费其他任务。后面会介绍阻塞的具体处理方法。

4.2.3 任务队列细节

上面在讨论生产者和消费者时，我们将运行时的任务队列进行了简化。实际上，运行时的任务队列不是一个简单的列表或数组，而是较为复杂的有优先级的三级结构，如图 4-3 所示。

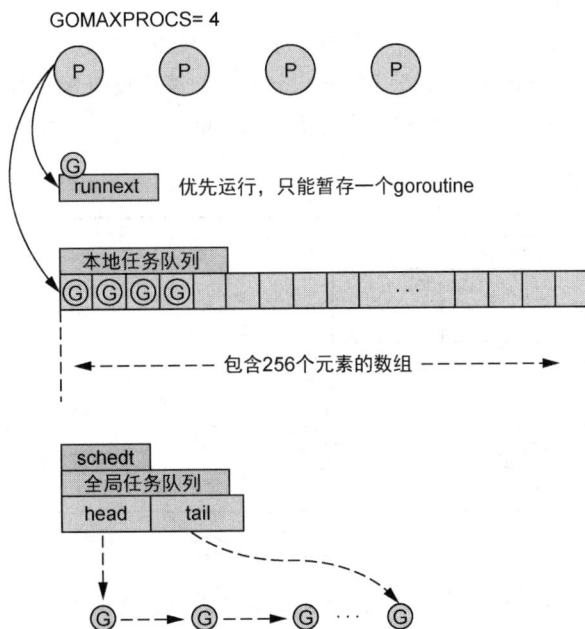

图 4-3 多级队列：runnext 指针、本地任务队列及全局任务队列

从 runnext 指针到与 P 结构绑定的固定大小的本地任务队列，再到全局无限长度的任务队列，总共是三级结构。从上到下，执行的优先级是逐渐降低的。也就是说，若 runnext 指针为空，则从本地队列中获取任务；若本地队列为空，则尝试从全局队列或其他 P 结构的队列中获取任务。

这种多级队列的设计，一方面考虑了任务的优先级和线程亲和力（也称 CPU 亲和性），另一方面也考虑了任务的分布。在 Go 语言的调度器中，任务的分布是一个重要的考量，因为任务的分布会影响调度器的性能。如果任务分布不均匀，会导致调度器的性能下降，因为调度器需要不断地在不同的队列中查找任务。

线程从其他 P 结构的队列中获取任务的过程称为"工作窃取"，这是 Go 语言调度器的一个重要特性。

4.2.4 处理阻塞

当 goroutine 在执行期间遇到阻塞（如通道发送/接收、time.Sleep、网络读/写、select 语句所有分支都不就绪、sync.RWMutex 等待获取锁）时，并不会导致"无限制创建新线程"。典型的阻塞场景有以下几个。

- 通道发送/接收：发送或接收时，若另一端尚未完成对应操作，会发生通道发送/接收阻塞。
- time.Sleep(time.Hour)：通过计时器可以发生 time.Sleep 阻塞。

- 网络读/写（c.Read(buf)和 c.Write(buf)）：数据未准备好或缓冲区已满，会发生网络读/写阻塞。
- select 语句所有分支都不就绪：当所有分支都不满足条件（无可操作的通道）时，会发生 select 语句阻塞。
- sync.RWMutex 等待获取锁：已有其他 goroutine 持有锁时，等待获取锁会发生阻塞。

通道发送阻塞时，goroutine 会被封装为 sudog 结构，然后被放入通道的等待队列中，如图 4-4 所示。当通道的接收方准备好时，会唤醒发送方的 goroutine。

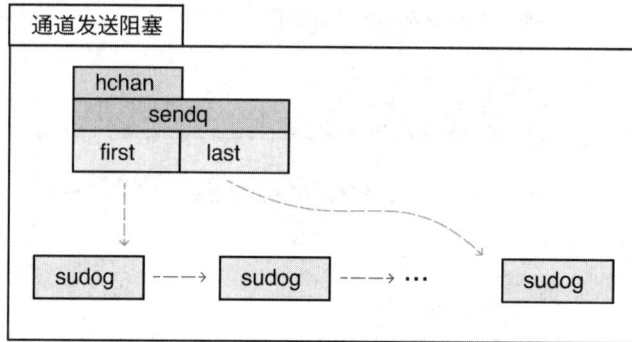

图 4-4　通道发送阻塞

通道接收阻塞时，goroutine 会被封装为 sudog 结构，然后被放入通道的等待队列中，如图 4-5 所示。当通道的发送方准备好时，会唤醒接收方的 goroutine。这个过程与发送方的唤醒过程类似。

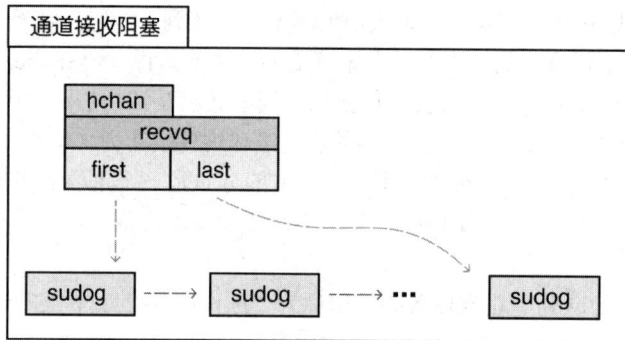

图 4-5　通道接收阻塞

发生 time.Sleep 阻塞时，goroutine 会被封装为 sudog 结构，然后被放入计时器的等待结构中，如图 4-6 所示。当计时器超时时，会唤醒对应的 goroutine。

当网络读/写阻塞时，goroutine 会被封装为 sudog 结构，然后被放入网络轮询器的网络连接对应的等待结构中（一条连接只有一个读和写 goroutine），如图 4-7 所示。当网络连接就绪时，会唤醒对应的 goroutine。

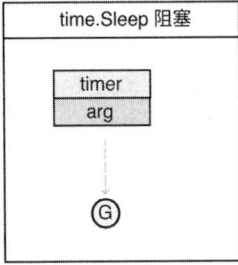

图 4-6 time.Sleep 阻塞

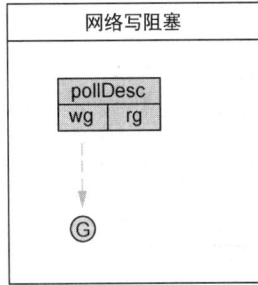

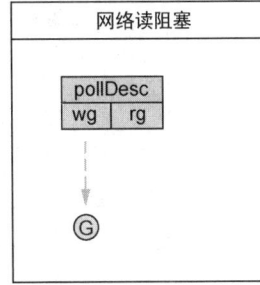

图 4-7 网络读/写阻塞

当 select 语句所有分支都不满足条件而发生 select 语句阻塞时，goroutine 会被封装为 sudog 结构，然后被放入 select 语句的所有通道的等待队列中，如图 4-8 所示。当有分支满足条件时，会唤醒对应的 goroutine。

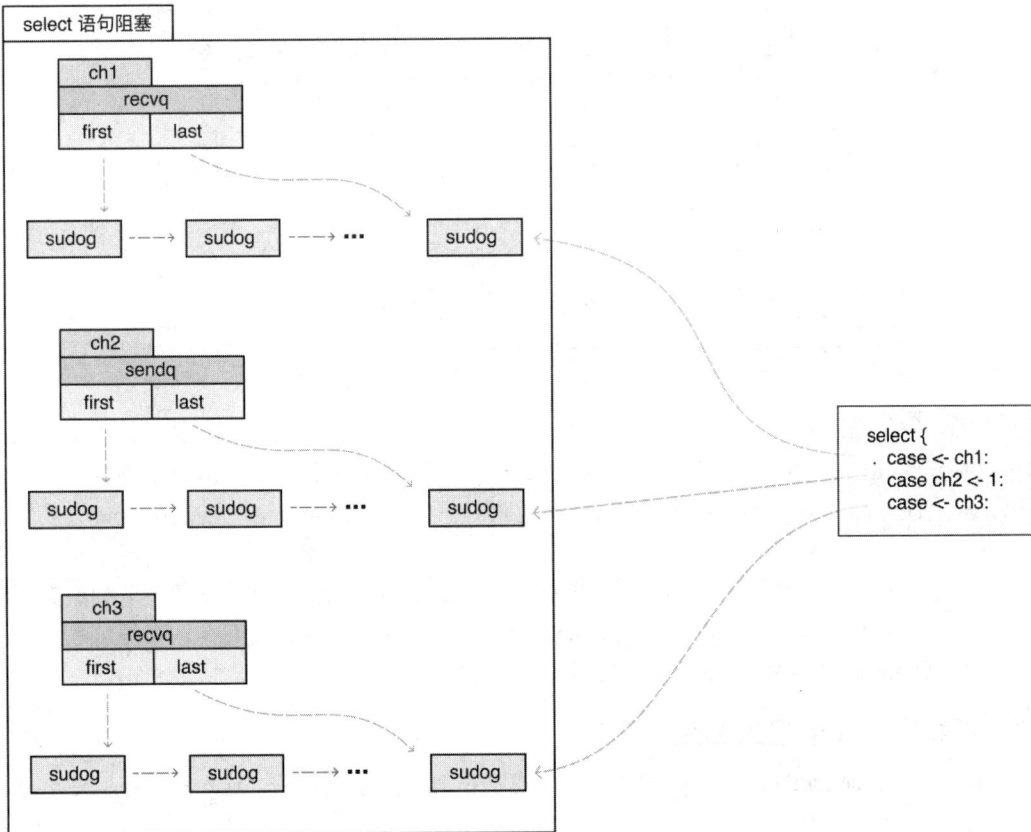

图 4-8 select 语句阻塞

锁在发生阻塞时，应用程序暂时获取不到锁，运行时底层实现了一个叫信号量（semaphore）的结构，当阻塞发生时，goroutine 会按照获取锁对象的地址挂在图 4-9 所示的二叉查找树结构上。

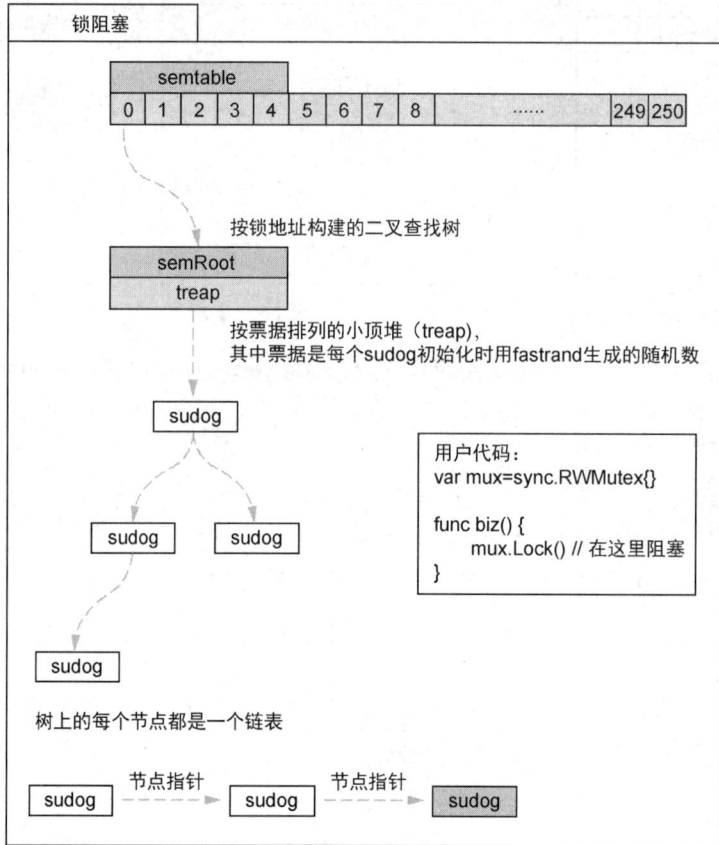

图 4-9　锁的读/写阻塞

具体地，发生锁阻塞时，先对 goroutine 的互斥锁（mutex）的地址模 251，然后在二叉查找树中找到对应的节点，每个节点都对应一个互斥锁对象，所有被阻塞在该锁上的 goroutine 串成一个链表，当可以获取该锁时，会按顺序唤醒链表的第一个元素对应的 goroutine，这时该 goroutine 会获取锁并继续执行应用程序的逻辑。

这些阻塞操作不会卡住调度循环，而是把对应的 goroutine "挂起"到内部等待队列或数据结构里，线程则继续去调度其他可运行的 goroutine。待阻塞条件消除（如通道可用、数据可读、锁已释放），被挂起的 goroutine 才会被唤醒并继续运行。

4.2.5　理解调度和延迟的关系

在排队论（queueing theory）中，系统延迟与任务队列长度呈正相关。这一关系可以通过利特尔法则（Little's Law）表述：

$$L = \lambda \times W$$

其中，L 是系统中的平均任务数（正在等待的任务数+正在执行的任务数），λ 是任务的平均到达率（单位时间内任务的平均到达数），W 是任务在系统中的平均停留时间（包括排队等待时间和执行时间）。

换句话说，当系统的任务到达率 λ 固定时，goroutine 数量 L 变多，意味着任务的平均停留时间

W 也会相应变长，从而导致系统整体延迟增加。

在 Go 语言的运行时调度器中，任务的执行主要受到以下几个因素的影响。

- goroutine 数量。goroutine 数量的增加会导致调度器的开销增加，尤其是当 goroutine 数量远超 CPU 内核数（一般几万时就较明显了）时，调度器需要更频繁地执行上下文切换（context switch），影响整体吞吐量。过量的 goroutine 还可能导致内存占用过高，增加垃圾收集负担，进而进一步拉长执行时间。

- 抢占式调度与 GOMAXPROCS。Go 运行时采用"协作式+抢占式"调度，在 Go 1.14 之后引入了更主动的抢占策略，使长时间运行的 goroutine 能更及时地让出 CPU 资源。GOMAXPROCS 变量控制可同时运行的 goroutine 数量，如果调整不当，可能导致 goroutine 竞争 CPU 资源，从而增加调度延迟。

- 任务的执行时间。任务的执行时间分布直接影响排队情况。如果某些 goroutine 执行时间过长，可能会阻塞调度器，使其他任务的执行时间变长，从而增加系统延迟。

- 锁竞争与资源竞争。高并发环境下，大量 goroutine 可能会因竞争共享资源（如锁、数据库连接等）而产生额外的等待时间。Go 运行时的用户态调度器（$M:N$ 线程模型）需要在内核线程之间调度 goroutine，因此锁竞争还可能引发 sysmon 线程介入，影响整体吞吐量。

怎么尽量避免上面这些问题呢？

- 请求丢弃策略。在网络服务器或高并发应用中，可以使用 CoDel（controlled delay）算法或基于队列长度的丢弃策略，在任务队列超出阈值时主动丢弃新任务，以降低系统整体延迟。例如，使用带超时的通道来丢弃超时请求：

```
select {
case taskQueue <- task:
    // 任务成功加入队列
case <-time.After(100 * time.Millisecond):
    // 任务超时被丢弃
}
```

- 限速（rate limiting）机制。通过令牌桶（token bucket）算法或漏桶（leaky bucket）算法限制任务的处理速率，避免 goroutine 激增。

- 使用 goroutine 工作池（worker pool）。预先创建固定数量的 goroutine 处理任务，避免 goroutine 无限增长：

```
var wg sync.WaitGroup
taskQueue := make(chan Task, 100)

for i := 0; i < 10; i++ {
    wg.Add(1)
    go func() {
        defer wg.Done()
        for task := range taskQueue {
            process(task)
        }
    }()
}
```

当然，这些方案并不是万能的，有些场景用户的任务就是不能丢弃，有些场景的模块无法限流，有些场景更是使用了工作池，但用户任务的延迟依然会随着任务的堆积而持续增加。无论是否使用这些手段，在真实场景中进行分析时，都需要将 goroutine 的数量作为重点指标进行关注。当开发的服务的 goroutine 数量发生剧烈变化时，往往也意味着系统的状态发生了异常，需要及时进行介入。

4.2.6　小结

Go 运行时的调度机制能够高效管理 goroutine，但在高并发场景下，过量的 goroutine 可能导致系统延迟增加，甚至影响整体吞吐量。开发者在设计系统时，需要结合"排队论"的原理，控制 goroutine 数量，使用适当的丢弃策略、限流机制和使用 goroutine 工作池，确保系统在高负载下仍能保持稳定的响应时间。

4.3　内存分配器

在没有垃圾收集机制的传统语言（如 C、C++）中，对象是被分配到堆（heap）还是栈（stack）上是由开发者手动控制的。下面是一个 C 语言的示例：

```
int main() {
    int a = 10; // a 分配在栈上
    int *b = (int *)malloc(sizeof(int)); // b 分配在堆上
    return 0;
}
```

开发者要了解堆和栈的概念，才能写出正确的代码，否则会出现内存泄漏或者内存溢出的问题。下面是一个返回函数局部变量地址的错误示例：

```
int *foo() {
    int a = 10;
    return &a;
}
```

这段代码要返回一个局部变量的地址，但这是一个典型的错误用法，因为局部变量的生命周期仅限于函数内部，函数返回后局部变量会被销毁，返回的地址就会变成无效地址，即悬垂指针（dangling pointer），使用这个指针就会导致未定义行为，如段错误（segmentation fault）。

在带有垃圾收集机制的编程语言（如 Java、Go）中，对象的分配和释放都是由垃圾收集器自动完成的，开发者不需要关心对象的生命周期，只需要专注于业务逻辑的编写。在这些编程语言中，自动分配和释放对象的基础是内存管理，再具体一点，是逃逸分析。

4.3.1　逃逸分析

Go 语言的编译器在编译时会对代码进行逃逸分析，以决定对象是分配在栈上还是堆上。逃逸分析的目的是降低开发者的内存管理负担，使开发者不必关注对象的分配和释放，只需专注于业务逻辑。

在 Go 语言中，对象的分配有两种方式：分配在栈上和分配在堆上。分配在栈上的分配速度快，但是分配的空间有限（那也比其他语言大得多）；分配在堆上的分配速度慢，但是分配的空间相对较大。

逃逸分析的目的是决定对象是分配在栈上还是堆上。如果对象分配在栈上，那么对象的生命周期仅限于函数内部，函数返回时对象会被销毁；如果对象分配在堆上，那么对象的生命周期会比较长，直到没有任何引用时才会被销毁。

　　一般情况下，开发者不必关注逃逸分析的结果，编译器会自动决定对象的分配位置。但当程序出现性能问题时，逃逸分析的结果就显得尤为重要了，因为对象的分配位置会影响程序的性能。例如，过多的堆上内存分配会给垃圾收集带来压力，导致垃圾收集频繁执行，从而增加程序的延迟。

　　逃逸分析的结果可以通过编译器的-m选项来查看。下面是一个示例函数：

```
package main

func main() {
    var m = make([]int,10240)
    println(m[0])
}
```

在构建时加上-gcflags="-m"选项，可以查看逃逸分析的结果：

```
go build -gcflags="-m" main.go
# command-line-arguments
./main.go:3:6: can inline main
./main.go:4:17: make([]int, 10240) escapes to heap
```

这里可以看到make([]int, 10240)分配到了堆上，但是看不到具体的原因。如果想要看到更详细的逃逸分析过程，可以使用-m=2选项：

```
go build -gcflags="-m=2" main.go
# command-line-arguments
./main.go:3:6: can inline main with cost 10 as: func() { m := make([]int, 10240);
println(m[0]) }
./main.go:4:17: make([]int, 10240) escapes to heap:
./main.go:4:17:    flow: {heap} = &{storage for make([]int, 10240)}:
./main.go:4:17:        from make([]int, 10240) (too large for stack) at ./main.go:4:17
./main.go:4:17: make([]int, 10240) escapes to heap
```

这次就可以看到原因了，是因为对象太大（too large for stack），所以分配到了堆上。使用-m=2选项，编译器能输出更详细的分析结果，包括变量的分配位置、变量的生命周期等。这个参数还可以设置为-m=3或者更大，读者可以自行尝试。

　　想要深入了解逃逸分析的所有细节，可以自行阅读Go源码中的cmd/compile/internal/gc/escape.go，或者查看Go官方测试代码目录中所有以"escape"开头的测试文件。不过，笔者认为，这些内容对普通开发者并不是很重要，普通开发者只需要知道逃逸分析的目的和结果即可。

4.3.2　操作系统内存管理的二次抽象

　　由于不同操作系统对内存管理的 API 各不相同，因此要实现一套完善的内存管理系统，就需要对操作系统底层进行封装，实现各个系统的适配器，然后在通用 API 的基础上进行内存管理，如图 4-10 所示。

　　在图 4-10 所示的状态机中，资源可以处于 4 种状态（None、Reserved、Prepared 和 Ready），并通过 7 种操作（sysMap、sysUsed、sysUnused、sysFree、sysFault、sysReserve 和

sysAlloc）在各状态之间切换。通过一层封装，Go 语言将操作系统的内存管理抽象成了统一的接口，上层实现 Go 语言内部的内存分配时，只要在统一的底座上实现流程即可。

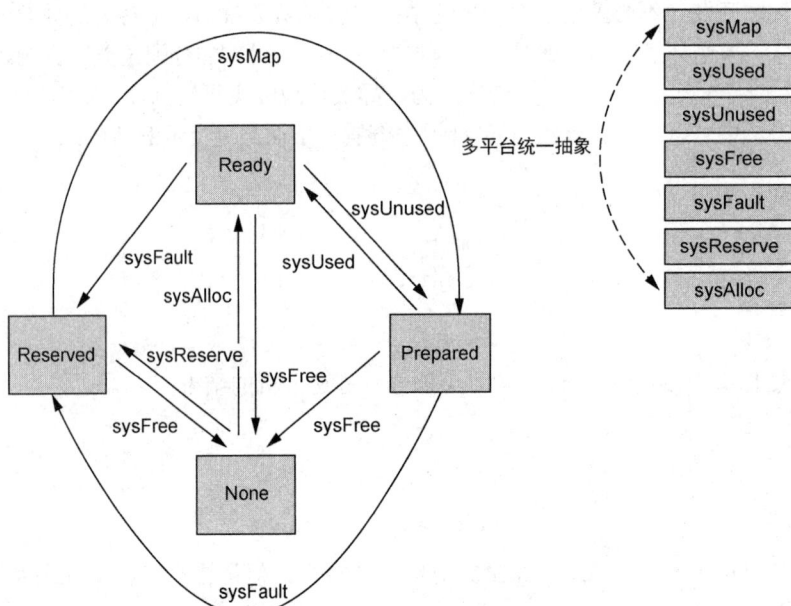

图 4-10　操作系统内存管理的二次抽象

4.3.3　内存分配器简介

本节将简单介绍 Go 语言的内存分配流程。因为本书并非专门聚焦运行时的实现，所以内存分配部分只会介绍概要，帮助读者使用相关知识来分析并定位内存问题。

在 Go 语言的实现中，为了考虑用户态的内存使用需求，Go 语言会将对象按照大小粗略地分为微型（tiny）对象、小型（small）对象和大型（large）对象。

- 微型对象：小于 16 字节且无指针的对象；通常会将多个微型对象挤在同一个小块中，减少内存碎片。
- 小型对象：含有指针的对象，或者无指针但大于等于 16 字节且小于 32 KB 的对象。
- 大型对象：大于 32 KB 的对象。

3 种不同大小的对象对应的分配策略虽略有差异，但设计目标相似，主要包括以下几个。

- 减少内存碎片。例如，微型对象会被尽量"打包"到一起，而不是每分配一个对象就占用一大段连续内存。
- 降低并发锁冲突。Go 语言设计了多级分配结构（包括 mcache、mcentral、mheap 等），分配过程尽量本地化，让每个处理器（P）尽可能从本地缓存（mcache）分配；只有在本地缓存不足时，才向全局结构（mcentral 或 mheap）申请，从而减少线程对全局结构的抢占与锁竞争。
- 快速响应和可伸缩性。在分配过程中，Go 语言针对不同大小（tiny/small/large）的对象有不同的分配流程，避免大规模的锁竞争。必要时则直接向系统（mmap）申请更大内存空间。

微型对象会被打包到一起，尽量减少内存碎片。一个比较简单的微型对象的内存分配流程如图 4-11 所示。

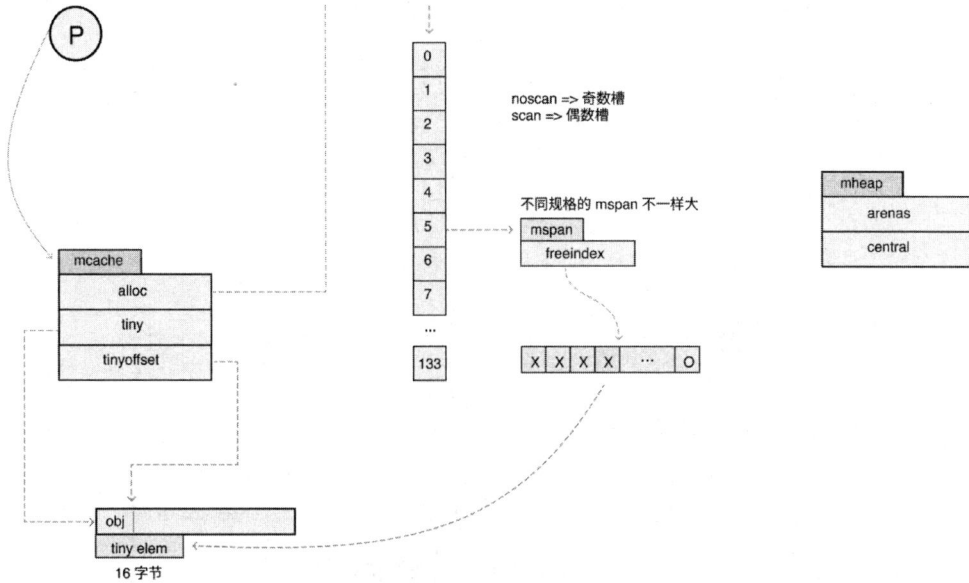

图 4-11 微型对象的内存分配流程

用户申请的内存会按图 4-11 中的结构从左至右尝试是否能满足分配需求，若都满足不了，`tinyoffset` 就会一直到最右边，如图 4-12 所示，转而从全局的 `mheap` 结构中申请内存。

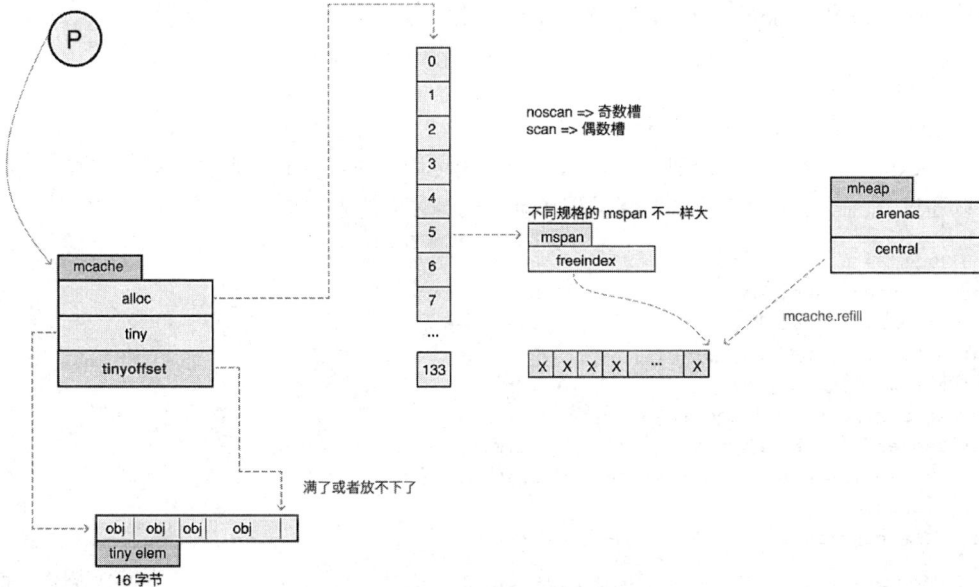

图 4-12 当局部分配缓存无法满足分配需求时

小型对象的内存分配流程如图 4-13 所示。小型对象的内存分配与微型对象的内存分配比较类似，只是小型对象的内存分配没有从 `tiny` 和 `tinyoffset` 结构的申请流程，其余流程与微型对象的内存分配完全一致。

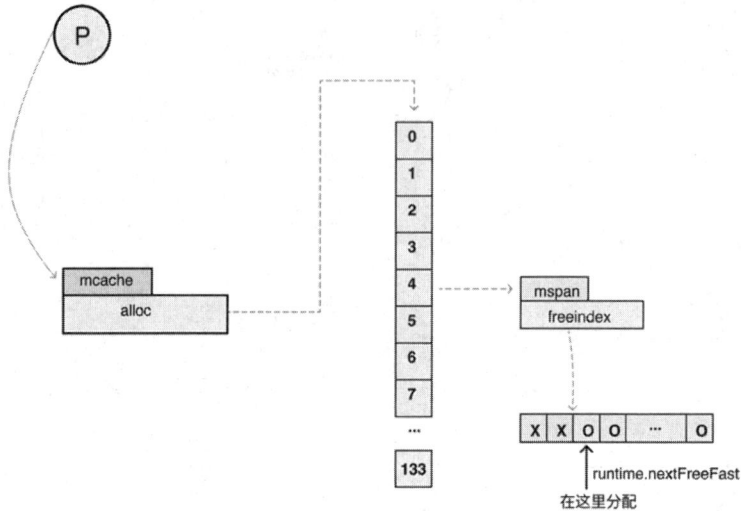

图 4-13　小型对象的内存分配流程

图 4-11 和图 4-13 展示的是微型对象和小型对象的内存分配流程，大型对象的内存分配会直接越过 `mcache` 等结构，直接从 `mheap` 进行内存分配，流程较简单，这里就不赘述了。

通过对不同大小对象的内存分配设计不同的分配流程，Go 语言在内存分配上做到了高效、低碎片、低锁竞争，这也是 Go 语言在内存管理上的优势之一。

4.3.4　理解 Go 的内存占用

在一些传统语言（如 C）中，开发者常常需要手动区分哪些内存是在堆（heap）上，哪些内存是在栈（stack）上，还需要了解进程在操作系统层面可用的各类内存资源的上限。例如，在 Linux 中，可以通过 `ulimit` 命令查看或配置进程在堆、栈等方面的限制。

```
~ ulimit -a
-t: cpu time (seconds)              unlimited
-f: file size (blocks)             unlimited
-d: data seg size (kbytes)         unlimited
-s: stack size (kbytes)            8176
-c: core file size (blocks)        0
-v: address space (kbytes)         unlimited
-l: locked-in-memory size (kbytes) unlimited
-u: processes                      5333
-n: file descriptors               256
```

从上面的命令的输出可以看出，该系统对进程使用栈的限制是 8 MB，对文件描述符的限制是 256 个。如果程序在运行时超出了这些限制，就会导致程序异常退出。

Go 语言中的内存结构大体也可分为以下几部分。

- 栈内存。Go 语言的每个 goroutine 启动时都会分配一个相对较小的栈（2 KB），但 Go 语言会在需要时（如函数调用时）自动扩容栈空间，理论上可扩容至 1 GB（64 位系统）。
- 堆内存。这是 Go 程序最主要的动态分配区，逃逸分析后需要分配在堆上的内存都在这个区域中。Go 语言的垃圾收集器会跟踪并回收这些对象，内存的生命周期则由垃圾收集器负责管理。
- 堆外内存/CGO。当 Go 程序调用 C/C++或其他语言库时（通过 CGO 或其他形式），有些内存并不会经过 Go 语言的内存分配器，而是直接在 C 层面（如 malloc）分配。这部分内存无法被 Go 语言的垃圾收集器直接感知，需要特别留意其生命周期与释放方式。

对大多数应用程序，我们主要关注其在堆内存上的内存占用情况，而对其在栈内存和堆外内存的占用情况关注相对较少。我们可以通过一些常见的监控工具（如 top、htop、free 等）来关注应用程序的内存占用情况。更细化的内存监控工具还有 pprof、expvar 等，这些工具可以帮助我们更详细地了解应用程序的内存占用情况。企业内部一般使用 Prometheus 来监控应用程序，我们可以使用 Prometheus 官方提供的 Go 库来监控应用程序的内存占用情况：

```
package main

import (
        "net/http"

        "github.com/prometheus/client_golang/prometheus/promhttp"
)

func main() {
        http.Handle("/metrics", promhttp.Handler())
        http.ListenAndServe(":2112", nil)
}
```

使用命令 curl http://localhost:2112/metrics 可以看到 Prometheus 的监控数据，其中包括内存占用情况、goroutine 数量等。

```
~ curl http://localhost:2112/metrics

# HELP go_gc_duration_seconds A summary of the wall-time pause (stop-the-world)
duration in garbage collection cycles.
# TYPE go_gc_duration_seconds summary
go_gc_duration_seconds{quantile="0"} 0
go_gc_duration_seconds{quantile="0.25"} 0
go_gc_duration_seconds{quantile="0.5"} 0
go_gc_duration_seconds{quantile="0.75"} 0
go_gc_duration_seconds{quantile="1"} 0
go_gc_duration_seconds_sum 0
go_gc_duration_seconds_count 0
// ... 省略很多行 ...
# TYPE go_goroutines gauge
```

```
go_goroutines 7
# TYPE go_sched_gomaxprocs_threads gauge
go_sched_gomaxprocs_threads 12
# HELP go_threads Number of OS threads created.
# TYPE go_threads gauge
go_threads 7
```

由于 Prometheus 目前是中小公司的事实监控标准，因此读者还是需要有一些了解。Prometheus 提供的指标足够帮助我们判断一个基础的 Go 应用程序的健康状态，如果我们维护的服务出现了异常，如 goroutine 数量突然飙升、内存占用飙升等，也一定会反映在这些指标上。

针对本节讲到的内存，若应用程序的内存飙升：

- 先查看 Prometheus 的堆内存是否有异常飙升，如果有，可以通过 pprof 查看内存分配情况，找出内存飙升的原因；
- 如果堆内存没有任何异常，接着查看应用程序的 goroutine 数量是否有异常飙升，如果有，可以通过 pprof 查看 goroutine 的具体信息，找出是哪个阻塞/死锁的问题导致了 goroutine 数量飙升。

下面是一个发生了锁阻塞导致的应用程序内存飙升的示例：

```
goroutine profile: total 18910
18903 @ 0x102f20b 0x102f2b3 0x103fa4c 0x103f77d 0x10714df 0x1071d8f 0x1071d26
0x1071a5f 0x12feeb8 0x13005f0 0x13007c3 0x130107b 0x105c931
#    0x103f77c    sync.runtime_SemacquireMutex+0x3c
/usr/local/go/src/runtime/sema.go:71
#    0x10714de    sync.(*Mutex).Lock+0xfe
/usr/local/go/src/sync/mutex.go:134
#    0x1071d8e    sync.(*Pool).pinSlow+0x3e
/usr/local/go/src/sync/pool.go:198
#    0x1071d25    sync.(*Pool).pin+0x55
/usr/local/go/src/sync/pool.go:191
#    0x1071a5e    sync.(*Pool).Get+0x2e
/usr/local/go/src/sync/pool.go:128
#    0x12feeb7
github.com/valyala/fasttemplate/vendor/github.com/valyala/bytebufferpool.(*Pool).
Get+0x37    /Users/xargin/go/src/github.com/valyala/fasttemplate/vendor/github.com/
valyala/ bytebufferpool/pool.go:49
#    0x13005ef    github.com/valyala/fasttemplate.(*Template).ExecuteFuncString+0x3f
/Users/xargin/go/src/github.com/valyala/fasttemplate/template.go:278
#    0x13007c2    github.com/valyala/fasttemplate.(*Template).ExecuteString+0x52
/Users/xargin/go/src/github.com/valyala/fasttemplate/template.go:299
#    0x130107a    main.loop.func1+0x3a
```

可以看到，如果是锁的问题，基本会有大量的 goroutine 阻塞在 `runtime_SemacquireMutex()` 函数上。读者可以多了解程序的栈，这样在出现问题时，只要看到阻塞位置，就能非常快速地分析出问题所在。

这里忽略了堆外内存，因为堆外内存不在 Go 语言的管辖范围内，定位堆外内存的问题需要使用 C/C++的工具，相比之下会麻烦很多，而且对大部分应用程序来说，堆外内存的占用情况也不是必要项。感兴趣的读者可以自行查阅相关资料。

4.3.5 小结

综上所述，Go 语言在操作系统层面通过底层内存管理 API 做了统一的适配封装，在内部通过状态机管理各类内存资源，再结合细分的对象分配流程强大的垃圾收集器进行自动化回收。我们在理解 Go 程序内存占用时，需要结合栈、堆和可能的 CGO 分配等多方面信息综合分析。若应用程序内存突然飙升，则可先从垃圾收集指标和 pprof 入手，判断分配与回收是否正常，必要时再结合操作系统的 ulimit 等限制及 CGO 的外部分配情况来定位原因。这样，在排查内存相关问题时，就能够更有针对性地去优化或修复。

4.4 垃圾收集器

Go 语言采用的垃圾收集算法为并发标记清扫（concurrent mark sweep，CMS）算法。在该算法中，标记阶段和清扫阶段能够与应用程序的逻辑执行并发执行，从而极大地降低了 STW（stop the world）的时间，让应用程序在高并发场景下仍能保持较高的吞吐量和较低的延迟。Go 语言的垃圾收集基本流程如图 4-14 所示。

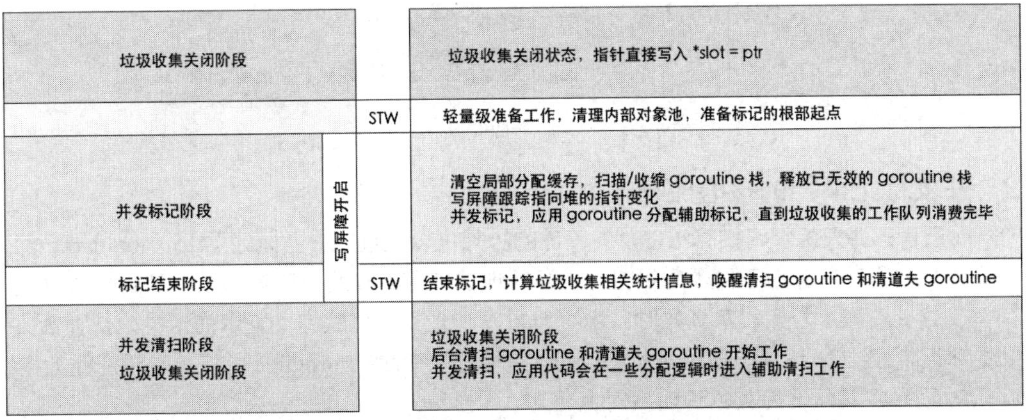

图 4-14　垃圾收集基本流程

4.4.1 语法垃圾和语义垃圾

语法垃圾（syntactic garbage）指的是那些从语法上不可达的对象，这些是垃圾收集器主要的收集目标。例如，下面的函数在返回时，在堆上分配的局部对象即变成语法垃圾。

```
package main

func calculate() {
    var bigArr = make([]int, 10000)
    // … 使用 bigArr 做了一些计算
    return
}
```

语义垃圾（semantic garbage）有时也称作内存泄漏，指的是从语法上可达（可以通过局部变量或全局变量引用得到）的对象，但从语义上讲它们是垃圾，垃圾收集器对它们无能为力。例如，在图 4-15 中，指针切片指向较大的堆上对象，当切片收缩时，用户虽然已经访问不到后面的指针了，但在堆上已分配的对象却是无法被回收的。

　　本节讨论的垃圾收集是针对语义垃圾设计的，至于语法垃圾，很多时候需要通过代码审核、内存分析工具（如 pprof、heapdump）等来定位并解决，不能指望垃圾收集器来解决。后续几节均是针对语法垃圾展开的。

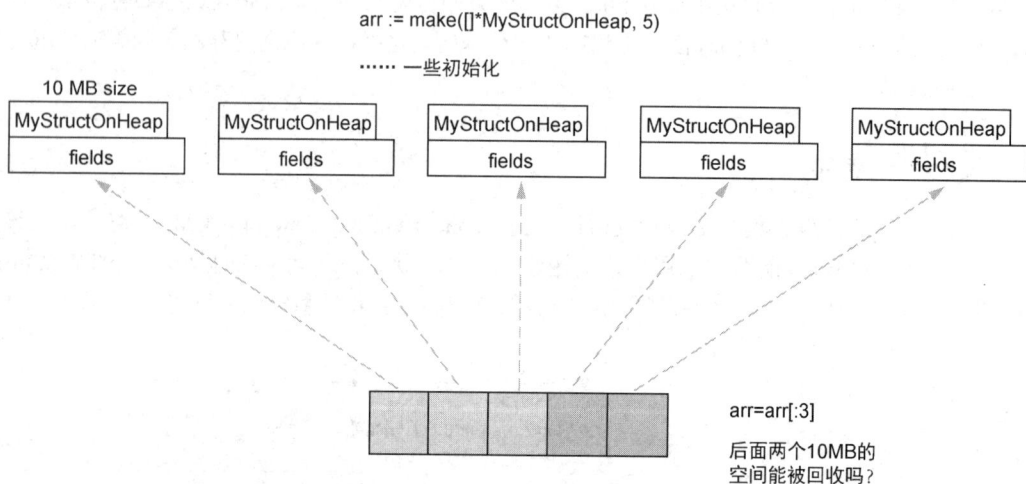

arr := make([]*MyStructOnHeap, 5)

······ 一些初始化

图 4-15   无法被回收的语义垃圾

4.4.2   并发标记清扫的核心流程

　　在 Go 语言的并发标记清扫算法中，最关键的思想可以通过"三色标记"（tricolor marking）模型来理解，该模型将对象分为 3 种颜色状态，以高效地识别和回收垃圾对象。以下是其核心阶段。

　　（1）初始化阶段：垃圾收集开始时，所有对象默认处于白色状态（表示尚未被确认存活）。

　　（2）标记阶段：Go 逐步扫描根对象（root），包括全局变量、goroutine 的栈（主要是栈上指针），找到存活对象并将其标记为灰色。随后对灰色对象进行扫描，发现新的可达对象则继续将其标记为灰色。扫描完成后，已确定存活的对象变为黑色，表示"这些对象及其引用都已扫描并存活"。标记阶段的大部分工作与应用程序并发执行，仅在个别阶段（如初始化阶段与结束阶段时）需要短暂的 STW。标记完成后的堆内存如图 4-16 所示。

　　（3）清扫阶段：标记完成后，未被标记（仍为白色）的对象即被认定为垃圾，会被清扫并释放。该过程同样可以与应用程序并发进行，只在某些全局结构操作时需要轻微的 STW。

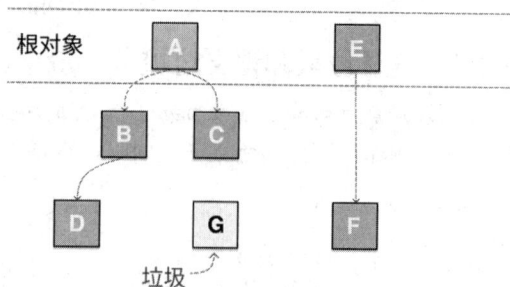

图 4-16   标记完成后的堆内存

　　我们同样可以将内存管理过程看作一个生产者－消费者模型，应用程序是垃圾的生产者，垃圾收集器是消费者。应用程序不断产生垃圾，垃圾收集器不断消费垃圾，这是一个动态的过程，不断重复。应用程序、内存分配器和垃圾收集器之间的关系如图 4-17 所示。

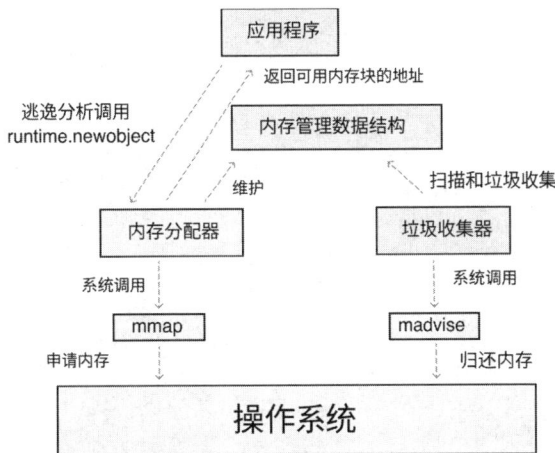

图 4-17　应用程序、内存分配器和垃圾收集器交互示意

从 Go 1.5 版本开始，垃圾收集便引入了并发标记，大大减少了对应用程序的阻塞时间，让 CPU 资源在回收期间仍可用于处理业务逻辑。与此同时，Go 还通过写屏障（write barrier）等机制保证在标记阶段对新分配或更新的对象做正确追踪，避免"漏标"与"误标"的问题。

4.4.3　与 Java 分代机制的对比

与 Java 使用的分代（新生代、老年代等）回收相比，Go 语言的垃圾收集目前并没有内置"分代"概念，而是以统一的方式对所有对象进行并发标记清扫。Java 分代机制的优势在于：

- 能够对存活率低的新生代对象快速回收，避免在全量堆上做过多扫描；
- 长期存活的老年代对象不会被频繁触碰。

相比 Java 的分代机制，Go 语言的垃圾收集确实存在一定的弱点：它需要在标记阶段扫描所有可能的指针；当对象规模特别大且其中包含了大量指针时，标记阶段会显著消耗 CPU 资源。下面是两个互联网公司后端服务的真实场景：

- 某线上服务需要维护某个活动的白名单，大约有千万级的手机号需要存储在内存中；
- 某线上服务需要维护公司内所有的应用程序配置，并且为了加速读取，需要在内存中将所有配置进行缓存。

在 Go 语言中，这类场景通常使用内置的映射（map）结构来实现。如果读者曾经了解或使用过映射这种数据结构，就会知道映射在存储大规模键和值时，为了保证灵活性和扩展性，内部往往会以指针的方式保存元素。当映射中的键或值超过一定大小时，更是会拆分存储为指针。这样一来，就可能在内存中形成海量指针，而在垃圾收集的标记阶段，所有指针都会被扫描，这就会让 CPU 在垃圾收集周期投入过多精力来处理标记工作，从而导致应用程序整体吞吐量下降，延迟上升。

我们可以用下面的代码来模拟这个场景：

```go
package main

import (
    "fmt"
    "math/rand"
    "runtime"
    "time"
)

// 大的结构体，模拟占用大量内存的数据
type LargeStruct struct {
    Data [1024 * 1024]byte // 1 MB 数据
}

func main() {
    rand.Seed(time.Now().UnixNano())

    // 创建一个巨大的映射
    largeMap := make(map[*string]*LargeStruct)

    // 填充映射
    for i := 0; i < 100000; i++ {          // 10 万条数据
        key := fmt.Sprintf("key-%d", i)    // 生成键
        largeKey := &key                   // 键作为指针存储
        largeValue := &LargeStruct{}       // 值也是指针存储
        largeMap[largeKey] = largeValue
    }

    // 确保映射真的存储了数据
    fmt.Println("Map size:", len(largeMap))

    // 获取并输出内存统计信息
    var memStats runtime.MemStats
    runtime.ReadMemStats(&memStats)

    fmt.Println("Memory Stats:")
    fmt.Printf("HeapAlloc: %d MB\n", memStats.HeapAlloc/1024/1024)
    fmt.Printf("HeapSys: %d MB\n", memStats.HeapSys/1024/1024)
    fmt.Printf("HeapObjects: %d\n", memStats.HeapObjects)
    // HeapObjects 实际就是正在使用的对象数
    fmt.Printf("InuseObjects: %d\n", memStats.HeapObjects)
}
```

运行结果如下：

```
~ go run main.go
Map size: 100000
Memory Stats:
HeapAlloc: 100005 MB
HeapSys: 100011 MB
HeapObjects: 303610
InuseObjects: 303610
```

可以看到因为映射的键和值都是指针，所以会有大量的堆上对象，这些对象在垃圾收集时都会被扫描，导致垃圾收集的 CPU 消耗变大。Go 语言的开发者尝试用类似 Java 的堆外内存来解决问题，官方甚至开发了一个 `arena` 库并希望放在标准库中，但该方案在短暂进入实验阶段后，很快便被废弃。

4.4.4 一些常见的优化思路

针对 4.4.3 节中说明的性能问题，Go 语言社区在实践中也有若干优化思路。

- `sync.Pool` 与对象复用。`sync.Pool` 是 Go 标准库提供的对象池，可以用于缓存一些临时对象，避免频繁分配和回收。可以通过 `sync.Pool` 来减少垃圾收集的压力，提高性能。
- 减少指针使用或拆分结构。如果数据本身可以用整型、字符串或者切片等更紧凑的方式存储，就减少指针。例如，使用以字符串或 `[]byte` 直接存储手机号，而不是额外分配对象指针。
- 分层级、分段存储。对于海量数据，可以考虑将其按照一定策略分段（如分片）存储，减少单个数据结构的规模，或者在并发垃圾收集时更加容易"分块"处理。性能优化做得最好的项目 fasthttp 的作者开发了一个 `bytebufferpool` 库，就是采用了这种思路。
- 手动管理或外部存储。对于极少变动但体量巨大的数据（如静态白名单、配置等），有时可以考虑借助外部缓存服务（如 Redis）或内存映射文件（mmap），让垃圾收集器不必参与管理，从而减轻 Go 堆上的负担。如果一定要保存在本地内存，就只能使用堆外内存之类的方案了。读者可以参考 Go 语言社区中的 `bigcache` 库，它是一个高性能的内存缓存库，采用了类似的思路。
- 合理调节 GOGC。GOGC 是 Go 的垃圾收集器触发比例，默认值是 100（表示当堆内存达到上次收集后占用的一倍时触发下一次垃圾收集）。在大规模数据场景下，可适度调大，平衡 CPU 占用与内存占用之间的关系。Uber 的 Go 团队曾经发表过这方面的相关文章，笔者参考其思路实现了一个 gogctuner 工具，可以根据实际情况调整 GOGC 的值。但 Go 1.19 之后，官方引入了 `SetMemoryLimit` 这个 API，因此可以通过简单调参，而无须使用第三方库来达到类似效果。读者也可以使用环境变量 `GOMEMLIMIT` 来达到类似的效果。

4.4.5 小结

综上所述，Go 语言的并发标记清扫算法在大多数场景中能以极小的停顿时间完成自动垃圾收集，与其他语言相比具备极佳的低延迟特性。然而，对于需要在内存中持有大量对象或大型对象（尤其包含众多指针）的场景，Go 语言的垃圾收集开销会较为明显。通过合理设计数据结构、减小指针数量或将大规模不经常变动的数据转移出 Go 语言的堆内存等方法，可以在一定程度上缓解此类问题。对大多数普通业务而言，Go 语言的默认垃圾收集设置已足够应对常规的高并发负载，而对于超大数据量的场景则需更加谨慎地评估和调优。

4.5 网络轮询器

Go 语言对网络编程的抽象使开发者可以以较低成本编写高性能的网络应用程序，这种抽象优雅且易用，但在一些极端情况下也会导致性能问题。

作为进阶开发者，我们需要了解 Go 语言网络 I/O 模型及其缺陷，以便在极端情况下定位并解决系统问题。

4.5.1   传统网络编程

人类的思维逻辑容易理解阻塞，不容易理解回调。在传统网络编程中，开发者需要理解操作系统提供的网络 API，如 poll、select、epoll、kqueue、IOCP、io_uring 等。操作系统的进步使得使用 epoll 或 io_uring 就能实现相对高性能的网络程序，但对开发者来说，使用这些底层 API 实现的应用程序的代码却难以理解。

下面是一个在 Linux 环境下较为典型的网络程序示例：

```
sock_fd = socket(PF_INET, SOCK_STREAM, 0);
...
if(bind(sock_fd, (struct sockaddr*)&serv_addr, sizeof(serv_addr)) == -1) {
    error_handling("bind error");
}

if(listen(sock_fd, 5) == -1) {
    error_handling("listen error");
}

epfd = epoll_create(EPOLL_SIZE);
...

while(1) {
    event_cnt = epoll_wait(epfd, ep_events, EPOLL_SIZE, -1);
    ...
    for(i = 0; i < event_cnt; i++) {
        if(ep_events[i].data.fd == sock_fd) {
            ...
            conn_fd = accept(sock_fd, (struct sockaddr*)&client_addr, &addr_size);
            event.events = EPOLLIN;
            event.data.fd = conn_fd;
            epoll_ctl(epfd, EPOLL_CTL_ADD, conn_fd, &event);
            printf("connected client : %d\n", conn_fd);
        } else {
            str_len = read(ep_events[i].data.fd, buf, BUF_SIZE);
            if(str_len == 0) {
                epoll_ctl(epfd, EPOLL_CTL_DEL, ep_events[i].data.fd, NULL);
                close(ep_events[i].data.fd);
                printf("closed client: %d\n", ep_events[i].data.fd);
            } else {
                write(ep_events[i].data.fd, buf, str_len);
            }
        }
    }
}
```

可以看到，编写一个与网络打交道的程序并不容易，需要：

- 熟记 epoll 系列 API（如 `epoll_create`、`epoll_wait` 等）；
- 了解哪些 API 是阻塞的，以及如何将文件描述符设置为非阻塞模式；
- 理解在非阻塞情况下，当读/写事件就绪后，如何恢复到原上下文继续执行应用程序的逻辑；
- 掌握水平触发和边缘触发的概念，并理解操作系统提供的各种标志的具体含义。

在互联网发展的早期，有一批开发者以熟悉系统底层 API 为荣，甚至各大公司在业务研发岗位的面试中也常考察这些问题，这可谓是特定历史时期的特殊景观。

这里我们是以 Linux 操作系统中的 epoll 系列 API 为例的，而在真实环境中，网络程序可能还需要在 macOS 或 Windows 操作系统中运行，不同操作系统的网络 API 存在显著差异。例如，macOS 及 BSD 系统中使用 kqueue 系列 API，而 Windows 系统中提供 IOCP 系列 API。为了实现跨平台，Go 语言社区早期出现了一些基于底层 API 的封装网络库（如 `libevent` 等），现代编程语言也往往希望从设计之初就屏蔽各系统的底层差异。

4.5.2 Go 对操作系统的网络 API 的封装

Go 语言的 `net` 包在不同操作系统中使用不同的底层网络 I/O 模型来实现跨平台支持，如图 4-18 所示。

- 在 Linux 中，Go 运行时使用 epoll 做事件轮询。
- 在 macOS 及其他 BSD 系统中使用 kqueue。
- 在 Windows 中则使用 IOCP（I/O Completion Port）。

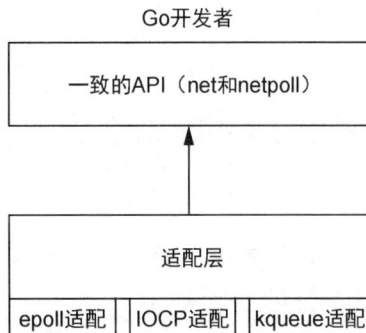

图 4-18　不同操作系统的网络 API 区别

通过在运行时内置对不同操作系统 I/O 轮询器的适配，Go 语言对外暴露的是统一的 `net.Listener`、`net.Conn` 等接口，屏蔽了底层实现的复杂性。

4.5.3 阻塞易理解，回调难理解

为了实现高性能的网络应用程序，操作系统层面都提供非阻塞的网络 API。但 Go 语言通过结合自己的调度抽象，把这些非阻塞 API 包装成了用户视角下的"阻塞 API"，这正是 Go 语言易写易读的重要原因之一。

让我们看一个简单的示例：

```
package main

import "net"

func main() {
    var l net.Listener
    for {
        c, _ := l.Accept()
        go func() {
            // do your business logic
            var buf = make([]byte, 1024)
            c.Read(buf)
        }()
    }
}
```

在这段代码中，从 Accept() 开始，后续操作看起来都是同步阻塞和线性逻辑，符合人类的直觉和思维习惯，但底层实际上是 Go 运行时在用非阻塞的方式进行网络事件轮询，并结合 goroutine 调度，实现"看似阻塞，实则非阻塞"的效果。

历史上，C/C++或早期 JavaScript 都使用回调模型，一旦嵌套过多就容易陷入著名的"回调地狱"（callback hell）。例如，下面这段来自 callbackhell 官网首页的 JavaScript 示例：

```
// 代码示例来自 callbackhell 官网首页
fs.readdir(source, function (err, files) {
  if (err) {
    console.log('Error finding files: ' + err)
  } else {
    files.forEach(function (filename, fileIndex) {
      console.log(filename)
      gm(source + filename).size(function (err, values) {
        if (err) {
          console.log('Error identifying file size: ' + err)
        } else {
          console.log(filename + ' : ' + values)
          aspect = (values.width / values.height)
          widths.forEach(function (width, widthIndex) {
            height = Math.round(width / aspect)
            console.log('resizing ' + filename + 'to ' + height + 'x' + height)
            this.resize(width, height).write(dest + 'w' + width + '_' + filename,
                                            function(err) {
              if (err) console.log('Error writing file: ' + err)
            })
          }.bind(this))
        }
      })
    })
  }
})
```

异步方法和回调的多层嵌套极其难读。现代编程语言（Go、Rust、Javascript 等）通过使用有栈协程或其他异步抽象（Promise、Async/Await），让开发者可以以顺序思维的方式编写代码，从而降低代码的阅读和维护成本。

4.5.4　goroutine 的挂起和唤醒流程

在 Go 运行时中，每个 goroutine 都由用户态调度器（$M : N$ 模型）管理。以网络 I/O 为例，大致流程如下：

- 将文件描述符注册到网络轮询器。当调用 `net.Listen` 或 `net.Dial` 时，Go 运行时会为对应的连接在内部创建一个 `pollDesc` 结构，并将其注册到底层的网络轮询器（如 epoll、kqueue、IOCP）进行事件监控。
- goroutine 等待可读或可写事件。当 goroutine 执行到 `Conn.Read(buf)` 或 `Conn.Write(buf)` 时，如果底层文件描述符暂不可读/不可写，Go 运行时会挂起 goroutine，同时立即让出当前操作系统线程去执行其他就绪的 goroutine。
- 操作系统事件通知。一旦操作系统内核检测到可读/可写事件，epoll、kqueue、IOCP 会返回就绪事件。Go 运行时的网络轮询线程捕获到该事件后，就会将相应的 `pollDesc` 标记为可读/可写。
- Go 运行时唤醒 goroutine。被标记为就绪的 goroutine 会被唤醒回到可运行队列，等待调度器的调度执行。从上层来看，就像是"读阻塞了一会儿，然后突然数据就来了"，实际上是 Go 运行时帮忙完成了挂起与唤醒的操作。

图 4-19 展示了一个简化的网络读/写 goroutine 的挂起和唤醒流程。

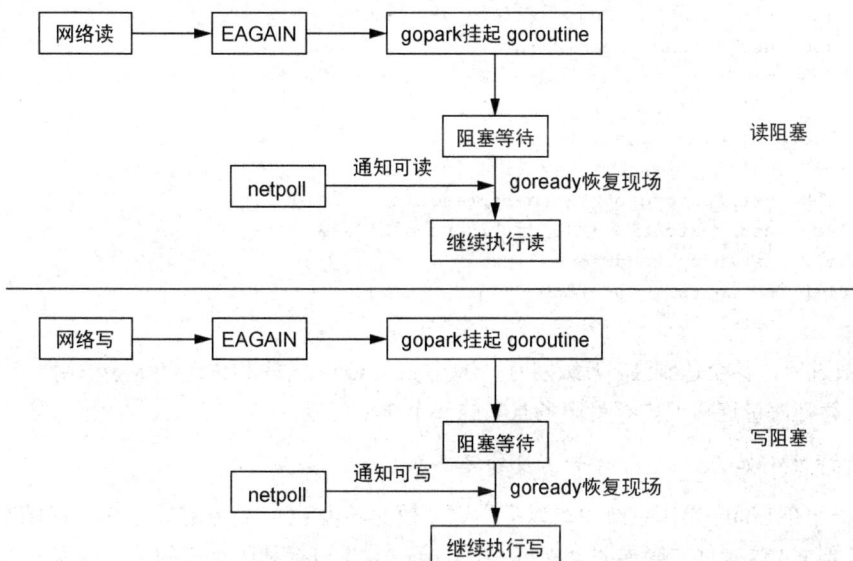

图 4-19　简化的网络读/写 goroutine 的挂起和唤醒流程

这一切让 Go 语言可以用看似阻塞实则是"底层非阻塞+自动调度"的方式来构建高并发网络应

用程序，极大地降低了理解和编码的难度。

4.5.5 网络轮询器的缺陷

在 Go 语言中，底层网络读/写轮询器一般称为网络轮询器，它对 epoll、kqueue、IOCP 等机制进行了统一封装。尽管网络轮询器大部分情况下运作良好，但也存在一些缺陷或局限性。

1. 抽象层导致额外开销

Go 语言对网络的封装在应用程序和操作系统之间增加了一层运行时抽象，所有网络连接都至少对应一个网络的读 goroutine，而熟悉网络编程的读者都知道，这一定会涉及读缓冲区，从而导致内存的额外开销。大多数现在的线上系统活跃连接较少，有很多是"总连接数 5 万，活跃连接数 1000"的情况，活跃连接在总连接中的比例较低。不活跃的连接一般情况下都是阻塞在 conn.Read() 上的，所有阻塞的 goroutine 都会占用 goroutine 的栈空间和读缓冲区。

例如，下面的示例中有 174 个 goroutine 在等待网络可读事件，这也意味着有 174 个 goroutine 阻塞在 conn.Read() 上。这些空闲的连接会一直占用内存，直到连接被关闭：

```
goroutine profile: total 257

174 @ 0x10383b0 0x1031a6a 0x1030fd5 0x10c5025  ... // 省略

# 0x1030fd4   internal/poll.runtime_pollWait+0x54
# 0x10c5024   internal/poll.(*pollDesc).wait+0x44
# 0x10c5f20   internal/poll.(*pollDesc).waitRead+0x200
# 0x10c5f02   internal/poll.(*FD).Read+0x1e2
# 0x11f28de   net.(*netFD).Read+0x4e
# 0x12044dd   net.(*conn).Read+0x8d
# 0x1306dc3   net/http.(*connReader).Read+0xf3
# 0x10e7a12   bufio.(*Reader).fill+0x102
# 0x10e872c   bufio.(*Reader).ReadSlice+0x3c
# 0x10e8963   bufio.(*Reader).ReadLine+0x33
# 0x129320b   net/textproto.(*Reader).readLineSlice+0x6b
# 0x13014e3   net/textproto.(*Reader).ReadLine+0xa3
# 0x1301512   net/http.readRequest+0xd2
# 0x13081a0   net/http.(*conn).readRequest+0x190
# 0x130c753   net/http.(*conn).serve+0x6d3
```

当连接数过万，甚至达到 10 万级别时，这些 goroutine 的栈和读缓冲区会占用大量内存，这也是 Go 语言在存在海量连接但内存受限场景下的一个典型问题。

2. 对新特性（如 io_uring 等）支持不足

io_uring 在 Linux 操作系统中可以提供更高效的异步 I/O，特别是在存在大规模连接或 I/O 密集的场景中。但 Go 语言官方尚未完全支持 io_uring，想自行利用这样的特性就需要依赖第三方库或等待未来版本的支持。

笔者认为，io_uring 的优势主要在于与文件系统打交道，而与文件系统打交道最多的场景是存储类系统，对于网络类系统，io_uring 的优势并不是那么明显。当然，读者也需要知道，由于当前文件系统的 API 设计问题，在实现文件 I/O 密集的系统时，可能会遇到 Go 语言的线程数意外增长至较高且无法释放的问题，这也可以算是 Go 语言的一个缺陷。

如果只是实现常见的网络或 API 服务，大可放心大胆地使用 Go。但是，如果是实现存储类系统，建议还是考虑使用 C++或 Rust 等语言，因为这些语言对底层 API 的支持更好，也更灵活。

3. 无法为特定 goroutine 设置优先级

在高并发场景下，如何高效地将就绪事件分发给对应的 goroutine 并避免竞争、泄漏等问题，取决于 Go 调度器的内部实现和稳定性。

在一些特殊场景下，我们希望应用程序中的某个 goroutine 能有较高的优先级，但 Go 运行时并没有提供直接的 API 来实现这一点，所以 Go 本身并没有提供很好的解决方案以应对如此灵活的场景。

4.5.6 小结

总的来说，对于绝大多数常见服务器端场景，Go 语言的"网络轮询器+goroutine"都能提供良好的代码可读性与足够的性能。如果需要进一步追求极致性能，可能要直接使用操作系统底层 API（如 io_uring）或使用其他更底层的 API 进行深度优化。

对于延迟敏感的服务，Go 语言的有栈抽象会带来更高的延迟，这也是 Go 语言与 Rust、C++等语言在网络编程性能上的最主要差异。

Go 语言社区中一直有人在尝试将回调式的编程模型重新引入 Go 语言，并且也有一些相关的开源库，但笔者建议读者还是谨慎使用，因为在实践中这样的库会引入更多的复杂性，在真正延迟敏感的场合，其收益不如直接使用 C++或 Rust 重构服务。

4.6 运行时性能分析

1974 年，Donald Knuth 在"Structured Programming with go to Statements"中曾说"对于约 97%的场景，过早优化是万恶之源"，但是他也指出"我们也不应该放弃对那关键的 3%的优化"。Go 语言的 go tool pprof 工具和 pprof 包提供了运行时性能分析功能，这是程序优化的绝佳分析工具。本节将简单展示运行时性能分析工具的用法。

4.6.1 安装依赖的 Graphviz 工具

go tool pprof 工具通过调用 dot 命令将数据转化为 SVG 文件。具体的使用可参考$GOROOT/src/cmd/vendor/github.com/google/pprof/internal/driver/commands.go 文件：

```go
func invokeDot(format string) PostProcessor {
    return func(input io.Reader, output io.Writer, ui plugin.UI) error {
        cmd := exec.Command("dot", "-T"+format)
        cmd.Stdin, cmd.Stdout, cmd.Stderr = input, output, os.Stderr
        if err := cmd.Run(); err != nil {
            return fmt.Errorf("failed to execute dot. Is Graphviz installed?
                        Error: %v", err)
        }
    }
}
```

```
        return nil
    }
}
```

运行这段代码就类似于在命令行输入 dot -Tsvg 命令，从 os.Stdin 读取数据，再将 SVG 数据输出到 os.Stdout。

如果本地安装 Graphviz 工具比较困难，也可以尝试安装 CGO 版本的简化 dot 命令：

```
go install github.com/chai2010/dot@master。
```

4.6.2　CPU 性能测试分析

运行时性能分析需要 go tool pprof 工具和 pprof 包配合完成，好消息是 Go 语言的内置测试命令 go test 已经支持这一功能。例如，有以下的基准测试代码：

```
package main_test

import (
    "testing"

    "github.com/chai2010/base60"
)

func BenchmarkEncodeDecode(b *testing.B) {
    for i := 0; i < b.N; i++ {
        s0 := "你好"
        s1 := "乙丑癸巳甲寅己亥丁卯甲申丁未甲午己巳"

        if got := base60.Encode([]byte(s0)); got != s1 {
            b.Fatalf("%q != %q", got, s1)
        }
        if got := string(base60.Decode(s1)); got != s0 {
            b.Fatalf("%q != %q", got, s0)
        }
    }
}
```

以上是笔者设计的对天干地支编码包的性能测试代码，其中基准函数以 Benchmark 开头。因为 60 年为一个甲子轮回，所以将天干地支编码包命名为 base60。然后通过以下命令查看被测试包 base60 运行时 CPU 性能测试结果：

```
$ go test -bench=EncodeDecode -cpuprofile=a_cpu.out
$ go tool pprof -http=:6060 myapp.test a_cpu.out
```

第一行命令执行名为 EncodeDecode 的基准函数，同时统计 CPU 性能测试数据。第二行命令是启动一个 Web 服务，以便在浏览器中查看得到的统计数据。

使用浏览器访问 http://localhost:6060/ui/，默认看到的是函数调用的时间关系，如图 4-20 所示。

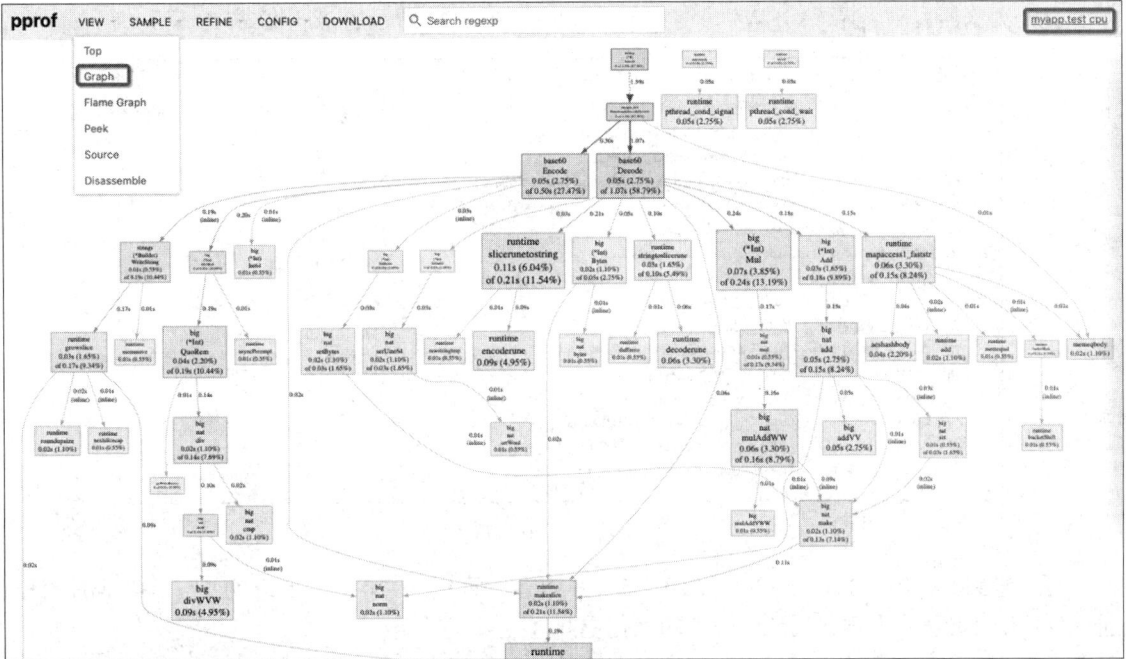

图 4-20 函数调用的时间关系

选择"VIEW"→"Flame Graph",可以切换到图 4-21 所示的火焰图模式。

此外,pprof 的统计数据还有 Top、Peek、Source 和 Disassemble 等查看模式。

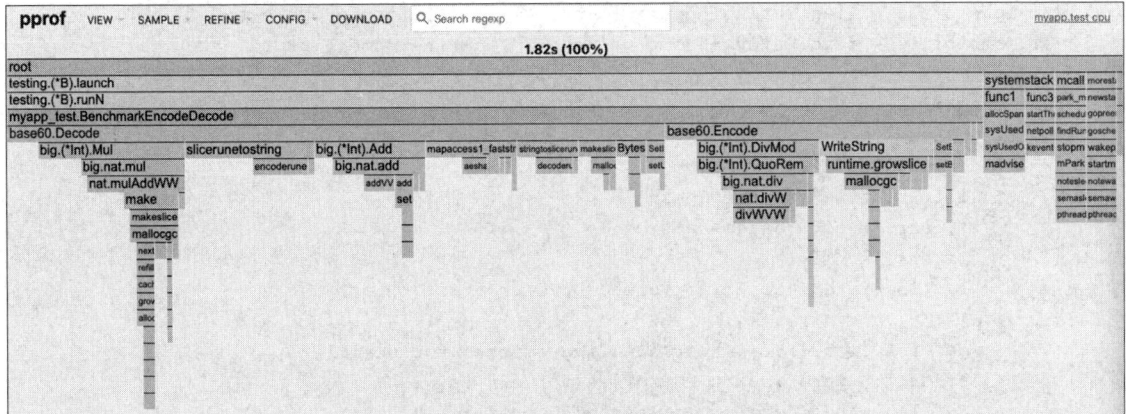

图 4-21 火焰图模式

4.6.3　内存分配性能测试分析

同样以上面的性能测试代码为例,通过以下命令查看内存分配性能测试的统计数据:

```
$ go test -bench=EncodeDecode -memprofile=a_mem.out
$ go tool pprof -http=:6060 myapp.test a_mem.out
```

打开浏览器后，选择“VIEW”→“Top”，切换到图 4-22 所示的 Top 模式。

pprof　VIEW　SAMPLE　REFINE　CONFIG　DOWNLOAD　Search regexp　myapp.test alloc_space

Flat	Flat%	Sum%	Cum	Cum%	Name	Inlined?
116.51MB	53.81%	53.81%	116.51MB	53.81%	strings.(*Builder).WriteString	(inline)
71MB	32.79%	86.61%	71MB	32.79%	math/big.nat.make	(inline)
17MB	7.85%	94.46%	75MB	34.64%	github.com/chai2010/base60.Decode	
12MB	5.54%	100.00%	141.51MB	65.36%	github.com/chai2010/base60.Encode	
0	0.00%	100.00%	216.51MB	100.00%	testing.(*B).runN	
0	0.00%	100.00%	216.51MB	100.00%	testing.(*B).launch	
0	0.00%	100.00%	216.51MB	100.00%	myapp_test.BenchmarkEncodeDecode	
0	0.00%	100.00%	13MB	6.00%	math/big.nat.setBytes	
0	0.00%	100.00%	11MB	5.08%	math/big.nat.set	(inline)
0	0.00%	100.00%	47MB	21.71%	math/big.nat.mulAddWW	
0	0.00%	100.00%	47MB	21.71%	math/big.nat.mul	
0	0.00%	100.00%	11MB	5.08%	math/big.nat.add	
0	0.00%	100.00%	13MB	6.00%	math/big.(*Int).SetBytes	(inline)
0	0.00%	100.00%	47MB	21.71%	math/big.(*Int).Mul	
0	0.00%	100.00%	11MB	5.08%	math/big.(*Int).Add	

图 4-22　Top 模式

可以看到，`base60.Decode` 分配了 75 MB 内存，而 `base60.Encode` 分配了 141 MB 内存。通过分析统计数据可发现代码还有较大的优化空间。

4.6.4　在程序中增加性能分析

在独立的程序中也可以增加性能分析的参数，以下代码增加了 CPU 性能分析和内存分配性能分析两个参数：

```go
var cpuprofile = flag.String("cpuprofile", "", "write cpu profile to `file`")
var memprofile = flag.String("memprofile", "", "write memory profile to `file`")

func main() {
    flag.Parse()
    if *cpuprofile != "" {
        fmt.Println("cpuprofile on")
        f, err := os.Create(*cpuprofile)
        if err != nil {
            log.Fatal("could not create CPU profile: ", err)
        }
        defer f.Close() // error handling omitted for example
        if err := pprof.StartCPUProfile(f); err != nil {
            log.Fatal("could not start CPU profile: ", err)
        }
        defer pprof.StopCPUProfile()
    }

    if *memprofile != "" {
        defer func() {
            f, err := os.Create(*memprofile)
            if err != nil {
```

```
            log.Fatal("could not create memory profile: ", err)
        }
        defer f.Close() // error handling omitted for example
        runtime.GC()    // get up-to-date statistics
        if err := pprof.WriteHeapProfile(f); err != nil {
            log.Fatal("could not write memory profile: ", err)
        }
    }()
}

// ...正常的程序...
}
```

程序运行后就可以看到 CPU 和内存分配的统计数据。如果是需要长时间运行的服务器程序，可以通过 import _ "net/http/pprof"启动运行时性能分析，确保同时启动了 Web 服务后，就可以在/debug/pprof 路径下载实时的统计数据。

4.6.5 性能分析引导的优化

在 2023 年早些时候，Go 1.20 支持了性能分析引导的优化（profile-guided optimization，PGO）特性。例如，有一个 Web 服务通过 import _ "net/http/pprof"启动运行时性能分析，在运行一段时间后通过以下命令获取统计数据：

```
$ curl -o cpu.pprof "http://localhost:8080/debug/pprof/profile?seconds=30"
```

然后将统计数据文件重命名为包目录下的 default.pgo 文件，并以-pgo=auto 编译参数重新构建程序：

```
$ mv cpu.pprof default.pgo
$ go build -pgo=auto
```

这样，编译器就可以根据.pgo 文件中的数据针对不同场景对程序做性能优化，从而得到更匹配的优化配置。

4.6.6 持续性能分析

现代 Go 应用程序很多是服务类应用，因此程序会长时间运行。以互联网接口类应用为例，有时我们会碰到服务的偶发性能异常，如 CPU 突然飙升、内存占用突然飙升、goroutine 数量突然飙升等，但一段时间后又会恢复正常。这种异常情况可能只会持续一小段时间，但是对于服务的稳定性却是比较大的隐患。

在真实的生产环境中，笔者曾遇到过维护的服务的内存使用在短时间内激增，几分钟后便超过系统对应用程序的内存限制，导致应用程序内存溢出，进而导致系统崩溃，但在收到线上异常报警之后，查看现场又发现应用程序早已恢复正常，难以捕捉异常时的应用现场，如图 4-23 所示。

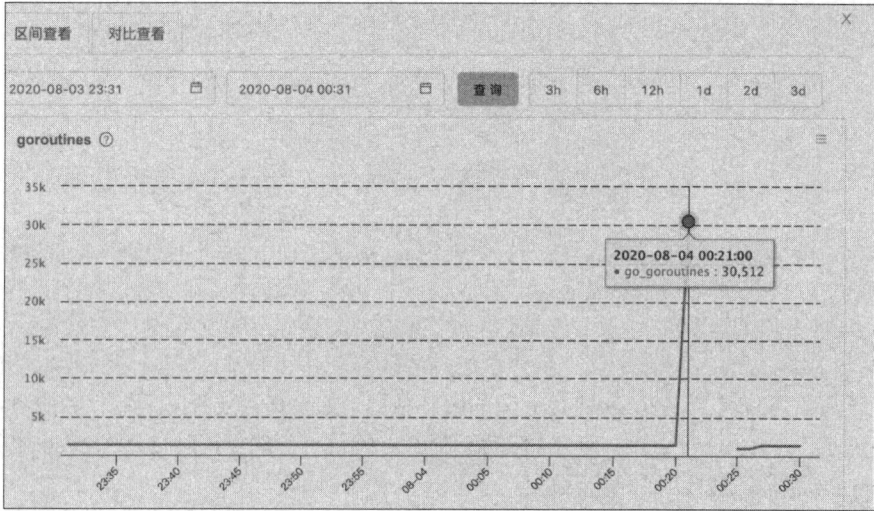

图 4-23　一个瞬时内存泄漏的真实示例

为了解决这个问题，业界提出了持续性能分析（continuous profiling）的概念，其基本原理是，对应用程序进行定时的性能数据采集，例如每分钟采集一次 CPU 性能、堆大小、goroutine 数量等性能数据，当应用程序发生异常（CPU 占用过高、堆占用内存过大、goroutine 数量过多）时，程序的性能数据文件也会被保存起来。这样在问题发生后，使用 Go 语言的 pprof --base 功能便可以将异常情况的性能数据文件与正常运行期间的性能数据文件进行对比，以找出异常发生的原因。假设正常运行期间的性能数据文件为 normal_mem.pprof，异常期间的性能数据文件为 abnormal_mem.pprof，可以使用以下命令进行对比分析：

```
$ go tool pprof --base=normal_mem.pprof myapp.test abnormal_mem.pprof
```

执行上述命令后，pprof 会启动一个交互式的命令行界面，我们可以使用 top、list、web 等命令查看对比结果，从而找出性能异常的原因。下面是一个开源项目真实场景的示例：

```
File: geth
Build ID: 5bc1ecf89eb9a7444b3a7c77c720d8827f1396b8
Type: inuse_space
Time: Aug 28, 2023 at 6:01pm (CST)
Entering interactive mode (type "help" for commands, "o" for options)
(pprof) top
Showing nodes accounting for 846.10MB, 49.81% of 1698.68MB total
Dropped 232 nodes (cum <= 8.49MB)
Showing top 10 nodes out of 134
      flat  flat%   sum%        cum   cum%
  474.04MB 27.91% 27.91%   474.04MB 27.91%  bytes.growSlice
  278.03MB 16.37% 44.27%   398.70MB 23.47%  github.com/scroll-tech/go-ethereum/core/vm.
  (*StructLogger).CaptureState
   76.51MB  4.50% 48.78%    76.51MB  4.50%  github.com/scroll-tech/go-ethereum/core/vm.
  NewStructlog (inline)
   43.69MB  2.57% 51.35%    43.69MB  2.57%  github.com/scroll-tech/go-ethereum/core/vm.
```

```
Storage.Copy (inline)
-10.52MB  0.62% 50.73%    -10.52MB  0.62%  github.com/syndtr/goleveldb/leveldb/util.
(*BufferPool).Get
9.51MB  0.56% 51.29%      9.51MB  0.56%  github.com/VictoriaMetrics/fastcache.
(*bucket).Set
-8.65MB  0.51% 50.78%     -8.65MB  0.51%  github.com/syndtr/goleveldb/leveldb/memdb.
(*DB).Put
-7MB  0.41% 50.37%    -16.51MB  0.97%  github.com/scroll-tech/go-ethereum/core/vm.
FormatLogs
-5MB  0.29% 50.07%        -5MB  0.29%  github.com/holiman/uint256.(*Int).Hex
-4.50MB  0.26% 49.81%     -4.50MB  0.26%  github.com/scroll-tech/go-ethereum/core/
types.NewStructLogResBasic
(pprof)
```

Pyroscope 是一个开源的持续性能分析平台，专为高效地收集、存储和分析应用程序的性能数据而设计。它支持多种语言，包括 Go、Python、Ruby 等。借助 Pyroscope，开发者可以轻松地对应用程序进行持续性能监控，捕捉 CPU、内存等资源的使用情况，并生成火焰图等可视化报告，快速定位性能瓶颈。

在应用程序中集成 Pyroscope 也很方便，只需添加相应的客户端库并进行简单配置即可。例如，在 Go 应用程序中，可以通过以下代码集成 Pyroscope：

```go
import "github.com/grafana/pyroscope-go"

func main() {
    pyroscope.Start(pyroscope.Config{
        ApplicationName: "myapp",
        ServerAddress:   "http://localhost:4040",  // Pyroscope 服务器地址
    })
    // ...正常的程序...
}
```

与简单的 pprof 相比，Pyroscope 会采集更多的性能数据，包括 CPU、内存、网络、文件 I/O 等数据，帮助开发者全面了解应用程序的性能状况。此外，Pyroscope 还提供了丰富的可视化报告，如火焰图、热点图等，帮助开发者更直观地分析性能数据，快速定位问题。

有些公司的基础设施部门可能不愿意维护过多组件，在这种情况下也有解决方案。笔者曾经实现过一个自省的 pprof 自动分析工具，当 CPU、内存、goroutine 数量异常时，工具可以自动将 pprof 文件下载到磁盘，也可以指定远端存储目标，这样不需要任何外部基础设施就可以实现问题期间的性能分析。

Holmes 是一个用 Go 语言编写的轻量级持续性能分析工具，专为在生产环境中捕捉应用程序的性能异常而设计。下面是一个简单的 Holmes 集成示例：

```go
import (
    "github.com/mosn/holmes"
    "time"
)

func main() {
```

```
h, _ := holmes.New(
    holmes.WithCollectInterval("5s"), // 数据采集间隔
    holmes.WithDumpPath("/tmp"),       // pprof 文件保存路径
    holmes.WithCPUDump(20, 25, 80, time.Minute), // CPU 异常检测配置
    holmes.WithMemDump(30, 25, 80, time.Minute), // 内存异常检测配置
    holmes.WithGoroutineDump(1000, 25, 2000, time.Minute), // goroutine 异常检测配置
)
h.EnableCPUDump().EnableMemDump().EnableGoroutineDump().Start()

// ...正常的程序...
}
```

在上述代码中，我们配置了 Holmes 的数据采集间隔为 5 秒，并设置了 CPU、内存和 goroutine
数量的异常检测阈值。当检测到异常时，Holmes 会自动生成相应的 pprof 文件并保存到指定路径。
通过这种方式，开发者可以在生产环境中持续监控应用程序的性能，并在发生异常时及时捕捉性能
数据，便于后续分析和优化。与 Pyroscope 相比，Holmes 更为轻便，其功能也相对简单，如果有条
件，还是建议读者使用平台化的 Pyroscope。

4.6.7　堆内存性能分析

当 Go 语言的服务类应用发生内存泄漏时，存在一种比较麻烦的情况：代码中有非常多的指针和
回调，难以通过阅读代码确定对象的引用关系，尤其是当涉及庞大的第三方库代码时；发生了内存泄
漏，某个对象的数量一直在增长，直至内存溢出。

这种情况可以通过 pprof 的堆分析找到内存泄漏的对象，但是可能难以确定内存泄漏的“原因”。
这里的“原因”指这个内存泄漏的对象到底因为被哪个对象引用而无法被垃圾收集器回收。

在 Java 中，除了基本的对象分配分析，还有一个工具叫 heapdump，可以将整个堆内存的对象信
息导出到文件，然后通过内存分析工具（如 MAT 等）进行分析。在 Go 语言中也有类似的工具，但
由于缺乏官方维护，目前仍处于实验性阶段。

可以在应用程序中通过 debug.WriteHeapDump() 函数导出堆内存信息：

```
package main

import (
    "log"
    "os"
    "runtime/debug"
)

func main() {
    f, err := os.Create("heapdump")
    if err != nil {
        log.Fatal(err)
    }
    debug.WriteHeapDump(f.Fd())
}
```

堆对象的引用情况可以用 heapview 来查看，如图 4-24 所示。

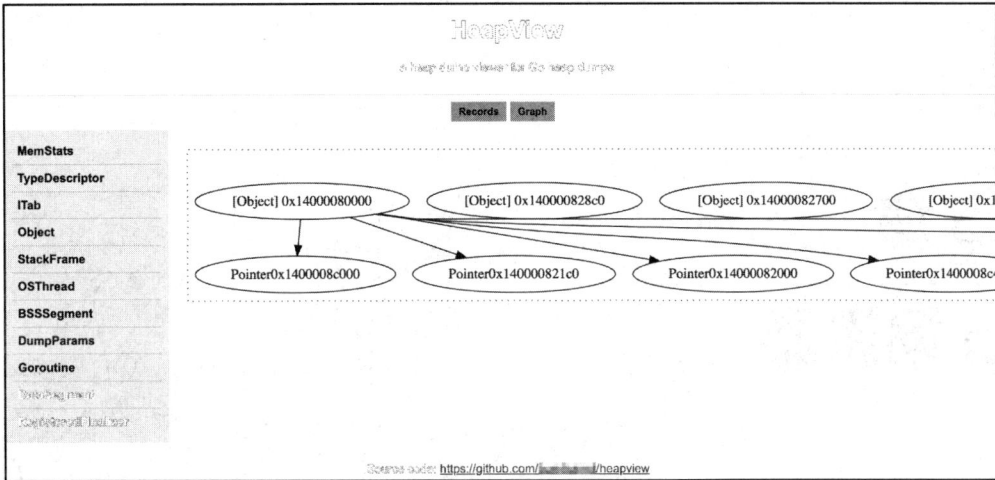

图 4-24　用 heapview 查看用户堆对象的引用情况

4.6.8　小结

基准测试对于衡量特定操作的性能是有帮助的，但是当我们试图让程序运行得更快的时候，我们通常并不清楚从哪里开始优化。优化程序的最佳方法是先通过性能分析工具分析热点，然后重点针对这些热点进行优化，同时结合性能分析引导的优化（PGO）让编译器对热点进行更深度的内联展开优化。如果想了解更多相关内容，可以阅读 Go 官方博客中的"Profiling Go Programs"一文。

4.7　补充说明

本章中探讨了 Go 语言运行时的一些高级特性，包括调度器、网络轮询器、内存分配器和垃圾收集器。了解这些机制有助于我们编写更高效的 Go 代码，并在性能优化时做出更明智的决策。如果读者对这些内容有兴趣，建议阅读 Go 语言的官方文档和相关的技术博客来加深理解。

第 5 章

Go 编译器

Go 语言实际上有 3 套编译器：Go 语言官方提供的 gc 编译器和 gccgo 编译器，以及 go/*包提供的编译相关工具包。go/*包是 Go 语言自带的 go fmt 和 go doc 等命令的基础，其中以 go/ast 抽象语法树表示为核心，go/types 在抽象语法树的基础上完成语义检查，然后可以通过扩展包实现输出 SSA（static single assignment，静态单赋值）或者 LLVM IR 等形式。如果将 Go 语言程序作为输入数据，从语法树的维度重新审视 Go 语言程序，我们将获得创建 Go 语言本身的技术。

5.1 表达式

为了简化代码，我们从基础表达式开始。基础表达式指完全由数值型字面值和标识符组成的表达式。

5.1.1 基础表达式语法

基础表达式主要通过将一元运算符和二元运算符应用于操作数来计算值，运算的主体是各种字面值或标识符。基础表达式的语法如下：

```
Expression = UnaryExpr | Expression binary_op Expression .
UnaryExpr  = Operand | unary_op UnaryExpr .
Operand    = Literal | Identifier | "(" Expression ")" .

binary_op  = "||" | "&&" | rel_op | add_op | mul_op .
rel_op     = "==" | "!=" | "<" | "<=" | ">" | ">=" .
add_op     = "+" | "-" | "|" | "^" .
mul_op     = "*" | "/" | "%" | "<<" | ">>" | "&" | "&^" .

unary_op   = "+" | "-" | "!" | "^" | "*" | "&" | "<-" .
```

其中，Expression 表示基础表达式的递归定义，可以是一元表达式 UnaryExpr，也可以是通过二元运算符（binary_op）生成的二元表达式。运算符（binary_op 和 unary_op）的操作对象由操作数（Operand）定义，操作数主要是字面值（Literal）或标识符（Identifier），也可以是由圆括号包含的表达式。

5.1.2 表达式的语法分析

parser.ParseExpr() 函数是对单个表达式（可以包含注释）进行语法分析，因此返回的 ast.Expr 是一个表达式抽象接口：

```
type Expr interface {
    Node
    // contains filtered or unexported methods
}
```

除了内置 ast.Node 接口，ast.Expr 接口没有其他信息和约束（这是 Go 语言隐式接口的特性，用户需要自行理解接口之间的逻辑关系）。

ast.Node 接口更简单，仅包含两个方法，表示语法树节点的开始位置和结束位置：

```
type Node interface {
    Pos() token.Pos // position of first character belonging to the node
    End() token.Pos // position of first character immediately after the node
}
```

通过分析 go/ast 包的文档，可以发现很多类型以 Expr 为后缀：

```
$ go doc go/ast | grep Expr
type BadExpr struct{ ... }
type BinaryExpr struct{ ... }
type CallExpr struct{ ... }
type Expr interface{ ... }
type ExprStmt struct{ ... }
type IndexExpr struct{ ... }
type KeyValueExpr struct{ ... }
type ParenExpr struct{ ... }
type SelectorExpr struct{ ... }
type SliceExpr struct{ ... }
type StarExpr struct{ ... }
type TypeAssertExpr struct{ ... }
type UnaryExpr struct{ ... }
```

真实的表达式种类当然不止这些，例如下面例子中的 ast.BasicLit 类型就不在其中，不过目前我们并不需要 ast.Expr 的全部类型列表。

我们从 ast.BinaryExpr 类型的二元表达式开始，因为四则运算是我们最熟悉的表达式结构：

```
func main() {
    expr, _ := parser.ParseExpr(`1+2*3`)
    ast.Print(nil, expr)
}
```

输出结果如下：

```
0  *ast.BinaryExpr {
1  .  X: *ast.BasicLit {
2  .  .  ValuePos: 1
3  .  .  Kind: INT
4  .  .  Value: "1"
5  .  }
6  .  OpPos: 2
7  .  Op: +
8  .  Y: *ast.BinaryExpr {
9  .  .  X: *ast.BasicLit {
10 .  .  .  ValuePos: 3
11 .  .  .  Kind: INT
12 .  .  .  Value: "2"
13 .  .  }
14 .  .  OpPos: 4
15 .  .  Op: *
16 .  .  Y: *ast.BasicLit {
17 .  .  .  ValuePos: 5
18 .  .  .  Kind: INT
19 .  .  .  Value: "3"
20 .  .  }
21 .  }
22 }
```

图 5-1 展示了 `parser.ParseExpr("1+2*3")` 返回的抽象语法树（abstract syntax tree，AST）。

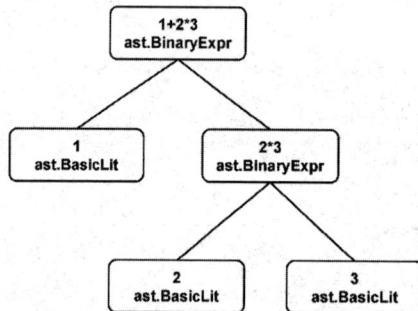

图 5-1　`parser.ParseExpr("1+2*3")` 返回的抽象语法树

在图 5-1 中，`ast.BasicLit` 是基础字面值类型，`ast.BinaryExpr` 表示二元算术表达式结构体类型。`ast.BinaryExpr` 的定义如下：

```
type BinaryExpr struct {
    X      Expr          // left operand
    OpPos token.Pos      // position of Op
    Op     token.Token   // operator
    Y      Expr          // right operand
}
```

其中，`Op` 成员表示二元运算符，而 `X` 和 `Y` 成员分别对应运算符左右两个操作数。最重要的是，`X` 和

Y 操作数都是 ast.Expr 接口类型，这就使表达式可以递归定义。因此，在输出结果中，最外层的 Y 成员被填充为 ast.BinaryExpr 类型的子语法树（这表明乘法的优先级高于加法）。

5.1.3 求值表达式

在了解了 ast.BinaryExpr 类型的结构之后，就可以对表达式求值了：

```go
func main() {
    expr, _ := parser.ParseExpr(`1+2*3`)
    fmt.Println(Eval(expr))
}

func Eval(exp ast.Expr) float64 {
    switch exp := exp.(type) {
    case *ast.BinaryExpr:
        return EvalBinaryExpr(exp)
    case *ast.BasicLit:
        f, _ := strconv.ParseFloat(exp.Value, 64)
        return f
    }
    return 0
}

func EvalBinaryExpr(exp *ast.BinaryExpr) float64 {
    switch exp.Op {
    case token.ADD:
        return Eval(exp.X) + Eval(exp.Y)
    case token.MUL:
        return Eval(exp.X) * Eval(exp.Y)
    }
    return 0
}
```

其中，Eval()函数用于对表达式递归地进行语法分析，如果表达式类型是指向 ast.BinaryExpr 类型的指针，表示这是一个二元表达式，则调用 EvalBinaryExpr()进行语法分析，如果表达式类型是指向 ast.BasicLit 类型的指针，表示这是一个字面值，则直接用 strconv.ParseFloat() 解析浮点数字面值；EvalBinaryExpr()函数用于对二元表达式进行语法分析，为了简单起见，这里只展示了加法和乘法运算符，在加法或乘法的左右子表达式中再调用 Eval()进行语法分析。

在 Go 语言中，表达式是所有运算的基础。很多功能性的函数也可以作为表达式的一部分参与运算。如果表达式中引入变量或函数，就会变得异常强大。

5.1.4 标识符：为表达式中引入变量

在前面的例子中，我们已经尝试过对数值类型的常量构成的表达式求值。现在我们尝试为表达式引入变量，变量由外部动态注入。

还是先从一个简单的例子入手：

```go
func main() {
```

```
        expr, _ := parser.ParseExpr(`x`)
        ast.Print(nil, expr)
}
```

输出结果如下：

```
0  *ast.Ident {
1  .  NamePos: 1
2  .  Name: "x"
3  .  Obj: *ast.Object {
4  .  .  Kind: bad
5  .  .  Name: ""
6  .  }
7  }
```

表达式只有一个 x，对应指向 ast.Ident 类型的指针。ast.Ident 类型的定义如下：

```
type Ident struct {
    NamePos token.Pos  // identifier position
    Name    string     // identifier name
    Obj     *Object    // denoted object; or nil
}
```

其中最重要的是 Name 成员，表示标识符名。这样我们就可以在递归地进行语法分析时传入一个上下文参数，其中包含变量的值：

```
func main() {
    expr, _ := parser.ParseExpr(`1+2*3+x`)
    fmt.Println(Eval(expr, map[string]float64{
        "x": 100,
    }))
}

func Eval(exp ast.Expr, vars map[string]float64) float64 {
    switch exp := exp.(type) {
    case *ast.BinaryExpr:
        return EvalBinaryExpr(exp, vars)
    case *ast.BasicLit:
        f, _ := strconv.ParseFloat(exp.Value, 64)
        return f
    case *ast.Ident:
        return vars[exp.Name]
    }
    return 0
}

func EvalBinaryExpr(exp *ast.BinaryExpr, vars map[string]float64) float64 {
    switch exp.Op {
    case token.ADD:
        return Eval(exp.X, vars) + Eval(exp.Y, vars)
```

```
    case token.MUL:
        return Eval(exp.X, vars) * Eval(exp.Y, vars)
    }
    return 0
}
```

在 `Eval()` 函数递归地进行语法分析时，如果当前分析的表达式语法树节点是指向 `ast.Ident` 类型的指针，则直接在 vars 表中查询结果。

不过，Go 语言的表达式要复杂很多，不仅有普通的局部变量，还有数组索引求值、管道取值、结构成员求值等类型。但是，标识符是引入变量的最基础的方法，我们可以在此基础方法之上逐步完善更复杂的求值函数。

5.2 类型检查

主流的编译器前端遵循词法分析、语法分析、语义分析的流程，然后基于中间表示进行优化，最终生成目标代码。在得到抽象语法树之后，语法分析的工作即告完成。然而，在进行中间优化或代码生成之前，还需要对抽象语法树进行语义分析。语义分析需要更深层次地理解代码的语义，例如检查两个变量相加是否合法，以及在外层作用域有多个同名的变量时如何选择正确的变量等。本节将简单讨论 go/types 包的用法，展示如何通过该包实现语法树的类型检查功能。

5.2.1 语义错误

虽然 Go 语言是基于包和目录组织代码的，但是在语法树的语法分析阶段，它并不关心包之间的依赖关系。这是因为在语法树的语法分析阶段并不对代码本身进行语义检测，许多语法正确但语义错误的代码也可以生成语法树。

下面看一个例子：

```
func main() {
    fset := token.NewFileSet()
    f, err := parser.ParseFile(fset, "hello.go", src, parser.AllErrors)
    if err != nil {
        log.Fatal(err)
    }
    ast.Print(fset, f)
}

const src = `package pkg

func hello() {
    var _ = "a" + 1
}`
```

在这段代码中，hello() 函数可以正常生成语法树，但是 hello() 函数中唯一的语句 var _ = "a" + 1 存在语义错误，因为 Go 语言中不能将一个字符串和一个数字相加。识别这种语义层面的错误是 go/types 包需要完成的工作。

5.2.2   `go/types` 包

go/types 包是由 "Go 语言之父" Robert Griesemer（他发明了 Go 语言的接口等特性）开发的类型检查工具。该包从 Go 1.5 开始被添加到标准库，是 Go 语言自举过程中的一个额外成果。据说这个包是 Go 语言标准库中代码量最大、功能最复杂的包之一（在使用之前需要对 Go 语法树有一定的了解）。下面我们就使用 go/types 包来检查前面例子中的语义错误。

重新调整代码如下：

```
func main() {
    fset := token.NewFileSet()
    f, err := parser.ParseFile(fset, "hello.go", src, parser.AllErrors)
    if err != nil {
        log.Fatal(err)
    }

    pkg, err := new(types.Config).Check("hello.go", fset, []*ast.File{f}, nil)
    if err != nil {
        log.Fatal(err)
    }

    _ = pkg
}

const src = `package pkg

func hello() {
    var _ = "a" + 1
}`
```

在通过 parser.ParseFile() 对单个文件进行语法分析得到语法树之后，就可以使用 new(types.Config).Check() 函数来检查语法树中的语义错误。new(types.Config) 先构造一个用于类型检查的配置对象，然后调用其唯一的 Check() 方法检查语法树的语义。Check() 方法的签名如下：

```
func (conf *Config) Check(path string, fset *token.FileSet, files []*ast.File,
    info *Info) (*Package, error)
```

第一个参数表示要检查包的路径，第二个参数表示文件集合（用于将语法树中元素的位置信息解析为文件名和行列号），第三个参数是该包中所有文件对应的语法树，最后一个参数用于存储检查过程中产生的分析结果。如果成功，该方法返回一个 types.Package 对象，表示当前包的信息。

运行这个程序将产生以下错误信息：

```
$ go run .
hello.go:4:10: cannot convert "a" (untyped string constant) to untyped int
```

错误信息提示，在 hello.go 文件的第 4 行第 10 个字符位置的"a"字符串处出现错误，无法将字符串常量转换为 int 类型。这样我们就可以轻松定位代码中出现错误的位置并获知错误产生的原因。

5.2.3 跨包的类型检查

真实的代码通常由多个包组成的，而 go/parser 包只处理当前包，如何处理导入包的类型是一个重要问题。例如，以下代码导入了 math 包，并引用了其中的 math.Pi：

```
package main

import "math"

func main() {
    var _ = "a" + math.Pi
}
```

要验证当前代码是否语义正确，需要先获取 math.Pi 元素的类型，因此需要处理包的导入问题。如果仍然使用 new(types.Config).Check 方式验证，将得到以下错误：

```
hello.go:3:8: could not import math (Config.Importer not installed)
```

产生这个错误的原因是 types.Config 类型的检查对象不知道如何加载 math 包的信息。types.Config 对象的 Importer 成员负责导入依赖包，其定义如下：

```
type Config struct {
    Importer Importer
}

type Importer interface {
    Import(path string) (*Package, error)
}
```

对于任何一个导入的包，都会先调用 Import(path string) (*Package, error) 加载导入信息，然后才能获取包中导出元素的信息。

对于标准库的 math 包，可以使用 go/importer 提供的默认包导入实现。代码如下：

```
// import "go/importer"
conf := types.Config{Importer: importer.Default()}
pkg, err := conf.Check("hello.go", fset, []*ast.File{f}, nil)
if err != nil {
    log.Fatal(err)
}
```

其中，types.Config 对象的 Importer 成员对应包导入对象，由 importer.Default() 初始化。这样就可以正常处理输入代码了。

然而，importer.Default() 处理的是 Go 语义当前环境的代码结构，这比较复杂，包含标准库和用户的模块代码，每个包还可能启用了 CGO 特性。为了便于理解，我们可以手动构造一个简单的 math 包，从而简化包的导入过程。

为了简化，我们继续假设每个包只有一个源码文件。定义 Program 结构体表示一个完整的程序对象，代码如下：

```
type Program struct {
```

```
        fs   map[string]string
        ast  map[string]*ast.File
        pkgs map[string]*types.Package
        fset *token.FileSet
    }

    func NewProgram(fs map[string]string) *Program {
        return &Program{
            fs:   fs,
            ast:  make(map[string]*ast.File),
            pkgs: make(map[string]*types.Package),
            fset: token.NewFileSet(),
        }
    }
```

其中，`fs` 表示每个包对应的源码字符串，`ast` 表示每个包对应的语法树，`pkgs` 表示经过语义检查的包对象，`fset` 则保存文件的位置信息。

首先，为 `Program` 类型增加包加载方法 `LoadPackage()`：

```
    func (p *Program) LoadPackage(path string) (pkg *types.Package, f *ast.File,
        err error) {
        if pkg, ok := p.pkgs[path]; ok {
            return pkg, p.ast[path], nil
        }

        f, err = parser.ParseFile(p.fset, path, p.fs[path], parser.AllErrors)
        if err != nil {
            return nil, nil, err
        }

        conf := types.Config{Importer: nil}
        pkg, err = conf.Check(path, p.fset, []*ast.File{f}, nil)
        if err != nil {
            return nil, nil, err
        }

        p.ast[path] = f
        p.pkgs[path] = pkg
        return pkg, f, nil
    }
```

因为没有初始化 `types.Config` 的 `Importer` 成员，所以目前该方法只能加载没有导入其他包的叶子类型的包（如 `math` 包）。加载成功后，包信息会被记录到 `Program` 对象的 `ast` 和 `pkgs` 成员中。当遇到已经被记录的叶子类型的包被导入时，就可以直接复用这些信息。

然后，为 `Program` 类型实现 `types.Importer` 接口，这个接口只有一个 `Import()` 方法：

```
    func (p *Program) Import(path string) (*types.Package, error) {
        if pkg, ok := p.pkgs[path]; ok {
            return pkg, nil
        }
```

```
    return nil, fmt.Errorf("not found: %s", path)
}
```

现在 Program 类型实现了 types.Importer 接口，可以用于 types.Config 的包加载：

```go
func (p *Program) LoadPackage(path string) (pkg *types.Package, f *ast.File,
    err error) {
    // ...

    conf := types.Config{Importer: p} // 用 Program 作为包导入器
    pkg, err = conf.Check(path, p.fset, []*ast.File{f}, nil)
    if err != nil {
        return nil, nil, err
    }

    // ...
}
```

接下来，先手动加载叶子类型的包 math，再加载主包：

```go
func main() {
    prog := NewProgram(map[string]string{
        "hello": `
            package main
            import "math"
            func main() { var _ = 2 * math.Pi }
        `,
        "math": `
            package math
            const Pi = 3.1415926
        `,
    })

    _, _, err := prog.LoadPackage("math")
    if err != nil {
        log.Fatal(err)
    }

    pkg, f, err := prog.LoadPackage("hello")
    if err != nil {
        log.Fatal(err)
    }
}
```

这种依赖包的导入是递归的，因此可以在 Import() 方法中增加递归处理：

```go
func (p *Program) Import(path string) (*types.Package, error) {
    if pkg, ok := p.pkgs[path]; ok {
        return pkg, nil
    }
    pkg, _, err := p.LoadPackage(path)
    return pkg, err
}
```

当 pkgs 成员没有包信息时，通过 LoadPackage() 方法加载。如果 LoadPackage() 要导入的包是非叶子类型的包，会再次递归回到 Import() 方法。因为 Go 语义禁止循环包导入，所以最终会在导入叶子类型的包时由 LoadPackage() 函数返回，结束递归。当然，在真实的代码中，需要额外记录一个状态，用于检查递归导入类型的错误。

通过这种方式，我们就实现了一个支持递归包导入的功能，从而可以对任何加载的语法树进行完整的类型检查。

5.2.4   小结

类型系统是现代编程语言的核心，新型编程语言都在尝试通过类型系统的创新将更多的运行时工作前移到运行前的静态检查阶段。静态类型检查不仅可以在编译时发现常见的错误，还可以通过为后续优化和分析提供更有价值的参考信息。Go 语法树只有结合类型信息后才真正具有了灵魂。下一节我们将继续讨论语法树中的语义信息。

5.3   语义分析

语义分析主要包含根据名称确定对象的类型和值，以及分析表达式的类型和值，这些工作主要由 go/types 包完成。在 5.2.2 节中已经展示了如何通过该包完成类型检查，本节将继续讨论 go/types 包的使用。

5.3.1   名字空间

名字空间类似一个容器，用于存放具名对象。为了便于理解，我们构造一个 hello.go 作为例子：

```
package main

import "fmt"

const Pi = 3.14

func main() {
    for i := 2; i <= 8; i++ {
        fmt.Printf("%d*Pi = %.2f\n", i, Pi*float64(i))
    }
}
```

这是一个由文件构成的包，因此这些代码都在名为 main 的包中，同时，在 main 包的名字空间中还有一个名为 hello.go 的文件名字空间。将包名字空间和文件名字空间分开是为了解决导入包的问题。Go 语言可以在不同的包中导入不同的文件，且当前文件内导入的包不会对其他文件的名字空间产生影响。在文件名字空间内部，有由 main() 函数构成的函数名字空间，函数内部又有 for 循环构成的嵌套名字空间。

为了简化，这里对 fmt 包也做了裁剪，在 fmt/print.go 文件中只有一个空的 Printf() 函数：

```
package fmt

func Printf(format string, a ...interface{}) (n int, err error) {
```

```
    return
}
```

hello.go、`fmt` 包，以及最外层的全局名字空间的关系如图 5-2 所示。

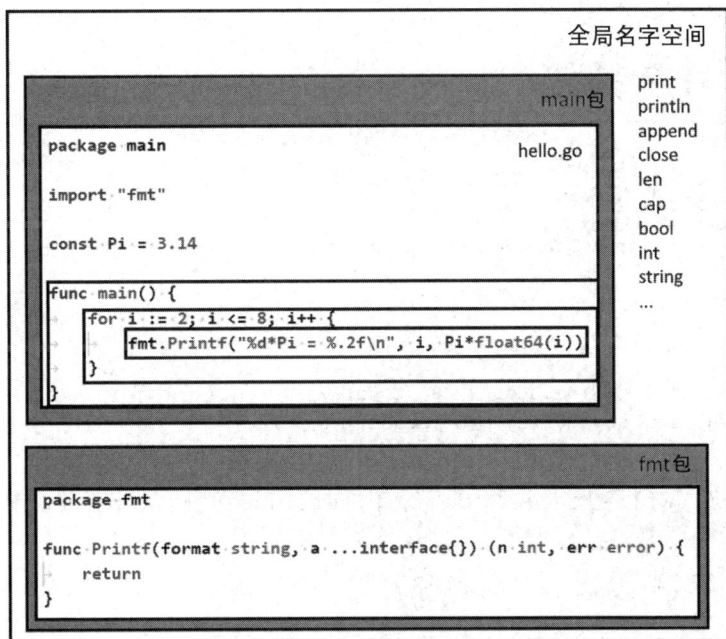

图 5-2　名字空间的关系

　　从语义角度看，Go 语言通过嵌套的名字空间来管理具名对象，每个名字空间内部的命名必须是唯一的，但是不同名字空间可以有名称相同的对象，并且内层具名对象可以屏蔽外层同名的对象访问。最外层的名字空间由 `types.Universe` 变量表示，称为全局名字空间（`builtin` 定义的具名对象在全局名字空间中）。全局名字空间中是多个由包组成的名字空间，这些名字空间处于同一层级。包内部的文件名字空间比较特殊，属于半封闭的名字空间，不同文件中导入的包符号是独立的，但是同一个包内不同文件中新定义的具名对象必须在包一级是唯一的。

　　基于 5.2 节提供的包导入实现，可以通过以下代码打印名字空间树：

```
func main() {
    prog := NewProgram(map[string]string{
        "hello.go": `
        package main

        import "fmt"

        const Pi = 3.14

        func main() {
            for i := 2; i <= 8; i++ {
                fmt.Printf("%d*Pi = %.2f\n", i, Pi*float64(i))
```

```
                        }
                    }
                `,
            "fmt": `
                package fmt

                func Printf(format string, a ...interface{}) (n int, err error) {
                    return
                }
                `,
        })

        pkg, _, err := prog.LoadPackage("hello.go")
        if err != nil {
            log.Fatal(err)
        }

        pkg.Scope().WriteTo(os.Stdout, 0, true)
        pkg.Scope().Parent().WriteTo(os.Stdout, 0, true)
    }
```

其中，`pkg.Scope().WriteTo(os.Stdout, 0, true)`语句用于输出当前包中的名字空间信息，
内容如下：

```
package "hello.go" scope 0xc000043400 {
.  const hello.go.Pi untyped float
.  func hello.go.main()
.  hello.go scope 0xc0000434f0 {
.  .  package fmt
.  .  function scope 0xc000043a90 {
.  .  .  for scope 0xc000043ae0 {
.  .  .  .  var i int
.  .  .  .  block scope 0xc000043b80 {
.  .  .  .  }
.  .  .  }
.  .  }
.  }
}
```

名字空间的主体是 hello.go 构造的包名字空间，当前包内定义的 Pi 浮点型常量和 main() 函数等具
名对象都在这个空间中。hello.go 文件还形成一个独立的名字空间，其中导入的 fmt 包仅在当前的文
件中有效。此外，去掉了名字信息的函数构成的子名字空间也包含在内。

Go 程序的每个包还有一个父名字空间，可以通过 pkg.Scope().Parent() 获得。包的父名字
空间实际上是名字空间树的根名字空间，也就是全局名字空间，也可以通过 types.Universe 访
问。全局名字空间的输出如下：

```
universe scope 0xc0001000a0 {
.  builtin append
.  type bool
```

```
.    type byte
.    ...
}
```

全局名字空间中主要包括 `builtin` 包提供的内置具名对象，如 `append` 等内置函数、`bool` 等内置类型等。然而，全局名字空间中定义的名称在包内部可能会被重新定义的同名对象屏蔽。

5.3.2 整体架构

`go/types` 包的整体架构如图 5-3 所示。

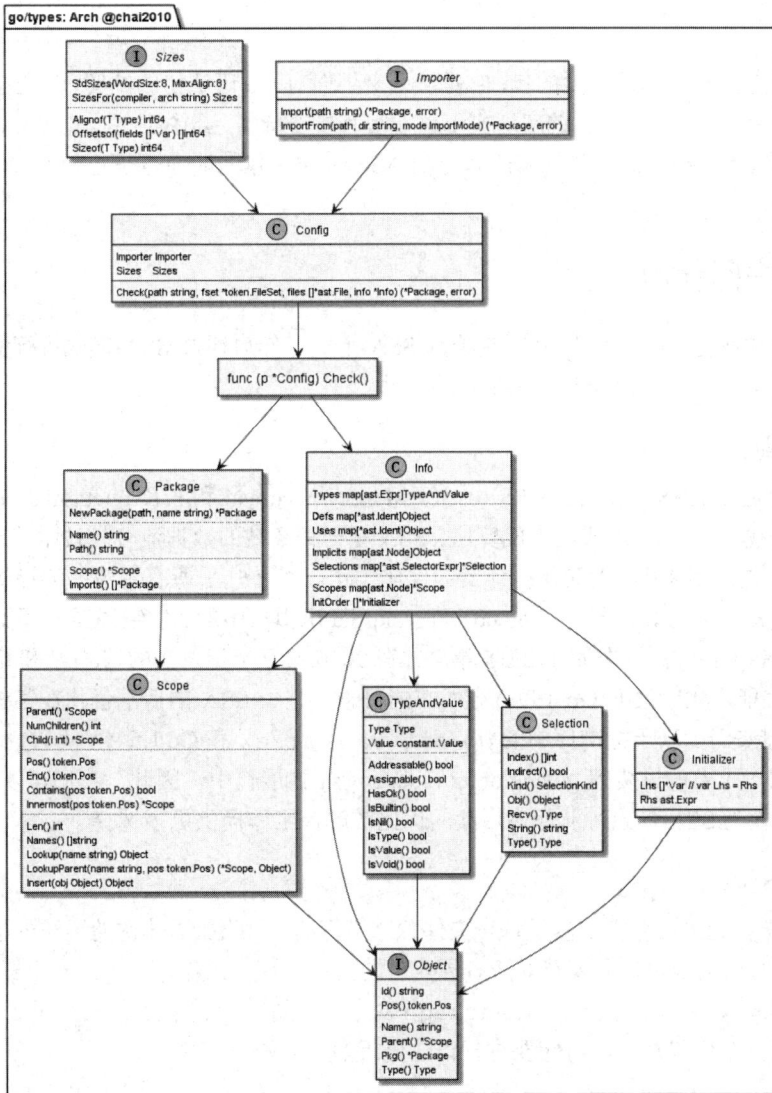

图 5-3　`go/types` 包的整体架构

在这个整体架构中，首先通过 `types.Sizes` 对象指定机器字的宽度和对齐大小，然后通过 `types.Importer` 加载要导入的包。接着基于 `types.Sizes` 和 `types.Importer` 对象初始化的 `types.Config` 可以通过 `Check()` 方法检查当前包的语义合法性。检查完成后，将输出 `*types.Package` 和 `*types.Info` 两个对象，前者表示经过验证的包（包的路径、名字等信息，以及包的名字空间树），后者表示当前包中所有标识符的定义信息和引用关系，以及所有表达式的类型和可能的常量值。

包中所有具名对象（如包、常量、类型、变量、函数和标号等）都通过 `types.Object` 接口表示。通过类型断言可以从 `types.Object` 接口对象中获取具体的对象信息。

5.3.3　小结

`go/types` 包是一个非常重要的包，它是从语义层面对 Go 语法树的注解，是连接语法树与 SSA 等后端信息的纽带。`go/types` 包的底层实现也非常有参考价值，其中类型检查等算法与一些 GC 的内存管理算法本质上是相同的。具备修改和定制 `go/types` 包的能力也是定制 Go 语言的一个必要条件。

5.4　SSA 中间代码

本节将探讨如何将 Go 语言的 AST 转换为 SSA 形式，然后通过 SSA 形式进行解释执行，最后概要介绍 SSA 包内部重要数据结构之间的逻辑关系。

5.4.1　SSA 简介

SSA 的概念是在 1988 年由 Barry K. Rosen、Mark N. Wegman 和 F. Kenneth Zadeck 提出的，随后 IBM 的研究人员提供了 SSA 形式的生成算法。SSA 是一种高效的数据流分析技术，它通过限制变量的状态变化（单次赋值约束）来简化编译器的优化工作。目前几乎所有主流的编译器和解释器（如 GCC、Open64、LLVM 等编译器，以及 Java 和 Android 虚拟机中的 JIT 编译器）都支持 SSA。

Go 语言对 SSA 特性的开发始于 2015 年，并在 2016 年下半年发布的 Go 1.7 和 Go 1.8 中逐步引入基于 SSA 的性能优化。根据 Go 1.8 官方发布的日志，基于 SSA 的后端优化在某些平台上带来了 20%～30% 的性能提升。基于标准库中的 `go/ast`、`go/parser` 和 Go 1.5 中新增的 `go/types` 等工具包，SSA 的工作成果被封装到 golang.org/x/tools/go/ssa 扩展包中。因此，我们可以很容易地将 Go 语言的语法树转换为 SSA 形式，从而为后续的优化或解释工作提供更多选择。

5.4.2　生成 SSA

Go 语言语法树的语法分析是基于每个文件独立进行的，因此在语法树的语法分析阶段无法完成语义分析。要进行语义分析，需要获取所有导入包的信息，这一工作是由 `go/types` 包完成的。经过 `go/types` 包语义分析后的 `types.Package` 对象可以进一步转换为 SSA 形式。

首先，构造一个代码片段，对应要进行语法分析的 Go 文件：

```
const src = `
package main
```

```
var s = "hello ssa"

func main() {
    for i := 0; i < 3; i++ {
        println(s)
    }
}
`
```

为了简化，这个代码没有导入任何第三方包，仅包含一个全局变量和一个 main() 函数。在 main() 函数中，通过内置的 println() 函数在循环内输出字符串信息。可以通过以下方法对语法树进行语法分析，并进行语义检查，得到 *types.Package：

```
func main() {
    fset := token.NewFileSet()
    f, err := parser.ParseFile(fset, "hello.go", src, parser.AllErrors)
    if err != nil {
        log.Fatal(err)
    }

    info := &types.Info{
        Types:      make(map[ast.Expr]types.TypeAndValue),
        Defs:       make(map[*ast.Ident]types.Object),
        Uses:       make(map[*ast.Ident]types.Object),
        Implicits:  make(map[ast.Node]types.Object),
        Selections: make(map[*ast.SelectorExpr]*types.Selection),
        Scopes:     make(map[ast.Node]*types.Scope),
    }

    conf := types.Config{Importer: nil}
    pkg, err := conf.Check("hello.go", fset, []*ast.File{f}, info)
    if err != nil {
        log.Fatal(err)
    }

    ...
}
```

因为没有导入其他包，types.Config 并没有配置包导入器。conf.Check() 函数返回的是经过语义检查的 *types.Package 类型的包对象。在完成语义检查的同时还会得到一个 *types.Info 类型的语义信息。

然后，通过 SSA 包将 *types.Package 转换为 *ssa.Package 形式：

```
import (
    "golang.org/x/tools/go/ssa"
)
```

```go
func main() {
    ...

    var ssaProg = ssa.NewProgram(fset, ssa.SanityCheckFunctions)
    var ssaPkg = ssaProg.CreatePackage(pkg, []*ast.File{f}, info, true)

    ssaPkg.Build()

    ssaPkg.WriteTo(os.Stdout)
}
```

这里先导入 SSA 包，接着通过 ssa.NewProgram 构造一个 SSA 程序对象 ssaProg，然后向 ssaProg 程序对象中添加一个新的包（也就是经过语义检查的 *types.Package 形式的包），最后必须通过 ssaPkg.Build() 方法显式构造 SSA 形式。

SSA 形式构造完成后，可以通过 ssaPkg.WriteTo(os.Stdout) 输出基本信息。输出内容如下：

```
package hello.go:
  func  init       func()
  var   init$guard bool
  func  main       func()
  var   s          string
```

分析输出信息可发现，除了代码中创建的 main() 函数和全局变量 s，还有其他对象，其中 init() 函数用于包初始化，init$guard 用于记录包初始化的完成状态。

SSA 形式主要用于表达函数内的指令。可以通过以下代码查看 init() 和 main() 函数的细节：

```
ssaPkg.Func("init").WriteTo(os.Stdout)
ssaPkg.Func("main").WriteTo(os.Stdout)
```

输出 init() 函数的 SSA 形式如下：

```
# Name: hello.go.init
# Package: hello.go
# Synthetic: package initializer
func init():
0:                                                          entry P:0 S:2
        t0 = *init$guard                                           bool
        if t0 goto 2 else 1
1:                                                     init.start P:1 S:1
        *init$guard = true:bool
        *s = "hello ssa":string
        jump 2
2:                                                     init.done P:2 S:0
        return
```

在 init() 函数生成的 SSA 代码中有 3 个代码块，代码块 0 是默认的开始块，根据 init$guard 全局状态避免重复初始化；代码块 1 负责具体的初始化工作，并在初始化完成后修改表示初始化状态的全局变量；代码块 2 是函数返回块。

在 SSA 形式中，所有全局变量都是内存地址，因此 init$guard 是一个指向 bool 类型的指针，全局变量 s 是一个指向字符串类型的指针。通过使用与指针类似的语法和机制可以对全局变量进行读取和赋值，例如，t0 = *init$guard 表示将初始化状态读取到只能静态单次赋值的变量 t0 中，而*init$guard = true 和*s = "hello ssa"则是通过常量给指针指向的内存空间赋值。

在 init()函数中还出现了 if、goto、jump 和 return 等控制流语句，其中 if 和 goto 组合对应一个有条件跳转语句，根据从虚拟机的只读寄存器 t0 读取的状态选择跳转到代码块 1 或代码块 1。在代码块 1 中出现的 jump 2 则是无条件跳转到代码块 2。代码块 2 只有一个 return 语句，即函数返回。

如果用 Go 语言重写 SSA 形式的 init()函数，对应代码如下（SSA 形式的要点是每个局部变量只能被赋值一次）：

```go
var init$guard = new(bool)
var s = new(string)

func init() {
L0:
    t0 := *init$guard
    if t0 { goto L2 } else { goto L1 }

L1:
    *init$guard = true
    *s = "hello ssa"
    goto L2

L2:
    return
}
```

在分析了 init()函数之后，我们再来看看 main()函数的 SSA 形式：

```
# Name: hello.go.main
# Package: hello.go
# Location: hello.go:4:6
func main():
0:                                                      entry P:0 S:1
    jump 3
1:                                                      for.body P:1 S:1
    t0 = *s                                             string
    t1 = println(t0)                                    ()
    t2 = t3 + 1:int                                     int
    jump 3
2:                                                      for.done P:1 S:0
    return
3:                                                      for.loop P:2 S:2
    t3 = phi [0: 0:int, 1: t2] #i                       int
```

```
        t4 = t3 < 3:int                                          bool
        if t4 goto 1 else 2
```

SSA 形式已经没有了循环结构，只有 `jump`、`if` 等跳转指令。SSA 代码中的虚拟寄存器变量被初始化之后就不会再改变。有了 SSA 形式之后，就可以进行更深度的优化和代码生成工作了。

5.4.3　SSA 解释运行

为了便于测试从语法树到 SSA 的转换，扩展包还提供了 SSA 解释运行的功能。因为解释器需要使用 `runtime` 包的运行时错误类型，所以我们需要手动导入 `runtime` 包。

解释器的 `runtime` 包是定制的，内容如下：

```
package runtime

type errorString string

func (e errorString) RuntimeError() {}
func (e errorString) Error() string { return "runtime error: " + string(e) }

type Error interface {
    error
    RuntimeError()
}
```

这段代码主要提供了一个 `errorString` 类型，这个类型用于实现运行时错误。

接下来，编写要分析的程序：

```
// hello.go
package main

func main() {
    for i := 0; i < 3; i++ {
        println(i, "hello ssa")
    }
}
```

然后，编写 SSA 生成代码：

```
import (
    "golang.org/x/tools/go/ssa"
    "golang.org/x/tools/go/ssa/interp"
)

func main() {
    prog := NewProgram(map[string]string{
        "hello.go": `/* 包含前面的 hello.go 代码 */`,
        "runtime": `/* 包含前面 runtime 的代码 */`,
    })

    prog.LoadPackage("hello.go")
```

```
prog.LoadPackage("runtime")

var ssaProg = ssa.NewProgram(prog.fset, ssa.SanityCheckFunctions)
var ssaMainPkg *ssa.Package

for name, pkg := range prog.pkgs {
    ssaPkg := ssaProg.CreatePackage(pkg, []*ast.File{prog.ast[name]},
                                    prog.infos[name], true)
    if name == "main" {
        ssaMainPkg = ssaPkg
    }
}
ssaProg.Build()

...

}
```

这里先通过 `NewProgram` 构造辅助程序对象，然后通过 `prog.LoadPackage` 分别手动导入 **hello.go** 和 `runtime` 包，最后通过 `ssa.NewProgram` 将代码转换为 SSA 形式，并通过 `ssaProg.Build()` 生成 SSA 指令。

得到 SSA 指令后就可以通过解释器运行程序了：

```
exitCode := interp.Interpret(
    ssaMainPkg, 0, &types.StdSizes{8, 8},
    "main", []string{},
)
if exitCode != 0 {
    fmt.Println("exitCode:", exitCode)
}
}
```

`interp.Interpret()` 函数的第一个参数是 SSA 形式的主包，最后一个参数是模拟命令行输入参数（这个例子不支持 `os.Args` 特性）。如果解释器返回的状态码为 0，表示成功；否则表示失败。

下面是解释器运行的输出结果：

```
0 hello ssa
1 hello ssa
2 hello ssa
```

5.4.4　SSA 包的架构

SSA 包与 AST 包类似，因此也较为复杂。图 5-4 展示了 SSA 包的整体架构。

在图 5-4 中，Program（整个程序对象）中包含多个 Package（包对象），每个 Package 包含许多 Member（接口对象），Member 可能由 Type（类型）、NameConst（命名常量）、Global（全局变量）和 Function（函数）组成，Function 是 SSA 指令的主体，由多个 BasicBlock（基本块）组成，每个 BasicBlock 包含多个具体的 SSA 指令。

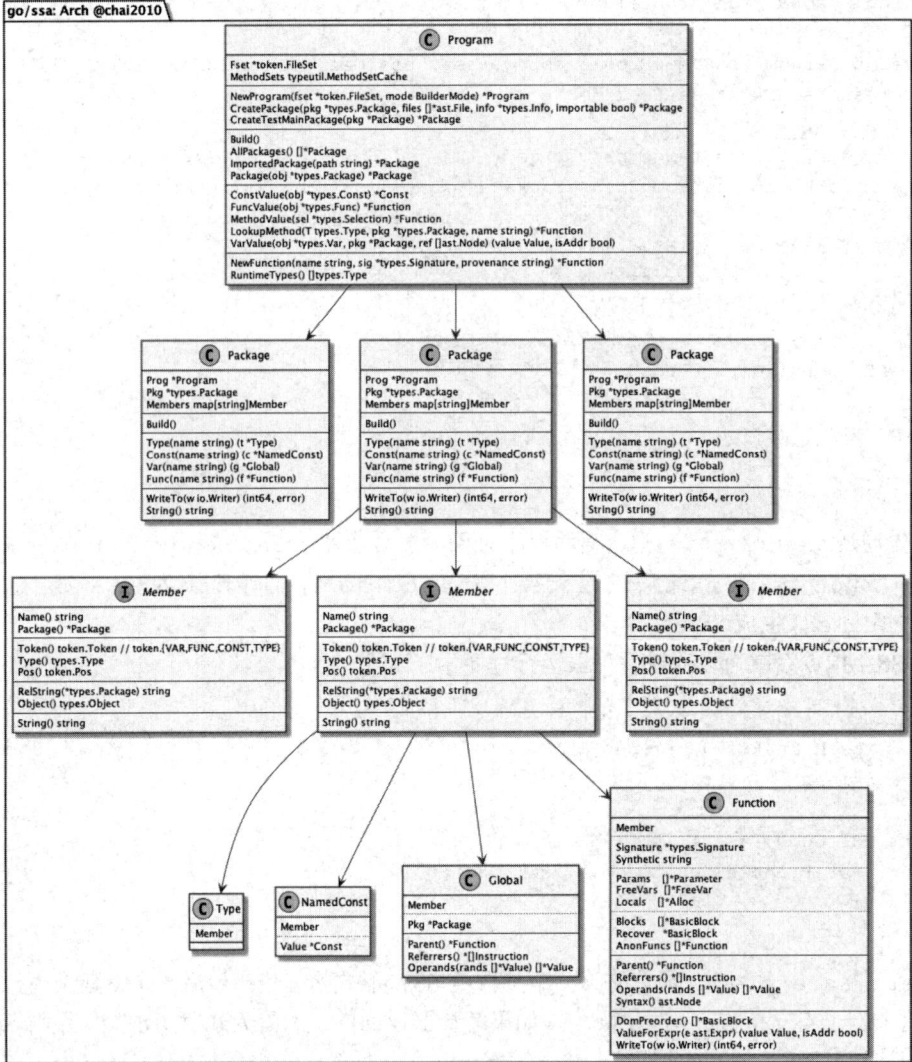

图 5-4 SSA 包的整体架构

5.4.5 小结

SSA 形式主要是面向语句的，或者说主要是针对 Go 语言函数的实现语句的。如果做一个类比，全局的导入包、类型、常量、变量和函数的声明方式保持不变，但是函数的实现改用类似 LLVM 汇编语言的方式定义。SSA 赋值的对象依然是更抽象的 Go 语言类型对象。总的来说，SSA 结构比 AST 结构更加扁平化，也更容易理解和处理。

5.5 LLVM 后端

基于 Go 语言自带的 go/*包可以轻松完成 Go 代码的语法分析以获得语法树，然后基于语法树进行语义分析，最终生成 SSA 形式的平台无关代码。本节将尝试将一个四则运算表达式从语法树转换到 LLVM IR（中间表示），并进一步生成汇编格式。

5.5.1 最小编译器

我们先从最小的整数开始，每个整数表示一个返回该值状态码的程序。例如，0 表示 os.Exit(0)，对应的 Go 程序如下：

```
package main;

import "os"

func main() {
    os.Exit(0)
}
```

对应的 LLVM IR 程序如下：

```
define i32 @main() {
    ret i32 0
}
```

入口是@main()函数，ret 指令返回 i32 类型的 0。

可以通过以下命令编译并执行这个 LLVM IR 程序：

```
$ clang -o a.out _main.ll
$ ./a.out
$ echo $?
0
```

clang 将 LLVM IR 程序编译为本地可执行程序，然后执行 a.out 程序，最后通过 shell 的 echo $?命令查看 a.out 的退出状态码。

最小编译器的目标是将输入的整数翻译为一个返回该状态码的本地可执行程序：

```
func compile(code string) {
    output := fmt.Sprintf(tmpl, code)
    os.WriteFile("a.out.ll", []byte(output), 0666)
    exec.Command("clang", "-Wno-override-module", "-o", "a.out", "a.out.ll").Run()
}

const tmpl = `
define i32 @main() {
    ret i32 %v
}
`
```

其中，compile 是编译函数，将从标准输入读取的代码编译为 LLVM IR 程序，然后调用 clang，将 LLVM IR 程序编译为本地可执行程序（tmpl 是输出 LLVM IR 的模板）。

通过以下命令将输入的状态码编译为一个对应的可执行程序：

```
$ echo 123 | go run main.go
```

```
$ ./a.out
$ echo $?
123
```

这样我们就实现了一个只能编译整数到本地可执行程序的最小编译器。

5.5.2 表达式手动转换到 LLVM IR 程序

前面我们已经实现了一个整数的转换，现在我们尝试实现四则运算的转换。因为加减乘除表达式有多种优先级，所以需要借助栈保存中间结果。LLVM IR 是一种 SSA 形式的中间表示语言，其虚拟寄存器的数量是无限的，因此只要处理好乘除法的优先级，就可以轻松完成任意的加减乘除表达式运算。

为了简化，我们假设输入的表达式已经根据优先级被转化为树形结构。例如，1+2*(3+4) 对应的树形结构如下：

```
    +
   / \
  1   *
     / \
    2   +
       / \
      3   4
```

手动编写对应的 LLVM IR 程序如下：

```
define i32 @main() {
    ; 1+2*(3+4)
    %t1 = add i32 0, 1; %t1 = 1
    %t3 = add i32 0, 2; %t3 = 2
    %t5 = add i32 0, 3; %t5 = 3
    %t6 = add i32 0, 4; %t6 = 4
    %t4 = add i32 %t5, %t6
    %t2 = mul i32 %t3, %t4
    %t0 = add i32 %t1, %t2
    ret i32 %t0
}
```

程序计算出结果并作为状态码返回。

5.5.3 表达式自动转换到 LLVM IR 程序

现在我们需要编写程序，将表达式对应的语法树转换为 LLVM IR 程序。最终的测试代码如下：

```
func main() {
    expr, _ := parser.ParseExpr(`1+2*(3+4)`)
    fmt.Println(new(ExprCompiler).GenLLIR(expr))
}
```

这段代码将输出与 5.5.2 节手动转换结果等价的 LLVM IR 程序。ExprCompiler 的定义如下：

```
type ExprCompiler struct {
    nextId int
}
```

```go
func (p *ExprCompiler) GenLLIR(expr ast.Expr) string {
    var buf bytes.Buffer
    fmt.Fprintf(&buf, "define i32 @main() {\n")
    fmt.Fprintf(&buf, "\tret i32 %s\n", p.genValue(&buf, expr))
    fmt.Fprintf(&buf, "}\n")

    return buf.String()
}

func (p *ExprCompiler) genId() string {
    id := fmt.Sprintf("%%t%d", p.nextId)
    p.nextId++
    return id
}
```

其中，`GenLLIR()` 方法用于将表达式转换为一个 LLVM IR 程序，表达式的终端节点通过 `p.genValue(&buf, expr)` 完成编译。此外，还有一个 `genId()` 辅助方法用于生成唯一的局部虚拟寄存器名称。

`genValue()` 方法的实现如下：

```go
func (p *ExprCompiler) genValue(w io.Writer, node ast.Expr) (id string) {
    id = p.genId()

    for {
        if v, ok := node.(*ast.ParenExpr); ok {
            node = v.X
        } else {
            break
        }
    }

    ...
}
```

这里先用 `p.genId()` 生成一个临时寄存器名称，用于保存最终结果，然后在 `for` 循环中去掉表达式外部可能的圆括号。

下面针对整型常量字面值进行转换：

```go
func (p *ExprCompiler) genValue(w io.Writer, node ast.Expr) (id string) {
    ...
    if lit, ok := node.(*ast.BasicLit); ok {
        fmt.Fprintf(w, "\t%[1]s = add i32 0, %[2]s; %[1]s = %[2]s\n",
            id, lit.Value,
        )
        return
    }
    ...
}
```

将常量字面值与 0 相加，结果存入临时寄存器中作为结果返回。

下面针对加减乘除二元表达式进行转换：

```go
func (p *ExprCompiler) genValue(w io.Writer, node ast.Expr) (id string) {
    ...

    switch node := node.(*ast.BinaryExpr); node.Op {
    case token.ADD:
        fmt.Fprintf(w, "\t%s = add i32 %s, %s\n",
            id, p.genValue(w, node.X), p.genValue(w, node.Y),
        )
        return
    case token.SUB:
        fmt.Fprintf(w, "\t%s = sub i32 %s, %s\n",
            id, p.genValue(w, node.X), p.genValue(w, node.Y),
        )
        return
    case token.MUL:
        fmt.Fprintf(w, "\t%s = mul i32 %s, %s\n",
            id, p.genValue(w, node.X), p.genValue(w, node.Y),
        )
        return
    case token.QUO:
        fmt.Fprintf(w, "\t%s = sdiv i32 %s, %s\n",
            id, p.genValue(w, node.X), p.genValue(w, node.Y),
        )
        return

    default:
        panic("unreachable")
    }
}
```

这样就完成了表达式语法树到 LLVM IR 的转换。

5.5.4   小结

LLVM IR 是一种符合 SSA 形式的中间代码，可以很容易地用 LLVM 工具链编译为本地可执行
程序。本节中的例子展示了如何将表达式语法树转换为 LLVM IR，同样的方法也可以将 Go 语言生
成的 SSA 中间代码转换为 LLVM IR，读者可以根据兴趣自行探索。

5.6   示例：检查 append 参数

不仅 go fmt 命令行工具是基于 go/* 包实现的，**go vet** 也是基于 go/* 包来检查潜在问题代码
的。本节将以中国 Go 语言爱好者崔爽提交的补丁为例，展示如何检查 append() 函数调用中缺少参
数的问题。

5.6.1   **append()** 函数的参数陷阱

append() 函数有很多陷阱，其中之一是忘记提供参数。append() 函数的签名如下：

```go
func append(slice []Type, elems ...Type) []Type
```

第一个参数是切片，后续的可选参数将被追加到切片的元素列表中。这样设计很好地支持了切

片的动态扩展，例如：

```
slice = append(slice, elems...)
```

特别是，如果 elems 是一个空切片展开，slice 不会追加任何元素——这是符合预期的。但有时开发者会忘记写第二个参数：

```
slice = append(slice)
```

从 append() 函数的签名来看，这段代码是合法的。但是实际上没有人会故意写这种毫无意义的代码——它更可能是开发者忘记了提供后续的参数。

5.6.2　Go 语言社区的不同观点

笔者很早就遇到过类似的问题，并与本示例补丁的作者崔爽讨论了这个问题，崔爽第二天创建了 Issue 60448，描述了这个问题并提供了第一版 go vet 工具的补丁。

但是，令人意外的是，Go 语言社区中的有些人并不认为这是一个问题。他们认为这只是一个微不足道的风险，类似的小概率风险有很多，不可能通过枚举的方式杜绝。甚至来自 Go 核心团队的 @ianlancetaylor 也认为这是一个小问题，他虽然认为这可能隐藏错误，但是这种写法在现实世界并不常见，所以不值得担心。实际上，这个问题早在 2019 年的 Issue 30040 中就被提出过，但是当时被 Rob Pike 以相似的理由否定了。在现实世界中真是这样吗？

5.6.3　统计真实代码发现问题

随着讨论的深入，@zpavlinovic 研究了真实代码，最终发现了 700 多个存在这个问题的项目，其中包括 Docker、Prometheus 等知名的项目。在基于事实的数据面前，@rsc 将这个问题作为预备提案进行了投票，最终大家都认为这确实是一个需要解决的问题。从崔爽提交 Issue 算起，大约过了一个月时间，通过多位 Go 开发者的共同努力，最终得出了正确的结论。

@timothy-king 好像是 go vet 相关代码的维护者，在代码评审过程中提了很多建议。2024 年，@rsc 在澳大利亚 Go 语言开发者大会（GopherCon）的分享中特别提到了这个过程，他们针对社区的问题进行了专门的统计分析，许多决策也是基于这些分析数据产生的。图 5-5 中展示了 @rsc 在 GopherCon 分享 "Go 未来演进：基于共同目标和数据驱动的决策" 时提及此问题的页面。

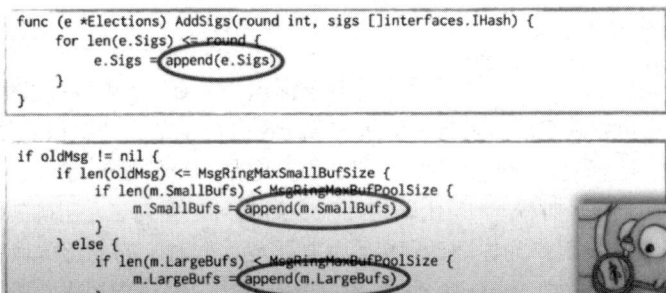

Open-Source Code Analysis

```
func (e *Elections) AddSigs(round int, sigs []interfaces.IHash) {
    for len(e.Sigs) <= round {
        e.Sigs = append(e.Sigs)
    }
}
```

```
if oldMsg != nil {
    if len(oldMsg) <= MsgRingMaxSmallBufSize {
        if len(m.SmallBufs) < MsgRingMaxBufPoolSize {
            m.SmallBufs = append(m.SmallBufs)
        }
    } else {
        if len(m.LargeBufs) < MsgRingMaxBufPoolSize {
            m.LargeBufs = append(m.LargeBufs)
        }
```

图 5-5　@rsc 提及此问题的页面

5.6.4 go vet 自动识别这类问题

明确了问题之后，接下来就是实现了。核心逻辑在 runAppendCheck() 函数中：

```go
func runAppendCheck(pass *analysis.Pass) (interface{}, error) {
    for _, file := range pass.Files {
        ast.Inspect(file, func(node ast.Node) bool {
            // 检查是否为 append() 函数调用
            if call, ok := node.(*ast.CallExpr); ok {
                if ident, ok := call.Fun.(*ast.Ident); ok && ident.Name == "append" {
                    if len(call.Args) == 1 {
                        pass.Reportf(call.Rparen, "called without values to append")
                    }
                }
            }
            return true
        })
    }
    return nil, nil
}
```

这里先通过 go/ast 包的 ast.Inspect() 函数查找 append() 的函数调用，然后判断函数参数是否为 1。这个函数对于日常使用已经足够，但是想要作为补丁集成到 go vet 工具，仍然不够严谨，因为 append() 可能是当前包中重新定义的函数（虽然现实中几乎不会出现这种情况）。补丁代码需要更严谨的判断，这也是向上游贡献代码的挑战和魅力所在。

经过完善后的判定逻辑如下：

```go
func (a *appendAnalyzer) Run(pass *analysis.Pass) (interface{}, error) {
    for _, stmt := range pass.Nodes {
        if callExpr, ok := stmt.(*ast.CallExpr); ok {
            if id, ok := callExpr.Fun.(*ast.Ident); ok {
                if fun, ok := pass.TypesInfo.Uses[id].(*types.Builtin); ok &&
                    fun.Name() == "append" {
                    fmt.Println("Calling the built-in append function.")
                }
            }
        }
    }
    return nil, nil
}
```

通过 pass.TypesInfo.Uses[id] 查询得到该标识符对象，如果该对象是 *types.Builtin 类型且名称匹配，那么可以确定这是来自内置包的 append() 函数。此次核心处理逻辑更加严谨。

由此可见，发现一个问题可能相对容易，但认识到它是一个问题却有一定的难度，而说服社区达成共识则更具挑战性。很多时候，Go 团队拒绝某个问题只是因为缺乏明确的证据，如果 Issue 或 Pull Request 能提供真实的案例作为佐证，则更容易被接受。同时，向上游贡献补丁不仅对代码的严谨性有更高要求，对代码的文档、注释甚至 PR 的拆分方式也有严格的要求。总之，这是一个非常有意思且值得借鉴的示例。

5.7　补充说明

Go 语言的语法相对简单（只有 25 个关键字），非常适合作为自制编程语言的基础参考语言。开源社区已经基于 Go 语言语法树开发了许多扩展语言，如针对 WebAssembly 设计的凹语言、面向嵌入式环境的 TinyGo 等。

这些基于 Go 定制语言的在于，它们都是基于 Go 语法树进行再加工处理。因此，如果能熟练掌握 Go 语法树的使用，就可以跳过繁杂的词法分析和语法分析步骤，直接定制其中一些处理流程。这将极大地降低自定义语言的开发门槛。

除了标准库，Go 自身还有一套类似的编译器实现。这个实现最初是从 C 语言移植而来，在 Go 1.4 中通过工具自动转换为 Go 代码，后续逐渐加入了更多手工优化代码。因此，Go 标准库的语法分析器代码结构更清晰，也更便于学习，已经在 Go 自身的外围工具中得到广泛应用。

Go 语言作为一个将自身编译器内置到标准库中的主流通用编译型编程语言，其语法树相关包的设计与实现堪称是编程艺术和编译理论相结合的典范，是老一辈软件工程师智慧的结晶，非常值得学习和借鉴。

第6章

RPC 和 Protobuf

RPC 是远程过程调用（remote procedure call）的缩写，通俗地说就是调用远处的一个函数。这个"远处"可以是同一个文件内的不同函数，也可以是同一台机器上的另一个进程的函数，甚至可以是远在火星的好奇号探测器上的某个秘密方法。因为 RPC 涉及的函数可能非常远，远到它们之间说着完全不同的语言，所以语言就成了沟通的障碍。而 Protobuf 由于支持多种不同的语言（甚至不支持的语言也可以通过扩展来支持），其本身特性也非常方便描述服务的接口（也就是方法列表），因此非常适合作为 RPC 世界的接口交流语言。

本章将讨论 RPC 的基本用法，如何针对不同场景设计自己的 RPC 服务，以及围绕 Protobuf 构建的更为庞大的 RPC 生态系统。

6.1 RPC 入门

RPC 是分布式系统中不同节点间流行的通信方式。在互联网时代，RPC 已经成为和 IPC 一样不可或缺的基础构件。因此，Go 语言的标准库也提供了一个简单的 RPC 实现，我们将以此为入口学习 RPC 的各种用法。

6.1.1 RPC 版 "Hello, World"

Go 语言实现 RPC 的包的路径为 net/rpc，也就是位于 net 包目录下，因此我们可以猜测 rpc 包是基于 net 包实现的。在 1.2.7 节中，我们基于 HTTP 实现了一个打印的例子，下面我们将尝试基于 RPC 使用 rpc 包实现一个类似的例子。

我们先构造一个 HelloService 类型，其中的 Hello() 方法用于实现打印功能：

```
type HelloService struct {}

func (p *HelloService) Hello(request string, reply *string) error {
    *reply = "hello:" + request
    return nil
}
```

其中，Hello() 方法必须满足 Go 语言的 RPC 规则：方法只能有两个可序列化的参数，第二个参数是指针类型，并且返回值是 `error` 类型，同时必须是公开的方法。

然后，将 `HelloService` 类型的对象注册为一个 RPC 服务：

```
func main() {
    rpc.RegisterName("HelloService", new(HelloService))

    listener, err := net.Listen("tcp", ":1234")
    if err != nil {
        log.Fatal("ListenTCP error:", err)
    }

    conn, err := listener.Accept()
    if err != nil {
        log.Fatal("Accept error:", err)
    }

    rpc.ServeConn(conn)
}
```

调用 `rpc.RegisterName()` 函数会将对象类型中所有满足 RPC 规则的方法注册为 RPC 函数，所有注册的方法都会放在 `HelloService` 服务的空间下。然后建立一个 TCP 连接，并通过 `rpc.ServeConn()` 函数在该 TCP 连接上为对方提供 RPC 服务。

下面是客户端请求 `HelloService` 服务的代码：

```
func main() {
    client, err := rpc.Dial("tcp", "localhost:1234")
    if err != nil {
        log.Fatal("dialing:", err)
    }

    var reply string
    err = client.Call("HelloService.Hello", "hello", &reply)
    if err != nil {
        log.Fatal(err)
    }

    fmt.Println(reply)
}
```

这里先通过 `rpc.Dial()` 连接 RPC 服务，然后通过 `client.Call()` 调用具体的 RPC 方法。在调用 `client.Call()` 时，第一个参数是用点号连接的 RPC 服务名和方法名，第二个和第三个参数分别是 RPC 方法的两个参数。

由这个例子可以看出，RPC 的使用其实非常简单。

6.1.2　更安全的 RPC 接口

在涉及 RPC 的应用中，至少有 3 种角色：首先是在服务器实现 RPC 方法的开发者，其次是在客户端调用 RPC 方法的人员，最后也是最重要的是制定服务器和客户端 RPC 接口规范的设计者。在前面的例子中，为了简化，我们将这几种角色的工作全部放到了一起，虽然看似实现简单，但是不利于后期的维护和工作的划分。

如果要重构 HelloService 服务，第一步需要明确服务名和接口：

```
const HelloServiceName = "path/to/pkg.HelloService"

type HelloServiceInterface = interface {
    Hello(request string, reply *string) error
}

func RegisterHelloService(svc HelloServiceInterface) error {
    return rpc.RegisterName(HelloServiceName, svc)
}
```

我们将 RPC 服务的接口规范分为 3 部分：首先是服务名，然后是服务要实现的详细方法列表，最后是注册该类型服务的函数。为了避免名字冲突，我们为 RPC 服务名增加了包路径前缀（这是 RPC 服务的抽象包路径，并非完全等价于 Go 语言的包路径）。RegisterHelloService 注册服务时，编译器会要求传入的对象满足 HelloServiceInterface 接口。

在定义了 RPC 服务接口规范之后，客户端就可以根据规范编写 RPC 调用的代码了：

```
func main() {
    client, err := rpc.Dial("tcp", "localhost:1234")
    if err != nil {
        log.Fatal("dialing:", err)
    }

    var reply string
    err = client.Call(HelloServiceName+".Hello", "hello", &reply)
    if err != nil {
        log.Fatal(err)
    }
    fmt.Println(reply)
}
```

这段代码中唯一的变化是 client.Call() 的第一个参数用 HelloServiceName+".Hello" 代替了"HelloService.Hello"。然而，通过 client.Call() 函数调用 RPC 方法依然比较烦琐，同时参数的类型依然无法得到编译器提供的安全保障。

为了简化客户端用户调用 RPC 函数，我们可以在接口规范部分增加对客户端的简单封装：

```
type HelloServiceClient struct {
    *rpc.Client
}

var _ HelloServiceInterface = (*HelloServiceClient)(nil)

func DialHelloService(network, address string) (*HelloServiceClient, error) {
    c, err := rpc.Dial(network, address)
    if err != nil {
```

```
        return nil, err
    }
    return &HelloServiceClient{Client: c}, nil
}

func (p *HelloServiceClient) Hello(request string, reply *string) error {
    return p.Client.Call(HelloServiceName+".Hello", request, reply)
}
```

我们在接口规范中针对客户端新增加了 `HelloServiceClient` 类型，该类型也必须满足
`HelloServiceInterface`接口，这样客户端用户就可以直接通过接口对应的方法调用RPC函数。
同时提供了一个`DialHelloService()`函数，直接连接 `HelloService` 服务。

基于新的客户端接口，我们可以简化客户端用户的代码：

```
func main() {
    client, err := DialHelloService("tcp", "localhost:1234")
    if err != nil {
        log.Fatal("dialing:", err)
    }

    var reply string
    err = client.Hello("hello", &reply)
    if err != nil {
        log.Fatal(err)
    }

    fmt.Println(reply)
}
```

现在客户端用户就不用再担心 RPC 方法名或参数类型不匹配等低级错误的发生。

最后，基于 RPC 接口规范编写真实的服务器代码：

```
type HelloService struct {}

func (p *HelloService) Hello(request string, reply *string) error {
    *reply = "hello:" + request
    return nil
}

func main() {
    RegisterHelloService(new(HelloService))

    listener, err := net.Listen("tcp", ":1234")
    if err != nil {
        log.Fatal("ListenTCP error:", err)
    }

    for {
        conn, err := listener.Accept()
        if err != nil {
```

```
            log.Fatal("Accept error:", err)
        }

        go rpc.ServeConn(conn)
    }
}
```

在新的 RPC 服务器实现中，我们用 `RegisterHelloService()` 函数来注册函数，这样不仅可以避免手动设置服务名的工作，同时也保证了传入的服务对象满足 RPC 接口的定义。最后，新的服务改为支持多个 TCP 连接，并为每个 TCP 连接提供 RPC 服务。

6.1.3　跨语言的 RPC

Go 语言标准库中的 RPC 默认采用特有的 gob（Go binary）编码，因此从其他语言调用 Go 语言标准库中的 RPC 服务会比较困难。在互联网的微服务时代，每个 RPC 服务及其使用者都可能使用不同的编程语言，因此跨语言是互联网时代 RPC 的一个重要特性。得益于 Go 语言的 RPC 的框架设计，扩展的 RPC 其实也可以支持跨语言调用。

Go 语言的 RPC 框架有两个比较有特色的设计：一个是 RPC 数据打包时可以通过插件实现自定义的编码和解码；另一个是 RPC 建立在抽象的 `io.ReadWriteCloser` 接口之上，我们可以将 RPC 架设在不同的通信协议之上。这里我们将尝试通过 Go 语言官方自带的 `net/rpc/jsonrpc` 扩展实现一个跨语言的 RPC。

首先，基于 JSON 编码重新实现 RPC 服务：

```
func main() {
    rpc.RegisterName("HelloService", new(HelloService))

    listener, err := net.Listen("tcp", ":1234")
    if err != nil {
        log.Fatal("ListenTCP error:", err)
    }

    for {
        conn, err := listener.Accept()
        if err != nil {
            log.Fatal("Accept error:", err)
        }

        go rpc.ServeCodec(jsonrpc.NewServerCodec(conn))
    }
}
```

这段代码中最大的变化是用 `rpc.ServeCodec()` 函数替代了 `rpc.ServeConn()` 函数，传入的参数是针对服务器的 JSON 编解码器。

然后，实现 JSON 版本的客户端：

```
func main() {
    conn, err := net.Dial("tcp", "localhost:1234")
```

```
    if err != nil {
        log.Fatal("net.Dial:", err)
    }

    client := rpc.NewClientWithCodec(jsonrpc.NewClientCodec(conn))

    var reply string
    err = client.Call("HelloService.Hello", "hello", &reply)
    if err != nil {
        log.Fatal(err)
    }

    fmt.Println(reply)
}
```

在这段代码中，我们先调用 net.Dial() 函数建立 TCP 连接，然后基于该连接建立针对客户端的 JSON 编解码器。

在确保客户端可以正常调用 RPC 服务的方法之后，我们用一个普通的 TCP 服务代替 Go 语言版本的 RPC 服务，这样可以查看客户端调用时发送的数据格式。例如，通过命令 nc -l 1234 在同样的端口启动一个 TCP 服务。然后再次执行一次 RPC 调用将会发现 nc 输出了以下信息：

```
{"method":"HelloService.Hello","params":["hello"],"id":0}
```

这是一个 JSON 编码的数据，其中 method 部分对应要调用的由 RPC 服务和方法组合成的名字，params 部分的第一个元素为参数，id 是由调用方维护的唯一的调用编号。

请求的 JSON 数据对象在内部对应两个结构体：客户端结构体 clientRequest 和服务器结构体 serverRequest。这两个结构体的内容基本一致：

```
type clientRequest struct {
    Method string          `json:"method"`
    Params [1]interface{}  `json:"params"`
    Id     uint64          `json:"id"`
}

type serverRequest struct {
    Method string           `json:"method"`
    Params *json.RawMessage `json:"params"`
    Id     *json.RawMessage `json:"id"`
}
```

在获取了与 RPC 调用对应的 JSON 数据后，可以通过直接向架设了 RPC 服务的 TCP 服务器发送 JSON 数据来模拟 RPC 方法调用：

```
$ echo -e '{"method":"HelloService.Hello","params":["hello"],"id":1}' | nc localhost 1234
```

返回的结果也是 JSON 格式的数据：

```
{"id":1,"result":"hello:hello","error":null}
```

其中，id 对应输入的 id 参数，result 为返回的结果，error 部分在出问题时表示错误信息。对顺序调用来说，id 不是必需的。但是 Go 语言的 RPC 框架支持异步调用，当返回结果的顺序和调用的顺序不一致时，可以通过 id 来识别对应的调用。

返回的 JSON 数据对象也对应内部的两个结构体：客户端结构体 clientResponse 和服务器结构体 serverResponse。这两个结构体的内容也基本一致：

```
type clientResponse struct {
    Id     uint64          `json:"id"`
    Result *json.RawMessage `json:"result"`
    Error  interface{}      `json:"error"`
}

type serverResponse struct {
    Id     *json.RawMessage `json:"id"`
    Result interface{}      `json:"result"`
    Error  interface{}      `json:"error"`
}
```

因此，无论使用何种语言，只要遵循同样的 JSON 结构，采用与上面同样的流程，就可以与 Go 语言编写的 RPC 服务进行通信。这样就实现了跨语言的 RPC。

6.1.4 HTTP 上的 RPC

Go 语言内置的 RPC 框架已经支持在 HTTP 上提供 RPC 服务。但是框架的 HTTP 服务同样采用了内置的 gob 协议，并且没有提供采用其他协议的接口，因此从其他语言依然无法访问。在前面的例子中，我们已经实现了在 TCP 之上运行 jsonrpc 服务，并且通过 nc 命令行工具成功实现了 RPC 方法调用。现在我们尝试在 HTTP 上提供 jsonrpc 服务。

新的 RPC 服务其实是一个类似 REST 风格的接口，接收请求并采用相应处理流程：

```
func main() {
    rpc.RegisterName("HelloService", new(HelloService))

    http.HandleFunc("/jsonrpc", func(w http.ResponseWriter, r *http.Request) {
        var conn io.ReadWriteCloser = struct {
            io.Writer
            io.ReadCloser
        }{
            ReadCloser: r.Body,
            Writer:     w,
        }

        rpc.ServeRequest(jsonrpc.NewServerCodec(conn))
    })

    http.ListenAndServe(":1234", nil)
}
```

RPC 的服务架设在/jsonrpc 路径，处理函数 http.Func() 基于 http.ResponseWriter 和 http.Request 类型的参数构造一个 io.ReadWriteCloser 类型的 conn 通道；然后基于

conn 构建针对服务器的 JSON 编码/解码器；最后通过 rpc.ServeRequest() 函数为每次请求处理一次 RPC 方法调用。

模拟一次 RPC 调用的过程就是向该连接发送一个 JSON 字符串：

```
$ curl localhost:1234/jsonrpc -X POST \
    --data '{"method":"HelloService.Hello","params":["hello"],"id":0}'
```

返回的结果依然是 JSON 字符串：

```
{"id":0,"result":"hello:hello","error":null}
```

这样就可以很方便地从不同语言中访问 RPC 服务了。

6.2 Protobuf

Protobuf 是 Protocol Buffers 的简称，它是谷歌公司开发的一种数据描述语言，并于 2008 年开源。Protobuf 刚开源时的定位类似于 XML、JSON 等数据描述语言，通过附带工具生成代码并实现将结构化数据序列化的功能。但是我们更关注的是 Protobuf 作为接口规范的描述语言，它可以作为设计安全的跨语言 RPC 接口的基础工具。

6.2.1 Protobuf 入门

对于没有用过 Protobuf 的读者，建议先从官网了解一下基本用法。这里我们尝试将 Protobuf 和 RPC 结合在一起使用，通过 Protobuf 来最终保证 RPC 的接口规范和安全。Protobuf 中最基本的数据单元是 message，类似于 Go 语言中的结构体。在 message 中可以嵌套 message 或其他基础数据类型的成员。

首先创建 hello.proto 文件，其中封装了 HelloService 服务中用到的字符串类型：

```
syntax = "proto3";

package main;

message String {
    string value = 1;
}
```

其中，开头的 syntax 语句表示采用第 3 版 Protobuf（proto3）的语法。第 3 版 Protobuf 对语言进行了简化，所有成员均采用类似 Go 语言中的零值初始化（不再支持自定义默认值），因此消息成员也不再需要支持 required 特性。package 指令指明当前是 main 包（这样可以和 Go 的包名保持一致，简化例子代码），当然开发者也可以针对不同的语言定制对应的包路径和包名。message 关键字定义了一个新的 String 类型，在最终生成的 Go 语言代码中对应一个 String 结构体。String 类型中只有一个 string 类型的成员 value，编码时用编号 1 代替成员名。

在 XML 或 JSON 等数据描述语言中，一般通过成员名来绑定对应的数据，而 Protobuf 编码是通过成员的唯一编号来绑定数据的，因此 Protobuf 编码后数据的体积较小，但是不太便于查阅。我们目前并不关注 Protobuf 编码技术，最终生成的 Go 结构体可以自由采用 JSON 或 gob 等编码格式，因此可以暂时忽略 Protobuf 的成员编码部分。

　　Protobuf 核心的工具集是用 C++语言开发的，官方的 `protoc` 编译器本身并不支持 Go 语言。要基于上面的 hello.proto 文件生成相应的 Go 代码，需要安装相应的插件。先安装 Protobuf 官方的 `protoc` 工具，可以从其官方的 GitHub 网站下载，再通过以下命令安装生成 Go 语言代码的插件：

```
$ go get github.com/golang/protobuf/protoc-gen-go
```

然后通过以下命令生成相应的 Go 语言代码：

```
$ protoc --go_out=. hello.proto
```

其中 `go_out` 参数告知 `protoc` 编译器去加载对应的 `protoc-gen-go` 工具，然后通过该工具生成代码放到当前目录，最后是要处理的 Protobuf 文件列表。

　　这里只生成了一个 hello.pb.go 文件，其中 `String` 结构体内容如下：

```
type String struct {
    Value string `protobuf:"bytes,1,opt,name=value" json:"value,omitempty"`
}

func (m *String) Reset()         { *m = String{} }
func (m *String) String() string { return proto.CompactTextString(m) }
func (*String) ProtoMessage()    {}
func (*String) Descriptor() ([]byte, []int) {
    return fileDescriptor_hello_069698f99dd8f029, []int{0}
}

func (m *String) GetValue() string {
    if m != nil {
        return m.Value
    }
    return ""
}
```

　　生成的结构体中还会包含一些以 xxx_ 为前缀的成员，在此我们已经隐藏了这些成员。同时，`String` 类型还自动生成了一组方法，其中 `ProtoMessage()` 方法表示这是一个实现了 `proto.Message` 接口的方法。此外，Protobuf 还为每个成员生成了一个 get 方法，get 方法不仅可以处理空指针类型，还可以与第 2 版 Protobuf（proto2）的方法兼容（第 2 版 Protobuf 中的自定义默认值特性依赖这类方法）。

　　我们可以基于新的 `String` 类型重新实现 `HelloService` 服务：

```
type HelloService struct{}

func (p *HelloService) Hello(request *String, reply *String) error {
    reply.Value = "hello:" + request.GetValue()
    return nil
}
```

其中 `Hello()` 方法的输入参数和输出参数均改用 Protobuf 定义的 `String` 类型表示。因为新的输入参数为结构体类型，所以改用指针类型作为输入参数，函数的内部代码同时也做了相应的调整。

至此，我们初步实现了 Protobuf 和 RPC 组合。在启动 RPC 服务时，我们依然可以选择默认的 gob 编码或手动指定 JSON 编码，甚至可以基于 Protobuf 编码实现一个插件。虽然做了这么多工作，但是似乎并没有看到明显的收益。

回顾 6.1.2 节中关于更安全的 RPC 接口部分的内容，当时我们花了很大的精力为 RPC 服务增加安全保障，最终得到的更安全的 RPC 接口的代码本身非常烦琐，需要手动维护，且全部安全相关的代码只适用于 Go 语言环境。既然使用了 Protobuf 定义的输入参数和输出参数，那么 RPC 服务接口是否也可以通过 Protobuf 定义呢？其实，用 Protobuf 定义与语言无关的 RPC 服务接口才是它的真正价值所在。

下面更新 hello.proto 文件，通过 Protobuf 来定义 `HelloService` 服务：

```
service HelloService {
    rpc Hello (String) returns (String);
}
```

但是重新生成的 Go 代码并没有发生变化。这是因为 RPC 实现有成千上万种，`protoc` 编译器并不知道如何为 `HelloService` 服务生成代码。

不过，`protoc-gen-go` 内置了一个 gRPC 插件（名为 `grpc`），可以针对 gRPC 生成代码：

```
$ protoc --go_out=plugins=grpc:. hello.proto
```

在生成的代码中多了 `HelloServiceServer`、`HelloServiceClient` 等新类型。这些类型是为 gRPC 服务的，并不符合标准库的 RPC 的要求。

但 gRPC 插件为我们提供了改进的思路，下面我们将探索如何为标准库的 RPC 生成安全的代码。

6.2.2 定制代码生成插件

Protobuf 的 `protoc` 编译器是通过插件机制实现对不同语言的支持。例如，如果 `protoc` 命令出现`--xxx_out`格式的参数，那么 `protoc` 将先查询是否有内置的 xxx 插件，如果没有内置的 xxx 插件，将继续查询当前系统中是否有以 `protoc-gen-xxx` 命名的可执行程序，最终通过查到的插件生成代码。对于 Go 语言的 `protoc-gen-go` 插件，它内部实现了一层静态插件系统。例如，`protoc-gen-go` 内置了一个 gRPC 插件，开发者就可以通过`--go_out=plugins=grpc`参数生成 gRPC 相关代码，否则只会针对 `message` 生成相关代码。

参考 gRPC 插件的代码，可以发现 `generator.RegisterPlugin()`函数可以用来注册插件。插件是一个 `generator.Plugin` 接口：

```
// A Plugin provides functionality to add to the output during
// Go code generation, such as to produce RPC stubs.
type Plugin interface {
    // Name identifies the plugin.
    Name() string
    // Init is called once after data structures are built but before
    // code generation begins.
    Init(g *Generator)
```

```
// Generate produces the code generated by the plugin for this file,
// except for the imports, by calling the generator's methods P, In,
// and Out.
Generate(file *FileDescriptor)
// GenerateImports produces the import declarations for this file.
// It is called after Generate.
GenerateImports(file *FileDescriptor)
}
```

其中，Name() 方法返回插件的名字，这是 Go 语言的 Protobuf 实现的插件体系，与 protoc 插件的名字无关；Init() 函数通过参数 g 对插件进行初始化，参数 g 中包含 proto 文件的所有信息；Generate() 和 GenerateImports() 方法用于生成主体代码和对应的导入包代码。

因此，我们可以设计一个 netrpcPlugin 插件，用于为标准库的 RPC 框架生成代码：

```
import (
    "github.com/golang/protobuf/protoc-gen-go/generator"
)

type netrpcPlugin struct{ *generator.Generator }

func (p *netrpcPlugin) Name() string               { return "netrpc" }
func (p *netrpcPlugin) Init(g *generator.Generator) { p.Generator = g }

func (p *netrpcPlugin) GenerateImports(file *generator.FileDescriptor) {
    if len(file.Service) > 0 {
        p.genImportCode(file)
    }
}

func (p *netrpcPlugin) Generate(file *generator.FileDescriptor) {
    for _, svc := range file.Service {
        p.genServiceCode(svc)
    }
}
```

其中，Name() 方法返回插件的名字，netrpcPlugin 插件内置了一个匿名的 *generator.Generator 成员，并在 Init() 初始化时用参数 g 进行初始化，因此插件继承了参数 g 对象的所有公有方法，其中的 GenerateImports() 方法调用自定义的 genImportCode() 方法生成导入代码，Generate() 方法调用自定义的 genServiceCode() 方法生成每个服务的代码。

目前，自定义的 genImportCode() 和 genServiceCode() 方法只输出一行简单的注释：

```
func (p *netrpcPlugin) genImportCode(file *generator.FileDescriptor) {
    p.P("// TODO: import code")
}

func (p *netrpcPlugin) genServiceCode(svc *descriptor.ServiceDescriptorProto) {
    p.P("// TODO: service code, Name = " + svc.GetName())
}
```

要使用该插件需要先通过 generator.RegisterPlugin() 函数注册插件，可以在 init() 函数中完成：

```
func init() {
    generator.RegisterPlugin(new(netrpcPlugin))
}
```

因为 Go 语言的包只能静态导入，所以我们无法向已经安装的 protoc-gen-go 添加新编写的插件。我们将重新克隆 protoc-gen-go 对应的 main() 函数：

```
package main

import (
    "io"
    "os"

    "github.com/golang/protobuf/proto"
    "github.com/golang/protobuf/protoc-gen-go/generator"
)

func main() {
    g := generator.New()

    data, err := io.ReadAll(os.Stdin)
    if err != nil {
        g.Error(err, "reading input")
    }

    if err := proto.Unmarshal(data, g.Request); err != nil {
        g.Error(err, "parsing input proto")
    }

    if len(g.Request.FileToGenerate) == 0 {
        g.Fail("no files to generate")
    }

    g.CommandLineParameters(g.Request.GetParameter())

    // Create a wrapped version of the Descriptors and EnumDescriptors that
    // point to the file that defines them.
    g.WrapTypes()

    g.SetPackageNames()
    g.BuildTypeNameMap()

    g.GenerateAllFiles()

    // Send back the results.
    data, err = proto.Marshal(g.Response)
    if err != nil {
```

```
        g.Error(err, "failed to marshal output proto")
    }
    _, err = os.Stdout.Write(data)
    if err != nil {
        g.Error(err, "failed to write output proto")
    }
}
```

为了避免对 `protoc-gen-go` 插件造成干扰，这里将可执行程序命名为 `protoc-gen-go-netrpc`，表示包含了 `netrpc` 插件，然后用以下命令重新编译 hello.proto 文件：

```
$ protoc --go-netrpc_out=plugins=netrpc:. hello.proto
```

其中，`--go-netrpc_out` 参数告知 protoc 编译器加载名为 `protoc-gen-go-netrpc` 的插件，插件中的 `plugins=netrpc` 指示启用内部唯一的名为 `netrpc` 的 `netrpcPlugin` 插件。在新生成的 hello.pb.go 文件中将包含增加的注释代码。

至此，手工定制的 Protobuf 代码生成插件终于可以工作了。

6.2.3 自动生成完整的 RPC 代码

在前面的例子中，我们已经构建了最小化的 `netrpcPlugin` 插件，并通过克隆 `protoc-gen-go` 的 `main()` 函数创建了新的 `protoc-gen-go-netrpc` 插件。现在开始继续完善 `netrpcPlugin` 插件，最终目标是生成 RPC 安全接口。

首先，在自定义的 `genImportCode()` 方法中生成导入包的代码：

```
func (p *netrpcPlugin) genImportCode(file *generator.FileDescriptor) {
    p.P(`import "net/rpc"`)
}
```

然后，在自定义的 `genServiceCode()` 方法中为每个服务生成相关的代码。通过分析可以发现，每个服务最重要的是服务名，每个服务还定义了一组方法。而对于服务定义的方法，最重要的是方法名，以及输入参数和输出参数的类型名。

为此我们定义了一个 `ServiceSpec` 类型，用于描述服务的元信息：

```
type ServiceSpec struct {
    ServiceName string
    MethodList  []ServiceMethodSpec
}

type ServiceMethodSpec struct {
    MethodName     string
    InputTypeName  string
    OutputTypeName string
}
```

然后，新建一个 `buildServiceSpec()` 方法，用于解析每个服务的 `ServiceSpec` 元信息：

```
func (p *netrpcPlugin) buildServiceSpec(
    svc *descriptor.ServiceDescriptorProto,
```

```
) *ServiceSpec {
    spec := &ServiceSpec{
        ServiceName: generator.CamelCase(svc.GetName()),
    }

    for _, m := range svc.Method {
        spec.MethodList = append(spec.MethodList, ServiceMethodSpec{
            MethodName:    generator.CamelCase(m.GetName()),
            InputTypeName:  p.TypeName(p.ObjectNamed(m.GetInputType())),
            OutputTypeName: p.TypeName(p.ObjectNamed(m.GetOutputType())),
        })
    }

    return spec
}
```

其中，输入参数是 `*descriptor.ServiceDescriptorProto` 类型，完整描述了一个服务的所有信息。接着我们就可以通过 `svc.GetName()` 获取 Protobuf 文件中定义的服务名了。Protobuf 文件中的名字转为 Go 语言的名字后，需要通过 `generator.CamelCase()` 函数进行一次转换。类似地，在 `for` 循环中我们通过 `m.GetName()` 获取方法名，然后再转为 Go 语言中对应的名字。比较复杂的是对输入参数名和输出参数名的解析：首先需要通过 `m.GetInputType()` 获取输入参数的类型，然后通过 `p.ObjectNamed()` 获取类型对应的类对象信息，最后获取类对象名。

然后，我们就可以基于 `buildServiceSpec()` 方法构建的服务的元信息生成服务的代码：

```
func (p *netrpcPlugin) genServiceCode(svc *descriptor.ServiceDescriptorProto) {
    spec := p.buildServiceSpec(svc)

    var buf bytes.Buffer
    t := template.Must(template.New("").Parse(tmplService))
    err := t.Execute(&buf, spec)
    if err != nil {
        log.Fatal(err)
    }

    p.P(buf.String())
}
```

为了便于维护，我们基于 Go 语言的模板来生成服务代码，其中 `tmplService` 是服务的模板。在编写模板之前，我们先看一下我们期望生成的最终代码大概是什么样子：

```
type HelloServiceInterface interface {
    Hello(in String, out *String) error
}

func RegisterHelloService(srv *rpc.Server, x HelloService) error {
    if err := srv.RegisterName("HelloService", x); err != nil {
        return err
    }
    return nil
```

```
}

type HelloServiceClient struct {
    *rpc.Client
}

var _ HelloServiceInterface = (*HelloServiceClient)(nil)

func DialHelloService(network, address string) (*HelloServiceClient, error) {
    c, err := rpc.Dial(network, address)
    if err != nil {
        return nil, err
    }
    return &HelloServiceClient{Client: c}, nil
}

func (p *HelloServiceClient) Hello(in String, out *String) error {
    return p.Client.Call("HelloService.Hello", in, out)
}
```

其中，`HelloService` 是服务名，同时还有一系列的方法名。

参考最终要生成的代码可以构建如下模板：

```
const tmplService = `
{{$root := .}}

type {{.ServiceName}}Interface interface {
    {{- range $_, $m := .MethodList}}
    {{$m.MethodName}}(*{{$m.InputTypeName}}, *{{$m.OutputTypeName}}) error
    {{- end}}
}

func Register{{.ServiceName}}(
    srv *rpc.Server, x {{.ServiceName}}Interface,
) error {
    if err := srv.RegisterName("{{.ServiceName}}", x); err != nil {
        return err
    }
    return nil
}

type {{.ServiceName}}Client struct {
    *rpc.Client
}

var _ {{.ServiceName}}Interface = (*{{.ServiceName}}Client)(nil)

func Dial{{.ServiceName}}(network, address string) (
    *{{.ServiceName}}Client, error,
) {
    c, err := rpc.Dial(network, address)
    if err != nil {
```

```
        return nil, err
    }
    return &{{.ServiceName}}Client{Client: c}, nil
}

{{range $_, $m := .MethodList}}
func (p *{{$root.ServiceName}}Client) {{$m.MethodName}}(
    in *{{$m.InputTypeName}}, out *{{$m.OutputTypeName}},
) error {
    return p.Client.Call("{{$root.ServiceName}}.{{$m.MethodName}}", in, out)
}
{{end}}
```

当 Protobuf 的插件定制工作完成后，hello.proto 文件中 RPC 服务的每次变化都可以自动生成代码。也可以通过更新插件的模板来调整或增加生成代码的内容。在掌握了定制 Protobuf 插件技术后，你将彻底拥有这个技术。

6.3 玩转 RPC

不同的场景对 RPC 有着不同的需求，因此开源社区诞生了各种 RPC 框架。本节将探讨 Go 语言内置 RPC 框架在一些比较特殊的场景中的用法。

6.3.1 客户端 RPC 的实现原理

Go 语言的 RPC 库最简单的使用方式是通过 Client 的 Call() 方法进行同步阻塞调用。Client 的 Call() 方法的实现如下：

```
func (client *Client) Call(
    serviceMethod string, args interface{},
    reply interface{},
) error {
    call := <-client.Go(serviceMethod, args, reply, make(chan *Call, 1)).Done
    return call.Error
}
```

这里先通过 client.Go() 方法进行一次异步调用，返回一个表示此次调用的 Call 结构体；然后等待 Call 结构体的 Done 通道返回调用结果。

我们也可以通过 client.Go() 方法异步调用 HelloService 服务：

```
func doClientWork(client *rpc.Client) {
    helloCall := client.Go("HelloService.Hello", "hello", new(string), nil)

    // 处理其他工作

    helloCall = <-helloCall.Done
    if err := helloCall.Error; err != nil {
        log.Fatal(err)
    }
```

```
    args := helloCall.Args.(string)
    reply := helloCall.Reply.(*string)
    fmt.Println(args, reply)
}
```

在异步调用命令发出后，一般会执行其他任务，因此异步调用的输入参数和返回值可以通过返回的 `Call` 结构体对象获取。

`Client` 的 `Go()` 方法的实现如下：

```
func (client *Client) Go(
    serviceMethod string, args interface{},
    reply interface{},
    done chan *Call,
) *Call {
    call := new(Call)
    call.ServiceMethod = serviceMethod
    call.Args = args
    call.Reply = reply
    call.Done = make(chan *Call, 10) // buffered

    client.send(call)
    return call
}
```

这里先构造一个表示当前调用的 `Call` 结构体对象 `call`，然后通过 `client.send()` 将 `call` 的完整参数发送到 RPC 框架。`client.send()` 方法是线程安全的，因此可以从多个 goroutine 同时向同一个 RPC 连接发送调用指令。

当调用完成或者发生错误时，将调用 `Call` 的 `done()` 方法通知完成。`Call` 的 `done()` 方法的实现如下：

```
func (call *Call) done() {
    select {
    case call.Done <- call:
        // ok
    default:
        // We don't want to block here. It is the caller's responsibility to make
        // sure the channel has enough buffer space. See comment in Go().
    }
}
```

从 `Call` 的 `done()` 方法的实现可以看出，`Call` 结构体的 `Done` 通道会返回处理后的 `call`。

6.3.2　基于 RPC 实现监视功能

很多系统都提供了监视（watch）功能的接口，当系统满足某种条件时，`Watch()` 方法返回监视结果。我们可以通过 RPC 框架实现一个基本的监视功能。如前所述，因为 `client.send()` 方法是线程安全的，所以也可以在不同的 goroutine 中并发阻塞调用 RPC 方法，通过在一个独立的 goroutine 中调用 `Watch()` 方法进行监视。

　　为了便于演示，我们计划通过 RPC 构建一个简单的内存键值数据库。首先，定义服务如下：

```
type KVStoreService struct {
    m       map[string]string
    filter map[string]func(key string)
    mu      sync.Mutex
}

func NewKVStoreService() *KVStoreService {
    return &KVStoreService{
        m:      make(map[string]string),
        filter: make(map[string]func(key string)),
    }
}
```

其中，m 成员是一个 map 类型，用于存储键值数据；filter 成员对应每个 Watch() 调用时定义的过滤器函数列表；mu 成员为互斥锁，用于在多个 goroutine 访问或修改时保护其他成员。

　　然后就是 Get() 方法和 Set() 方法：

```
func (p *KVStoreService) Get(key string, value *string) error {
    p.mu.Lock()
    defer p.mu.Unlock()

    if v, ok := p.m[key]; ok {
        *value = v
        return nil
    }

    return fmt.Errorf("not found")
}

func (p *KVStoreService) Set(kv [2]string, reply *struct{}) error {
    p.mu.Lock()
    defer p.mu.Unlock()

    key, value := kv[0], kv[1]

    if oldValue := p.m[key]; oldValue != value {
        for _, fn := range p.filter {
            fn(key)
        }
    }

    p.m[key] = value
    return nil
}
```

　　在 Set() 方法中，输入参数是一个由键和值组成的数组，输出参数是一个匿名空结构体，表示忽略输出。当修改某个键对应的值时，会调用每个过滤器函数。

　　过滤器列表在 Watch() 方法中提供：

```
func (p *KVStoreService) Watch(timeoutSecond int, keyChanged *string) error {
    id := fmt.Sprintf("watch-%s-%03d", time.Now(), rand.Int())
    ch := make(chan string, 10) // buffered

    p.mu.Lock()
    p.filter[id] = func(key string) { ch <- key }
    p.mu.Unlock()

    select {
    case <-time.After(time.Duration(timeoutSecond) * time.Second):
        return fmt.Errorf("timeout")
    case key := <-ch:
        *keyChanged = key
        return nil
    }
}
```

Watch()方法的输入参数是超时的秒数。当有键变化时，将键作为返回值返回；如果超时后仍
没有键被修改，则返回超时错误。在 Watch() 的实现中，用唯一的 id 标识每个 Watch() 调用，并
根据 id 将对应的过滤器函数注册到 p.filter 列表。

KVStoreService 服务的注册和启动过程这里不再赘述。下面我们看一下如何从客户端使用
Watch()方法：

```
func doClientWork(client *rpc.Client) {
    go func() {
        var keyChanged string
        err := client.Call("KVStoreService.Watch", 30, &keyChanged)
        if err != nil {
            log.Fatal(err)
        }
        fmt.Println("watch:", keyChanged)
    } ()

    err := client.Call(
        "KVStoreService.Set", [2]string{"abc", "abc-value"},
        new(struct{}),
    )
    if err != nil {
        log.Fatal(err)
    }

    time.Sleep(time.Second*3)
}
```

先启动一个独立的 goroutine 来监视键的变化。同步的 Watch() 调用会阻塞，直到有键发生变
化或者调用超时。在通过 Set() 方法修改键值时，服务器会将变化的键通过 Watch() 方法返回。这
样就可以实现对某些状态的监视。

6.3.3　反向 RPC

通常，RPC 是基于客户/服务器架构的，RPC 服务器对应网络服务器，RPC 客户端对应网络客户端。但是，对于一些特殊场景，例如在公司内网提供一个 RPC 服务但在外网无法连接到内网的服务器，我们可以借鉴反向代理的技术，首先从内网主动连接到外网的 TCP 服务器，然后基于 TCP 连接向外网提供 RPC 服务。

以下是启动反向 RPC 服务的代码：

```
func main() {
    rpc.Register(new(HelloService))

    for {
        conn, err := net.Dial("tcp", "localhost:1234")
        if err != nil {
            time.Sleep(time.Second)
            continue
        }

        rpc.ServeConn(conn)
        conn.Close()
    }
}
```

反向 RPC 的内网服务不再主动提供 TCP 监听服务，而是先主动连接到对方的 TCP 服务器，再基于每个建立的 TCP 连接向对方提供 RPC 服务。

而 RPC 客户端需要在一个公共地址上提供一个 TCP 服务，用于接收 RPC 服务器的连接请求：

```
func main() {
    listener, err := net.Listen("tcp", ":1234")
    if err != nil {
        log.Fatal("ListenTCP error:", err)
    }

    clientChan := make(chan *rpc.Client)

    go func() {
        for {
            conn, err := listener.Accept()
            if err != nil {
                log.Fatal("Accept error:", err)
            }

            clientChan <- rpc.NewClient(conn)
        }
    }()

    doClientWork(clientChan)
}
```

当每个连接建立后，基于网络连接构造 RPC 客户端对象并发送到 `clientChan` 通道。

客户端执行 RPC 调用的操作在 `doClientWork()` 函数中完成：

```go
func doClientWork(clientChan <-chan *rpc.Client) {
    client := <-clientChan
    defer client.Close()

    var reply string
    err := client.Call("HelloService.Hello", "hello", &reply)
    if err != nil {
        log.Fatal(err)
    }

    fmt.Println(reply)
}
```

首先从通道中获取一个 RPC 客户端对象，并通过 `defer` 语句确保在函数退出前关闭客户端，然后执行正常的 RPC 调用。

6.3.4 上下文信息

基于上下文信息，可以为不同客户端提供定制化的 RPC 服务。我们可以通过为每个连接提供独立的 RPC 服务来实现对上下文的支持。

首先改造 `HelloService`，里面增加了对应连接的 `conn` 成员：

```go
type HelloService struct {
    conn net.Conn
}
```

然后为每个连接启动独立的 RPC 服务：

```go
func main() {
    listener, err := net.Listen("tcp", ":1234")
    if err != nil {
        log.Fatal("ListenTCP error:", err)
    }

    for {
        conn, err := listener.Accept()
        if err != nil {
            log.Fatal("Accept error:", err)
        }

        go func() {
            defer conn.Close()

            p := rpc.NewServer()
            p.Register(&HelloService{conn: conn})
            p.ServeConn(conn)
        } ()
    }
}
```

在 `Hello()` 方法中，可以根据 `conn` 成员识别不同连接的 RPC 调用：

```go
func (p *HelloService) Hello(request string, reply *string) error {
```

```
        *reply = "hello:" + request + ", from" + p.conn.RemoteAddr().String()
        return nil
}
```

基于上下文信息，可以方便地为 RPC 服务增加简单的登录身份认证：

```
type HelloService struct {
    conn     net.Conn
    isLogin bool
}

func (p *HelloService) Login(request string, reply *string) error {
    if request != "user:password" {
        return fmt.Errorf("auth failed")
    }
    log.Println("login ok")
    p.isLogin = true
    return nil
}

func (p *HelloService) Hello(request string, reply *string) error {
    if !p.isLogin {
        return fmt.Errorf("please login")
    }
    *reply = "hello:" + request + ", from" + p.conn.RemoteAddr().String()
    return nil
}
```

这样就可以要求客户端在连接 RPC 服务时先执行登录操作，登录成功后才能正常执行其他服务。

6.4 gRPC 入门

gRPC 是谷歌公司基于 Protobuf 开发的跨语言的开源 RPC 框架。gRPC 基于 HTTP/2 设计，能够通过一个 HTTP/2 连接提供多个服务，对移动设备更加友好。本节将介绍 gRPC 的基本用法。

6.4.1 gRPC 技术栈

Go 语言的 gRPC 技术栈如图 6-1 所示。

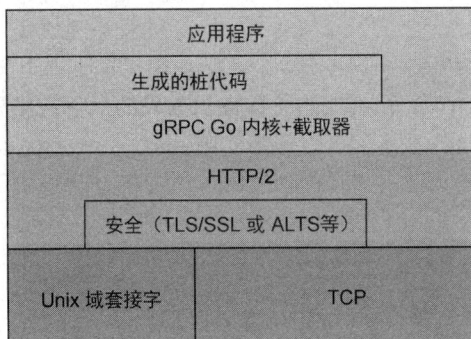

图 6-1 gRPC 技术栈

　　最底层为 TCP 或 Unix 域套接字协议，其上是 HTTP/2 的实现，再往上是针对 Go 语言的 gRPC 核心库（gRPC Go 内核+截取器）。应用程序通过 gRPC 插件生成的桩（stub）代码与 gRPC 核心库通信，也可以直接与 gRPC 核心库通信。

6.4.2　gRPC 简介

　　从 Protobuf 的角度看，gRPC 本质上是一个针对服务接口生成代码的生成器。我们在 6.2 节中实现了一个简单的 Protobuf 代码生成插件，但是当时生成的代码是适配标准库的 RPC 框架的。现在我们来学习 gRPC 的用法。

　　首先，创建 hello.proto 文件，定义 HelloService 接口：

```
syntax = "proto3";

package main;

message String {
    string value = 1;
}

service HelloService {
    rpc Hello (String) returns (String);
}
```

使用 protoc-gen-go 内置的 gRPC 插件生成 gRPC 代码：

```
$ protoc --go_out=plugins=grpc:. hello.proto
```

gRPC 插件会为服务器和客户端生成不同的接口：

```
type HelloServiceServer interface {
    Hello(context.Context, *String) (*String, error)
}

type HelloServiceClient interface {
    Hello(context.Context, *String, ...grpc.CallOption) (*String, error)
}
```

　　gRPC 通过 context.Context 参数为每个方法调用提供了上下文支持。客户端在调用方法时，可以通过可选的 grpc.CallOption 类型的参数提供额外的上下文信息。

　　基于 HelloServiceServer 接口可以重新实现 HelloService 服务：

```
type HelloServiceImpl struct{}

func (p *HelloServiceImpl) Hello(
    ctx context.Context, args *String,
) (*String, error) {
    reply := &String{Value: "hello:" + args.GetValue()}
```

```
    return reply, nil
}
```

gRPC 服务的启动流程和标准库的 RPC 服务启动流程类似，都是先通过 grpc.NewServer() 构造一个 gRPC 服务对象，然后通过 RegisterHelloServiceServer() 函数注册我们实现的 HelloServiceImpl 服务，最后通过 grpcServer.Serve(lis)在指定端口上提供 gRPC 服务：

```
func main() {
    grpcServer := grpc.NewServer()
    RegisterHelloServiceServer(grpcServer, new(HelloServiceImpl))

    lis, err := net.Listen("tcp", ":1234")
    if err != nil {
        log.Fatal(err)
    }
    grpcServer.Serve(lis)
}
```

这样客户端就可以通过以下方式连接 gRPC 服务：

```
func main() {
    conn, err := grpc.Dial("localhost:1234", grpc.WithInsecure())
    if err != nil {
        log.Fatal(err)
    }
    defer conn.Close()

    client := NewHelloServiceClient(conn)
    reply, err := client.Hello(context.Background(), &String{Value: "hello"})
    if err != nil {
        log.Fatal(err)
    }
    fmt.Println(reply.GetValue())
}
```

其中，grpc.Dial()负责与 gRPC 服务建立连接，NewHelloServiceClient()函数基于已经建立的连接构造 HelloServiceClient 对象。返回的 client 是一个 HelloServiceClient 接口对象，可以通过接口定义的方法调用服务器的 gRPC 服务提供的方法。

gRPC 与标准库的 RPC 框架有一个区别，即 gRPC 生成的接口不支持异步调用。不过，gRPC 底层的 HTTP/2 连接可以在多个 goroutine 之间安全共享，因此可以通过在另一个 goroutine 阻塞调用的方式来模拟异步调用。

6.4.3 gRPC 流

传统的 RPC 方法调用不适合上传和下载大量数据的场景，因为每次调用的参数和返回值不能太大，否则将严重影响响应时间。同时，传统 RPC 模式也不适用于时间不确定的订阅和发布模式。为此，gRPC 框架提供了流特性，支持服务器和客户端的单向流和双向流。

服务器或客户端的单向流是双向流的特例，我们在 `HelloService` 中增加一个支持双向流的 `Channel()` 方法：

```
service HelloService {
    rpc Hello (String) returns (String);

    rpc Channel (stream String) returns (stream String);
}
```

其中，关键字 `stream` 指定启用流特性，参数部分是接收客户端数据的流，返回值是返回给客户端的流。

重新生成代码后，可以看到接口中新增的 `Channel()` 方法的定义：

```
type HelloServiceServer interface {
    Hello(context.Context, *String) (*String, error)
    Channel(HelloService_ChannelServer) error
}
type HelloServiceClient interface {
    Hello(ctx context.Context, in *String, opts ...grpc.CallOption) (
        *String, error,
    )
    Channel(ctx context.Context, opts ...grpc.CallOption) (
        HelloService_ChannelClient, error,
    )
}
```

服务器的 `Channel()` 方法的参数是一个 `HelloService_ChannelServer` 类型的参数，用于与客户端进行双向通信。客户端的 `Channel()` 方法返回一个 `HelloService_ ChannelClient` 类型的对象，用于与服务器进行双向通信。

`HelloService_ChannelServer` 和 `HelloService_ChannelClient` 均为接口类型，它们都定义了 `Send()` 和 `Recv()` 方法，用于流数据的双向通信：

```
type HelloService_ChannelServer interface {
    Send(*String) error
    Recv() (*String, error)
    grpc.ServerStream
}

type HelloService_ChannelClient interface {
    Send(*String) error
    Recv() (*String, error)
    grpc.ClientStream
}
```

现在我们可以实现流服务：

```go
func (p *HelloServiceImpl) Channel(stream HelloService_ChannelServer) error {
    for {
        args, err := stream.Recv()
        if err != nil {
            if err == io.EOF {
                return nil
            }
            return err
        }

        reply := &String{Value: "hello:" + args.GetValue()}

        err = stream.Send(reply)
        if err != nil {
            return err
        }
    }
}
```

服务器在循环中接收客户端发来的数据，遇到 io.EOF，表示客户端流关闭；函数退出，表示服务器流关闭。生成的返回数据通过流发送给客户端。双向流数据的发送和接收是完全独立的行为。需要注意的是，发送和接收操作并不需要一一对应，开发者可以根据真实场景组织代码。

客户端需要先调用 Channel() 方法获取返回的流对象：

```go
stream, err := client.Channel(context.Background())
if err != nil {
    log.Fatal(err)
}
```

在客户端，我们将发送和接收操作分别放在两个独立的 goroutine 中。首先，向服务器发送数据：

```go
go func() {
    for {
        if err := stream.Send(&String{Value: "hi"}); err != nil {
            log.Fatal(err)
        }
        time.Sleep(time.Second)
    }
}()
```

然后，在循环中接收服务器返回的数据：

```go
for {
    reply, err := stream.Recv()
    if err != nil {
        if err == io.EOF {
            return
        }
        log.Fatal(err)
    }
    fmt.Println(reply.GetValue())
}
```

这样就完成了完整的流接收和发送支持。

6.4.4 发布/订阅模式

在前一节中，我们基于 Go 内置的 RPC 库实现了一个简化版的 `Watch()` 方法。基于 `Watch()` 的思路虽然也可以构建发布/订阅（publish/subcribe）系统，但是因为传统 RPC 缺乏流机制，所以每次只能返回一个结果。在发布/订阅模式中，发布者主动发布的行为类似于普通函数调用，而被动的订阅者则类似于 gRPC 客户端单向流中的接收者。现在我们可以尝试基于 gRPC 的流特性构建一个发布/订阅系统。

发布/订阅是一种常见的设计模式，开源社区中已经存在很多实现。例如，Docker 项目中提供了一个极简的 pubsub 实现。下面是基于 pubsub 包实现的本地发布/订阅的代码：

```
import (
    "github.com/moby/moby/pkg/pubsub"
)

func main() {
    p := pubsub.NewPublisher(100*time.Millisecond, 10)

    golang := p.SubscribeTopic(func(v interface{}) bool {
        if key, ok := v.(string); ok {
            if strings.HasPrefix(key, "golang:") {
                return true
            }
        }
        return false
    })
    docker := p.SubscribeTopic(func(v interface{}) bool {
        if key, ok := v.(string); ok {
            if strings.HasPrefix(key, "docker:") {
                return true
            }
        }
        return false
    })

    go p.Publish("hi")
    go p.Publish("golang: https://golang.org")
    go p.Publish("docker: https://www.docker.com/")
    time.Sleep(1)

    go func() {
        fmt.Println("golang topic:", <-golang)
    }()
    go func() {
        fmt.Println("docker topic:", <-docker)
    }()

    <-make(chan bool)
}
```

其中，pubsub.NewPublisher 构造一个发布对象，p.SubscribeTopic()通过函数筛选感兴趣的主题进行订阅。

现在尝试基于 gRPC 和 pubsub 包实现一个跨网络的发布/订阅系统。

首先，通过 Protobuf 定义一个发布/订阅服务接口：

```
service PubsubService {
    rpc Publish (String) returns (String);
    rpc Subscribe (String) returns (stream String);
}
```

其中，Publish()是普通的 RPC 方法，Subscribe()是一个单向流服务。

然后，gRPC 插件分别为服务器和客户端生成对应的接口：

```
type PubsubServiceServer interface {
    Publish(context.Context, *String) (*String, error)
    Subscribe(*String, PubsubService_SubscribeServer) error
}
type PubsubServiceClient interface {
    Publish(context.Context, *String, ...grpc.CallOption) (*String, error)
    Subscribe(context.Context, *String, ...grpc.CallOption) (
        PubsubService_SubscribeClient, error,
    )
}

type PubsubService_SubscribeServer interface {
    Send(*String) error
    grpc.ServerStream
}
```

因为 Subscribe 是服务器的单向流，所以生成的 PubsubService_SubscribeServer 接口中只有 Send()方法。

接下来我们就可以实现发布/订阅服务了：

```
type PubsubService struct {
    pub *pubsub.Publisher
}

func NewPubsubService() *PubsubService {
    return &PubsubService{
        pub: pubsub.NewPublisher(100*time.Millisecond, 10),
    }
}
```

下面是发布方法 Publish()和订阅方法 Subscribe()的实现：

```
func (p *PubsubService) Publish(
    ctx context.Context, arg *String,
) (*String, error) {
    p.pub.Publish(arg.GetValue())
```

```go
        return &String{}, nil
}

func (p *PubsubService) Subscribe(
    arg *String, stream PubsubService_SubscribeServer,
) error {
    ch := p.pub.SubscribeTopic(func(v interface{}) bool {
        if key, ok := v.(string); ok {
            if strings.HasPrefix(key,arg.GetValue()) {
                return true
            }
        }
        return false
    })

    for v := range ch {
        if err := stream.Send(&String{Value: v.(string)}); err != nil {
            return err
        }
    }

    return nil
}
```

这样就可以从客户端向服务器发布消息了：

```go
func main() {
    conn, err := grpc.Dial("localhost:1234", grpc.WithInsecure())
    if err != nil {
        log.Fatal(err)
    }
    defer conn.Close()

    client := NewPubsubServiceClient(conn)

    _, err = client.Publish(
        context.Background(), &String{Value: "golang: hello Go"},
    )
    if err != nil {
        log.Fatal(err)
    }
    _, err = client.Publish(
        context.Background(), &String{Value: "docker: hello Docker"},
    )
    if err != nil {
        log.Fatal(err)
    }
}
```

然后就可以在另一个客户端订阅消息了：

```go
func main() {
```

```
conn, err := grpc.Dial("localhost:1234", grpc.WithInsecure())
if err != nil {
    log.Fatal(err)
}
defer conn.Close()

client := NewPubsubServiceClient(conn)
stream, err := client.Subscribe(
    context.Background(), &String{Value: "golang:"},
)
if err != nil {
    log.Fatal(err)
}

for {
    reply, err := stream.Recv()
    if err != nil {
        if err == io.EOF {
            return
        }
        log.Fatal(err)
    }

    fmt.Println(reply.GetValue())
}
}
```

到此我们就基于 gRPC 实现了一个简单的跨网络的发布/订阅服务。

6.5 gRPC 进阶

作为一个基础的 RPC 框架, 安全性和扩展性是常见的需求。本节将介绍如何对 gRPC 进行认证, 然后介绍 gRPC 的截取器特性, 以及如何通过截取器优雅地实现令牌 (token) 认证和 panic 捕获等功能。最后介绍 gRPC 服务如何与其他 Web 服务共存。

6.5.1 证书认证

gRPC 构建在 HTTP/2 之上, 对 TLS 提供了很好的支持。6.4 节中的 gRPC 服务未启用证书支持, 因此客户端在连接服务器期间通过 `grpc.WithInsecure()` 选项跳过了对服务器的认证。未启用证书的 gRPC 服务与客户端之间的通信是明文的, 存在被任何第三方监听的风险。为了确保通信不被第三方监听、篡改或伪造, 可以对服务器启用 TLS 加密特性。

可以用以下命令为服务器和客户端分别生成私钥和证书:

```
$ openssl genrsa -out server.key 2048
$ openssl req -new -x509 -days 3650 \
    -subj "/C=GB/L=China/O=grpc-server/CN=server.grpc.io" \
    -key server.key -out server.crt
```

```
$ openssl genrsa -out client.key 2048
$ openssl req -new -x509 -days 3650 \
    -subj "/C=GB/L=China/O=grpc-client/CN=client.grpc.io" \
    -key client.key -out client.crt
```

以上命令将生成 server.key、server.crt、client.key 和 client.crt 这 4 个文件。其中，以 .key 为扩展名的是私钥文件，需要妥善保管；以 .crt 为扩展名的是证书文件，也可以简单理解为公钥文件，无须保密。在 subj 参数中的 /CN=server.grpc.io 表示服务器名为 server.grpc.io，在认证服务器时需要用到该信息。

有了证书，就可以在启动 gRPC 服务时传入证书选项：

```go
func main() {
    creds, err := credentials.NewServerTLSFromFile("server.crt", "server.key")
    if err != nil {
        log.Fatal(err)
    }

    server := grpc.NewServer(grpc.Creds(creds))

    ...
}
```

其中，credentials.NewServerTLSFromFile() 函数用于从文件中加载服务器证书，并通过 grpc.Creds(creds) 将证书包装为参数传入 grpc.NewServer() 函数。

客户端通过服务器证书和服务器名就可以对服务器进行认证：

```go
func main() {
    creds, err := credentials.NewClientTLSFromFile(
        "server.crt", "server.grpc.io",
    )
    if err != nil {
        log.Fatal(err)
    }

    conn, err := grpc.Dial("localhost:5000",
        grpc.WithTransportCredentials(creds),
    )
    if err != nil {
        log.Fatal(err)
    }
    defer conn.Close()

    ...
}
```

这里先用 credentials.NewClientTLSFromFile() 函数构造客户端证书对象，其中第一个参数是服务器证书文件，第二个参数是签发证书的服务器名；然后通过 grpc.WithTransport Credentials(creds) 将证书对象转为参数传入 grpc.Dial() 函数。

以上这种方式需要提前将服务器证书告知客户端，这样客户端在连接服务器时才能对服务器进行认证。在复杂的网络环境中，服务器证书的传输本身也是不安全的。如果服务器证书在传输过程中被监听或篡改，对服务器的认证就失去意义。

为了避免证书在传输过程中被篡改，可以通过一个安全的根证书分别对服务器和客户端的证书进行签名。这样，客户端或服务器在收到对方的证书后，可以通过根证书鉴别证书的有效性。

根证书的生成方式与自签名证书的生成方式类似：

```
$ openssl genrsa -out ca.key 2048
$ openssl req -new -x509 -days 3650 \
    -subj "/C=GB/L=China/O=gobook/CN=github.com" \
    -key ca.key -out ca.crt
```

重新对服务器证书进行签名：

```
$ openssl req -new \
    -subj "/C=GB/L=China/O=server/CN=server.io" \
    -key server.key \
    -out server.csr
$ openssl x509 -req -sha256 \
    -CA ca.crt -CAkey ca.key -CAcreateserial -days 3650 \
    -in server.csr \
    -out server.crt
```

签名的过程中引入了一个新的以.csr 为扩展名的文件，它表示证书签名请求文件。在证书签名完成之后可以删除.csr 文件。

然后客户端就可以通过 CA 根证书对服务器进行证书认证：

```
func main() {
    certificate, err := tls.LoadX509KeyPair("client.crt", "client.key")
    if err != nil {
        log.Fatal(err)
    }

    certPool := x509.NewCertPool()
    ca, err := ioutil.ReadFile("ca.crt")
    if err != nil {
        log.Fatal(err)
    }
    if ok := certPool.AppendCertsFromPEM(ca); !ok {
        log.Fatal("failed to append ca certs")
    }

    creds := credentials.NewTLS(&tls.Config{
        Certificates:        []tls.Certificate{certificate},
        ServerName:          tlsServerName, // NOTE: this is required!
        RootCAs:             certPool,
    })

    conn, err := grpc.Dial(
```

```
        "localhost:5000", grpc.WithTransportCredentials(creds),
    )
    if err != nil {
        log.Fatal(err)
    }
    defer conn.Close()

    ...
}
```

在新的客户端代码中，对服务器进行证书认证不再直接依赖服务器证书文件，而是在
credentials.NewTLS() 函数调用中引入一个 CA 根证书，通过 CA 根证书与服务器名来实现对服务器的认证。客户端在连接服务器时会先请求服务器证书，然后使用 CA 根证书对收到的服务器证书的有效性进行鉴别。

如果客户端的证书也采用 CA 根证书签名，服务器也可以对客户端进行证书认证。我们用 CA 根证书对客户端证书签名：

```
$ openssl req -new \
    -subj "/C=GB/L=China/O=client/CN=client.io" \
    -key client.key \
    -out client.csr
$ openssl x509 -req -sha256 \
    -CA ca.crt -CAkey ca.key -CAcreateserial -days 3650 \
    -in client.csr \
    -out client.crt
```

因为引入了 CA 根证书签名，所以在启动服务器时也需要配置根证书：

```
func main() {
    certificate, err := tls.LoadX509KeyPair("server.crt", "server.key")
    if err != nil {
        log.Fatal(err)
    }

    certPool := x509.NewCertPool()
    ca, err := ioutil.ReadFile("ca.crt")
    if err != nil {
        log.Fatal(err)
    }
    if ok := certPool.AppendCertsFromPEM(ca); !ok {
        log.Fatal("failed to append certs")
    }

    creds := credentials.NewTLS(&tls.Config{
        Certificates: []tls.Certificate{certificate},
        ClientAuth:   tls.RequireAndVerifyClientCert, // NOTE: this is optional!
        ClientCAs:    certPool,
    })

    server := grpc.NewServer(grpc.Creds(creds))
```

```
    ...
}
```

服务器通过 `credentials.NewTLS()` 函数生成证书，其中，`ClientCAs` 用于选择 CA 根证书，`ClientAuth` 用于启用客户端证书认证。

至此，我们实现了一个支持服务器和客户端进行双向证书认证的 gRPC 系统，确保了通信的安全性。

6.5.2　令牌认证

前面提到的基于证书的认证是针对每个 gRPC 连接的。gRPC 还支持对每个 gRPC 方法调用的认证，这样就可以基于用户令牌对不同的方法访问进行权限管理。

要实现对每个 gRPC 方法的认证，需要实现 `grpc.PerRPCCredentials` 接口：

```
type PerRPCCredentials interface {
    // GetRequestMetadata gets the current request metadata, refreshing
    // tokens if required. This should be called by the transport layer on
    // each request, and the data should be populated in headers or other
    // context. If a status code is returned, it will be used as the status
    // for the RPC. uri is the URI of the entry point for the request.
    // When supported by the underlying implementation, ctx can be used for
    // timeout and cancellation.
    // TODO(zhaoq): Define the set of the qualified keys instead of leaving
    // it as an arbitrary string.
    GetRequestMetadata(ctx context.Context, uri ...string) (
        map[string]string,    error,
    )
    // RequireTransportSecurity indicates whether the credentials requires
    // transport security.
    RequireTransportSecurity() bool
}
```

在 `GetRequestMetadata()` 方法中返回认证需要的信息。`RequireTransportSecurity()` 方法指示是否要求使用安全连接。在实际环境中建议启用安全连接以防止认证信息泄露或被篡改。

我们可以创建一个 `Authentication` 类型，用于实现基于用户名和密码的认证：

```
type Authentication struct {
    User     string
    Password string
}

func (a *Authentication) GetRequestMetadata(context.Context, ...string) (
    map[string]string, error,
) {
    return map[string]string{"user":a.User, "password": a.Password}, nil
}
func (a *Authentication) RequireTransportSecurity() bool {
    return false
}
```

GetRequestMetadata()方法返回的认证信息包括 user 和 password。为了简化演示代码，RequireTransportSecurity()方法返回 false，表示不要求使用安全连接。

在每次请求 gRPC 服务时，可以将令牌信息作为参数传递：

```go
func main() {
    auth := Authentication{
        User:     "gopher",
        Password: "password",
    }

    conn, err := grpc.Dial("localhost"+port, grpc.WithInsecure(),
                        grpc.WithPerRPCCredentials(&auth))
    if err != nil {
        log.Fatal(err)
    }
    defer conn.Close()

    ...
}
```

这里就是通过 grpc.WithPerRPCCredentials() 函数将 Authentication 对象传递给 grpc.Dial()。因为未启用安全连接，所以还需要传入 grpc.WithInsecure() 表示忽略证书认证。

然后在 gRPC 服务器的每个方法中通过 Authentication 类型的 Auth() 方法进行身份认证：

```go
type grpcServer struct { auth *Authentication }

func (p *grpcServer) SomeMethod(
    ctx context.Context, in *HelloRequest,
) (*HelloReply, error) {
    if err := p.auth.Auth(ctx); err != nil {
        return nil, err
    }

    return &HelloReply{Message: "Hello " + in.Name}, nil
}

func (a *Authentication) Auth(ctx context.Context) error {
    md, ok := metadata.FromIncomingContext(ctx)
    if !ok {
        return fmt.Errorf("missing credentials")
    }

    var appid string
    var appkey string

    if val, ok := md["login"]; ok { appid = val[0] }
    if val, ok := md["password"]; ok { appkey = val[0] }
```

```
    if appid != a.User || appkey != a.Password {
        return grpc.Errorf(codes.Unauthenticated, "invalid token")
    }

    return nil
}
```

认证工作主要在 Authentication 的 Auth() 方法中完成：先通过 metadata.FromIncoming Context() 从 ctx 上下文中获取元信息，再取出相应的用户名和密码进行认证，如果认证失败，则返回一个 codes.Unauthenticated 类型的错误。

6.5.3 截取器

gRPC 中的 grpc.UnaryInterceptor 和 grpc.StreamInterceptor 分别对普通方法和流方法提供了截取器支持。这里简单介绍普通方法的截取器用法。

要实现普通方法的截取器，需要为 grpc.UnaryInterceptor 的参数实现一个函数：

```
func filter(ctx context.Context, req interface{}, info *grpc.UnaryServerInfo,
    handler grpc.UnaryHandler,
) (resp interface{}, err error) {
    log.Println("filter:", info)
    return handler(ctx, req)
}
```

filter() 函数的前两个参数 ctx 和 req 就是每个普通的 RPC 方法的前两个参数，第三个参数 info 表示当前调用的 gRPC 方法，第四个参数 handler 是当前方法的处理函数。filter() 函数中先以日志方式输出方法信息 info，然后调用 handler()。

要使用 filter() 截取器函数，只需在启动 gRPC 服务时将其作为参数传递即可：

```
server := grpc.NewServer(grpc.UnaryInterceptor(filter))
```

服务器在收到每个 gRPC 方法调用之前，会先输出一行日志，然后调用 gRPC 方法。

如果截取器函数返回了错误，那么该次 gRPC 方法调用将被视作失败。因此，可以利用截取器验证其输入参数和 handler 返回的结果，甚至捕获异常。截取器也非常适合做令牌认证。

下面在截取器中增加了对 gRPC 方法 panic 的捕获：

```
func filter(
    ctx context.Context, req interface{},
    info *grpc.UnaryServerInfo,
    handler grpc.UnaryHandler,
) (resp interface{}, err error) {
    log.Println("filter:", info)

    defer func() {
        if r := recover(); r != nil {
            err = fmt.Errorf("panic: %v", r)
        }
    }
```

```
    }()

    return handler(ctx, req)
}
```

不过，gRPC 框架只能为每个服务设置一个截取器，因此所有的截取工作只能在一个函数中完成。开源的 **grpc-ecosystem** 项目中的 `go-grpc-middleware` 包已经基于 **gRPC** 对截取器提供了链式截取的支持，可以方便地组合多个截取器。

以下是 `go-grpc-middleware` 包中链式截取器的简单用法：

```
import "github.com/grpc-ecosystem/go-grpc-middleware"

myServer := grpc.NewServer(
    grpc.UnaryInterceptor(grpc_middleware.ChainUnaryServer(
        filter1, filter2, ...
    )),
    grpc.StreamInterceptor(grpc_middleware.ChainStreamServer(
        filter1, filter2, ...
    )),
)
```

感兴趣的读者可以参考 `go-grpc-middleware` 包的代码。

6.5.4 与 Web 服务共存

gRPC 构建在 HTTP/2 之上，因此我们可以将 gRPC 服务与普通的 Web 服务部署在同一个端口。对于未启用 TLS 协议的服务则需要对 HTTP/2 特性做适当的调整：

```
func main() {
    mux := http.NewServeMux()

    h2Handler := h2c.NewHandler(mux, &http2.Server{})
    server = &http.Server{Addr: ":3999", Handler: h2Handler}
    server.ListenAndServe()
}
```

启用普通的 HTTPS 服务器非常简单：

```
func main() {
    mux := http.NewServeMux()
    mux.HandleFunc("/", func(w http.ResponseWriter, req *http.Request) {
        fmt.Fprintln(w, "hello")
    })

    http.ListenAndServeTLS(port, "server.crt", "server.key",
        http.HandlerFunc(func(w http.ResponseWriter, r *http.Request) {
            mux.ServeHTTP(w, r)
            return
        }),
    )
}
```

单独启用带证书的 gRPC 服务也非常简单:

```
func main() {
    creds, err := credentials.NewServerTLSFromFile("server.crt", "server.key")
    if err != nil {
        log.Fatal(err)
    }

    grpcServer := grpc.NewServer(grpc.Creds(creds))

    ...
}
```

因为 gRPC 服务已经实现了 ServeHTTP()方法,可以直接作为 Web 路由处理对象。如果将 gRPC 和 Web 服务放在一起,会导致 gRPC 和 Web 路径的冲突,在处理时我们需要区分这两类服务。

我们可以通过以下方式生成同时支持 Web 和 gRPC 协议的路由处理函数:

```
func main() {
    ...

    http.ListenAndServeTLS(port, "server.crt", "server.key",
        http.HandlerFunc(func(w http.ResponseWriter, r *http.Request) {
            if r.ProtoMajor != 2 {
                mux.ServeHTTP(w, r)
                return
            }
            if strings.Contains(
                r.Header.Get("Content-Type"), "application/grpc",
            ) {
                grpcServer.ServeHTTP(w, r) // gRPC Server
                return
            }

            mux.ServeHTTP(w, r)
            return
        }),
    )
}
```

首先,gRPC 构建在 HTTP/2 之上,如果请求的协议版本不是 HTTP/2,则无法提供 gRPC 支持。同时,每个 gRPC 调用请求的 Content-Type 类型会被标注为"application/grpc"类型。通过检查这些条件,可以区分 gRPC 请求和普通 Web 请求。

这样就可以在同一端口同时提供 gRPC 服务和 Web 服务。

6.6 gRPC 和 Protobuf 扩展

目前,开源社区已经围绕 Protobuf 和 gRPC 开发出众多扩展,形成了庞大的生态系统。本节将介绍验证器和 REST 风格的接口扩展。

6.6.1 验证器

到目前为止，我们接触的全部是第 3 版 Protobuf 语法。第 2 版 Protobuf 有一个默认值特性，可以为字符串或数值类型的成员定义默认值。

下面是使用第 2 版 Protobuf 语法创建的文件：

```
syntax = "proto2";

package main;

message Message {
    optional string name = 1 [default = "gopher"];
    optional int32 age = 2 [default = 10];
}
```

内置的默认值语法是通过 Protobuf 的扩展选项特性实现的。第 3 版 Protobuf 不再支持默认值特性，但可以通过扩展选项来模拟这一特性。

下面是使用第 3 版 Protobuf 语法的扩展特性重写的 proto 文件：

```
syntax = "proto3";

package main;

import "google/protobuf/descriptor.proto";

extend google.protobuf.FieldOptions {
    string default_string = 50000;
    int32 default_int = 50001;
}

message Message {
    string name = 1 [(default_string) = "gopher"];
    int32 age = 2[(default_int) = 10];
}
```

其中方括号内就是扩展语法。重新生成 Go 语言代码后，代码中会包含扩展选项相关的元信息：

```
var E_DefaultString = &proto.ExtensionDesc{
    ExtendedType:   (*descriptor.FieldOptions)(nil),
    ExtensionType:  (*string)(nil),
    Field:          50000,
    Name:           "main.default_string",
    Tag:            "bytes,50000,opt,name=default_string,json=defaultString",
    Filename:       "helloworld.proto",
}

var E_DefaultInt = &proto.ExtensionDesc{
    ExtendedType:   (*descriptor.FieldOptions)(nil),
    ExtensionType:  (*int32)(nil),
    Field:          50001,
```

```
    Name:           "main.default_int",
    Tag:            "varint,50001,opt,name=default_int,json=defaultInt",
    Filename:       "helloworld.proto",
}
```

我们可以在运行时通过类似反射的技术解析出 Message 每个成员定义的扩展选项，并从每个扩展选项的相关元信息中解析出定义的默认值。

在开源社区中，已经基于 Protobuf 的扩展特性实现了一个功能强大的验证器。要使用这个验证器，需要先下载其代码生成插件：

```
$ go get github.com/mwitkow/go-proto-validators/protoc-gen-govalidators
```

然后基于 go-proto-validators 的规则为 Message 成员增加验证规则：

```
syntax = "proto3";

package main;

import "github.com/mwitkow/go-proto-validators/validator.proto";

message Message {
    string important_string = 1 [
        (validator.field) = {regex: "^[a-z]{2,5}$"}
    ];
    int32 age = 2 [
        (validator.field) = {int_gt: 0, int_lt: 100}
    ];
}
```

在方括号内的成员扩展中，validator.field 表示扩展是 validator 包中定义的名为 field 的扩展选项。validator.field 是 FieldValidator 结构体类型的，在导入的 validator.proto 文件中定义。

所有的验证规则都由 validator.proto 文件中的 FieldValidator 定义：

```
syntax = "proto2";
package validator;

import "google/protobuf/descriptor.proto";

extend google.protobuf.FieldOptions {
    optional FieldValidator field = 65020;
}

message FieldValidator {
    // Uses a Golang RE2-syntax regex to match the field contents.
    optional string regex = 1;
    // Field value of integer strictly greater than this value.
    optional int64 int_gt = 2;
    // Field value of integer strictly smaller than this value.
    optional int64 int_lt = 3;
```

```
        // ...
    }
```

从 `FieldValidator` 定义中我们可以看到验证器扩展的一些语法，其中 `regex` 表示用于字符串验证的正则表达式，`int_gt` 和 `int_lt` 表示数值的范围。

然后使用下面的命令生成验证器代码：

```
protoc  \
    --proto_path=${GOPATH}/src \
    --proto_path=${GOPATH}/src/github.com/google/protobuf/src \
    --proto_path=. \
    --govalidators_out=. --go_out=plugins=grpc:. \
    hello.proto
```

对于 **Windows** 系统，将 `${GOPATH}` 替换为 `%GOPATH%` 即可。

以上命令会调用 `protoc-gen-govalidators` 程序，生成一个名为 `hello.validator.pb.go` 的独立的文件：

```
var _regex_Message_ImportantString = regexp.MustCompile("^[a-z]{2,5}$")

func (this *Message) Validate() error {
    if !_regex_Message_ImportantString.MatchString(this.ImportantString) {
        return go_proto_validators.FieldError("ImportantString", fmt.Errorf(
            `value '%v' must be a string conforming to regex "^[a-z]{2,5}$"`,
            this.ImportantString,
        ))
    }
    if !(this.Age > 0) {
        return go_proto_validators.FieldError("Age", fmt.Errorf(
            `value '%v' must be greater than '0'`, this.Age,
        ))
    }
    if !(this.Age < 100) {
        return go_proto_validators.FieldError("Age", fmt.Errorf(
            `value '%v' must be less than '100'`, this.Age,
        ))
    }
    return nil
}
```

生成的代码为 `Message` 结构体增加了一个 `Validate()` 方法，用于验证该成员是否满足 **Protobuf** 中定义的约束条件。无论采用何种类型，所有的 `Validate()` 方法都用相同的签名，因此可以满足统一的验证接口。

通过生成的验证器，并结合 **gRPC** 的截取器，可以很容易为每个方法的输入参数和返回值进行验证。

6.6.2　REST 风格的接口

gRPC 服务一般用于集群内部通信，如果需要对外提供服务，一般会提供等价的 **REST** 风格的接口。通过 REST 风格的接口，前端 JavaScript 可以方便地与后端进行交互。开源的 grpc-gateway 项目
实现了将 gRPC 服务转换为 REST 服务的功能。

grpc-gateway 的工作原理如图 6-2 所示。

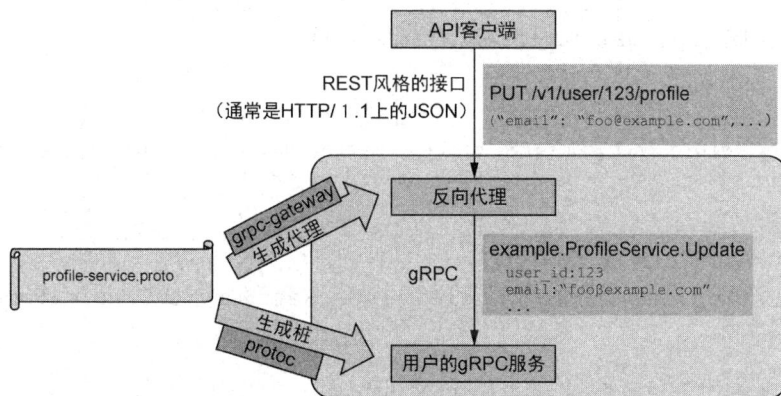

图 6-2　grpc-gateway 的工作原理

grpc-gateway 通过在 Protobuf 文件中添加路由相关的元信息，使用自定义的代码插件生成路由
处理代码，最终将 REST 请求转发给后端的 gRPC 服务处理。

路由扩展元信息通过 Protobuf 的元数据扩展提供。我们先为 gRPC 定义了 Get() 和 Post() 方
法，然后通过扩展语法在对应的方法后添加路由信息：

```proto
syntax = "proto3";

package main;

import "google/api/annotations.proto";

message StringMessage {
  string value = 1;
}

service RestService {
    rpc Get(StringMessage) returns (StringMessage) {
        option (google.api.http) = {
            get: "/get/{value}"
        };
    }
    rpc Post(StringMessage) returns (StringMessage) {
        option (google.api.http) = {
            post: "/post"
            body: "*"
        };
    }
}
```

其中，/get/{value}路径对应的是 Get()方法，{value}部分对应参数中的 value 成员，结果

以 JSON 格式返回；/post 路径对应 Post()方法，body 中包含 JSON 格式的请求信息。

接着，我们通过以下命令安装 protoc-gen-grpc-gateway 插件：

```
$ go get -u github.com/grpc-ecosystem/grpc-gateway/protoc-gen-grpc-gateway
```

再使用插件生成 grpc-gateway 所需的路由处理代码：

```
$ protoc -I/usr/local/include -I. \
    -I$GOPATH/src \
    -I$GOPATH/src/github.com/grpc-ecosystem/grpc-gateway/third_party/googleapis \
    --grpc-gateway_out=. --go_out=plugins=grpc:. \
    hello.proto
```

对于 Windows 系统，将${GOPATH}替换为%GOPATH%即可。

插件会为 RestService 服务生成对应的 RegisterRestServiceHandlerFromEndpoint()
函数：

```
func RegisterRestServiceHandlerFromEndpoint(
    ctx context.Context, mux *runtime.ServeMux, endpoint string,
    opts []grpc.DialOption,
) (err error) {
    ...
}
```

RegisterRestServiceHandlerFromEndpoint()函数用于将定义了 REST 风格的接口的
请求转发到真正的 gRPC 服务。注册路由处理函数之后就可以启动 Web 服务了：

```
func main() {
    ctx := context.Background()
    ctx, cancel := context.WithCancel(ctx)
    defer cancel()

    mux := runtime.NewServeMux()

    err := RegisterRestServiceHandlerFromEndpoint(
        ctx, mux, "localhost:5000",
        []grpc.DialOption{grpc.WithInsecure()},
    )
    if err != nil {
        log.Fatal(err)
    }

    http.ListenAndServe(":8080", mux)
}
```

启动 Web 服务需要先通过 runtime.NewServeMux()函数创建路由处理函数，然后通过
RegisterRestServiceHandlerFromEndpoint()函数将与 RestService 服务相关的 REST
风格的接口转发到后端的 gRPC 服务。grpc-gateway 提供的 runtime.ServeMux 也实现了
http.Handler 接口，因此可以与标准库中的相关函数配合使用。

启动 gRPC 服务，端口为 5000：

```
type RestServiceImpl struct{}

func (r *RestServiceImpl) Get(
    ctx context.Context, message *StringMessage
) (*StringMessage, error) {
    return &StringMessage{Value: "Get hi:" + message.Value + "#"}, nil
}

func (r *RestServiceImpl) Post(
    ctx context.Context, message *StringMessage
) (*StringMessage, error) {
    return &StringMessage{Value: "Post hi:" + message.Value + "@"}, nil
}
func main() {
    grpcServer := grpc.NewServer()
    RegisterRestServiceServer(grpcServer, new(RestServiceImpl))
    lis, _ := net.Listen("tcp", ":5000")
    grpcServer.Serve(lis)
}
```

当 gRPC 和 REST 服务全部启动后，就可以使用 curl 请求 REST 服务了：

```
$ curl localhost:8080/get/gopher
{"value":"Get: gopher"}

$ curl localhost:8080/post -X POST --data '{"value":"grpc"}'
{"value":"Post: grpc"}
```

在对外公布 REST 风格的接口时，一般还会提供一个 Swagger 格式的文件，用于描述这个接口规范。可以通过以下命令安装 protoc-gen-swagger 插件并生成 Swagger 所需的 JSON 文件：

```
$ go get -u github.com/grpc-ecosystem/grpc-gateway/protoc-gen-swagger

$ protoc -I. \
  -I$GOPATH/src/github.com/grpc-ecosystem/grpc-gateway/third_party/googleapis \
  --swagger_out=. \
  hello.proto
```

此时会生成一个 hello.swagger.json 文件，这样就可以通过开源的 swagger-ui 项目，在网页中提供 REST 风格的接口的文档和测试等功能。

6.6.3 Nginx

最新版本的 Nginx 对 gRPC 提供了深度支持。可以通过 Nginx 将后端的多个 gRPC 服务聚合到一个 Nginx 服务中。同时，Nginx 还提供了为同一种 gRPC 服务注册多个后端服务的功能，从而轻松实现 gRPC 的负载均衡。Nginx 的 gRPC 扩展是一个较大的主题，感兴趣的读者可以自行参考相关文档。

6.7 基于 Protobuf 的框架 pbgo

pbgo 是笔者专为讲解本节内容设计的一个基于 Protobuf 的扩展语法的迷你框架，它通过插件自动生成 RPC 和 REST 风格的接口的相关代码。6.2 节已经展示过如何定制一个 Protobuf 代码生成插件并生成 RPC 代码。本节将重点讲述 pbgo 框架中与 Protobuf 扩展语法相关的 REST 风格的接口部分的工作原理。

6.7.1　Protobuf 扩展语法

许多 Protobuf 相关的开源项目都使用了 Protobuf 的扩展语法。6.6.1 节中提到的验证器通过为结构体成员添加扩展元信息实现验证功能。grpc-gateway 项目则通过为服务的每个方法添加 HTTP 映射规则实现对 REST 风格的接口的支持。pbgo 框架也通过 Protobuf 的扩展语法来为 REST 风格的接口添加元信息。

pbgo 框架的扩展语法在 github.com/chai2010/pbgo/pbgo.proto 文件定义：

```
syntax = "proto3";
package pbgo;

option go_package = "github.com/chai2010/pbgo;pbgo";

import "google/protobuf/descriptor.proto";

extend google.protobuf.MethodOptions {
    HttpRule rest_api = 20180715;
}

message HttpRule {
    string get = 1;
    string put = 2;
    string post = 3;
    string delete = 4;
    string patch = 5;
}
```

pbgo.proto 文件是 pbgo 框架的一部分，需要被其他 proto 文件导入。Protobuf 有一套完整的包体系，这里的包路径是 pbgo。Go 语言也有自己的一套包体系，需要通过 go_package 选项定义 Protobuf 和 Go 语言之间包的映射关系。定义 Protobuf 和 Go 语言之间包的映射关系后，其他导入 Protobuf 的包的 pbgo.proto 文件在生成 Go 代码时，会生成映射到 pbgo 的 Go 语言包路径。

Protobuf 扩展语法有 5 种类型，分别针对文件、message、message 成员、service 和 service 的方法。在使用扩展前，需要先通过 extend 关键字定义扩展的类型和可以用于扩展的成员。扩展成员可以是基础类型，也可以是结构体类型。pbgo 框架中只定义了 service 的方法的扩展，即 rest_api，类型为 HttpRule 结构体。

定义了扩展后，我们就可以在其他 Protobuf 文件中使用 pbgo 框架的扩展。创建一个 hello.proto 文件：

```
syntax = "proto3";
package hello_pb;

import "github.com/chai2010/pbgo/pbgo.proto";
```

```
message String {
    string value = 1;
}

service HelloService {
    rpc Hello (String) returns (String) {
        option (pbgo.rest_api) = {
            get: "/hello/:value"
        };
    }
}
```

我们先通过导入 pbgo.proto 文件引入扩展定义，然后在 HelloService 的 Hello() 方法中使用 pbgo 框架定义的扩展。Hello() 方法的扩展信息表明该方法对应一个 REST 风格的接口，只有一个/hello/:value 路由对应 get 方法。REST 风格的 get 方法的路由采用了 httprouter 包的语法规则，:value 表示路由中的该字段对应参数中同名的成员。

6.7.2　插件中读取扩展信息

在 6.2 节中我们已经简单介绍了 Protobuf 插件的工作原理，并展示了如何生成 RPC 代码。插件实现了 generator.Plugin 接口：

```
type Plugin interface {
    // Name identifies the plugin.
    Name() string
    // Init is called once after data structures are built but before
    // code generation begins.
    Init(g *Generator)
    // Generate produces the code generated by the plugin for this file,
    // except for the imports, by calling the generator's methods P, In,
    // and Out.
    Generate(file *FileDescriptor)
    // GenerateImports produces the import declarations for this file.
    // It is called after Generate.
    GenerateImports(file *FileDescriptor)
}
```

我们需要在 Generate() 和 GenerateImports() 方法中分别生成相关的代码。而 Protobuf 文件的全部信息都在*generator.FileDescriptor 类型的参数中描述，因此我们需要从参数中提取扩展定义的元数据。

pbgo 框架中的插件对象是 pbgoPlugin，在 Generate() 方法中需要先遍历 Protobuf 文件中定义的所有服务，再遍历每个服务的每个方法。在获取方法结构之后，可以通过自定义的 getServiceMethodOption() 方法提取 REST 风格的接口的扩展信息：

```
func (p *pbgoPlugin) Generate(file *generator.FileDescriptor) {
    for _, svc := range file.Service {
        for _, m := range svc.Method {
```

```
        httpRule := p.getServiceMethodOption(m)
        ...
    }
  }
}
```

在介绍 `getServiceMethodOption()` 方法之前，我们先回顾一下方法扩展的定义：

```
extend google.protobuf.MethodOptions {
    HttpRule rest_api = 20180715;
}
```

pbgo 框架为服务的方法定义了一个名为 `rest_api` 的扩展，在最终生成的 Go 语言代码中会包含一个 `pbgo.E_RestApi` 全局变量，通过该全局变量可以获取用户定义的扩展信息。

下面是 `getServiceMethodOption()` 方法的实现：

```
func (p *pbgoPlugin) getServiceMethodOption(
    m *descriptor.MethodDescriptorProto,
) *pbgo.HttpRule {
    if m.Options != nil && proto.HasExtension(m.Options, pbgo.E_RestApi) {
        ext, _ := proto.GetExtension(m.Options, pbgo.E_RestApi)
        if ext != nil {
            if x, _ := ext.(*pbgo.HttpRule); x != nil {
                return x
            }
        }
    }
    return nil
}
```

我们先通过 `proto.HasExtension()` 函数判断每个方法是否定义了扩展，然后通过 `proto.GetExtension()` 函数获取用户定义的扩展信息。在获取到扩展信息之后，再将扩展转换为 `pbgo.HttpRule` 类型。

有了扩展信息之后，我们就可以参考 6.2 节中生成 RPC 代码的方式生成 REST 风格的接口的相关的代码。

6.7.3 生成 REST 风格的接口的代码

pbgo 框架也提供了一个插件用于生成 REST 风格的接口的代码。不过我们的目的是学习 pbgo 框架的设计过程，因此我们先尝试手动编写 `Hello()` 方法对应的 REST 风格的接口的代码，然后插件再根据手动编写的代码构造模板自动生成代码。

`HelloService` 只有一个 `Hello()` 方法，`Hello()` 方法只定义了一个 get 方式的 REST 风格的接口：

```
message String {
    string value = 1;
}

service HelloService {
```

```
rpc Hello (String) returns (String) {
    option (pbgo.rest_api) = {
        get: "/hello/:value"
    };
}
}
```

为了方便最终用户，需要为 HelloService 服务构建一个路由，因此我们希望有一个类似的 HelloServiceHandler() 函数，可以基于 HelloServiceInterface 服务的接口生成路由处理函数：

```
type HelloServiceInterface interface {
    Hello(in *String, out *String) error
}

func HelloServiceHandler(svc HelloServiceInterface) http.Handler {
    var router = httprouter.New()
    _handle_HelloService_Hello_get(router, svc)
    return router
}
```

在这段代码中，我们选择了比较流行的开源 httprouter 包，其中 _handle_HelloService_ Hello_get() 函数用于将 Hello() 方法注册到路由处理函数：

```
func _handle_HelloService_Hello_get(
    router *httprouter.Router, svc HelloServiceInterface,
) {
    router.Handle("GET", "/hello/:value",
        func(w http.ResponseWriter, r *http.Request, ps httprouter.Params) {
            var protoReq, protoReply String

            err := pbgo.PopulateFieldFromPath(&protoReq, fieldPath, ps.ByName("value"))
            if err != nil {
                http.Error(w, err.Error(), http.StatusBadRequest)
                return
            }

            if err := svc.Hello(&protoReq, &protoReply); err != nil {
                http.Error(w, err.Error(), http.StatusInternalServerError)
                return
            }

            if err := json.NewEncoder(w).Encode(&protoReply); err != nil {
                http.Error(w, err.Error(), http.StatusInternalServerError)
                return
            }
        },
    )
}
```

在这段代码中，我们先通过 router.Handle() 方法注册路由函数。在路由函数内部，先通过

`ps.ByName("value")` 从 URL 中加载 value 参数，再通过 `pbgo.PopulateFieldFromPath` 辅助函数设置 value 参数对应的成员。只要输入参数准备就绪，就可以调用 `HelloService` 服务的 `Hello()` 方法，最终将 `Hello()` 方法返回的结果以 JSON 格式编码返回。

在手动构建完成最终代码的结构之后，我们就可以在此基础上构建插件生成代码的模板。完整的插件代码和模板在 protoc-gen-pbgo/pbgo.go 文件中，读者可以自行参考。

6.7.4 启动 REST 服务

虽然从头构建 pbgo 框架的过程比较烦琐，但是使用 pbgo 框架构建 REST 服务却是非常简单。首先，构造一个满足 `HelloServiceInterface` 接口的服务对象：

```
import (
    "github.com/chai2010/pbgo/examples/hello.pb"
)

type HelloService struct{}

func (p *HelloService) Hello(request *hello_pb.String, reply *hello_pb.String) error {
    reply.Value = "hello:" + request.GetValue()
    return nil
}
```

与 RPC 代码一样，在 `Hello()` 方法中简单返回结果，然后调用该服务对应的 `HelloServiceHandler()` 函数生成路由处理函数，并启动服务：

```
func main() {
    router := hello_pb.HelloServiceHandler(new(HelloService))
    log.Fatal(http.ListenAndServe(":8080", router))
}
```

然后，在命令行测试 REST 服务：

```
$ curl localhost:8080/hello/vgo
```

这样，一个超级简单的 pbgo 框架就完成了！

6.8 补充说明

目前专门讲述 RPC 的书比较少。Protobuf 和 gRPC 的官网提供了详细的参考资料和例子。本章重点介绍了 Go 标准库的 RPC 和基于 Protobuf 的 gRPC 框架，同时也展示了如何定制 RPC 框架。之所以聚焦在这几个有限的主题上，是因为这些技术都是由 Go 语言团队官方维护的，与 Go 语言最为契合。不过，RPC 仍然是一个庞大的主题，足以单独成书。目前开源界有很多富有特色的 RPC 框架，也有针对分布式系统进行深度定制的 RPC 系统，开发者可以根据自己的实际需求选择合适的工具。

第 7 章

Go Web 编程

本章将阐述 Go 语言在 Web 编程方面的现状，并以几个典型的开源 Web 框架为例，深入探讨 Web 框架本身的执行流程，还将介绍现代企业级 Web 应用开发面临的一些问题，以及如何在 Go 语言中应对并解决这些问题。

7.1 Go Web 编程简介

因为 Go 语言标准库中的 `net/http` 包提供了基础的路由功能和丰富的工具函数，所以在开源社区中流行一种观点：用 Go 语言编写 API 不需要框架。在我们看来，如果项目路由数量较少（个位数），并且 URI 固定且不通过 URI 传递参数，那么确实使用标准库就足够了。但在复杂场景下，`net/http` 包还是会力有不逮。例如，通过下面的路由可见，是否使用框架还是要具体问题具体分析：

```
GET     /card/:id
POST    /card/:id
DELETE  /card/:id
GET     /card/:id/name
...
GET     /card/:id/relations
```

Go 语言的 Web 框架大致可以分为两种：

- 路由框架；
- MVC 框架。

在框架的选择上，大多数情况下都是依照个人的喜好和公司的技术栈。例如，公司有很多技术人员是 PHP 出身，那么他们可能会非常喜欢 Beego 这样的框架，但如果公司有很多 C 程序员，那么他们的想法可能是越简单越好。很多大公司的 C 程序员甚至可能会用 C 语言去写很小的 CGI 程序，他们可能本身并没有什么意愿去学习 MVC 或者更复杂的 Web 框架，他们需要的只是一个非常简单的路由（甚至连路由都不需要，只需要一个基础的 HTTP 处理库来帮他们完成枯燥的体力劳动）。

Go 语言标准库中的 net/http 包提供的就是这样的基础功能，基于 net/http 包很快就可以写一个简单的 HTTP echo 服务器：

```
// brief_intro/echo.go
package main
import (...)

func echo(wr http.ResponseWriter, r *http.Request) {
    msg, err := ioutil.ReadAll(r.Body)
    if err != nil {
        wr.Write([]byte("echo error"))
        return
    }

    writeLen, err := wr.Write(msg)
    if err != nil || writeLen != len(msg) {
        log.Println(err, "write len:", writeLen)
    }
}

func main() {
    http.HandleFunc("/", echo)
    err := http.ListenAndServe(":8080", nil)
    if err != nil {
        log.Fatal(err)
    }
}
```

展示这个例子是为了说明在 Go 语言中编写一个 HTTP 的小程序有多简单。如果你面临的情况比较复杂，例如有几十个接口的企业级应用，那么直接用 net/http 包就显得不太合适了。

我们看一种来自开源社区的 Kafka 监控项目的做法：

```
//Burrow: http_server.go
func NewHttpServer(app *ApplicationContext) (*HttpServer, error) {
    ...
    server.mux.HandleFunc("/", handleDefault)

    server.mux.HandleFunc("/burrow/admin", handleAdmin)

    server.mux.Handle("/v2/kafka", appHandler{server.app, handleClusterList})
    server.mux.Handle("/v2/kafka/", appHandler{server.app, handleKafka})
    server.mux.Handle("/v2/zookeeper", appHandler{server.app, handleClusterList})
    ...
}
```

上面这段代码来自 LinkedIn 公司的 Kafka 监控项目 Burrow，没有使用任何路由框架，只使用了 net/http 包。这段代码看起来似乎非常优雅，感觉项目大概只有这 5 个简单的 URI，所以我们提供的服务就是下面这个样子：

```
/
/burrow/admin
/v2/kafka
/v2/kafka/
/v2/zookeeper
```

如果你这么想，那就被误导了。我们再深入探究一下 handleKafka() 函数：

```
func handleKafka(app *ApplicationContext, w http.ResponseWriter, r *http.Request)
(int, string) {
    pathParts := strings.Split(r.URL.Path[1:], "/")
    if _, ok := app.Config.Kafka[pathParts[2]]; !ok {
        return makeErrorResponse(http.StatusNotFound, "cluster not found", w, r)
    }
    if pathParts[2] == "" {
        // Allow a trailing / on requests
        return handleClusterList(app, w, r)
    }
    if (len(pathParts) == 3) || (pathParts[3] == "") {
        return handleClusterDetail(app, w, r, pathParts[2])
    }

    switch pathParts[3] {
    case "consumer":
        switch {
        case r.Method == "DELETE":
            switch {
            case (len(pathParts) == 5) || (pathParts[5] == ""):
                return handleConsumerDrop(app, w, r, pathParts[2], pathParts[4])
            default:
                return makeErrorResponse(http.StatusMethodNotAllowed, "request method
                                         not supported", w, r)
            }
        case r.Method == "GET":
            switch {
            case (len(pathParts) == 4) || (pathParts[4] == ""):
                return handleConsumerList(app, w, r, pathParts[2])
            case (len(pathParts) == 5) || (pathParts[5] == ""):
                // Consumer detail - list of consumer streams/hosts? Can be config
                // fo later
                return makeErrorResponse(http.StatusNotFound, "unknown API call", w, r)
            case pathParts[5] == "topic":
                switch {
                case (len(pathParts) == 6) || (pathParts[6] == ""):
                    return handleConsumerTopicList(app, w, r, pathParts[2], pathParts[4])
                case (len(pathParts) == 7) || (pathParts[7] == ""):
                    return handleConsumerTopicDetail(app, w, r, pathParts[2],
                                                     pathParts[4], pathParts[6])
                }
            case pathParts[5] == "status":
                return handleConsumerStatus(app, w, r, pathParts[2], pathParts[4], false)
```

```
                case pathParts[5] == "lag":
                    return handleConsumerStatus(app, w, r, pathParts[2], pathParts[4], true)
                }
            default:
                return makeErrorResponse(http.StatusMethodNotAllowed, "request method not
                                supported", w, r)
            }
        case "topic":
            switch {
            case r.Method != "GET":
                return makeErrorResponse(http.StatusMethodNotAllowed, "request method not
                                supported", w, r)
            case (len(pathParts) == 4) || (pathParts[4] == ""):
                return handleBrokerTopicList(app, w, r, pathParts[2])
            case (len(pathParts) == 5) || (pathParts[5] == ""):
                return handleBrokerTopicDetail(app, w, r, pathParts[2], pathParts[4])
            }
        case "offsets":
            // Reserving this endpoint to implement later
            return makeErrorResponse(http.StatusNotFound, "unknown API call", w, r)
        }

        // If we fell through, return a 404
        return makeErrorResponse(http.StatusNotFound, "unknown API call", w, r)
    }
```

因为 net/http 包中的 mux 不支持带参数的路由，所以 Burrow 项目使用了非常蹩脚的字符串分割和复杂的 switch-case 来实现路由功能，这使本来应该很集中的路由管理逻辑变得分散且难以维护。如果你仔细阅读这些代码，可能会发现其他几个处理函数逻辑相对简单，最复杂的是 handleKafka()。但实际上，系统总是从这些看似微不足道的混乱开始，逐渐积累，最终变得难以管理。

根据我们的经验，简单来说，只要你的路由带有参数，并且项目的 API 数量超过 10 个，就尽量不要使用 net/http 包中默认的路由。在 Go 开源界，应用最广泛的路由器是 HttpRouter，很多开源的路由框架都是对 HttpRouter 进行一定程度的改造而成的。HttpRouter 的原理将在 7.2 节中进行详细的解释。

再来回顾一下本节开头说的，Go 语言的 Web 框架有这样几种，第一种是对 HttpRouter 进行简单封装的路由框架，可以提供定制的中间件和一些简单的小工具集成（如 Gin），主打轻量、易学、高性能；第二种是借鉴其他语言编程风格的 MVC 框架（如 Beego），方便从其他语言迁移来的程序员快速上手，快速开发；还有一些功能更为强大的框架，除了数据库模式（schema）设计，大部分代码可以直接生成（如 Goa）。适合开发者使用场景的框架就是好的框架。

本章除了展开讲解路由器和中间件的原理，还会结合工程界面临的问题进行一些实践性的说明。

7.2　请求路由

在常见的 Web 框架中，路由器是必备的组件。在 Go 语言社区中，路由器也常被称为多路复用器。在 7.1 节中，通过对 Burrow 代码的简单分析，我们已经知道如何用标准库中的 net/http 包中内置的 mux 来完成简单的路由功能了。如果开发 Web 系统对路径中带参数没有需求，那么用 net/http 包中的 mux 就足够了。

REST 风格是几年前兴起的 API 设计潮流，除了 GET 和 POST，其他 HTTP 中的常见的方法也使用了 REST 风格定义具体包括：

```
const (
    MethodGet     = "GET"
    MethodHead    = "HEAD"
    MethodPost    = "POST"
    MethodPut     = "PUT"
    MethodPatch   = "PATCH" // RFC 5789
    MethodDelete  = "DELETE"
    MethodConnect = "CONNECT"
    MethodOptions = "OPTIONS"
    MethodTrace   = "TRACE"
)
```

来看几个常见的 REST 风格的请求路由：

```
GET /repos/:owner/:repo/comments/:id/reactions
POST /projects/:project_id/columns
PUT /user/starred/:owner/:repo
DELETE /user/starred/:owner/:repo
```

相信你已经猜到了，这些是 GitHub 官方文档中的 API。REST 风格的 API 高度依赖请求路由，通常会将很多参数放在请求 URI 中。除此之外，REST 风格的 API 还会使用很多并不常见的 HTTP 状态码，本节只讨论路由，状态码先略过不谈。

如果我们的系统也想采用这样的 URI 设计，使用 net/http 包中的 mux 显然就力不从心了。

7.2.1 HttpRouter 简介

当前比较流行的开源 Go Web 框架大多使用 HttpRouter，或者基于 HttpRouter 的变种支持路由。前面提到的 GitHub 的 REST 风格的 API，HttpRouter 都可以支持。

因为 HttpRouter 使用的是显式匹配，所以在设计路由的时候需要规避一些会导致路由冲突的情况，例如：

```
// 下面的两个路径会产生冲突
GET /user/info/:name
GET /user/:id

// 下面的两个路径不会产生冲突
GET /user/info/:name
POST /user/:id
```

简单来讲，如果两个路由具有相同的 HTTP 方法（如 GET、POST、PUT、DELETE）和请求路径前缀，并且在某个位置上，一个路由使用了参数（如:id 这种形式），而另一个路由使用了普通字符串，就会发生路由冲突。路由冲突会在初始化阶段直接引发 panic：

```
panic: wildcard route ':id' conflicts with existing children in path '/user/:id'

goroutine 1 [running]:
github.com/cch123/httprouter.(*node).insertChild(0xc4200801e0, 0xc42004fc01, 0x126b17
7, 0x3, 0x126b171, 0x9, 0x127b668)
    /Users/caochunhui/go_work/src/github.com/cch123/httprouter/tree.go:256 +0x841
github.com/cch123/httprouter.(*node).addRoute(0xc4200801e0, 0x126b171, 0x9, 0x127b668)
    /Users/caochunhui/go_work/src/github.com/cch123/httprouter/tree.go:221 +0x22a
github.com/cch123/httprouter.(*Router).Handle(0xc42004ff38, 0x126a39b, 0x3, 0x126b171
, 0x9, 0x127b668)
    /Users/caochunhui/go_work/src/github.com/cch123/httprouter/router.go:262 +0xc3
github.com/cch123/httprouter.(*Router).GET(0xc42004ff38, 0x126b171, 0x9, 0x127b668)
    /Users/caochunhui/go_work/src/github.com/cch123/httprouter/router.go:193 +0x5e
main.main()
    /Users/caochunhui/test/go_web/httprouter_learn2.go:18 +0xaf
exit status 2
```

还有一点需要注意，因为 HttpRouter 考虑了检索树的深度，在初始化时会对参数的数量进行限制，所以在路由中的参数数量不能超过 255，否则会导致 HttpRouter 无法识别后续的参数。不过，在这一点上也不用考虑太多，毕竟 URI 是设计给人看的，很难想象 URI 会在一个路由中带有 200 个以上的参数。

除了支持路由中的参数，HttpRouter 还支持通配符*，不过以*开头的参数只能放在路由的结尾，例如下面这样：

```
// Pattern: /src/*filepath

 /src/                   filepath = ""
 /src/somefile.go        filepath = "somefile.go"
 /src/subdir/somefile.go filepath = "subdir/somefile.go"
```

这种设计在 REST 风格中可能不太常见，主要是为了能够使用 HttpRouter 来做简单的 HTTP 静态文件服务器。

除了正常情况下的路由支持，HttpRouter 也支持对一些特殊情况下的回调函数进行定制，例如，在出现 404 错误的时候：

```
r := httprouter.New()
r.NotFound = http.HandlerFunc(func(w http.ResponseWriter, r *http.Request) {
    w.Write([]byte("oh no, not found"))
})
```

或者在内部参数发生 panic 的时候：

```
r.PanicHandler = func(w http.ResponseWriter, r *http.Request, c interface{}) {
    log.Printf("Recovering from panic, Reason: %#v", c.(error))
```

```
        w.WriteHeader(http.StatusInternalServerError)
        w.Write([]byte(c.(error).Error()))
    }
```

目前 Go 语言开源界最流行的（star 数最多的）Web 框架 Gin 使用的就是 HttpRouter 的变种。

7.2.2 HttpRouter 原理

HttpRouter 和众多衍生路由框架使用的数据结构称为压缩动态检索树（compressing dynamic trie tree）。你可能没有接触过压缩动态检索树，但对检索树（trie tree）应该不陌生。

图 7-1 展示了一个典型的检索树结构。

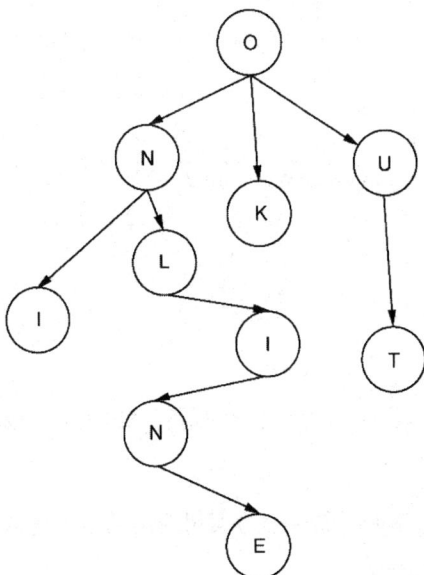

图 7-1　典型的检索树结构

检索树常用于字符串检索，例如用给定的字符串序列构建检索树。对于目标字符串，只要从根节点开始深度优先搜索，即可判断该字符串是否出现过，时间复杂度为 $O(n)$，其中 n 是目标字符串的长度。为什么要这样做呢？字符串本身不像数值类型可以直接进行数值比较，比较两个字符串的时间复杂度取决于字符串长度。如果不用检索树来完成上述功能，就要对历史字符串进行排序，再利用二分搜索算法去搜索，时间复杂度会更高。因此，检索树是一种典型的以空间换时间的方法。

普通的检索树有一个比较明显的缺点：每个字母都需要建立一个子节点。这会导致检索树的层级比较深。压缩检索树平衡了检索树的优点和缺点。

图 7-2 展示了典型的压缩检索树结构。

在压缩检索树中，每个节点不只存储一个字母了，而是存储多个字符，这就是"压缩"的含义。使用压缩检索树可以减少树的层数，同时因为每个节点的数据存储比普通的检索树更多，所以程序的局部性更好（一个节点的路由加载到缓存后即可进行多个字符的比较），从而对 CPU 缓存更友好。

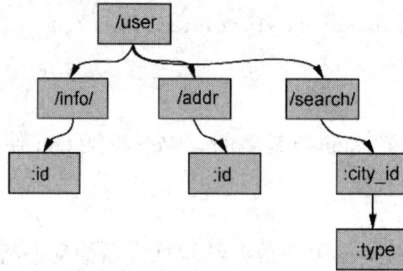

图 7-2　典型的压缩检索树结构

7.2.3　压缩检索树创建过程

我们来跟踪一下 HttpRouter 中一个典型的压缩检索树的创建过程。假设路由设定如下：

```
PUT /user/installations/:installation_id/repositories/:repository_id

GET /marketplace_listing/plans/
GET /marketplace_listing/plans/:id/accounts
GET /search
GET /status
GET /support
```

补充路由为：

```
GET /marketplace_listing/plans/ohyes
```

最后一条补充路由是我们假想的，除此之外的所有 API 路由均来自 GitHub 官方文档。

1. 根节点的创建

HttpRouter 的 Router 结构体中存储压缩检索树使用的是下述数据结构：

```
// 略去了其他部分的 Router 结构体
type Router struct {
    // ...
    trees map[string]*node
    // ...
}
```

trees 字段的键为 HTTP 1.1 的 RFC 中定义的各种方法，具体有 GET、HEAD、OPTIONS、POST、PUT、PATCH 和 DELETE。每种方法对应的都是一棵独立的压缩检索树，这些树彼此之间不共享数据。具体到我们上面用到的路由，PUT 和 GET 是两棵不同的树。

简单来讲，当第一次插入某个方法的路由时，会创建对应检索树的根节点。我们按顺序，先创建 PUT 对应的根节点：

```
r := httprouter.New()
r.PUT("/user/installations/:installation_id/repositories/:reposit", Hello)
```

这样就创建了 PUT 对应的根节点。插入 PUT 方法的路由后的压缩检索树如图 7-3 所示。

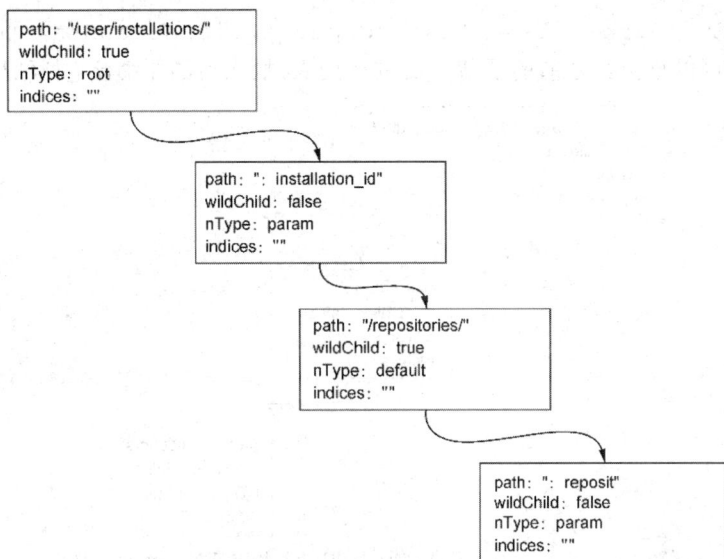

图 7-3　插入 PUT 方法的路由后的压缩检索树

HttpRouter 的节点类型为*httprouter.node。为了说明方便，我们只关注几个字段。

（1）path：当前节点对应的路径字符串。

（2）wildChild：子节点是否为参数节点（:id 形式为参数节点，*形式为通配符节点）。

（3）nType：当前节点类型，共有 4 种类型，分别为 static、root、param 和 catchAll。

- static：非根节点的普通字符串节点。
- root：根节点。
- param：参数节点，如:id。
- catchAll：通配符节点，如*anyway。

（4）indices：子节点索引数组，当子节点不是参数类型，即节点的 wildChild 为 false 时，会将每个子节点的首字母放在该索引数组中。虽然 indices 名为数组，但是实际上它是一个字符串。

PUT 路由只有一条路径。接下来，我们以具有多条路径的 GET 路由为例，讲解子节点的插入过程。

2. 子节点插入

当插入 GET /marketplace_listing/plans/时，类似前面插入 PUT 方法的路由的过程，GET 树的结构如图 7-4 所示。

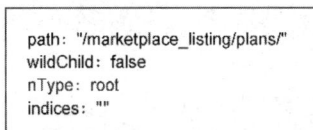

图 7-4　插入 GET 方法的路由的第一个节点后的压缩检索树

因为第一个路由没有参数，所以 path 被存储到根节点上，只有一个节点。

然后插入 GET /marketplace_listing/plans/:id/accounts。新路径与之前的路径有共同的前缀,可以直接在之前的子节点后进行插入,插入后的压缩检索树结构如图 7-5 所示。

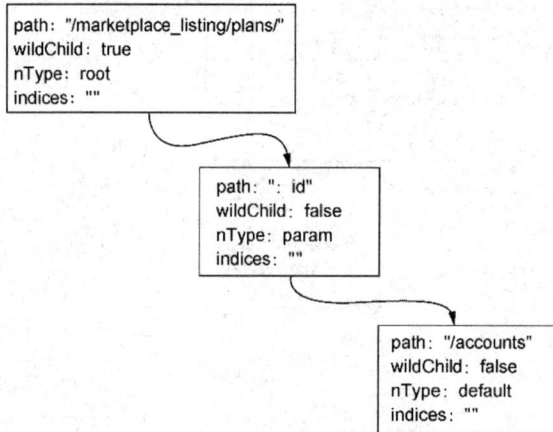

```
path: "/marketplace_listing/plans/"
wildChild: true
nType: root
indices: ""
```

```
path: ": id"
wildChild: false
nType: param
indices: ""
```

```
path: "/accounts"
wildChild: false
nType: default
indices: ""
```

图 7-5　插入 GET 方法的路由的第二个节点后的压缩检索树

由于 :id 是参数节点,因此根节点的 indices 字段依然不需要处理。

上面这种情况比较简单,新路由可以直接作为原路由的子节点进行插入。但实际情况可能会更复杂。

3. 节点分裂

接下来插入 GET /search,这会导致压缩检索树的节点分裂,如图 7-6 所示。

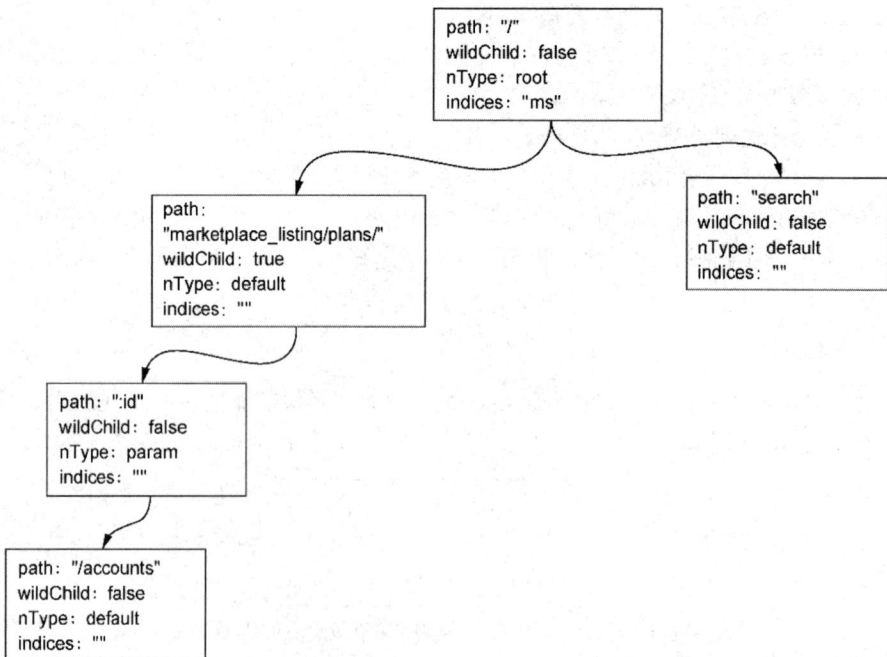

```
path: "/"
wildChild: false
nType: root
indices: "ms"
```

```
path:
"marketplace_listing/plans/"
wildChild: true
nType: default
indices: ""
```

```
path: "search"
wildChild: false
nType: default
indices: ""
```

```
path: ":id"
wildChild: false
nType: param
indices: ""
```

```
path: "/accounts"
wildChild: false
nType: default
indices: ""
```

图 7-6　插入 GET 方法的路由的第三个节点导致节点分裂

路由的原有路径和新路径在初始的/位置发生分裂，这就需要将原有的根节点内容下移，再将新路径 search 作为子节点挂在根节点下。这时候，因为子节点出现多个，根节点的 indices 字段就派上用场了，需要该字段提供子节点索引。"ms"表示子节点 path 的首字母分别为 m（marketplace）和 s（search）。

我们继续插入 GET /status 和 GET /support。这会在 search 节点上再次发生分裂，最终结果如图 7-7 所示。

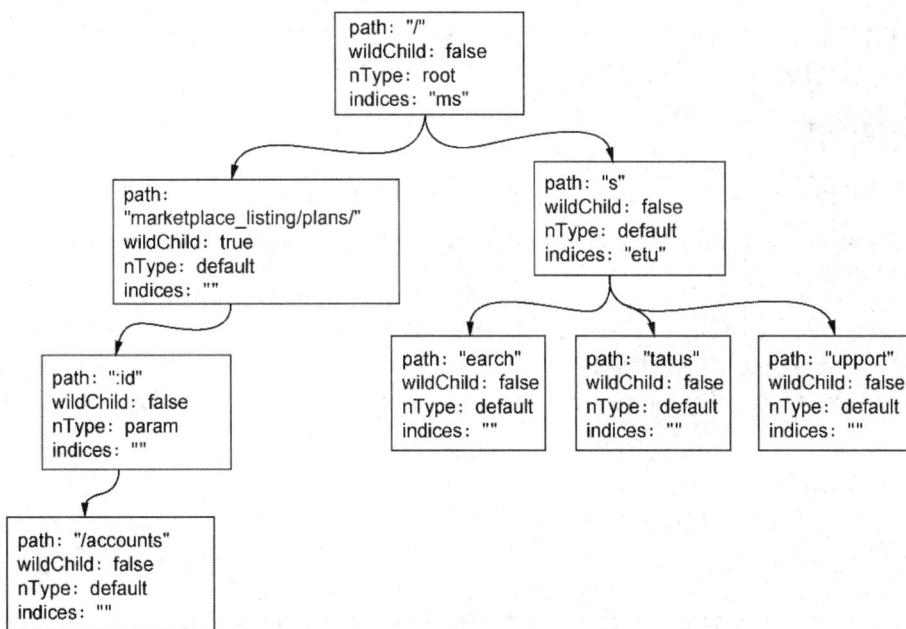

图 7-7　插入所有 GET 方法的路由的节点后的压缩检索树

4. 子节点冲突

当路由仅包含字符串时，不会发生冲突。只有当路由包含参数（如:id）或者通配符时，才可能发生冲突。

子节点冲突分以下几种情况。

（1）在插入 param 类型的节点时，父节点已有子节点且 wildChild 被设置为 false。例如，GET /user/getAll 和 GET /user/:id/getAddr，或者 GET /user/*aaa 和 GET /user/:id。

（2）在插入 param 类型的节点时，父节点已有子节点且 wildChild 被设置为 true，但该父节点的已存在的参数子节点与即将插入的参数子节点的名称不一样。例如，GET /user/:id/info 和 GET /user/:name/info。

（3）在插入 catchAll 类型的节点时，父节点的子节点非空。例如，GET /src/abc 和 GET /src/*filename，或者 GET /src/:id 和 GET /src/*filename。

（4）在插入 static 类型的节点时，父节点的 wildChild 字段被设置为 true。

（5）在插入 static 类型的节点时，父节点的子节点非空，同时子节点 nType 为 catchAll。

例如，在插入我们假想的路由 GET /marketplace_listing/plans/ohyes 时，会出现第 4 种冲突情况：它的父节点 marketplace_listing/plans/ 的 wildChild 字段为 true。只要发生冲突，就会在初始化的时候引发 panic。

7.3 中间件

本节将对当前流行的 Web 框架中的中间件（middleware）的技术原理进行分析，并介绍如何使用中间件将业务代码和非业务代码解耦。

7.3.1 代码泥潭

先看一段代码：

```go
// middleware/hello.go
package main

func hello(wr http.ResponseWriter, r *http.Request) {
    wr.Write([]byte("hello"))
}

func main() {
    http.HandleFunc("/", hello)
    err := http.ListenAndServe(":8080", nil)
    ...
}
```

这是一个典型的 Web 服务，挂载了一个简单的路由。我们的线上服务一般也是从这样简单的服务开始逐步拓展的。

现在有一个新需求，要统计之前写的 hello 服务的处理耗时。这个需求很简单，我们对上面的程序进行少量修改便可以在每次收到 HTTP 请求时，打印出当前请求所消耗的时间：

```go
// middleware/hello_with_time_elapse.go
var logger = log.New(os.Stdout, "", 0)

func hello(wr http.ResponseWriter, r *http.Request) {
    timeStart := time.Now()
    wr.Write([]byte("hello"))
    timeElapsed := time.Since(timeStart)
    logger.Println(timeElapsed)
}
```

完成这个需求后，我们继续进行业务开发，提供的 API 逐渐增加。现在我们的路由看起来是下面这样的：

```go
// middleware/hello_with_more_routes.go
// 省略了一些相同的代码
```

```go
package main

func helloHandler(wr http.ResponseWriter, r *http.Request) {
    // ...
}

func showInfoHandler(wr http.ResponseWriter, r *http.Request) {
    // ...
}

func showEmailHandler(wr http.ResponseWriter, r *http.Request) {
    // ...
}

func showFriendsHandler(wr http.ResponseWriter, r *http.Request) {
    timeStart := time.Now()
    wr.Write([]byte("your friends is tom and alex"))
    timeElapsed := time.Since(timeStart)
    logger.Println(timeElapsed)
}

func main() {
    http.HandleFunc("/", helloHandler)
    http.HandleFunc("/info/show", showInfoHandler)
    http.HandleFunc("/email/show", showEmailHandler)
    http.HandleFunc("/friends/show", showFriendsHandler)
    // ...
}
```

每个处理函数中都有之前提到的记录运行时间的代码，每次增加新路由也都需要将这些看起来差不多的代码复制到新的地方，因为代码不太多，所以实施起来也没遇到大问题。

渐渐地，我们的系统增加到了 30 个路由和处理函数，每次增加新的处理函数，第一项工作就是把之前写的所有与业务逻辑无关的周边代码复制过来。

接下来系统平稳地运行了一段时间，突然有一天，老板找到你，说最近找人新开发了监控系统，为了使系统运行更加可控，需要把每个接口运行的耗时数据主动上报到监控系统 metrics 中。现在需要修改代码，把耗时数据通过 HTTP POST 的方式发给 metrics 系统。我们来修改一下 helloHandler()：

```go
func helloHandler(wr http.ResponseWriter, r *http.Request) {
    timeStart := time.Now()
    wr.Write([]byte("hello"))
    timeElapsed := time.Since(timeStart)
    logger.Println(timeElapsed)
    // 新增耗时上报
    metrics.Upload("timeHandler", timeElapsed)
}
```

修改到这里，我们本能地发现开发工作开始陷入了泥潭。无论未来对这个 Web 系统有任何其他非业务需求，我们的修改都必然牵一发而动全身。想要增加一个非常简单的非业务统计，就需要在几十个处理函数中增加这些业务无关的代码。虽然一开始我们似乎并没有做错，但是显然随着业务的发展，我们的行事方式让我们陷入了代码的泥潭。

7.3.2　使用中间件剥离非业务逻辑

我们来分析一下，到底在哪里做错了。我们只是一步一步地满足需求，将需要的逻辑按照流程写下去。

我们犯的最大的错误是将业务代码和非业务代码糅在了一起。对大多数场景来说，非业务需求都是在 HTTP 请求处理前做一些事情，并且在响应完成后做一些事情。我们有没有办法使用一些重构思想将这些公共的非业务代码剥离出去呢？回到7.3.1节中的例子，我们需要给helloHandler()增加超时时间统计，可以使用一种叫函数适配器的方法来对helloHandler()进行包装：

```go
func hello(wr http.ResponseWriter, r *http.Request) {
    wr.Write([]byte("hello"))
}

func timeMiddleware(next http.Handler) http.Handler {
    return http.HandlerFunc(func(wr http.ResponseWriter, r *http.Request) {
        timeStart := time.Now()

        // next handler
        next.ServeHTTP(wr, r)

        timeElapsed := time.Since(timeStart)
        logger.Println(timeElapsed)
    })
}

func main() {
    http.Handle("/", timeMiddleware(http.HandlerFunc(hello)))
    err := http.ListenAndServe(":8080", nil)
    ...
}
```

这样就非常轻松地实现了业务代码与非业务代码的分离，魔法就在于这个timeMiddleware()。从上述代码中可以看到，timeMiddleware()是一个函数，其参数为 http.Handler，http.Handler 的定义在 net/http 包中，具体如下：

```go
type Handler interface {
    ServeHTTP(ResponseWriter, *Request)
}
```

对于任何方法，只要实现了 ServeHTTP，它就是一个合法的 http.Handler。读到这里你可能会感觉有一点儿混乱，我们先来梳理一下 http 包中 Handler、HandlerFunc 和 ServeHTTP 的关系：

```
type Handler interface {
    ServeHTTP(ResponseWriter, *Request)
}

type HandlerFunc func(ResponseWriter, *Request)

func (f HandlerFunc) ServeHTTP(w ResponseWriter, r *Request) {
    f(w, r)
}
```

只要你的处理函数的函数签名是

```
func(ResponseWriter, *Request)
```

那么这个处理函数和 http.HandlerFunc() 就有了一致的函数签名，可以对该处理函数进行类型转换，转换为 http.HandlerFunc()。而 http.HandlerFunc() 实现了 http.Handler 接口。当 http 包需要调用你的处理函数来处理 HTTP 请求时，会调用 HandlerFunc() 的 ServeHTTP() 方法。可见一个请求的基本调用链如下：

```
h = getHandler() => h.ServeHTTP(w, r) => h(w, r)
```

上面提到的把自定义处理函数转换为 http.HandlerFunc() 的过程是必需的，因为我们的处理函数没有直接实现 ServeHTTP 接口。在 7.3.1 节代码中的 HandleFunc 中也可以看到这个强制转换过程（注意 HandleFunc 和 HandlerFunc 的区别）：

```
func HandleFunc(pattern string, handler func(ResponseWriter, *Request)) {
    DefaultServeMux.HandleFunc(pattern, handler)
}

// 调用

func (mux *ServeMux) HandleFunc(pattern string, handler func(ResponseWriter, *Request)) {
    mux.Handle(pattern, HandlerFunc(handler))
}
```

了解处理函数的工作原理后，中间件通过包装处理函数再返回一个新的处理函数就容易理解了。

总结一下，中间件要做的事情就是，通过一个或多个函数对处理函数进行包装，返回一个包含了各个中间件逻辑的函数链。我们把上面的包装做得更复杂一些：

```
customizedHandler = logger(timeout(ratelimit(helloHandler)))
```

这个函数链在执行过程中的上下文如图 7-8 所示。

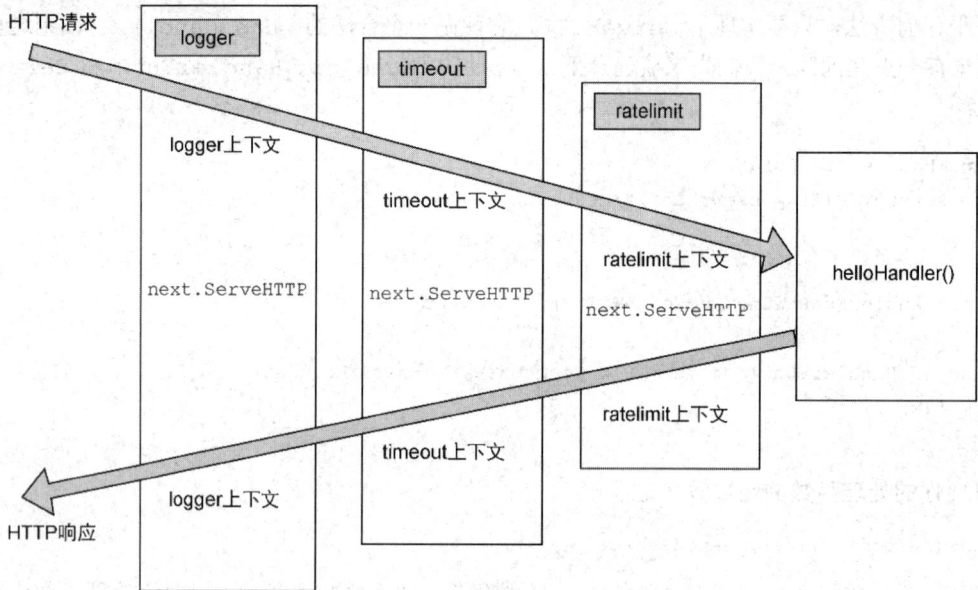

图 7-8 函数链在执行过程中的上下文

再直白一些，这个流程在进行请求处理的时候就是不断地进行函数入栈和出栈，有些类似于递归的执行流：

```
[执行 logger 逻辑]                  函数栈：[]
[执行 timeout 逻辑]                 函数栈：[logger]
[执行 ratelimit 逻辑]               函数栈：[timeout/logger]
[执行 helloHandler 逻辑]            函数栈：[ratelimit/timeout/logger]
[执行 ratelimit 逻辑（后半部分）]    函数栈：[timeout/logger]
[执行 timeout 逻辑（后半部分）]      函数栈：[logger]
[执行 logger 逻辑（后半部分）]       函数栈：[]
```

功能实现了，但在上面的使用过程中我们也看到，这种函数嵌套函数的写法不是很美观，同时也不具备可读性。

7.3.3　更优雅的中间件写法

在 7.3.2 节中我们解决了业务代码和非业务代码的解耦问题，也提到这种写法不是很美观。如果需要修改这些函数的顺序或者增加或删除中间件，还是有点儿费劲，本节将对一些写法进行优化。

看一个例子：

```
r = NewRouter()
r.Use(logger)
r.Use(timeout)
r.Use(ratelimit)
r.Add("/", helloHandler)
```

通过多步设置，我们拥有了和 7.3.2 节差不多的执行函数链。这种写法直观易懂，如果要增加或删除中间件，只要简单地增加或删除对应的 Use() 调用就可以了，非常方便。

从框架的角度来看，实现这样的功能也不复杂：

```
type middleware func(http.Handler) http.Handler

type Router struct {
    middlewareChain [] middleware
    mux map[string] http.Handler
}

func NewRouter() *Router{
    return &Router{}
}

func (r *Router) Use(m middleware) {
    r.middlewareChain = append(r.middlewareChain, m)
}

func (r *Router) Add(route string, h http.Handler) {
    var mergedHandler = h

    for i := len(r.middlewareChain) - 1; i >= 0; i-- {
        mergedHandler = r.middlewareChain[i](mergedHandler)
    }

    r.mux[route] = mergedHandler
}
```

注意，代码中的 middleware 数组遍历顺序与用户希望的调用顺序应该是"相反"的，这个应该不难理解。

7.3.4 在中间件中适合做哪些事情

以比较流行的开源 Go 语言路由框架 chi 为例，下面是其常见的中间件功能。

- compress.go：对 HTTP 的响应体进行压缩处理。
- heartbeat.go：设置一个特殊的路由（如/ping 或/healthcheck），供负载均衡等前置服务进行探活。
- logger.go：打印请求处理日志（如请求处理时间、请求路由等）。
- profiler.go：挂载 pprof 需要的路由（如/pprof 或/pprof/trace）到系统中。
- realip.go：从请求头中读取 X-Forwarded-For 和 X-Real-IP，将 http.Request 中的 RemoteAddr 修改为读到的 RealIP。
- requestid.go：为每次请求生成单独的请求 ID，可一路透传，用来生成分布式调用链路，也可用于在日志中串联单次请求的所有逻辑。

- timeout.go：用 `context.Timeout` 设置超时时间，并将其通过 `http.Request` 一路透传下去。

- throttler.go：通过定长大小的通道存储令牌，并通过这些令牌对接口进行限流。

每个 Web 框架都会有对应的中间件组件，如果你有兴趣，也可以向这些项目贡献有用的中间件，只要合理，项目的维护者通常也愿意合并你的 PR（pull request，开源项目中常用的代码贡献方式）。

例如，Gin 就专门为用户贡献的中间件开了一个仓库，如图 7-9 所示。

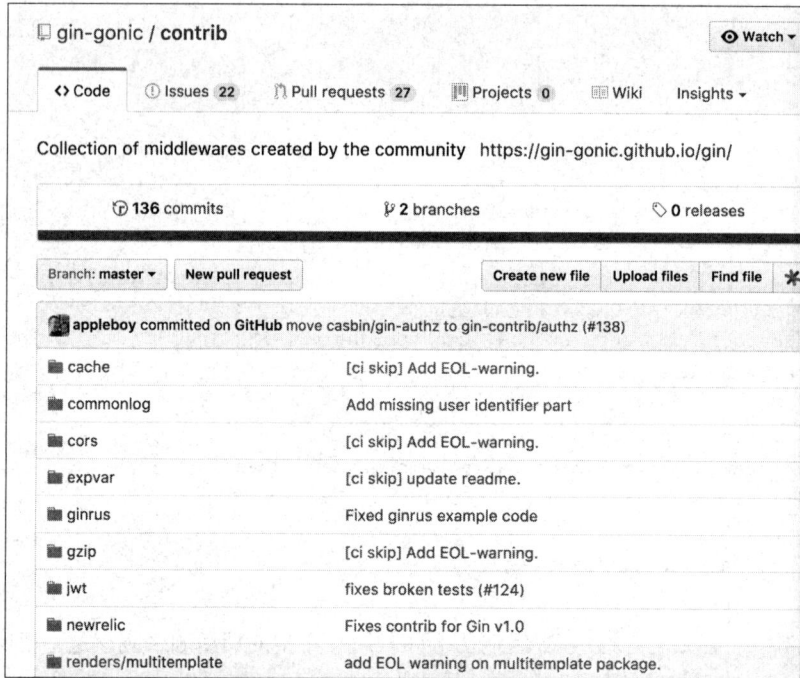

图 7-9　Gin 的用户贡献中间件仓库

如果阅读 Gin 的源码，你可能会发现 Gin 的中间件处理的并不是 `http.Handler`，而是一个叫 `gin.HandlerFunc` 的函数类型，其签名与 7.2.3 节中的 `http.Handler` 签名不一样。不过，Gin 的 `handler` 也只是针对其框架的一种封装，中间件的原理与本节中的说明是一致的。

7.4　请求验证

开源社区中曾经有人用图 7-10 来调侃 PHP。

这其实是一个与语言无关的场景，需要进行字段验证的情况有很多，Web 系统中的表单或 JSON 提交只是其中的典型例子。接下来，我们用 Go 语言来实现一个类似的验证示例，并逐步研究如何对其进行改进。

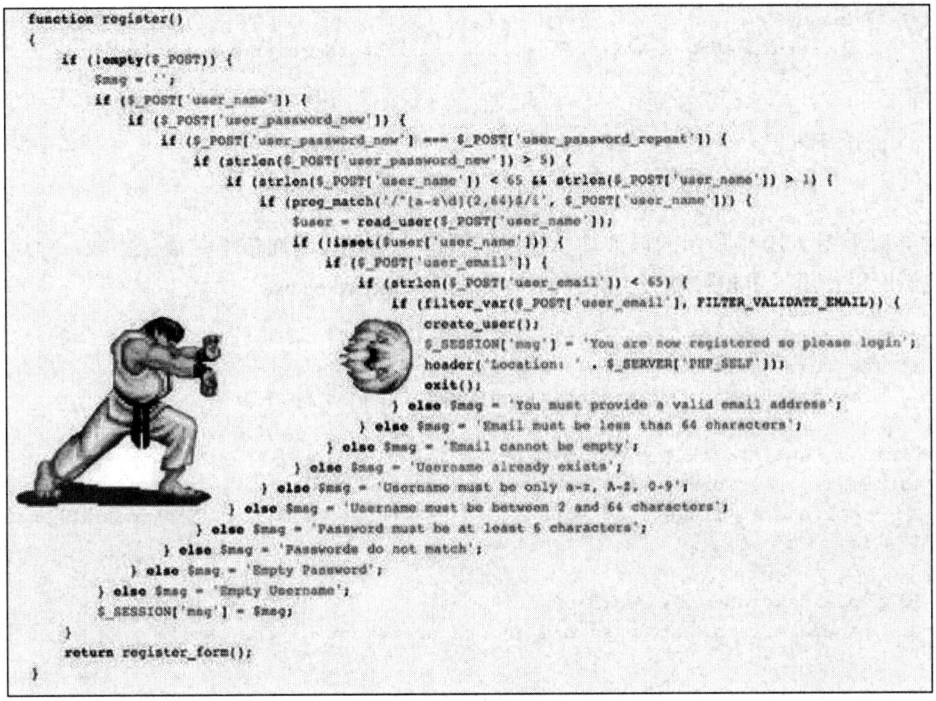

```php
function register()
{
    if (!empty($_POST)) {
        $msg = '';
        if ($_POST['user_name']) {
            if ($_POST['user_password_new']) {
                if ($_POST['user_password_new'] === $_POST['user_password_repeat']) {
                    if (strlen($_POST['user_password_new']) > 5) {
                        if (strlen($_POST['user_name']) < 65 && strlen($_POST['user_name']) > 1) {
                            if (preg_match('/^[a-z\d]{2,64}$/i', $_POST['user_name'])) {
                                $user = read_user($_POST['user_name']);
                                if (!isset($user['user_name'])) {
                                    if ($_POST['user_email']) {
                                        if (strlen($_POST['user_email']) < 65) {
                                            if (filter_var($_POST['user_email'], FILTER_VALIDATE_EMAIL)) {
                                                create_user();
                                                $_SESSION['msg'] = 'You are now registered so please login';
                                                header('Location: ' . $_SERVER['PHP_SELF']);
                                                exit();
                                            } else $msg = 'You must provide a valid email address';
                                        } else $msg = 'Email must be less than 64 characters';
                                    } else $msg = 'Email cannot be empty';
                                } else $msg = 'Username already exists';
                            } else $msg = 'Username must be only a-z, A-Z, 0-9';
                        } else $msg = 'Username must be between 2 and 64 characters';
                    } else $msg = 'Password must be at least 6 characters';
                } else $msg = 'Passwords do not match';
            } else $msg = 'Empty Password';
        } else $msg = 'Empty Username';
        $_SESSION['msg'] = $msg;
    }
    return register_form();
}
```

图 7-10 PHP 请求验证流程

7.4.1 重构请求验证函数

假设我们的数据已经通过某个开源绑定库绑定到了具体的结构体上：

```go
type RegisterReq struct {
    Username       string   `json:"username"`
    PasswordNew    string   `json:"password_new"`
    PasswordRepeat string   `json:"password_repeat"`
    Email          string   `json:"email"`
}
```

我们先用 Go 语言写一个简单的验证函数：

```go
func validate(req RegisterReq) error{
    if len(req.Username) > 0 {
        if len(req.PasswordNew) > 0 && len(req.PasswordRepeat) > 0 {
            if req.PasswordNew == req.PasswordRepeat {
                if emailFormatValid(req.Email) {
                    createUser()
                    return nil
                } else {
                    return errors.New("invalid email")
                }
            } else {
                return errors.New("password and reinput must be the same")
            }
```

```
        } else {
            return errors.New("password and password reinput must be longer than 0")
        }
    } else {
        return errors.New("length of username cannot be 0")
    }
}
```

这种类似于图 7-10 中所示的以波动拳开路的"箭头型"代码通常不是最佳实践。对这种代码的优化，我们可以使用《重构》一书中提到的"卫语句"（guard clause）。

```
func validate(req RegisterReq) error{
    if len(req.Username) == 0 {
        return errors.New("length of username cannot be 0")
    }

    if len(req.PasswordNew) == 0 || len(req.PasswordRepeat) == 0 {
        return errors.New("password and password reinput must be longer than 0")
    }

    if req.PasswordNew != req.PasswordRepeat {
        return errors.New("password and reinput must be the same")
    }

    if !emailFormatValid(req.Email) {
        return errors.New("invalid email")
    }

    createUser()
    return nil
}
```

经过重构后，代码更简洁了。虽然我们使用了重构技巧使验证代码看起来更优雅了，但我们还是不得不为每个 HTTP 请求都编写类似的 validate()函数。有没有更好的办法能帮我们减轻这种重复劳动呢？答案是：使用请求验证器。

7.4.2　用请求验证器减少重复劳动

从设计的角度来看，我们通常会为每个请求声明一个结构体。前面提到的验证场景可以通过请求验证器来完成。下面还是以前面提到的结构体为例。为了简化代码，我们先省略 JSON 标签。

这里引入一个新的数据验证库：

```
import "gopkg.in/go-playground/validator.v9"
```

然后定义结构体：

```
type RegisterReq struct {
    // 字符串的 gt=0 表示长度必须大于 0, gt 表示 greater than
    Username     string   `validate:"gt=0"`
    // 同上
    PasswordNew  string   `validate:"min=6,max=15"`
```

```
        // eqfield跨字段相等验证
        PasswordRepeat string    `validate:"eqfield=PasswordNew"`
        // 合法email格式验证
        Email          string    `validate:"email"`
}
```

接下来，我们使用请求验证器：

```
validate := validator.New()

func validate(req RegisterReq) error {
        err := validate.Struct(req)
        if err != nil {
                doSomething()    // 可以在此处理错误
                return err
        }
        return nil
        ...
}
```

这样就不需要为每个请求都编写 validate() 函数了。本例中只展示了验证器的几个简单功能。我们试着运行一下这个程序，输入参数设置如下：

```
//...

var req = RegisterReq {
        Username       : "Xargin",
        PasswordNew    : "ohno",
        PasswordRepeat : "ohn",
        Email          : "alex@abc.com",
}

err := validate(req)
fmt.Println(err)
```

输出结果可能是：

```
Key: 'RegisterReq.PasswordRepeat' Error:Field validation for
'PasswordRepeat' failed on the 'eqfield' tag
```

如果觉得验证器提供的错误信息不够人性化，不想直接把英文错误信息返回给用户，可以针对每种标签进行错误信息定制。读者可以自行探索如何实现这一点。

7.4.3 请求验证器原理

从结构上看，每个结构体都可以看成是一棵树。假如有结构体定义如下：

```
type Nested struct {
        Email string `validate:"email"`
}
type T struct {
        Age    int `validate:"eq=10"`
        Nested Nested
}
```

我们可以把这个结构体画成一棵树，如图 7-11 所示。

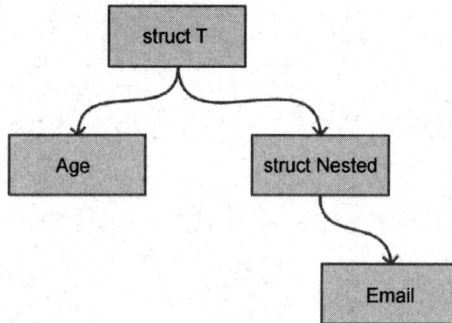

图 7-11   结构体树

从字段验证的需求来讲，无论是采用深度优先搜索还是广度优先搜索来遍历这棵结构体树，都是可以的。

我们用递归的方式实现深度优先搜索方式的遍历示例：

```go
package main

import (
    "fmt"
    "reflect"
    "regexp"
    "strconv"
    "strings"
)

type Nested struct {
    Email string `validate:"email"`
}
type T struct {
    Age     int `validate:"eq=10"`
    Nested Nested
}

func validateEmail(input string) bool {
    if pass, _ := regexp.MatchString(
        `^([\w\.\_]{2,10})@(\w{1,}).([a-z]{2,4})$`, input,
    ); pass {
        return true
    }
    return false
}

func validate(v interface{}) (bool, string) {
    validateResult := true
    errmsg := "success"
```

```
    vt := reflect.TypeOf(v)
    vv := reflect.ValueOf(v)
    for i := 0; i < vv.NumField(); i++ {
        fieldVal := vv.Field(i)
        tagContent := vt.Field(i).Tag.Get("validate")
        k := fieldVal.Kind()

        switch k {
        case reflect.Int:
            val := fieldVal.Int()
            tagValStr := strings.Split(tagContent, "=")
            tagVal, _ := strconv.ParseInt(tagValStr[1], 10, 64)
            if val != tagVal {
                errmsg = "validate int failed, tag is: "+ strconv.FormatInt(
                    tagVal, 10,
                )
                validateResult = false
            }
        case reflect.String:
            val := fieldVal.String()
            tagValStr := tagContent
            switch tagValStr {
            case "email":
                nestedResult := validateEmail(val)
                if nestedResult == false {
                    errmsg = "validate email failed, field val is: "+ val
                    validateResult = false
                }
            }
        case reflect.Struct:
            // 如果有内嵌的 struct，那么深度优先遍历就是一个递归过程
            valInter := fieldVal.Interface()
            nestedResult, msg := validate(valInter)
            if nestedResult == false {
                validateResult = false
                errmsg = msg
            }
        }
    }
    return validateResult, errmsg
}

func main() {
    var a := T{Age: 10, Nested: Nested{Email: "abc@abc.com"}}

    validateResult, errmsg := validate(a)
    fmt.Println(validateResult, errmsg)
}
```

这里我们只支持 eq=x 和 email 两种标签。读者可以对这个程序进行修改，以查看具体的验证效

果。为了便于演示，我们省略了错误处理和复杂情况的处理，如省略了对 `reflect.Int8/16/32/64`、`reflect.Ptr` 等类型的处理。如果在生产环境中编写验证库，务必完善功能并做好容错处理。

真实的开源验证组件在功能上远比这里的例子复杂，但其原理很简单，就是用反射对结构体树进行遍历。有心的读者可能会担心：Go 语言的反射在性能上并不出色，而我们却对结构体进行验证时大量使用了反射，这是否会影响程序的性能。这样的考虑确实有一些道理，但需要对结构体进行大量验证的场景往往出现在 Web 服务中，使用反射进行验证并不一定是程序的性能瓶颈。实际效果还需要通过 pprof 进行更精确的分析。

如果基于反射的验证真的成了服务的性能瓶颈，可以考虑另一种思路：使用 Go 内置的语法分析器对源码进行扫描，然后根据结构体的定义生成验证代码。我们可以将所有需要验证的结构体放在单独的包内。这部分内容就留给读者自行探索了。

7.5　与数据库交互

本节将对 Go 语言的标准库中的 `database/sql` 包做一些简单分析，并介绍一些应用比较广泛的开源 ORM 和 SQL 构建器。此外，我们还将从企业级应用开发架构的角度来分析哪种技术栈对现代的企业级应用更为合适。

7.5.1　从 `database/sql` 讲起

Go 官方提供的 `database/sql` 包让用户可以与数据库进行交互。实际上，`database/sql` 包仅提供了一套操作数据库的接口和规范，如抽象好的 SQL 预处理、连接池管理、数据绑定、事务和错误处理等，而未提供具体某种数据库实现的协议支持。

要与 MySQL 等具体数据库交互还需要引入 MySQL 驱动程序，如下所示：

```
import "database/sql"
import _ "github.com/go-sql-driver/mysql"

db, err := sql.Open("mysql", "user:password@/dbname")
```

上面的 `import` 实际上调用了 `go-sql-driver/mysql` 包中的 `init()` 函数，`init()` 函数做的事情也很简单：

```
import _ "github.com/go-sql-driver/mysql"

func init() {
    sql.Register("mysql", &MySQLDriver{})
}
```

在 `sql` 包的全局映射中注册名为 `mysql` 的 MySQL 驱动程序。`Driver` 在 `sql` 包中是一个接口，定义如下：

```
type Driver interface {
    Open(name string) (Conn, error)
}
```

调用 `sql.Open()` 返回的 db 对象实际上是一个 Conn 接口：

```
type Conn interface {
    Prepare(query string) (Stmt, error)
    Close() error
    Begin() (Tx, error)
}
```

如果仔细查看 database/sql/driver/driver.go 文件中的代码，你会发现这个文件中的所有成员均为接口。对这些成员进行的操作最终还是会调用 driver 中的具体方法。从用户的角度来看，使用 database/sql 包时，使用的就是这些接口提供的函数。

看一个使用 database/sql 包和 go-sql-driver/mysql 包的完整例子：

```
package main

import (
    "database/sql"
    _ "github.com/go-sql-driver/mysql"
)

func main() {
    // db 是一个 sql.DB 类型的对象
    // 该对象线程安全，且内部已包含了一个连接池
    // 连接池的选项可以在 sql.DB 的方法中设置，这里为了简单省略了设置
    db, err := sql.Open("mysql",
        "user:password@tcp(127.0.0.1:3306)/hello")
    if err != nil {
        log.Fatal(err)
    }
    defer db.Close()

    var (
        id int
        name string
    )
    rows, err := db.Query("select id, name from users where id = ?", 1)
    if err != nil {
        log.Fatal(err)
    }

    defer rows.Close()

    // 必须把 rows 中的内容读完，或者显式调用 Close() 方法，
    // 否则在 defer 的 rows.Close() 执行之前，连接永远不会释放
    for rows.Next() {
        err := rows.Scan(&id, &name)
        if err != nil {
            log.Fatal(err)
        }
```

```
        log.Println(id, name)
    }

    err = rows.Err()
    if err != nil {
        log.Fatal(err)
    }
}
```

如果想了解 `database/sql` 包更详细的用法，你可以参考 Go 语言相关文档 "Go database/sql tutorial"。该文档涵盖了 `database/sql` 包的功能、用法、注意事项和一些反直觉的实现方式（例如，同一个 goroutine 内对 `sql.DB` 的查询可能在多个连接上执行），本章不再赘述。

从上述代码中你可能已经嗅出了一些不好的"味道"。`database/sql` 包提供的功能相对简单，每次从数据库中读取内容都需要编写类似的代码。如果对象是结构体，将 `sql.Rows` 绑定到对象的工作会变得重复且无聊。因此，Go 语言社区出现了各种 ORM 和 SQL 构建器。

7.5.2　提高生产效率的 ORM 和 SQL 构建器

ORM（object relational mapping，对象关系映射）是 Web 编程中常提到的概念。根据百度百科，对象关系映射是一种编程技术，用于实现面向对象编程语言里不同类型系统的数据之间的转换。从效果上说，ORM 其实是创建了一个可在编程语言里使用的"虚拟对象数据库"。

最常见的 ORM 做的是从数据库数据到程序的类或结构体的映射。例如，你的程序可能将 MySQL 的表映射到程序内的类。我们可以先看一个 Python 语言中 ORM 的使用示例：

```
>>> from blog.models import Blog
>>> b = Blog(name='Beatles Blog', tagline='All the latest Beatles news.')
>>> b.save()
```

这里完全没有数据库的痕迹。ORM 的目的就是屏蔽数据库。实际上，很多编程语言的 ORM 只要把类或结构体定义好，再用特定的语法将结构体之间的一对一或者一对多关系表达出来，映射就完成了。然后开发者就可以对这些映射到数据库表的对象进行增删改查等操作，而无须关心 ORM 在背后做了什么。使用 ORM 的时候，开发者往往会忘记数据库的存在。例如，假设有一个需求：向用户展示最新的商品列表，且商品和商家是一对一关联关系。开发者很容易写出像下面这样的代码：

```
# 伪代码
shopList := []
for product in productList {
    shopList = append(shopList, product.GetShop)
}
```

我们不能批评这样写代码的开发者偷懒。因为 ORM 的初衷就是屏蔽 SQL，让对数据库的操作更接近人类的思维方式。这使很多刚入行且只接触过 ORM 的开发者很容易写出上面这样的代码。这样的代码将对数据库的读请求放大了 n 倍。也就是说，如果商品列表中有 15 个 SKU，每次用户打开这个页面，至少需要执行 1（查询商品列表）+15（查询相关的商家信息）次查询，这里 n 是 16，还看不出太大。如果列表中有 600 个 SKU，就至少需要执行 1+600 次查询。如果数据库能够承受的最大每秒查询数（QPS）是每秒 12 万个查询，而上述这种查询正好是最常用的查询，那么系统实际能提供的服务能力是多少呢？仅为每秒 200 个查询！互联网系统的忌讳之一就是这种无端的读放大。

当然，你也可以说这不是 ORM 的问题，自己编写 SQL 同样可能写出差不多的代码。再来看以下两个示例：

```
o := orm.NewOrm()
num, err := o.QueryTable("cardgroup").Filter("Cards__Card__Name",
                                        cardName).All (&cardgroups)
```

很多 ORM 都提供了这种基于 Filter 的查询方式，不过某些 ORM 在背后隐藏了一些难以察觉的细节，如生成的 SQL 语句会自动添加 limit 1000。尽管这些 ORM 的文档中说明了 All 查询在未显式指定 limit 时会在生成的 SQL 语句后自动添加 limit 1000，但对于很多没阅读过 ORM 文档或者没看过 ORM 源码的人，这依然是一个难以察觉的"魔鬼"细节。喜欢强类型语言的人一般都不喜欢语言隐式地进行操作，例如各种编程语言在赋值操作时进行的隐式类型转换，在转换中还可能丢失精度的做法令人头疼。因此，程序最好少做隐式操作，如果一定要做，也应该显式地做。例如，在上面的例子中，去掉默认的自作聪明的操作，或者要求用户强制传入 limit 参数，都是更好的选择。

除了 limit 的问题，我们再看一下下面这个查询：

```
num, err := o.QueryTable("cardgroup").Filter("Cards__Card__Name",
                                        cardName).All (&cardgroups)
```

你能看出这个 Filter 涉及表连接操作吗？当然，有经验的开发者可能会觉得这是在吹毛求疵，但这个示例旨在证明，ORM 在设计上隐藏了太多细节，其代价是运行难以控制。这样的项目在经过几任维护人员之后，可能会变得面目全非，难以维护。

当然，我们不能否认 ORM 的进步意义，它的设计初衷就是将数据的操作与存储的具体实现分离。但是在大公司中，人们渐渐达成一个共识：ORM 可能是失败的设计，因为其所隐藏的重要细节对大规模系统开发至关重要。

相比 ORM，SQL 构建器在 SQL 和项目可维护性之间取得了比较好的平衡。首先，SQL 构建器不像 ORM 那样隐藏了过多的细节；其次，从开发的角度看，SQL 构建器经过简单封装后也可以非常高效地完成开发。例如：

```
where := map[string]interface{} {
    "order_id > ?" : 0,
    "customer_id != ?" : 0,
}
limit := []int{0, 100}
orderBy := []string{"id asc", "create_time desc"}

orders := orderModel.GetList(where, limit, orderBy)
```

编写或读懂 SQL 构建器模式的代码都不难，把这些代码在大脑中转换为 SQL 也不会太难。因此，通过代码就可以对这个查询是否命中数据库索引、是否使用了覆盖索引、是否能够用上联合索引等进行分析了。

　　SQL 构建器更像是 SQL 在代码中的一种特殊方言，如果公司没有数据库管理员（DBA），但开发者具备分析和优化 SQL 的能力，或者公司的 DBA 对于学习这种 SQL 的方言没有异议，那么使用 SQL 构建器是一个比较好的选择，不会导致什么问题。

　　另外，在一些本来不需要 DBA 介入的场景中，使用 SQL 构建器也是可以的，例如要开发一个运维系统，并将 MySQL 当作系统中的一个组件，系统的每秒查询数不高，查询也不复杂，等等。

　　然而，如果开发的是一个高并发的联机事务处理（online transaction processing，OLTP）系统，并且想在人员充足、分工明确的前提下最大程度地控制系统的风险，那么使用 SQL 构建器就不合适了。

7.5.3　隐式 SQL 导致线上故障

　　ORM 和 SQL 构建器都有一个致命的缺点：没有办法进行系统上线前的事前 SQL 审核。虽然很多 ORM 和 SQL 构建器都提供了运行时打印 SQL 的功能，但只能在查询的时候输出。而 ORM 和 SQL 构建器的功能太灵活，使开发者无法通过测试枚举出所有可能在线上执行的 SQL。例如，下面是 SQL 构建器模式的代码示例：

```
where := map[string]interface{} {
    "product_id = ?" : 10,
    "user_id = ?" : 1232 ,
}

if order_id != 0 {
    where["order_id = ?"] = order_id
}

res, err := historyModel.GetList(where, limit, orderBy)
```

如果系统中有大量类似的 if 语句，就很难通过测试用例覆盖所有可能的 SQL 组合。

　　这样的系统蕴含了巨大的风险，一旦发布后出现问题，将导致经济损失，甚至数据丢失和服务中断。对全天候（7×24）服务的互联网公司来说，服务不可用是非常严重的问题。虽然存储层的技术栈经历了多年的发展，但它在整个系统中依然是最脆弱的一环。系统宕机对 24 小时对外提供服务的公司来说，意味着直接的经济损失。个中风险不可忽视。

　　从行业分工的角度来看，互联网公司都有专职的 DBA。大多数 DBA 并不一定有写代码的能力，阅读 SQL 构建器的"拼接 SQL"代码多多少少还是会有一些障碍。从 DBA 的角度出发，他们希望能够有一个专门的事前 SQL 审核机制，让其能低成本地获取系统的所有 SQL 内容，而不是去阅读业务开发者编写的 SQL 构建器模式的代码。

　　因此，大型互联网公司的核心线上业务都会在代码中把 SQL 放在显眼的位置，供 DBA 进行审核。例如：

```
const (
    getAllByProductIDAndCustomerID = `select * from p_orders where product_id
                                      in (:product_id) and customer_id=:customer_id`
)
```

```
// GetAllByProductIDAndCustomerID
// @param driver_id
// @param rate_date
// @return []Order, error
func GetAllByProductIDAndCustomerID(ctx context.Context, productIDs []uint64,
    customerID uint64) ([]Order, error) {
    var orderList []Order

    params := map[string]interface{}{
        "product_id" : productIDs,
        "customer_id": customerID,
    }

    // getAllByProductIDAndCustomerID 是 const 类型的 SQL 字符串
    sql, args, err := sqlutil.Named(getAllByProductIDAndCustomerID, params)
    if err != nil {
        return nil, err
    }

    err = dao.QueryList(ctx, sqldbInstance, sql, args, &orderList)
    if err != nil {
        return nil, err
    }

    return orderList, err
}
```

像这样的代码,在上线之前,把数据访问对象(data access object,DAO)层的变更集中的 const 部分直接拿给 DBA 进行审核,就比较方便了。代码中的 sqlutil.Named() 是类似于 sqlx 中的 Named() 函数,同时支持 where 表达式中的比较操作符和 in。

这里为了说明简便,函数写得稍微复杂一些。仔细思考一下,查询的导出函数还可以进一步简化。请读者自行尝试。

7.5.4 基于 SQLC 的数据层开发

除了前面提到的将 SQL 放在 DAO 层开头,并在项目的代码评审过程中让 DBA 介入评审,Go 语言社区还提出了更优秀的解决方案——SQLC。

SQLC 将 SQL 与实现完全分离,用户只需要编写 SQL 语句,然后使用 SQLC 提供的命令行工具生成数据访问代码即可。

下面看一个简单的示例。开发者编写下面的 SQL 语句:

```
-- name: GetAuthor :one
SELECT * FROM authors
WHERE id = ? LIMIT 1;
```

再使用 SQLC 的命令行工具生成相应的数据访问代码：

```
package db
const getAuthor = `-- name: GetAuthor :one
SELECT id, name, bio FROM authors
WHERE id = ? LIMIT 1
`

func (q *Queries) GetAuthor(ctx context.Context, id int64) (Author, error) {
    row := q.db.QueryRowContext(ctx, getAuthor, id)
    var i Author
    err := row.Scan(&i.ID, &i.Name, &i.Bio)
    return i, err
}
```

这样，在流程代码中便可以使用 GetAuthor() 来实现业务逻辑了。将 SQL 与 Go 代码分离之后，公司内建的基础设施可以在持续集成（continuous integration，CI）流程中引入 SQL 扫描，结合 MySQL 的 information_schema 和 sys 库，可以实现在 SQL 上线之前拦截高风险 SQL（如无索引的全表扫描、on duplicate key 等容易导致死锁的单 SQL 操作）。

如果公司内尚无相关的基础设施，DBA 也可以使用开源社区中的 goInception 工具自行搭建基础设施并进行扩展。

7.6   服务流量限制

计算机程序可依据其瓶颈分为磁盘 I/O 瓶颈型、CPU 计算瓶颈型和网络带宽瓶颈型，在分布式场景下，外部系统也可能导致自身瓶颈。

Web 系统与网络打交道最多，无论是接收和解析用户请求、访问存储，还是把响应数据返回给用户，都是通过网络进行的。在没有 epoll 或 kqueue 之类的系统提供的 I/O 多路复用接口之前，多核现代计算机最头痛的是 C10k 问题。C10k 问题会导致计算机没有办法充分利用 CPU 来处理更多的用户连接，进而没有办法通过优化程序提升 CPU 利用率来处理更多的请求。

自从 Linux 实现了 epoll，FreeBSD 实现了 kqueue，这个问题就基本解决了。我们可以借助内核提供的 API 轻松解决当年的 C10k 问题。也就是说，如今如果你的程序主要是与网络打交道，那么瓶颈一定在用户程序，而不在操作系统内核。

随着技术的发展，编程语言对这些系统调用又进一步进行了封装，如今，在应用层开发中几乎不会在程序中看到 epoll 之类的字眼，大多数时候开发者只需要聚焦在业务逻辑上。Go 语言的 net 库针对不同平台封装了不同的系统调用 API，http 库又是构建在 net 库之上的，所以在 Go 语言中我们可以借助标准库，很轻松地写出高性能的 HTTP 服务。下面是一个简单的 hello world 服务的代码：

```
package main

import (
    "io"
    "log"
```

```
    "net/http"
)

func sayhello(wr http.ResponseWriter, r *http.Request) {
    wr.WriteHeader(200)
    io.WriteString(wr, "hello world")
}

func main() {
    http.HandleFunc("/", sayhello)
    err := http.ListenAndServe(":9090", nil)
    if err != nil {
        log.Fatal("ListenAndServe:", err)
    }
}
```

我们需要衡量一下这个 Web 服务的吞吐量，再具体一些，就是接口的每秒查询数。借助 wrk 工具，在 Macbook Pro 笔记本计算机上对这个 hello world 服务进行基准测试。Macbook Pro 笔记本计算机的硬件配置如表 7-1 所示。

表 7-1　Macbook Pro 笔记本计算机的硬件配置

CPU	显卡	显示屏	内存	存储
型号：Intel® Core™ i5-5257U @ 2.70 GHz 核数：2 线程数：4	型号：Intel Iris Graphics 6100	类型：Retina 分辨率：2560×1600	大小：4 GB 速度：1867 MHz	大小：250.14 GB 型号：APPLE SSD SM0256G

测试结果如下：

```
~ >>> wrk -c 10 -d 10s -t10 http://localhost:9090
Running 10s test @ http://localhost:9090
  10 threads and 10 connections
  Thread Stats   Avg      Stdev     Max   +/- Stdev
    Latency   339.99us    1.28ms  44.43ms   98.29%
    Req/Sec     4.49k   656.81     7.47k    73.36%
  449588 requests in 10.10s, 54.88MB read
Requests/sec:  44513.22
Transfer/sec:      5.43MB

~ >>> wrk -c 10 -d 10s -t10 http://localhost:9090
Running 10s test @ http://localhost:9090
  10 threads and 10 connections
  Thread Stats   Avg      Stdev     Max   +/- Stdev
    Latency   334.76us    1.21ms  45.47ms   98.27%
    Req/Sec     4.42k   633.62     6.90k    71.16%
  443582 requests in 10.10s, 54.15MB read
Requests/sec:  43911.68
Transfer/sec:      5.36MB
```

```
~ >>> wrk -c 10 -d 10s -t10 http://localhost:9090
Running 10s test @ http://localhost:9090
  10 threads and 10 connections
  Thread Stats   Avg      Stdev     Max    +/- Stdev
    Latency    379.26us   1.34ms  44.28ms   97.62%
    Req/Sec     4.55k    591.64    8.20k    76.37%
  455710 requests in 10.10s, 55.63MB read
Requests/sec:  45118.57
Transfer/sec:     5.51MB
```

多次测试的结果显示，每秒查询数在 4 万左右浮动，响应时间最多也就是 40 ms 左右。对一个
Web 服务来说，这已经是很不错的成绩了。我们只是照抄了别人的示例代码，就完成了一个高性能
的 hello world 服务器，是不是很有成就感？

这还只是在家用计算机上运行。线上服务器大多超过 24 核心，内存在 32 GB 以上，CPU 基本
都是 Intel i7，同样的程序在服务器上运行会得到更好的结果。

这里的 hello world 服务没有任何业务逻辑。真实环境中的程序要复杂得多，有些程序（如
一些 CDN 服务、代理服务）的瓶颈在网络带宽；有些程序（如登录验证服务、图像处理服务）的
瓶颈在 CPU/GPU 计算；有些程序（如专门的存储系统、数据库系统）的瓶颈在磁盘 I/O。不同程
序的瓶颈会体现在不同的地方，这里提到的这些功能单一的服务相对来说还算容易分析。如果遇
到业务逻辑复杂、代码量巨大的模块，其瓶颈并不是简单可以推测出来的，还是需要从压力测试
中得到更为精确的结论。

磁盘 I/O 瓶颈型程序和网络带宽瓶颈型程序的表现是网卡或磁盘 I/O 会先于 CPU 耗尽。这种情
况下，即使优化 CPU 的利用率也不能提高整个系统的性能，只能通过提高磁盘的读写速度、增加内
存的大小、提升网卡的带宽来提升整体性能。而 CPU 计算瓶颈型程序，则是在存储和网卡未耗尽之
前 CPU 的利用率就达到了 100%，CPU 忙于各种计算任务，I/O 设备则相对较空闲。

无论哪种类型的服务，在资源使用到极限的时候都会导致请求堆积、超时、系统意外停机（hang），
最终伤害到终端用户。对分布式 Web 服务来说，瓶颈还不一定总在系统内部，也有可能在外部。非
计算密集型的系统中包含关系数据库和 Web 服务，关系数据库容易成为这类系统的瓶颈，当关系数
据库到达瓶颈时，Web 服务通常还未到瓶颈。

不管服务瓶颈在哪里，最终要做的事情都是一样的，就是流量限制。

7.6.1　流量限制算法——令牌桶算法

流量限制算法有很多，令牌桶算法（token bucket algorithm）是最常见的算法之一。令牌桶算法
是指系统匀速向令牌桶中添加令牌，每个请求需要从桶中获取一个令牌，如果取到令牌，那么系统处
理这个请求；如果没取到令牌，那么系统拒绝服务。令牌桶有固定的容量，当令牌桶满了，再添加的
令牌会被丢弃。如果请求没取到令牌，可以选择等待或者放弃。

令牌桶算法的流程如图 7-12 所示。可以看到，令牌桶中只要有令牌，请求就可以取令牌，因此
令牌桶算法是允许一定程度的并发的。例如，同一时刻有 100 个用户请求，只要令牌桶中有 100 个
令牌，那么这 100 个请求就全都会被处理。

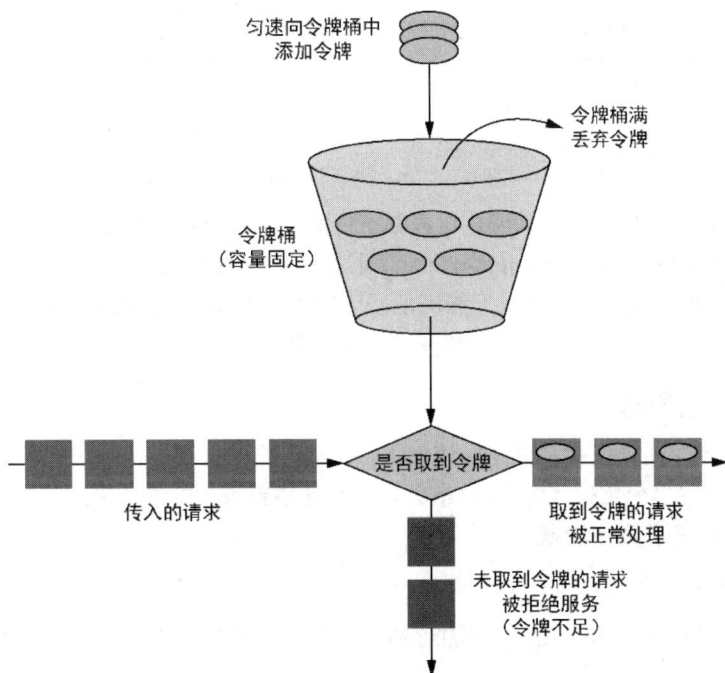

图 7-12 令牌桶算法的流程

在实际应用中，令牌桶算法应用较为广泛。开源界流行的限流器大多数都是基于令牌桶思想的，并且在此基础上进行了一定程度的扩充。例如，GitHub 中的开源项目 juju/ratelimit 提供了几种向令牌桶中添加令牌的方式。

第一种方式如下：

```
func NewBucket(fillInterval time.Duration, capacity int64) *Bucket
```

这是默认的向令牌桶中添加令牌的方式，`fillInterval` 是向令牌桶中添加令牌的时间间隔，`capacity` 是令牌桶的容量，超过令牌桶容量的部分会被直接丢弃。令牌桶初始是满的。

第二种方式如下：

```
func NewBucketWithQuantum(fillInterval time.Duration, capacity, quantum int64) *Bucket
```

与 `NewBucket()` 的区别是，每次向令牌桶中添加令牌时，是添加 `quantum` 个令牌，而不是一个令牌。

第三种方式如下：

```
func NewBucketWithRate(rate float64, capacity int64) *Bucket
```

这种方式有点儿特殊，会按照给定的比例添加令牌。例如，`capacity` 是 100，而 `rate` 是 0.1，那么每秒会添加 10（100 × 0.1 = 10）个令牌。

项目还提供了几种从令牌桶中获取令牌的 API：

```
func (tb *Bucket) Take(count int64) time.Duration
```

```
func (tb *Bucket) TakeAvailable(count int64) int64
func (tb *Bucket) TakeMaxDuration(count int64, maxWait time.Duration) (
    time.Duration, bool,
)
func (tb *Bucket) Wait(count int64)
func (tb *Bucket) WaitMaxDuration(count int64, maxWait time.Duration) bool
```

　　从名称就能比较直观地了解其功能，这里就不再赘述了。与开源界更为有名的谷歌公司的 Java 工具库 Guava 中提供的限流器相比，juju/ratelimit 不支持令牌桶预热（warm up），且无法修改初始令牌数，所以可能个别极端情况下的需求无法满足。但在明白令牌桶算法的基本原理之后，如果令牌桶工具没办法满足需求，可以对其进行修改以支持业务场景。

7.6.2　令牌桶算法原理

　　从功能上看，令牌桶算法就是对全局计数器的加减法操作过程，但使用计数器需要开发者自己加读写锁，会带来一些思想负担。如果对 Go 语言已经比较熟悉，很容易想到可以用带有缓冲的通道来完成简单的添加令牌/获取令牌操作：

```
var tokenBucket = make(chan struct{}, capacity)
```

　　每过一段时间向 tokenBucket 中添加令牌，如果令牌桶已经满了，那么直接丢弃：

```
fillToken := func() {
    ticker := time.NewTicker(fillInterval)
    for {
        select {
        case <-ticker.C:
            select {
            case tokenBucket <- struct{}{}:
            default:
            }
            fmt.Println("current token cnt:", len(tokenBucket), time.Now())
        }
    }
}
```

　　把代码组合起来：

```
package main

import (
    "fmt"
    "time"
)

func main() {
    var fillInterval = time.Millisecond * 10
    var capacity = 100
    var tokenBucket = make(chan struct{}, capacity)
```

```
    fillToken := func() {
        ticker := time.NewTicker(fillInterval)
        for {
            select {
            case <-ticker.C:
                select {
                case tokenBucket <- struct{}{}:
                default:
                }
                fmt.Println("current token cnt:", len(tokenBucket), time.Now())
            }
        }
    }

    go fillToken()
    time.Sleep(time.Hour)
}
```

看看运行结果：

```
current token cnt: 98 2024-06-16 18:17:50.234556981 +0800 CST m=+0.981524018
current token cnt: 99 2024-06-16 18:17:50.243575354 +0800 CST m=+0.990542391
current token cnt: 100 2024-06-16 18:17:50.254628067 +0800 CST m=+1.001595104
current token cnt: 100 2024-06-16 18:17:50.264537143 +0800 CST m=+1.011504180
current token cnt: 100 2024-06-16 18:17:50.273613018 +0800 CST m=+1.020580055
current token cnt: 100 2024-06-16 18:17:50.2844406 +0800 CST m=+1.031407637
current token cnt: 100 2024-06-16 18:17:50.294528695 +0800 CST m=+1.041495732
current token cnt: 100 2024-06-16 18:17:50.304550145 +0800 CST m=+1.051517182
current token cnt: 100 2024-06-16 18:17:50.313970334 +0800 CST m=+1.060937371
```

在 1 秒的时候刚好添加了 100 个令牌，没有太大的偏差。不过，这里可以看到，Go 语言的定时器存在大约 0.001 秒的误差，所以如果令牌桶容量在 1000 以上，添加令牌可能会有一定的误差。对一般的服务来说，这点儿误差无关紧要。

上面的令牌桶的获取令牌操作实现起来也比较简单。为简化问题，我们只获取一个令牌：

```
func TakeAvailable(block bool) bool{
    var takenResult bool
    if block {
        select {
        case <-tokenBucket:
            takenResult = true
        }
    } else {
        select {
        case <-tokenBucket:
            takenResult = true
        default:
            takenResult = false
        }
    }
```

```
    }

    return takenResult
}
```

一些公司自己"造"的限流的"轮子"就是用上面这种方式来实现的,不过如果开源限流器也如此,那就没有意义了。现实并不是这样的。

我们来思考一下,系统每隔一段固定的时间向令牌桶中添加令牌,上一次添加令牌的时刻为 t1,当时的令牌数为 k1,添加令牌的时间间隔为 ti,每次向令牌桶中添加 x 个令牌,令牌桶容量为 cap,如果在 t2 时刻有人调用 TakeAvailable 来获取 n 个令牌,那么此时令牌桶中理论上应该有多少个令牌呢?伪代码如下:

```
cur = k1 + ((t2 - t1)/ti) * x
cur = cur > cap ? cap : cur
```

理论上,用两个时刻的时间差,再结合其他参数,在获取令牌之前就完全可以知道令牌桶中有多少个令牌了。在向通道中添加令牌时劳心费力地通过计算通道的长度得到令牌数,这在理论上是没有必要的。只要在每次获取令牌的时候,对令牌桶中的令牌数进行简单计算,就可以得到正确的令牌数。是不是很像惰性求值?

在得到正确的令牌数之后,再进行实际的获取令牌操作,此时获取令牌操作只需要对令牌数进行简单的减法即可,记得加锁以保证并发安全。juju/ratelimit 就是这样做的。

7.6.3 服务瓶颈和 QoS

前面已经讨论了 CPU 计算瓶颈、磁盘 I/O 瓶颈等概念,这些性能瓶颈从大多数公司配备的监控系统中可以比较快速地定位。如果一个系统遇到了性能问题,那么监控图一般会迅速反映出来。

虽然性能指标很重要,但为用户提供服务时还应考虑整体的服务质量(quality of service,QoS),包括可用性、吞吐量、延迟、延迟变化(如抖动和漂移)和丢包率等指标。一般来讲,可以通过优化系统提高 Web 服务的 CPU 利用率,从而提高整个系统的吞吐量。但吞吐量提高的同时,用户体验是有可能变差的。用户比较敏感的除了可用性,还有延迟。虽然系统的吞吐量高,但页面加载时间过长,仍可能会导致大量用户流失。所以,在大公司的 Web 服务质量指标中,除了平均响应延迟,还会把第 95 百分位响应时间和第 99 百分位响应时间作为关键指标。如果随着 CPU 利用率的提高,平均响应没受到太大影响,但第 95 百分位响应时间或第 99 百分位响应时间大幅增加,就要考虑提高 CPU 利用率付出的代价是否值得了。

在线系统的服务器一般都会保持一定的 CPU 富余量,以应对突发的高负载情况。

7.7 大型 Web 项目的分层

流行的 Web 框架大多数是 MVC 框架,MVC 这个概念最早由 Trygve Reenskaug 在 1979 年提出,为了能够方便地对 GUI 类型的应用进行扩展,将程序划分为 3 层。

(1)模型(model):应用的核心组件,负责处理数据和业务逻辑,如实现具体的功能和算法、进行数据管理等。

（2）视图（view）：用户看到并与之交互的界面。

（3）控制器（controller）：连接模型与视图，负责控制交互过程，转发请求，对请求进行处理。

随着时代的发展，前端开发也变得越来越复杂。为了更好地进行工程化，前后端分离的架构逐渐流行起来。可以认为前后端分离是将 MVC 中的视图层（V 层）抽离出来，单独成为一个项目。这样，一个后端项目一般就只剩下模型层（M 层）和控制器层（C 层）了。前后端之间通过 AJAX 交互，有时候要解决跨域的问题，但也已经有了一些较为成熟的解决方案。图 7-13 展示了一个前后端分离系统的简易交互过程。

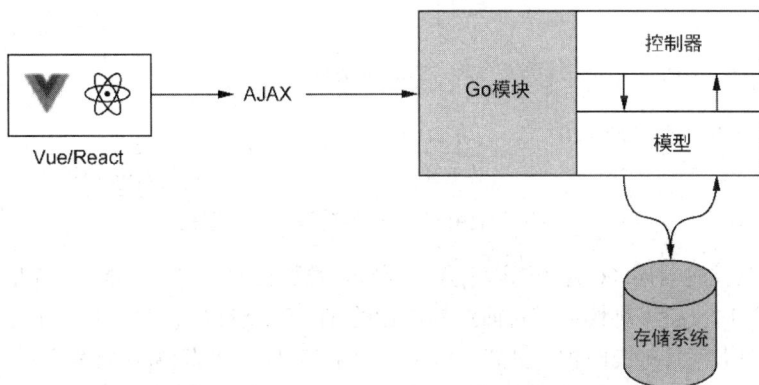

图 7-13　前后端分离系统的简易交互过程

图 7-13 中的 Vue 和 React 是现在前端领域比较流行的两个框架，因为我们的重点不在前端，所以对前端项目内的组织不过多强调。事实上，即使是简单的项目，业界也很难完全按照 MVC 框架提出者对模型层和控制器层的定义来分工。有很多公司的项目会在控制器层塞入大量业务逻辑，而在模型层只管理数据的存储。这往往来源于对模型层字面含义的片面理解，认为这一层只负责数据建模，而模型就只是数据。

这种理解显然是有问题的。业务流程也是一种"模型"，是对真实世界用户行为或者既有流程的一种建模，并非只有按格式组织的数据才能称为模型。不过，如果按照 MVC 框架提出者的想法，把与数据打交道的代码和业务流程全部塞进 MVC 框架的模型层，这个模型层又会显得过于臃肿。对于复杂的项目，一个控制器层和一个模型层显然是不够用的，目前比较流行的纯后端 API 模块一般采用 CLD 框架。

（1）控制器（controller）：是服务入口，负责处理路由、参数验证、请求转发。

（2）逻辑/服务（logic/service）：一般是业务逻辑的入口，可以认为从这一层开始，所有的请求参数都是合法的。业务逻辑和业务流程也都在这一层实现。在常见的设计中，这一层被称为业务规则层。

（3）数据访问对象/数据仓库（DAO/repository）：主要负责与数据和存储打交道，进行数据的持久化工作。这一层将底层存储以更简单的函数或接口形式暴露给逻辑层使用。

每一层都会做好自己的工作，然后用当前请求的上下文构造下一层所需的结构体或其他类型参数，接着调用下一层的函数。在工作完成之后，再将处理结果逐层传回入口。采用 CLD 框架的请求处理流程如图 7-14 所示。

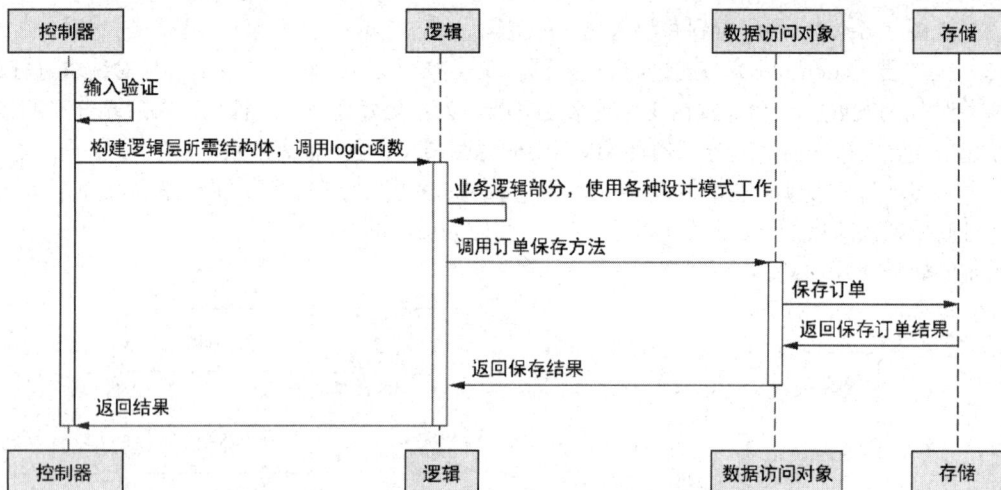

图 7-14 采用 CLD 框架的请求处理流程

将项目划分为控制器层（C 层）、逻辑层（L 层）、数据访问对象层（D 层）3 层之后，在控制器层前可能还需要同时支持多种协议。目前业界流行的 Thrift、gRPC 和 HTTP 并不是只能选择其中一种，有时我们需要支持其中的两种。例如，对于同一个接口，我们既需要效率较高的 Thrift，也需要方便调试的 HTTP。也就是说，除了控制器层、逻辑层、数据访问对象层，还需要一个单独的协议层，负责处理各种交互协议的细节，如图 7-15 所示。

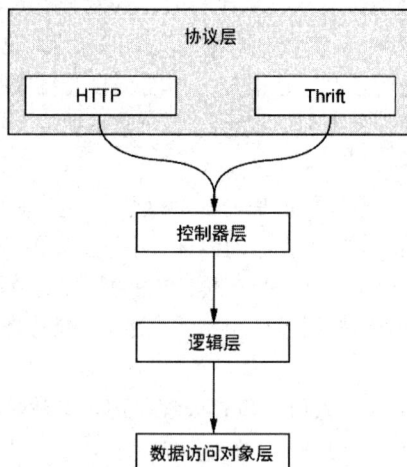

图 7-15 增加了协议层的 CLD 框架

这样，控制器中的入口函数就变成了下面这样：

```go
func CreateOrder(ctx context.Context, req *CreateOrderStruct) (
    *CreateOrderRespStruct, error,
) {
    // ...
}
```

CreateOrder() 有两个参数，其中 ctx 用于传入 trace_id 等需要串联请求的全局参数，req 中存储了创建订单所需要的所有输入信息。返回结果是一个响应结构体和错误。可以认为，代码运行到控制器层之后，就没有任何与"协议"相关的代码了。在这里你找不到 http.Request，找不到 http.ResponseWriter，也找不到任何与 Thrift 或者 gRPC 相关的字眼。

在协议层中处理 HTTP 请求的代码大致如下：

```
// 在协议层定义
type CreateOrderRequest struct {
    OrderID int64 `json:"order_id"`
    // ...
}

// 在控制器中定义
type CreateOrderParams struct {
    OrderID int64
}

func HTTPCreateOrderHandler(wr http.ResponseWriter, r *http.Request) {
    var req CreateOrderRequest
    var params CreateOrderParams
    ctx := context.TODO()
    // 绑定数据到 req
    bind(r, &req)
    // 将协议绑定映射到协议无关的结构体
    map(req, params)
    logicResp,err := controller.CreateOrder(ctx, &params)
    if err != nil {}
    // ...
}
```

理论上我们可以用同一个请求结构体组合不同的标签，来达到一个结构体为不同的协议复用的目的。遗憾的是，在 Thrift 中，请求结构体是通过 IDL（interface definition language，接口定义语言）定义的，其内容在自动生成的 ttypes.go 文件中，我们还是需要在 Thrift 的入口将这个自动生成的结构体映射到控制层所需的结构体上。gRPC 的情况也是类似的。这部分代码还是必不可少的。

聪明的读者可能已经看出来了，协议层中的细节处理存在大量重复工作。对于每个接口，在协议层的处理无非是将数据从协议特定的结构体（如 http.Request、Thrift 请求结构体）读出来，然后绑定到协议无关的结构体上，再将这个结构体映射到控制器层的结构体上，这些代码看起来都很相似。既然相似的代码都遵循某种模式，那么我们可以对这些模式进行简单的抽象，通过代码生成的方式，将繁复的协议处理代码从工作内容中剥离出去。

先来看看 HTTP 请求结构体、Thrift 请求结构体和协议无关结构体分别是什么样子的：

```
// HTTP 请求结构体
type CreateOrder struct {
    OrderID   int64  `json:"order_id" validate:"required"`
    UserID    int64  `json:"user_id" validate:"required"`
    ProductID int    `json:"prod_id" validate:"required"`
    Addr      string `json:"addr" validate:"required"`
}
```

```go
// Thrift 请求结构体
type FeatureSetParams struct {
    OrderID    int64   `thrift:"OrderID,2,required"`
    UserID     int64   `thrift:"UserID,3,required"`
    ProductID  int     `thrift:"ProductID,4,required"`
    Addr       string  `thrift:"Addr,5,required"`
}

// 协议无关结构体——控制器输入结构体
type CreateOrderParams struct {
    OrderID int64
    UserID int64
    ProductID int
    Addr string
}
```

我们需要通过一个源结构体来生成所需的 HTTP 请求结构体和 Thrift 请求结构体代码。

再观察一下上面定义的 3 种结构体，我们只要能用一个结构体生成定义 Thrift 请求结构体的 IDL 和生成 HTTP 请求结构体的 IDL（只要能包含 json 或 form 相关标签的结构体定义信息）就可以了。HTTP 的标签和 Thrift 的标签可以在这个源结构体中结合在一起：

```go
type FeatureSetParams struct {
    OrderID    int64   `thrift:"OrderID,2,required" json:"order_id"`
    UserID     int64   `thrift:"UserID,3,required" json:"user_id"`
    ProductID  int     `thrift:"ProductID,4,required" json:"prod_id"`
    Addr       string  `thrift:"Addr,5,required" json:"addr"`
}
```

然后通过 Go 代码生成的方式，将定义 Thrift 请求结构体的 IDL 和生成 HTTP 请求结构体的 IDL 都生成出来，如图 7-16 所示。

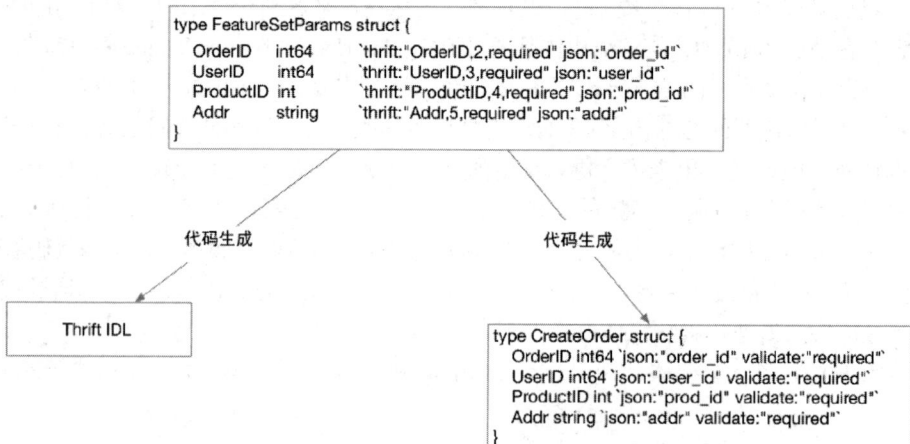

图 7-16　通过 Go 代码定义结构体生成项目入口

生成结构体的方式有多种，你可以通过 Go 语言内置的语法分析器读取文本文件中的 Go 语言源码，然后根据 AST 来生成目标代码；也可以写一个生成器，将源结构体作为生成器的输入参数（这样会更简单一些）。

当然思路并不唯一，我们还可以通过对定义 Thrift 请求结构体的 IDL 进行语法分析，生成一套符合 HTTP 接口规范的结构体，如图 7-17 所示。

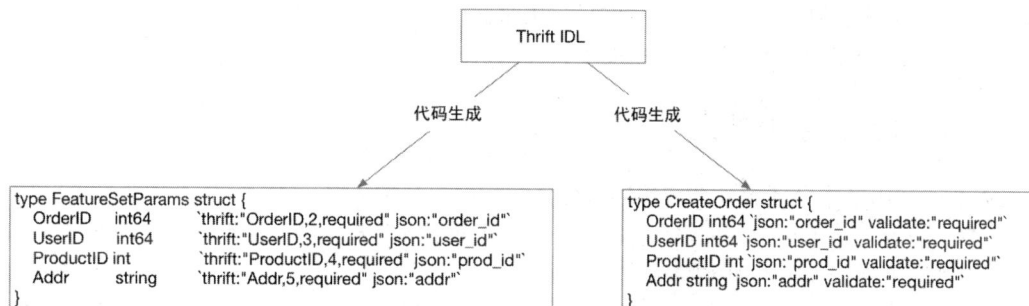

图 7-17　从 Thrift IDL 生成 Thrift 协议结构体和 HTTP 结构体

图 7-17 中的生成过程看起来比图 7-16 顺畅一点，不过如果选择了这么做，就需要自行对 Thrift 的 IDL 进行语法分析，相当于要编写一个 Thrift 的 IDL 的语法分析器。虽然现在有 ANTLR 或者 PEG 能简化语法分析器的编写工作，但在语法分析这一步我们不希望引入太多的工作，所以量力而行即可。

既然工作流已经成型，我们可以琢磨一下怎么让整个流程对用户更加友好。例如，可以引入 Web 页面，让用户只需点击鼠标就能生成 SDK，这些就靠读者自己去探索了。

虽然我们成功地使项目在入口支持了多种交互协议，但是还有一些问题没有解决。到目前为止，我们没有将中间件作为项目的分层考虑进去。增加了中间件的 CDL 框架如图 7-18 所示。

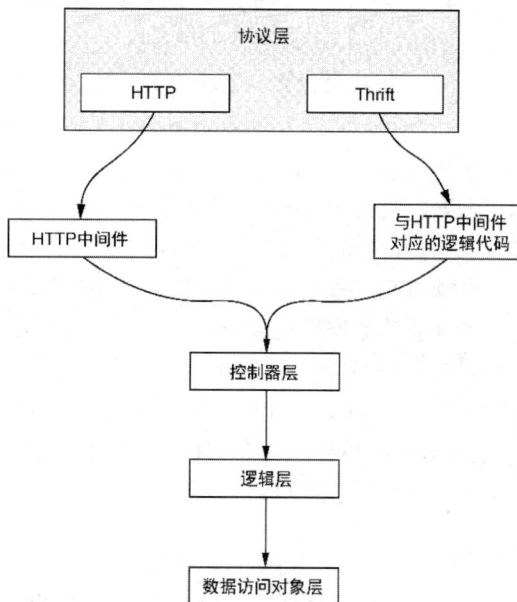

图 7-18　增加了中间件的 CLD 框架

之前我们学习的中间件是与 HTTP 强相关的。遗憾的是，对于解决非功能性代码重复问题，还没有与 HTTP 中间件功能类似的 Thrift 中间件，所以针对 Thrift 还是要写一些重复的非功能性代码。这也是很多企业项目所面临的问题，目前开源界并没有这种方便的多协议中间件解决方案。当然，前面我们也说过，保留的 HTTP 接口很多时候只是用来做调试，并不会对外公开。在这种情况下，这些非功能性代码只要在 Thrift 的代码中完成即可。

7.8　接口和表驱动开发

在 Web 项目中经常会遇到外部依赖环境变化，如以下几种情况。

（1）公司的老存储系统年久失修，现在已经没有人维护了，新系统上线没有考虑平滑迁移，但最后通牒已下，要求在 N 天之内迁移完毕。

（2）平台部门的老用户系统年久失修，现在已经没有人维护了。新系统上线没有考虑兼容旧接口，但最后通牒已下，要求在 N 个月之内迁移完毕。

（3）公司的旧消息队列年久失修，新来的技术团队没有考虑向前兼容，但最后通牒已下，要求在半年之内迁移完毕。

我们看到，外部依赖常常因为不可抗力而不断地升级，系统升级并且往往不考虑向前兼容，项目实施的时间也有限制。如果我们的部门工作饱和、领导强势，那么有时候也可以要求依赖方进行兼容。但世事不一定如人愿，总会遇到依赖方进行不兼容升级并且需要我们的系统进行配合的情况。我们应该如何缓解这个问题呢？

7.8.1　业务系统的发展过程

互联网公司只要可以活过 3 年，工程方面面临的首要问题就是代码膨胀。系统的代码膨胀之后，可以将系统中与业务流程本身无关的部分做拆解和异步化。什么是业务无关呢？例如一些统计、反作弊、营销发券、价格计算、用户状态更新等需求。这些需求往往依赖于主流程的数据，但只是挂在主流程上的旁支，自成体系。

这时候我们就可以把这些旁支拆解出去，作为独立的系统来部署、开发和维护。如果这些旁支流程的时延非常敏感，例如，用户在界面上点击按钮后需要立刻返回（如价格计算、支付），那么需要与主流程系统进行 RPC 通信，并且在通信失败时，要将结果直接返回给用户。如果时延不敏感，如抽奖系统（结果稍后公布）或者非实时的统计类系统，那么就没有必要在主流程中为每套系统实现一套 RPC 流程。我们只要将下游需要的数据打包成一条消息，传入消息队列，之后的事情就与主流程无关了（当然，与用户的后续交互流程还是要做的）。

通过拆解和异步化虽然解决了一部分问题，但并不能解决所有问题。随着业务发展，单一职责的模块也会变得越来越复杂，这是必然的趋势。如果一件事情本身变得复杂，那么拆解和异步化就无济于事了。我们还是要对事情本身进行一定程度的封装抽象。

7.8.2　使用函数封装业务流程

最基本的封装过程是把相似的行为放在一起，然后打包成一个一个的函数，让杂乱无章的代码变得清晰有序，如下面的例子：

```
func BusinessProcess(ctx context.Context, params Params) (resp, error){
    ValidateLogin()
    ValidateParams()
    AntispamCheck()
    GetPrice()
    CreateOrder()
    UpdateUserStatus()
    NotifyDownstreamSystems()
    return resp, error}
```

不管是多么复杂的业务，系统内的逻辑都是可以分解为"第 1 步→第 2 步→第 3 步……"这样的流程的。

每个步骤内部也会有复杂的流程，例如：

```
func CreateOrder() error{
    ValidateDistrict()      // 判断是否为地区限定商品
    ValidateVIPProduct()    // 检查是否为只提供给 VIP 的商品
    GetUserInfo()           // 从用户系统获取更详细的用户信息
    GetProductDesc()        // 从商品系统获取商品在该时间点的详细信息
    DecrementStorage()      // 扣减库存
    CreateOrderSnapshot()   // 创建订单快照
    return nil
}
```

在阅读业务流程代码时，我们只要查看函数名就能知晓在该流程中完成了哪些操作。如果需要修改细节，那么就继续深入每个业务步骤查看具体的流程。写得糟糕的业务流程代码会将所有过程都堆积在少数几个函数中，导致函数代码长达几百甚至上千行。这种"意大利面条式"的代码阅读和维护起来都非常痛苦。在开发的过程中，一旦有条件，应该立即进行类似上面这种方式的简单封装。

7.8.3　使用接口进行抽象

业务发展的早期阶段是不适宜引入接口（interface）的，因为很多时候业务流程变化很大，过早引入接口会使业务系统增加很多不必要的分层，导致每次修改几乎都要全盘否定之前的工作。

当业务发展到一定阶段，主流程稳定之后，就可以适当地使用接口进行抽象了。这里的"稳定"是指主流程的大部分业务步骤已经确定，即使再进行修改，也只是小修小补，或者只是增加或删除少量业务步骤。

如果我们在开发过程中已经对业务步骤进行了良好的封装，这时候进行抽象就会变得非常容易，伪代码如下：

```
// OrderCreator 创建订单流程
type OrderCreator interface {
    ValidateDistrict()      // 判断是否为地区限定商品
    ValidateVIPProduct()    // 检查是否为只提供给 VIP 的商品
    GetUserInfo()           // 从用户系统获取更详细的用户信息
    GetProductDesc()        // 从商品系统获取商品在该时间点的详细信息
    DecrementStorage()      // 扣减库存
    CreateOrderSnapshot()   // 创建订单快照
}
```

我们只要把之前写过的步骤函数签名都提取到一个接口中，就可以完成抽象了。

在进行抽象之前，我们应该想明白的一点是引入接口对我们的系统是否有意义，这是要根据场景进行分析的。假如我们的系统只服务一条产品线，并且内部的代码只是针对很具体的场景进行定制化开发，那么引入接口是不会带来任何收益的。如果我们正在做的是平台系统，需要由平台定义统一的业务流程和业务规范，那么基于接口的抽象就是有意义的。举个例子，如图 7-19 所示，平台需要服务多条业务线，但数据定义需要统一，所以希望都能按照平台定义的流程来实现业务。平台方可以定义一套类似上文的接口，然后要求接入方的业务必须将这些接口都实现。如果接口中有其不需要的步骤，那么只要返回 nil 或者忽略就可以。

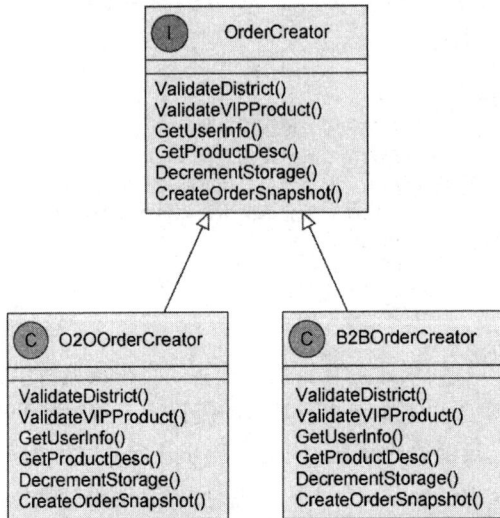

图 7-19　实现公有的接口

在业务进行迭代时，平台代码是不用修改的，这样我们就可以把这些接入业务当成平台代码的插件（plugin）引入进来。如果没有接口，我们会怎么做？

```
import (
    "sample.com/travelorder"
    "sample.com/marketorder"
)

func CreateOrder() error {
    switch businessType {
    case TravelBusiness:
        travelorder.CreateOrder()
    case MarketBusiness:
        marketorder.CreateOrderForMarket()
    default:
        return errors.New("unsupported business")
    }
}

func ValidateUser() error {
```

```
    switch businessType {
    case TravelBusiness:
        travelorder.ValidateUserVIP()
    case MarketBusiness:
        marketorder.ValidateUserRegistered()
    default:
        return errors.New("unsupported business")
    }
}

// ...
switch ...
switch ...
switch ...
```

没错，就是无穷无尽的 switch 和没完没了的重复代码。引入接口之后，switch 只需要在业务入口做一次。

```
type BusinessInstance interface {
    ValidateLogin()
    ValidateParams()
    AntispamCheck()
    GetPrice()
    CreateOrder()
    UpdateUserStatus()
    NotifyDownstreamSystems()
}

func entry() error {
    var bi BusinessInstance
    switch businessType {
        case TravelBusiness:
            bi = travelorder.New()
        case MarketBusiness:
            bi = marketorder.New()
        default:
            return errors.New("unsupported business")
    }
}

func BusinessProcess(bi BusinessInstance) {
    bi.ValidateLogin()
    bi.ValidateParams()
    bi.AntispamCheck()
    bi.GetPrice()
    bi.CreateOrder()
    bi.UpdateUserStatus()
    bi.NotifyDownstreamSystems()
}
```

面向接口编程，不用关心具体的实现。如果对应的业务在迭代中发生了改变，那么所有的逻辑对平台方来说也是完全透明的。

7.8.4　接口的优缺点

Go 语言最被人称道的地方是其接口设计的正交性，模块之间不需要知晓彼此的存在，A 模块定义接口，B 模块实现这个接口就可以。如果接口中没有 A 模块中定义的数据类型，那么 B 模块中甚至不用 import A。例如，标准库中的 io.Writer：

```
type Writer interface {
    Write(p []byte) (n int, err error)
}
```

我们可以在自己的模块中实现 io.Writer 接口：

```
type MyType struct {}

func (m MyType) Write(p []byte) (n int, err error) {
    return 0, nil
}
```

那么我们就可以把自己的 MyType 传给任何使用 io.Writer 作为参数的函数来使用了，例如：

```
package log

func SetOutput(w io.Writer) {
    output = w
}
```

然后把 MyType 作为参数：

```
package my-business

import "xy.com/log"

func init() {
    log.SetOutput(MyType{})
}
```

在 MyType 定义的地方，不需要 import "io"就可以直接实现 io.Writer 接口，我们还可以随意组合很多函数，以实现各种类型的接口，同时接口实现方和接口定义方都不用建立 import 产生的依赖关系。因此很多人认为 Go 语言的这种正交性是一种很优秀的设计。

但这种"正交"性也会给我们带来一些麻烦。当我们接手一个几十万行的系统时，如果看到定义了很多接口（如订单流程的接口），我们希望能直接找到这些接口被哪些对象实现了。但直到现在，这个简单的需求只有 GoLand 实现了，并且体验尚可。Visual Studio Code 则需要对项目进行全局扫描，才能看到到底有哪些结构体实现了该接口的全部函数。那些显式实现接口的语言，对 IDE 的接口查找就友好多了。但是，当看到一个结构体时，我们也希望能够立刻知道这个结构体实现了哪些接口，这也有着和前面提到的相同的问题。

虽有不便，但接口带来的好处是不言而喻的：一是依赖反转，这是接口在大多数语言中对软件项目产生的影响，在 Go 语言的正交接口设计场景下，甚至可以去除依赖；二是编译器在编译时就能检查到类似"未完全实现接口"这样的错误，如果业务未实现某个流程，但又将其实例作为接口强行使用，例如：

```
package main

type OrderCreator interface {
    ValidateUser()
    CreateOrder()
}


type BookOrderCreator struct{}

func (boc BookOrderCreator) ValidateUser() {}

func createOrder(oc OrderCreator) {
    oc.ValidateUser()
    oc.CreateOrder()
}


func main() {
    createOrder(BookOrderCreator{})
}
```

在编译时会报出下述错误：

```
# command-line-arguments
./a.go:18:30: cannot use BookOrderCreator literal (type BookOrderCreator) as type
OrderCreator in argument to createOrder:
    BookOrderCreator does not implement OrderCreator (missing CreateOrder method)
```

因此，也可以将接口视为一种在编译时进行检查以保证类型安全的手段。

7.8.5 表驱动开发

熟悉开源 lint 工具的读者应该听过圈复杂度。在函数中如果有 if 和 switch，会使函数的圈复杂度上升。对于有强迫症的读者，即使在入口函数中有一个 switch，也想要去掉这个 switch。有没有什么办法呢？当然有，用表驱动的方式来存储我们需要的实例：

```
func entry() {
    var bi BusinessInstance
    switch businessType {
    case TravelBusiness:
        bi = travelorder.New()
    case MarketBusiness:
        bi = marketorder.New()
    default:
        return errors.New("not supported business")
    }
}
```

可以修改为

```
var businessInstanceMap = map[int]BusinessInstance {
    TravelBusiness : travelorder.New(),
    MarketBusiness : marketorder.New(),
}

func entry() {
    bi := businessInstanceMap[businessType]
}
```

对于表驱动的设计方式，在很多设计模式相关的书中并没有把它作为一种设计模式来讲，但我认为这依然是一种非常重要的简化代码的手段。在日常的开发工作中，可以多思考哪些不必要的 `switch case` 可以用一个字典或一行代码轻松搞定。

当然，表驱动也不是没有缺点，因为需要对输入键计算哈希值，在性能敏感的场合需要多加斟酌。

7.9　灰度发布

中型互联网公司往往有数百万用户，而大型互联网公司的系统则可能要服务千万级甚至亿级的用户需求。大型系统的请求流入往往是源源不断的，任何微小的变动都可能被最终用户感知到。例如，如果系统在上线过程中拒绝了一些上游请求，而依赖该系统的其他系统没有做任何容错处理，那么这个错误就会一直向上抛出，直至影响最终用户，从而对用户造成实际伤害。这种伤害可能表现为在用户的 App 上弹出一个令人困惑的错误字符串，用户刷新页面后可能就忘记了这件事。但在某些情况下，如用户正在与数万名竞争对手同时抢购秒杀商品时，代码中的一个小问题可能导致用户失去先发优势，与自己期待已久的产品失之交臂。对用户的伤害程度取决于系统对用户的重要性。

不管怎么说，在大型系统中，容错机制是重要的，能够按百分比、分批次地将新功能推送给最终用户也是很重要的。虽然当今的互联网公司声称其系统在上线前都经过了充分、慎重且严格的测试，但即便如此，代码中的漏洞也难以完全避免。即使代码本身没有漏洞，分布式服务之间的协作也可能出现"逻辑"上的非技术问题。

这时候，灰度发布就显得非常重要了。灰度发布也称金丝雀发布。（据说在 17 世纪，英国矿井工人发现金丝雀对瓦斯非常敏感，瓦斯浓度达到一定水平金丝雀就会死亡，但此时的瓦斯浓度还不足以致人死亡，因此矿井工人将金丝雀用作检测瓦斯浓度的工具。）互联网系统的灰度发布一般通过两种方式实现。

（1）通过分批次部署实现灰度发布。

（2）通过业务规则进行灰度发布。

在对系统的旧功能进行升级迭代时，第一种方式用得比较多。在新功能上线时，第二种方式用得比较多。当然，对比较重要的旧功能进行较大修改时，一般也会选择通过业务规则进行发布，因为将功能直接全量开放给所有用户风险实在太大。

7.9.1　通过分批次部署实现灰度发布

假如服务部署在 15 个实例（可能是物理机，也可能是容器）上，我们把这 15 个实例分为 4 个批次，按照先后顺序分别有 1 台、2 台、4 台、8 台台机器，保证每次扩展时大概都是两倍的关系，如图 7-20 所示。

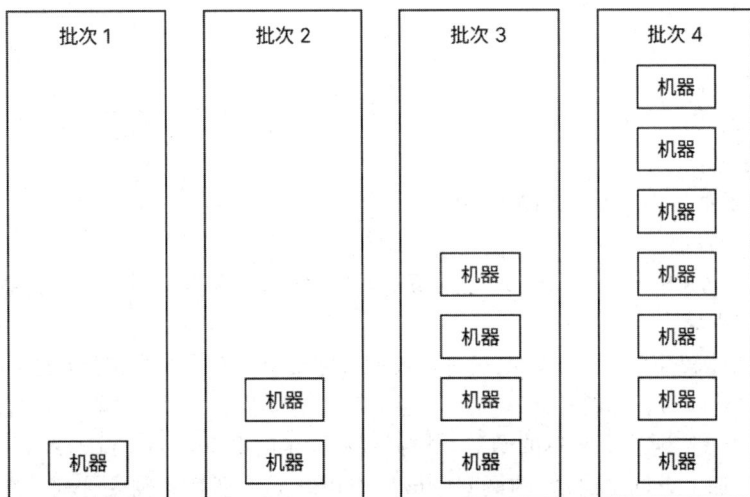

图 7-20 分批次部署

为什么要选择两倍的关系呢？这样能够保证不管有多少台机器，都不会把批次划分得太多。例如，对于 1024 台机器，只需要按 1、2、4、8、16、32、64、128、256、512 的顺序部署 10 次就可以完成全部部署。

采用这种方式，上线最开始受影响的用户比例相对较小，例如 1000 台机器的服务上线后如果出现问题，也只会影响 1/1000 的用户。如果将 1000 台机器平均分为 10 组，那么一上线立刻就会影响 1/10 的用户。对公司来说，1/10 的业务出现问题可能已经是一场不可挽回的灾难了。

在上线过程中，最有效的观察方法是查看程序的错误日志。如果有较明显的逻辑错误，错误日志的滚动速度一般都会有肉眼可见的增加。这些错误也可以通过 metrics 系统上报给公司内部的监控系统，所以在上线过程中，也可以通过观察监控曲线来判断是否有异常发生。

如果出现异常情况，首先要做的就是回滚。

7.9.2 通过业务规则进行灰度发布

常见的灰度发布规则有多种。例如，如果我们的规则是按千分比来发布，那么可以用用户 ID、手机号、用户设备信息等生成一个简单的哈希值，然后取模，用伪代码表示如下：

```
// pass 3/1000
func passed(userID string) bool {
    key := hashFunctions(userID) % 1000
    if key <= 2 {
        return true
    }

    return false
}
```

常见的灰度发布系统有下列规则可供选择：
- 按城市发布；
- 按概率发布；
- 按百分比发布；
- 按白名单发布；
- 按业务线发布；
- 按客户端类型发布（App、Web、PC）；
- 按分发渠道发布。

因为与公司的业务相关，所以城市、业务线、客户端类型、分发渠道都可能会被直接编码在系统中，不过功能大同小异。

按白名单发布比较简单，在功能上线时，我们可能希望只有公司内部的员工和测试人员可以访问新功能，此时会将账号、邮箱写入白名单，拒绝其他任何不在白名单中的账号的访问。

按概率发布是指实现一个简单的函数，根据用户指定的概率返回 true 或者 false，当然，返回 true 的概率加上返回 false 的概率应该是 100%。这个函数不需要任何输入，用伪代码表示如下：

```
func isTrue() bool {
    根据用户指定的概率返回 true 或者 false
}
```

按百分比发布是指实现一个函数，根据输入参数（如手机号）计算哈希值，并对哈希结果取模返回 true 或者 false，用伪代码表示如下：

```
func isTrue(phone string) bool {
    if hashFunctions(phone) % 100 满足条件 {
        return true
    }
    return false
}
```

按百分比发布与按概率发布的区别是，按百分比发布需要调用方提供一个输入参数，然后我们以该输入参数作为源来计算哈希值，并对哈希后的结果取模，最后返回结果。这样可以保证同一个用户在多次调用时返回结果是一致的。在图 7-21 所示的场景下，必须使用这种结果可预期的灰度发布规则。

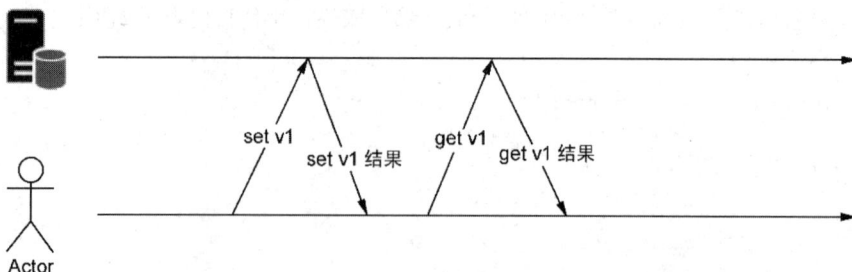

图 7-21　按百分比发布场景：先设置然后马上获取

如果采用随机发布，可能会出现图 7-22 所示的问题。

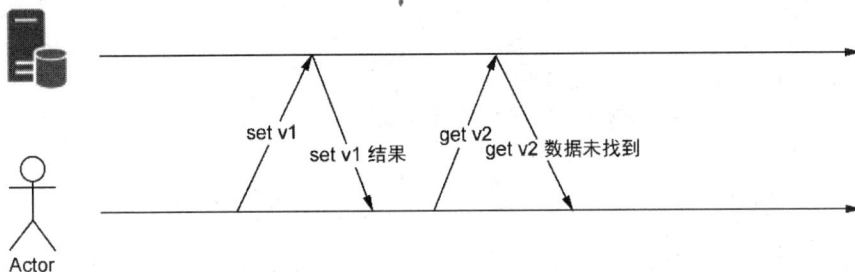

图 7-22　随机发布场景：先设置然后马上获取

举个具体的例子，网站的注册环节可能有两个版本的 API，如果存储时使用 v1 版本的 API，而获取时使用 v2 版本的 API，那么就可能出现用户注册成功后反而收到注册失败消息的诡异问题。

7.9.3　如何实现灰度发布规则

前面提到，提供给用户的灰度发布接口大概可以分为与业务绑定的简单判断逻辑，以及输入稍微复杂一些的哈希值判断。我们来分别看看怎么实现这样的灰度发布规则（函数）。

1. 与业务相关的简单判断逻辑

公司内部一般都会有城市名和 ID 的映射关系，如果业务只涉及中国国内，城市数量不会特别多，且 ID 可能在 10000 以内，那么一个大小为一万左右的布尔数组就可以满足需求了，实现的伪代码如下：

```
var cityID2Open = [12000]bool{}

func init() {
    readConfig()
    for i:=0;i<len(cityID2Open);i++ {
        if city i is opened in configs {
            cityID2Open[i] = true
        }
    }
}

func isPassed(cityID int) bool {
    return cityID2Open[cityID]
}
```

如果公司为 cityID 赋的值比较大，就可以考虑用 map 来存储映射关系，虽然 map 的查询速度比数组稍慢，但扩展性更强，实现的伪代码如下：

```
var cityID2Open = map[int]struct{}{}

func init() {
    readConfig()
    for _, city := range openCities {
```

```
            cityID2Open[city] = struct{}{}
        }
    }

    func isPassed(cityID int) bool {
        if _, ok := cityID2Open[cityID]; ok {
            return true
        }
        return false
    }
```

按白名单、业务线、客户端类型、分发渠道发布，本质上和按城市发布是一样的，这里就不再赘述了。

按概率发布稍微特殊一些，不过不考虑输入实现起来也很简单：

```
func init() {
    rand.Seed(time.Now().UnixNano())
}

// rate 为 0~100
func isPassed(rate int) bool {
    if rate >= 100 {
        return true
    }
    if rate > 0 && rand.Int(100) < rate {
        return true
    }
    return false
}
```

注意初始化时随机生成种子。

2. 哈希算法的性能

可用的哈希算法非常多，如 MD5、CRC32、SHA-1 等，但我们的目的只是对数据进行映射，并不希望因为计算哈希值消耗过多的 CPU 资源，所以对于灰度发布，目前业界使用较多的哈希算法是 MurmurHash。下面是我们对这些常见的哈希算法的简单基准测试。

使用标准库中的 md5、sha1 和开源的 murmur3 实现来进行对比：

```
package main

import (
    "crypto/md5"
    "crypto/sha1"

    "github.com/spaolacci/murmur3"
)

var str = "hello world"
```

```
func md5Hash() [16]byte {
    return md5.Sum([]byte(str))
}

func sha1Hash() [20]byte {
    return sha1.Sum([]byte(str))
}

func murmur32() uint32 {
    return murmur3.Sum32([]byte(str))
}

func murmur64() uint64 {
    return murmur3.Sum64([]byte(str))
}
```

为这些算法编写一个基准测试:

```
package main

import "testing"

func BenchmarkMD5(b *testing.B) {
    for i := 0; i < b.N; i++ {
        md5Hash()
    }
}

func BenchmarkSHA1(b *testing.B) {
    for i := 0; i < b.N; i++ {
        sha1Hash()
    }
}

func BenchmarkMurmurHash32(b *testing.B) {
    for i := 0; i < b.N; i++ {
        murmur32()
    }
}

func BenchmarkMurmurHash64(b *testing.B) {
    for i := 0; i < b.N; i++ {
        murmur64()
    }
}
```

然后运行基准测试，看看运行效果:

```
~/t/g/hash_bench git:master >>> go test -bench=.
goos: darwin
goarch: amd64
BenchmarkMD5-4          10000000 180 ns/op
BenchmarkSHA1-4         10000000 211 ns/op
```

```
BenchmarkMurmurHash32-4 50000000   25.7 ns/op
BenchmarkMurmurHash64-4 20000000   66.2 ns/op
PASS
ok  _/Users/caochunhui/test/go/hash_bench 7.050s
```

可见，MurmurHash 算法的性能比 MD5 和 SHA-1 算法高出 3 倍以上。显然，如果用于负载均衡，MurmurHash 比 MD5 和 SHA-1 要好。近年来，Go 语言社区还出现了其他更高效的哈希算法，感兴趣的读者可以自行研究。

3. 哈希算法的均匀性

对哈希算法来说，除了性能方面的问题，还要考虑哈希后的值分布是否均匀。如果哈希后的值分布不均匀，就无法实现均匀的灰度效果。

以 MurmurHash 算法为例，我们先以 15810000000 开头，生成 1000 万个与手机号类似的数字，然后将计算后的哈希值分成 10 个桶，并观察计数是否均匀：

```
package main

import (
    "fmt"

    "github.com/spaolacci/murmur3"
)

var BucketSize = 10

func main() {
    var BucketMap = map[uint64]int{}
    for i := 15000000000; i < 15000000000+10000000; i++ {
        hashInt := murmur64(fmt.Sprint(i)) % uint64(BucketSize)
        BucketMap[hashInt]++
    }
    fmt.Println(BucketMap)
}

func murmur64(p string) uint64 {
    return murmur3.Sum64([]byte(p))
}
```

执行结果如下：

```
map[7:999475 5:1000359 1:999945 6:1000200 3:1000193 9:1000765 2:1000044 \
4:1000343 8:1000823 0:997853]
```

偏差都在 1/100 以内，可以接受。读者在研究其他算法，并判断是否可以用来做灰度发布时，也应该从性能和均匀性两方面出发进行考察。

7.10 现代 Go 语言后端编程

本书第 1 版成书时，Go 语言的微服务编程尚处于初级阶段，Go 语言社区的开源框架仅聚焦于基础组件的实现，企业内部的开发者使用 Go 语言做开发时，需要自行寻找匹配需求的"积木"来完成项目搭建。

　　经过多年的发展，大家对框架的需求已不再局限于简单的"乐高积木"，而是希望它能更好地满足企业的实际需求。除了提供基本的路由、限流、中间件和验证器，企业更期待框架能够推广内部推崇的编码风格，提升工程能力，并整合基础设施能力，为后端开发者提供更高效的开发环境。这样，业务开发者可以专注于流程设计和实现，而无须在 Go 语言社区组件的选择上耗费大量精力。因此，那些带有企业风格的框架逐渐成为 Go 语言社区的主流选择。

　　在 Go Micro 诞生之前，Go 语言社区普遍认为 Go 语言足够简洁，不需要像 Java 社区那样繁重的框架来约束程序员的开发模式。然而，随着很多互联网公司（甚至是大型互联网公司）的项目逐渐走向失控，这种观点开始受到挑战。这种失控体现在多个方面：在模块选型上，例如 ORM，公司里无休止地争论是使用 GORM、XORM，还是使用 SQL 构建器；在重复踩坑上，如 Go 语言社区的 MQ SDK 在特殊情况下停止消费，缓存 SDK 版本不匹配导致的延迟暴涨；甚至在代码审美上，如 Java 转到 Go 的开发者认为没有依赖注入令他们无法完成基本的功能开发。

　　当企业的功能系统的迭代时间因无休止的争论而延误，大型公司成千上万的线上系统因相同的漏洞反复引发故障，升级一次依赖库需要通知数千个模块的开发负责人时，企业级框架的必要性便凸显出来，它能够收敛所有非功能性需求，并积累公司内部的历史故障经验。

　　目前，Go 语言社区中最流行的企业级框架有 Go Micro、go-zero 和 Kratos，它们在设计上各有侧重。企业在使用这些框架时，可以根据自己的需求进行定制后再提供给业务部门使用。

7.10.1　Go Micro

　　作为框架的用户，我们可以从框架对外部资源的抽象来了解框架作者对业务开发的一些看法。例如，Go Micro 的主要抽象为身份认证、动态配置、数据存储、服务发现、负载均衡、消息编码、RPC 客户端/服务器端、异步消息。

　　一个开源框架需要考虑其在各个公司内落地时，各模块要适配不同的基础设施，因此只要某个组件/基础设施有多种可能性，就需要为这个组件/基础设施设计专门的 Go 接口。如果读者想要学习 Go Micro 如何对上述概念进行抽象，可以直接查看 Go Micro 的源码，其工程结构非常工整，是 Go 项目的典范。下面以服务发现为例，其代码在 registry 目录下，接口定义在与目录同名的文件 registry.go 中。

```go
// The registry provides an interface for service discovery
// and an abstraction over varying implementations
// {consul, etcd, zookeeper, ...}.
type Registry interface {
    Init(...Option) error
    Options() Options
    Register(*Service, ...RegisterOption) error
    Deregister(*Service, ...DeregisterOption) error
    GetService(string, ...GetOption) ([]*Service, error)
    ListServices(...ListOption) ([]*Service, error)
    Watch(...WatchOption) (Watcher, error)
    String() string
}
```

Go Micro 的所有模块的设计均遵从这种规范，阅读 Go Micro 的源码将有助于提升代码设计能力。因为 Go Micro 在大多数底层模块上均未强制帮用户做选择，而企业内如果要落地 Go Micro，又需要在各个基础模块上结合企业内部的情况进行适配（如使用 Consul 作为公司内的服务发现组件）。因此，企业的框架开发者需要在开源社区开发的产品基础上进行二次封装，集成好企业内部的基础设施，才能将所开发的框架提供给业务部门的终端用户使用。

7.10.2　Kratos

Kratos 是 B 站开源的企业级框架，也是一个非常受欢迎的框架。它在设计上与 Go Micro 有很多相似之处，如多协议代码生成、错误处理、元数据、动态配置、日志管理、度量、跟踪、消息编码、服务发现等，这些也都被抽象为 API 或者基础工具内置在框架中。Kratos 在主要模块的抽象上与 Go Micro 大同小异，它有以下几个特色功能。

（1）多协议的微服务入口。服务可以同时支持 gRPC 协议和 HTTP 的入口，用户只需要用谷歌的 Protobuf 语法编写 IDL，即可实现双协议的入口。这样，用户既可以方便地用 HTTP 进行接口测试，又可以用 gRPC 来提升线上服务性能，并且写一次中间件代码可以在两种协议中共用，大大节省了代码量。

（2）社区共识集成。在错误处理、度量和跟踪上进行了更多集成工作，用户可以在遵从 OTel 规范的前提下使用框架功能。

（3）依赖注入。Kratos 框架推荐使用谷歌的 Wire 作为 Go 的依赖注入工具，可以节省用户大量编写初始化代码和梳理模块依赖的时间。相比 Java 社区的依赖注入解决方案，Wire 是编译时的依赖注入方案，易读性较好，但不如 Java 社区 Spring 类框架的依赖注入易用，且当编写错误时，Wire 的报错信息也较为难懂。读者可以根据自己的实际情况自行判断是否使用 Wire。

（4）脚手架代码生成工具。可以一键生成项目脚手架，使业务开发者可以将精力集中在流程开发上，而不是非功能需求的代码上。

（5）项目配置的模式化。所有配置项需要显式声明数据结构，可以非常方便地进行项目配置的规范治理。

与 Go Micro 相比，Kratos 项目较新，因此在设计上考虑了更多企业的诉求，Kratos 框架社区的主导者对谷歌的 SRE（site reliability engineer，网站可靠性工程师）方法论推崇有加，因此能看到很多谷歌的影子。Kratos 也是非常值得 Go 开发者学习的框架。

7.10.3　go-zero

go-zero 是 Go 语言社区内使用较广的企业级框架，可以大幅缩短从需求到上线的周期。 go-zero 提供了跨协议的 IDL 定义和代码生成、服务发现、动态配置、缓存等常见模块的抽象。相比前面提到的 Go Micro 和 Kratos，go-zero 更多地聚焦于基础组件和命令行工具。go-zero 框架内置了很多基础库和并发工具库，用户可以快速上手，通过极简的 API 描述，一键生成各端代码，并自动验证客户端请求参数的合法性。在日常业务开发过程中，基本不太需要再去开源社区中寻找其他库。

此外，go-zero 提供了完善的流量控制和容错机制，如限流、熔断和根据系统负载自动保护等。这些特性在高并发场景下尤为关键，能够有效防止系统过载，提升系统整体稳定性和服务可用性。

go-zero 内置的 HTTP/gRPC 框架同时支持 HTTP 和 gRPC 协议，方便业务开发者根据需求灵活选择通信方式，从而提高服务间调用的效率。

go-zero 还强调工程化最佳实践，如提供了统一的错误处理和日志收集功能，使发人员能够专注于业务逻辑，而无须担心底层基础设施的问题。go-zero 的自动代码生成工具 goctl 极大地提升了开发效率，使开发者能够快速搭建微服务架构并进行扩展。

7.10.4 小结

上述 3 个框架各有优势。要在企业中落地框架，应根据企业的实际情况和架构师的审美，取众家之长，形成适合企业自身需求的方案。

7.11 补充说明

现代软件工程是离不开 Web 的，广义来讲，Web 甚至可以不基于 HTTP。只要是 C/S（客户端/服务器）或者 B/S（浏览器/服务器）架构的系统，都可以认为是 Web 系统。即使是在看起来非常封闭的游戏系统中，玩家联机需求与日俱增，也会涉及远程通信，这里面也会涉及很多 Web 方面的技术。

所以，Web 编程是程序员必须掌握的知识领域，无论你的目标是成为架构师、去创业，还是去当技术顾问，Web 方面的知识都是不可或缺的。

第 8 章

Go 和 WebAssembly

WebAssembly（简称 Wasm）是一种新兴的网页虚拟机标准，在 2019 年 12 月正式成为 W3C 国际标准，成为与 HTML、CSS 和 JavaScript 并列的前端技术。Go 语言官方从 Go 1.11 开始支持 WebAssembly，从 Go 1.21 开始支持 WebAssembly 的 WASI 规范。

本章将介绍 Go 语言中与 WebAssembly 相关的技术。

8.1 WebAssembly 简介

WebAssembly 是第一个虚拟机国际标准，它与 JavaScript 并不是竞争关系，它旨在构建从底层 CPU 到上层动态库的可移植性标准。未来，不仅 C/C++、Go、JavaScript 和 Java 等高级语言可以运行在 WebAssembly 虚拟机上，而且将出现针对 WebAssembly 平台设计的包管理系统和操作系统。

8.1.1 诞生背景

WebAssembly 的前身是 Mozilla 的 asm.js 技术。为了改变 JavaScript 性能不佳的形象，Mozilla 的工程师创建了 Emscripten 项目，尝试通过 LLVM 工具链将 C/C++程序转译为 JavaScript 代码，在此过程中，他们创建了一个 JavaScript 子集 asm.js，asm.js 仅包含可以预判变量类型的数值运算，有效地避免了 JavaScript 弱类型变量语法带来的性能问题。

由于 asm.js 显著提升了性能，获得了 Google、Microsoft、Apple 等主流浏览器厂商的支持。为了进一步提升 asm.js 的性能，各大厂商决定采用二进制来表达 asm.js 模块，以减小模块体积，提升模块加载速度和解析速度，这最终演化出了 WebAssembly 技术。

WebAssembly 本质上是一个虚拟机指令规范（模块的二进制格式等都属于外延部分），同时在软件层面定义了与外部宿主环境的导入接口和导出接口。因此，虽然可以基于 WebAssembly 指令规范实现不同的 CPU 体系结构虚拟机，但是这些虚拟机本身只能完成基本的纯运算功能。就像人的大脑可以做各种计划，但实施计划仍然需要手和脚这些"外部设备"一样，WebAssembly 需要通过宿主环境的导入接口和导出接口（如网络、文件系统和其他资源）与外部交互。

所以说，WebAssembly 的名字具有一定的误导性，其中的"Web"只是其诞生之地而非只能用于 Web 环境。WebAssembly 与 JavaScript 甚至其他任何高级语言都不是竞争关系，它的目标是替代底层的 CPU。WebAssembly 是与 Java 的 JVM 对标的，未来不仅 C/C++、Rust、JavaScript 和 Java 可以运行在 WebAssembly 虚拟机上，甚至会出现专门设计的包管理系统和操作系统。为了支持 Web 之外的生态系统发展，WebAssembly 需要为网络、文件系统等基础设备定义函数接口，这些工作最终促成了 WebAssembly 系统接口（WASI）规范的诞生。

8.1.2　终将被编译为 WebAssembly

丁尔男在 2016 年 Emscripten 技术交流会上提出了一个观点：一切可编译为 WebAssembly 的应用终将被编译为 WebAssembly。在笔者看来，这一观点不仅限于语言层面。WebAssembly 是第一个广泛流行的虚拟机国际标准，未来每个人可能都会使用至少一个 WebAssembly 虚拟机。WebAssembly 不仅可以替代 CPU，还可以作为脚本引擎嵌入其他语言中。曾经被许多人轻视的 JavaScript 语言大举入侵各个领域的情况可能将再次重演，Lua、Java、Python 等语言首当其冲，它们的虚拟机可能会被 WebAssembly 逐渐取代。

目前，国内也有很多公司和 WebAssembly 技术爱好者进入 WebAssembly 领域，其中，有些专注于虚拟机的实现和优化，有些通过 WebAssembly 来提升性能，还有些专门为 WebAssembly 设计编译器。

8.2　你好，WebAssembly

在 Go 1.21 之前，生成的 WebAssembly 模块需要一些辅助宿主函数支持才能执行，现在我们可以直接生成符合 WASI 规范的 WebAssembly 模块，并使用标准工具执行。

8.2.1　用 Go 语言生成并执行 WebAssembly 模块

本节将介绍如何用 Go 语言输出"你好，WebAssembly"信息。假设已经安装了 Go 1.21 或更高版本的 Go 语言环境，首先，创建一个名为 hello.go 的文件：

```
package main

import (
    "fmt"
)

func main() {
    fmt.Println("你好，WebAssembly")
}
```

然后，将该文件编译为符合 WASI 规范的 WebAssembly 模块：

```
$ GOOS=wasip1 GOARCH=wasm go build -o a.out.wasm
```

接着，安装运行时环境 wazero：

```
$ go install github.com/tetratelabs/wazero/cmd/wazero@latest
```

最后，在 wazero 中执行生成的 WebAssembly 模块：

```
$ wazero run a.out.wasm
```

你好，WebAssembly

8.2.2　在 Node.js 中执行 WebAssembly 模块

假设本地已经安装了 Node.js 19 版本，可以创建一个 run.js 文件：

```
import { readFile } from 'node:fs/promises';
import { WASI } from 'wasi';
import { argv, env } from 'node:process';

const wasi = new WASI({args: argv, env});
const importObject = { wasi_snapshot_preview1: wasi.wasiImport };

const wasm = await WebAssembly.compile(
  await readFile(new URL('./a.out.wasm', import.meta.url)),
);
const instance = await WebAssembly.instantiate(wasm, importObject);

wasi.start(instance);
```

编译并加载 WebAssembly 模块 a.out.wasm，此模块将在 WASI 环境中执行。执行前还需要创建一个 package.json 文件，内容如下：

```
{
    "type": "module"
}
```

然后，在命令行中运行 run.js 来执行 WebAssembly 模块：

```
$ node --experimental-wasi-unstable-preview1 run.js
(node:17151) ExperimentalWarning: WASI is an experimental feature. This feature could
change at any time
(Use `node --trace-warnings ...` to show where the warning was created)
你好，WebAssembly
```

8.2.3　在浏览器中执行 WebAssembly 模块

如果将 GOOS 环境变量设置为 js，则对应 JavaScript 的宿主环境，可以通过 syscall/js 包提供的 JavaScript 风格的 API 与宿主环境交互。

例如，在浏览器中执行 WebAssembly 模块，首先需要准备一个 index.html 文件：

```
<!doctype html>

<html>
<head>
    <title>Go wasm</title>
</head>

<body>
    <script src="wasm_exec.js"></script>
    <script src="index.js"></script>
```

```
<button onclick="run();" id="runButton">Run</button>
</body>
</html>
```

其中，第一个<script>包含了 wasm_exec.js 文件，用于定义初始化 Go 语言运行时环境的 Go 类对象。真正的 Go 运行时初始化工作在 index.js 文件中完成。最后在 HTML 页面中放置一个按钮，当按钮被点击时，通过 index.js 中提供的 run() 函数启动 Go 语言的 main() 函数。

index.js 文件中的初始化代码如下：

```
const go = new Go();
let mod, inst;

WebAssembly.instantiateStreaming(
    fetch("a.out.wasm"), go.importObject
).then(
    (result) => {
        mod = result.module;
        inst = result.instance;
        console.log("init done");
    }
).catch((err) => {
    console.error(err);
});

async function run() {
    await go.run(inst);

    // reset instance
    inst = await WebAssembly.instantiate(
        mod, go.importObject
    );
}
```

这里先构造一个 Go 运行时对象，这个对象在 wasm_exec.js 文件中定义，然后通过 JavaScript 环境提供的 WebAssembly 对象接口加载 a.out.wasm 文件，在加载模块的同时注入 Go 语言需要的 go.importObject() 辅助函数。当加载完成时将模块对象和模块的实例分别存储到 mod 和 inst 变量中，并打印模块初始化完成的信息。

为了便于在页面触发 Go 语言的 main() 函数，index.js 文件还定义了一个 run() 异步函数。在 run() 函数内部，先通过 await go.run(inst) 异步执行 main() 函数，main() 函数退出后再重新构造运行时实例。

如果运行环境不支持 WebAssembly.instantiateStreaming() 函数，可以通过以下代码填充一个模拟实现：

```
if (!WebAssembly.instantiateStreaming) { // polyfill
    WebAssembly.instantiateStreaming = async (resp, importObject) => {
        const source = await (await resp).arrayBuffer();
        return await WebAssembly.instantiate(source, importObject);
```

```
        };
    }
```

然后在当前目录启动一个 Web 服务，就可以在浏览器中查看页面了，如图 8-1 所示。

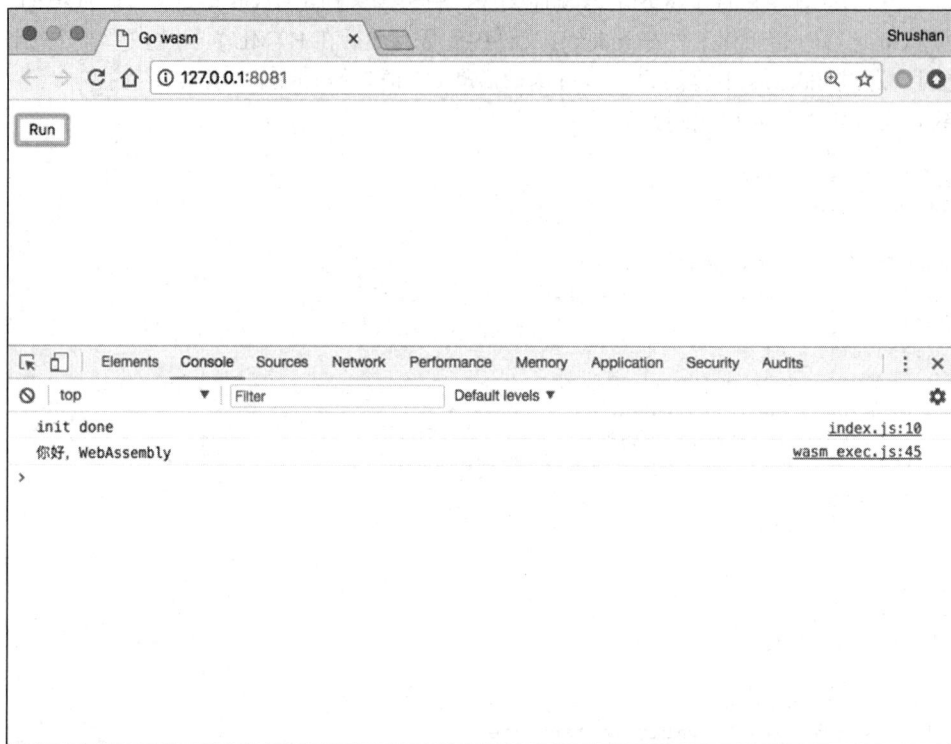

图 8-1 在浏览器中执行 WebAssembly 模块的结果

需要注意的是，必须在模块初始化完成后点击按钮运行 `main()` 函数。多次点击按钮与多次运行 Go 程序类似，每次运行的内存状态是独立的，之前运行时的内存状态不会影响当前的内存状态。

8.2.4　小结

本节展示了如何在命令行和浏览器环境中执行 WebAssembly 模块，这种命令行风格的执行过程相对简单，没有复杂的交互。在下一节中，我们将展示如何构建与宿主环境实时交互的 WebAssembly 模块。

8.3　外部函数接口

外部函数接口（foreign function interface，FFI）是用来与其他语言交互的接口。本节将主要讨论如何通过 `syscall/js` 与宿主 JavaScript 环境进行交互。

8.3.1　使用 JavaScript 函数

Go 语言生成的 WebAssembly 模块已经可以在 Node.js 或浏览器环境中运行，在本节中我们将进一步尝试在 Go 语言中调用宿主环境中的 JavaScript 函数。在跨语言编程中，要先解决的问题是两种编程语言如何交换数据。JavaScript 语言中有空（null）、未定义（undefined）、布尔（boolean）、数值（number）、大整数（bigint）、字符串（string）、符号（symbol）和对象（object）8 种基本数据类型（basic data type），这些类型都可以通过 Go 语言的 syscall/js 包中的 Value 类型表示。

在 JavaScript 中，可以通过 self 获取全局环境对象，它一般对应浏览器中的 window 对象或者 Node.js 环境中的 global 对象。我们可以通过 syscall/js 包提供的 Global() 函数获取宿主 JavaScript 环境中的全局对象：

```
import (
    "syscall/js"
)

func main() {
    var g = js.Global()
}
```

js.Global() 返回的全局对象是一个 Value 类型的对象。因此，可以使用 Value 提供的 Get() 方法获取全局对象中的方法：

```
func main() {
    var g = js.Global()
    var console = g.Get("console")
    var console_log = console.Get("log")
}
```

这里先通过全局对象获取内置的 console 对象，然后从 console 对象中获取 log() 函数。在 JavaScript 中，函数也是一种对象。在获取 console.log() 函数之后，就可以通过 Value 提供的 Invoke() 方法调用 log() 函数进行输出：

```
func main() {
    var g = js.Global()
    var console = g.Get("console")
    var console_log = console.Get("log")

    console_log.Invoke("hello wasm!")
}
```

这段代码的功能与 JavaScript 中的 console.log("hello wasm!") 语句是等价的。如果在浏览器环境中运行，还可以调用 JavaScript 内置的 alert() 函数在弹出的对话框中输出信息：

```
package main

import (
    "syscall/js"
)

func main() {
    alert := js.Global().Get("alert")
    alert.Invoke("Hello wasm!")
}
```

在浏览器中，全局对象和 window 对象是同一个对象。因此，全局对象的 alert() 函数就是 window.alert() 函数。虽然输出方式不同，但 alert() 和 console.log() 的调用方式却非常相似。

JavaScript 还提供了可以运行动态 JavaScript 代码的 eval() 函数。我们可以通过 Value 类型的 Call() 方法直接调用全局对象的 eval() 函数：

```
func main() {
    js.Global().Call("eval", `
        console.log("hello, wasm!");
    `)
}
```

这段代码通过在 eval() 函数中直接执行 console.log() 输出字符串。采用这种技术，我们可以在 JavaScript 中方便地进行复杂的初始化操作。

8.3.2　回调 Go 语言函数

在 8.3.1 节中，我们已经了解了如何在 Go 语言中调用宿主环境提供的 JavaScript 函数，本节将讨论如何在 JavaScript 中回调 Go 语言实现的函数。

syscall/js 包中提供的 js.FuncOf() 方法可以将 Go 语言函数包装为 JavaScript 函数。在 JavaScript 中，函数可以作为方法绑定到对象的属性中。

下面的代码展示了如何将 Go 语言的 println() 函数绑定到 JavaScript 语言的全局对象中：

```
func main() {
    var cb = js.FuncOf(func(args []js.Value) {
        println("hello callback")
    })
    defer cb.Release()

    js.Global().Set("println", cb)

    println := js.Global().Get("println")
    println.Invoke()
}
```

这里先通过 js.FuncOf() 将 func(args []js.Value) 类型的参数包装为 js.Func 类型，在参数函数中调用了 Go 语言的 println() 函数，然后通过 js.Global() 获取 JavaScript 的全局对象，并通过全局对象的 Set 方法将刚刚构建的回调函数绑定到名为 println 的属性中。

Go 语言函数绑定到全局对象之后，就可以按照使用普通 JavaScript 函数的方式使用该函数了。在例子中，我们再次通过 js.Global() 获取全局对象，并获取刚刚绑定的 println() 函数。获取的 println() 函数也是 js.Value 类型，因此可以通过该类型的 Invoke() 方法调用 println() 函数。

上面的代码虽然将 Go 语言函数绑定到 JavaScript 语言的全局对象，但是在运行的时候可能看不到输出信息，这是因为 JavaScript 回调 Go 语言函数是在后台 goroutine 中运行的，而当 main() 函数退出时主 goroutine 也会退出，程序就提前结束了，导致无法看到输出结果。

要想看到输出结果，一个临时的解决方案是在 main() 函数退出前休眠一段时间，让后台 goroutine 有机会完成回调函数的执行：

```
func main() {
    js.Global().Set("println", js.FuncOf(func(args []js.Value) {
        println("hello callback")
    }))

    println := js.Global().Get("println")
    println.Invoke()

    time.Sleep(time.Second)
}
```

一般情况下，现在就可以看到输出结果了。

刚刚包装的 println() 函数不支持参数，只能输出固定的信息。接下来，我们继续改进 println() 函数，增加对可变参数的支持：

```
js.Global().Set("println", js.FuncOf(func(args []js.Value) {
    var goargs []interface{}
    for _, v := range args {
        goargs = append(goargs, v)
    }
    fmt.Println(goargs...)
}))
```

在新的实现中，我们先将 []js.Value 类型的参数转换为 []interface{} 类型的参数，然后调用 fmt.Println() 函数将可变参数全部输出。

这样，就可以在 JavaScript 中直接使用 println() 函数进行输出：

```
js.Global().Call("eval", `
    println("hello", "wasm");
    println(123, "abc");
`)
```

为了确保每个 println() 回调函数在后台 goroutine 中完成输出工作，还需要为回调函数增加消息同步机制。下面是改进后的完整代码：

```
func main() {
    var g = js.Global()
    var wg sync.WaitGroup

    g.Set("println", js.FuncOf(func(args []js.Value) {
        defer wg.Done()

        var goargs []interface{}
        for _, v := range args {
            goargs = append(goargs, v)
        }
```

```
        fmt.Println(goargs...)
    }))

    wg.Add(2)
    g.Call("eval", `
        println("hello", "wasm");
        println(123, "abc");
    `)

    wg.Wait()
}
```

这里我们通过 `sync.WaitGroup` 确保每个回调函数都完成了输出工作。在每次回调函数返回前先通过 `wg.Done()` 标记完成一个等待事件，然后在 JavaScript 中执行两个 `println()` 函数调用前通过 `wg.Add(2)` 注册两个等待事件，最后在 `main()` 函数退出前通过 `wg.Wait()` 确保全部调用已经完成。

8.3.3 `syscall/js` 包

当 Go 语言需要调用底层系统的功能时，通常会使用 `syscall` 包提供的系统调用功能。而针对 WebAssembly 平台的系统调用功能由 `syscall/js` 包提供。要灵活使用 WebAssembly 的全部功能，需要熟练掌握 `syscall/js` 包的每个功能。

通过 `go doc` 命令可以查看包的文档，在命令中将 GOARCH 和 GOOS 环境变量分别设置为 wasm 和 js 可以查看 WebAssembly 平台对应的包文档：

```
$ GOARCH=wasm GOOS=js go doc syscall/js
package js // import "syscall/js"

 Package js gives access to the WebAssembly host environment when using the
 js/wasm architecture. Its API is based on JavaScript semantics.

 This package is EXPERIMENTAL. Its current scope is only to allow tests to run,
 but not yet to provide a comprehensive API for users. It is exempt from the Go
 compatibility promise.

func CopyBytesToGo(dst []byte, src Value) int
func CopyBytesToJS(dst Value, src []byte) int
type Error struct{ ... }
type Func struct{ ... }
    func FuncOf(fn func(this Value, args []Value) any) Func
type Type int
    const TypeUndefined Type = iota ...
type Value struct{ ... }
    func Global() Value
    func Null() Value
    func Undefined() Value
    func ValueOf(x any) Value
type ValueError struct{ ... }
```

syscall/js 包提供了多种功能,其中最重要的 Value 类型可以表示任何 JavaScript 对象; Func 类型表示 Go 语言回调函数,其底层是一种特殊的 Value 类型;Type 类型表示 JavaScript 语言的基本数据类型;ValueError 类型和 Error 类型表示相关的错误类型。

我们先看最重要的 Value 类型的文档:

```
$ GOARCH=wasm GOOS=js go doc syscall/js.Value
type Value struct {
    // Has unexported fields.
}
    Value represents a JavaScript value. The zero value is the JavaScript value
    "undefined". Values can be checked for equality with the Equal method.

func Global() Value
func Null() Value
func Undefined() Value
func ValueOf(x any) Value
func (v Value) Bool() bool
func (v Value) Call(m string, args ...any) Value
func (v Value) Delete(p string)
func (v Value) Equal(w Value) bool
func (v Value) Float() float64
func (v Value) Get(p string) Value
func (v Value) Index(i int) Value
func (v Value) InstanceOf(t Value) bool
func (v Value) Int() int
func (v Value) Invoke(args ...any) Value
func (v Value) IsNaN() bool
func (v Value) IsNull() bool
func (v Value) IsUndefined() bool
func (v Value) Length() int
func (v Value) New(args ...any) Value
func (v Value) Set(p string, x any)
func (v Value) SetIndex(i int, x any)
func (v Value) String() string
func (v Value) Truthy() bool
func (v Value) Type() Type
$
```

Value 类型是一个结构体类型,其内部成员并未导出。Value 类型的 Global() 函数用于返回 JavaScript 全局对象,Null() 函数用于返回 JavaScript 的 null 类型的值,Undefined() 函数用于返回 JavaScript 的 undefined 类型的值,ValueOf() 函数则是将 Go 语言类型的值转换为 JavaScript 语言类型的值。

ValueOf() 函数中 Go 参数类型与返回的 JavaScript 语言的类型的对应关系如表 8-1 所示。

表 8-1 ValueOf() 函数中 Go 参数类型与返回的 JavaScript 语言的类型的对应关系

Go 参数类型	返回的 JavaScript 语言的类型
js.Value	对应的值

续表

Go 参数类型	返回的 JavaScript 语言的类型
`js.Func`	`function`
`nil`	`null`
`bool`	`boolean`
整型和浮点型	`number`
`string`	`string`
`[]interface{}`	新数组
`map[string]interface{}`	新对象

从表 8-1 中可以看到，通过 `ValueOf()` 函数，`js.Value` 类型转换为 JavaScript 的值，`js.Func` 类型转换为 JavaScript 的函数类型，`nil` 类型转换为 JavaScript 的 `null` 类型，`bool` 类型转换为 JavaScript 的布尔类型，整型或浮点型转换为 JavaScript 的双精度浮点数类型，字符串类型转换为 JavaScript 的字符串类型。需要注意的是，JavaScript 中的 `undefined` 类型必须通过函数创建，而 `symbol` 类型目前无法直接在 Go 语言中创建（可以通过 JavaScript 函数创建再返回）。

`js.Value` 类型提供的方法比较多，这里简单介绍几个比较重要的方法。

- `Call()` 和 `Invoke()` 方法：均用于调用函数，区别在于前者需要显式传入 `this` 参数，而后者不需要。
- `New()` 方法：用于构造类对象。
- `Type()` 方法：用于返回对象的类型，
- `InstanceOf()` 方法：用于判断是不是某种类型的对象实例。
- `Get()` 和 `Set()` 方法：用于获取和设置对象的成员。

此外，还有 `js.Func` 类型表示 Go 语言回调函数。我们已经在前面简单介绍过回调函数的使用，这里不再赘述。

8.3.4　WebAssembly 模块的导入函数

在 WebAssembly 技术规范中，模块可以导入外部的函数或导出内部实现的函数。不过 Go 语言生成的 WebAssembly 模块中目前无法定制或扩展导入函数，同时 Go 语言实现的函数也无法以 WebAssembly 的方式导出供宿主环境使用。Go 语言已经明确了需要导入的一组函数，学习这些导入函数的实现有助于了解 Go 语言在 WebAssembly 环境中的工作方式。

在查看导入函数之前先看看 Go 语言生成的 WebAssembly 模块导出了哪些元素。通过查看 Go 语言生成的 WebAssembly 模块，可以发现它只导出了以下两个元素：

```
(module
    (export "run" (func $_rt0_wasm_js))
    (export "mem" (memory 0))
)
```

其中，`run` 是启动程序的函数，模块在 Go 语言包初始化完成后会执行 `main.main()` 函数（如果命

令行中包含 -test 参数，则会进入单元测试流程）；而 mem 是 Go 语言的内存对象。

在初始化 WebAssembly 模块实例时，需要通过导入函数的方式提供 runtime 包底层函数的一些实现。查看生成的 WebAssembly 模块文件，可以得知以下 runtime 包函数被导入了：

```
func runtime.wasmExit(code int32)
func runtime.wasmWrite(fd uintptr, p unsafe.Pointer, n int32)
func runtime.nanotime() int64
func runtime.walltime() (sec int64, nsec int32)
func runtime.scheduleCallback(delay int64) int32
func runtime.clearScheduledCallback(id int32)
func runtime.getRandomData(r []byte)
```

其中，wasmExit() 函数用于退出 Go 语言实例，wasmWrite() 函数用于向宿主环境的 I/O 设备输出数据，nanotime() 和 walltime() 函数用于时间操作，scheduleCallback() 和 clearScheduledCallback() 函数用于 Go 回调函数资源的调度和清理，getRandomData() 函数用于生成用于加密标准的随机数据。

导入函数的参考实现由 Go 语言提供的 wasm_exec.js 文件定义。这些导入的 runtime 包的函数都是采用 Go 语言的内存约定实现的，输入参数必须通过当前栈寄存器相关位置的内存获取，函数的返回值也需要根据函数调用规范放到相应的内存位置。

例如，wasmWrite() 导入函数的实现如下：

```
this.importObject = {
    go: {
        // func wasmWrite(fd uintptr, p unsafe.Pointer, n int32)
        "runtime.wasmWrite": (sp) => {
            const fd = getInt64(sp + 8);
            const p = getInt64(sp + 16);
            const n = mem().getInt32(sp + 24, true);
            fs.writeSync(fd, new Uint8Ar(this._inst.exports.mem.buffer, p, n));
        }
    }
}
```

JavaScript 实现的 wasmWrite() 函数只有一个表示栈寄存器 SP 的状态的 sp 参数。然后根据寄存器的值从内存相应的位置读取 wasmWrite() 函数的 3 个真实参数。最后通过获取的 3 个参数调用宿主环境的 fs.writeSync() 函数实现输出操作。

导入函数除了包含 runtime 包的一些基础函数，还包含 syscall/js 包的某些底层函数的实现：

```
func syscall/js.stringVal(value string) ref
func syscall/js.valueGet(v ref, p string) ref
func syscall/js.valueSet(v ref, p string, x ref)
func syscall/js.valueIndex(v ref, i int) ref
func syscall/js.valueSetIndex(v ref, i int, x ref)
func syscall/js.valueCall(v ref, m string, args []ref) (ref, bool)
func syscall/js.valueNew(v ref, args []ref) (ref, bool)
func syscall/js.valueLength(v ref) int
```

```
func syscall/js.valuePrepareString(v ref) (ref, int)
func syscall/js.valueLoadString(v ref, b []byte)
func syscall/js.valueInstanceOf(v ref, t ref) bool
```

这些底层函数和 syscall/js 对外提供的函数基本是对应的，它们通过 JavaScript 实现相关的功能。

例如，用于调用 JavaScript 函数的 valueInvoke() 函数实现如下：

```
this.importObject = {
    go: {
        // func valueInvoke(v ref, args []ref) (ref, bool)
        "syscall/js.valueInvoke": (sp) => {
            try {
                const v = loadValue(sp + 8);
                const args = loadSliceOfValues(sp + 16);
                storeValue(sp + 40, Reflect.apply(v, undefined, args));
                mem().setUint8(sp + 48, 1);
            } catch (err) {
                storeValue(sp + 40, err);
                mem().setUint8(sp + 48, 0);
            }
        }
    }
}
```

Go 语言函数参数依然通过表示栈寄存器 SP 的状态的 sp 参数传入。在将 Go 语言格式的参数转换为 JavaScript 语言格式的参数之后，通过 Reflect.apply 调用 JavaScript 函数。最后通过 mem().setUint8(sp+48, 1) 将结果写入内存返回。

此外，Go 语言生成的 WebAssembly 模块还导入了一个 debug() 函数：

```
this.importObject = {
    go: {
        "debug": (value) => {
            console.log(value);
        }
    }
}
```

debug() 函数底层通过 console.log 实现调试信息输出功能。

通过分析 Go 语言的运行机制可以发现，Go 语言实现的 WebAssembly 模块必须有自己独立的运行时环境。当 main() 启动时，Go 运行时环境就绪；当 main() 函数退出时，Go 运行时环境销毁。因此，导出到 JavaScript 的 Go 语言函数只有在 main() 函数运行时才可以正常使用，main() 函数退出后，Go 回调函数将无法使用。

Go 语言的 main() 函数是一个阻塞执行的函数，因此，使用 Go 语言开发 WebAssembly 应用时最好在 Go 语言的 main() 函数中处理消息循环，否则维持阻塞执行的 main() 函数运行状态将是一个问题。另一个思路是在一个独立的 Web Worker 中运行 Go 语言生成的 WebAssembly 模块，其他 JavaScript 代码通过类似 RPC 的方式调用 Go 语言函数，而 Web Worker 之间的通信机制可以作为 RPC

数据的传输通道。

8.3.5 WASI 规范

GO 语言官方从 Go 1.21 开始支持 WASI 规范,对应的 GOOS 为 wasip1。WASI 旨在为 WebAssembly 模块定义一套底层系统的宿主函数。下面是 WASI 中定义的文件写操作函数 fd_write() 的函数签名:

```
(
    import "wasi_snapshot_preview1" "fd_write" (
        func $fd_write (param i32 i32 i32 i32) (result i32)
    )
)
```

Go 1.21 的运行时支持 WASI 定义的这组函数,因此生成的满足 WASI 规范的 WebAssembly 模块可以被标准工具执行(不再需要包装 Node.js 环境)。

8.4 WebAssembly 虚拟机

目前,开源社区已经出现了许多 WebAssembly 虚拟机的项目。本节将演示如何通过 Go 语言启动一个 WebAssembly 虚拟机,然后通过虚拟机查看 WebAssembly 模块的信息并运行从 WebAssembly 模块中导出的函数。

8.4.1 构建 WebAssembly 模块

8.2.1 节展示了如何用 Go 语言开发并执行 WebAssembly 模块。在 Go 1.24 版本之前,用 Go 语言开发 WebAssembly 模块有一个非常大的限制:因为要支持 goroutine 等特性,所以开发纯库类型的 WebAssembly 模块并不方便。下面的例子描述了使用 WebAssembly 文本(WAT)格式开发 WebAssembly 模块的过程。我们先手动编写一个简单的模块,模块中只有一个 add() 导出函数,对应的 add.wat 文件如下:

```
(module
    (export "add" (func $add))

    (func $add (param i32 i32) (result i32)
        get_local 0
        get_local 1
        i32.add
    )
)
```

然后,通过 wat2wasm add.wat 命令(wat2wasm 命令由 WABT 开源项目提供)就可以将上述 add.wat 文件转换为二进制的 add.wasm 文件,即 WebAssembly 模块。

对于简单的 WebAssembly 模块,使用 WebAssembly 文本格式进行开发是可行的,但是对于大型的 WebAssembly 模块,这种方式就显得比较吃力了。目前,一些开发者正尝试通过为 WebAssembly 设计易用的编译器来解决这一问题。

8.4.2 通过虚拟机执行

目前有很多用 Go 语言编写的 WebAssembly 虚拟机，其中大部分是基于 CGO 技术实现的。这里推荐一个纯 Go 语言实现的虚拟机——wazero。

下面是通过 wazero 执行 WebAssembly 模块的示例代码：

```
package main

import (
    "github.com/tetratelabs/wazero"
    "github.com/tetratelabs/wazero/imports/wasi_snapshot_preview1"
)

//go:embed add.wasm
var addWasm []byte

func main() {
    ctx := context.Background()

    r := wazero.NewRuntime(ctx)
    defer r.Close(ctx)

    wasi_snapshot_preview1.MustInstantiate(ctx, r)
    mod, _ := r.InstantiateModuleFromBinary(ctx, addWasm)

    add := mod.ExportedFunction("add")
    results, _ := add.Call(ctx, 40, 2)

    fmt.Printf("%d + %d = %d\n", 40, 2, results[0])
}
```

这里先构建 WebAssembly 虚拟机运行时，然后将 WASI 宿主函数注入虚拟机，接着虚拟机加载 `addWasm` 对应的二进制 WebAssembly 模块（这样就得到了 WebAssembly 模块的实例），最后调用模块中导出的 `add()` 函数并打印结果。

8.4.3 小结

wazero 采用纯 Go 语言实现，通过 wazero 执行 WebAssembly 模块的过程也比较简单，它还对 WASI 等常用宿主函数提供了支持，非常适合用来开发跨语言、跨平台的热加载模块系统。

8.5 示例：WebAssembly 插件

在第 2 章中提到，朱德江为从 C 语言调用 Go 代码做了很多优化，提升了 MOSN（Modular Open Smart Network）项目的性能。MOSN 是一个主要使用 Go 语言开发的云原生网络代理平台，它在云原生领域有着广泛的应用，既可以与 Istio 集成构建服务网格，也可以作为独立的四层或七层负载均衡器、API 网关、云原生 Ingress 等使用。最重要的是，MOSN 提供了基于 WebAssembly 沙箱环境的安全插件机制。本节将介绍基于 Proxy-Wasm 规范的跨语言插件。

8.5.1 MOSN 的 WebAssembly 插件架构设计

MOSN 作为流量代理组件，在承载蚂蚁数十万服务容器之间流量的同时，还负责提供限流、鉴权、路由等中间件的功能。如果将这些功能以不同的插件与 MOSN 运行于同一进程内，则可能带来稳定性风险。因此，MOSN 基于 WebAssembly 技术为插件设计了一个安全隔离的沙箱环境，这样可以在提供扩展性的同时最大程度地保证 MOSN 自身的稳定性。MOSN 的 WebAssembly 插件架构设计如图 8-2 所示。

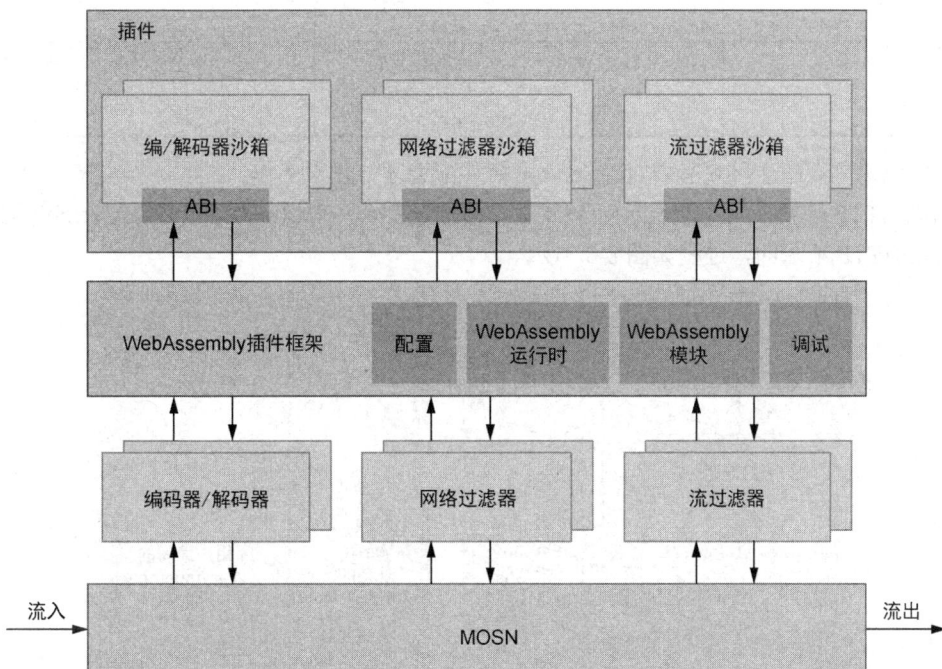

图 8-2 MOSN 的 WebAssembly 插件架构设计

如图 8-2 所示，对于 MOSN 的任意扩展点，用户均能够通过 WebAssembly 插件框架，以隔离沙箱的形式运行自定义的插件。而 MOSN 与 WebAssembly 插件之间的交互则是通过遵循 Proxy-Wasm 规范的应用二进制接口（application binary interface，ABI）来完成的。

8.5.2 认识 Proxy-Wasm 规范

Proxy-Wasm 是 WebAssembly 开源社区针对网络代理设计的一套 ABI 规范。当前，它已经被 Envoy、MOSN 和 ATS（Apache traffic server）等广泛采用。采用该规范的好处在于能让 MOSN 和 Envoy 复用相同的 WebAssembly 插件，同时 C++、Rust 和 Go 等语言均提供了该规范的 SDK。

Proxy-Wasm 规范定义了宿主环境与 WebAssembly 插件之间的交互细节，包括宿主环境和 WebAssembly 插件的 API 列表。表 8-2 展示了 Proxy-Wasm 规范中的部分函数的参数和返回值，完整内容请参考规范的文档。

表 8-2　Proxy-Wasm 规范中的部分函数的参数和返回值

函数	参数	返回值
proxy_on_request_headers()	i32 (uint32_t) context_id i32 (size_t) num_headers i32 (bool) end_of_stream	i32 (proxy_action_t) next_action
proxy_on_downstream_data()	i32 (uint32_t) context_id i32 (size_t) data_size i32 (bool) end_of_stream	i32 (proxy_action_t) next_action
proxy_log()	i32 (proxy_log_level_t) log_level i32 (const char*) message_data i32 (size_t) message_size	i32 (proxy_result_t) call_result
proxy_get_map()	i32 (proxy_map_type_t) map_type i32 (const char**) return_map_data i32 (size_t*) return_map_size	i32 (proxy_result_t) call_result

规范的实现需要宿主环境和 WebAssembly 插件配合才能正常工作。

下面以 HTTP 场景为例，看一下 MOSN 是如何通过 Proxy-Wasm 规范与 WebAssembly 插件进行交互、处理 HTTP 请求的，过程如图 8-3 所示。

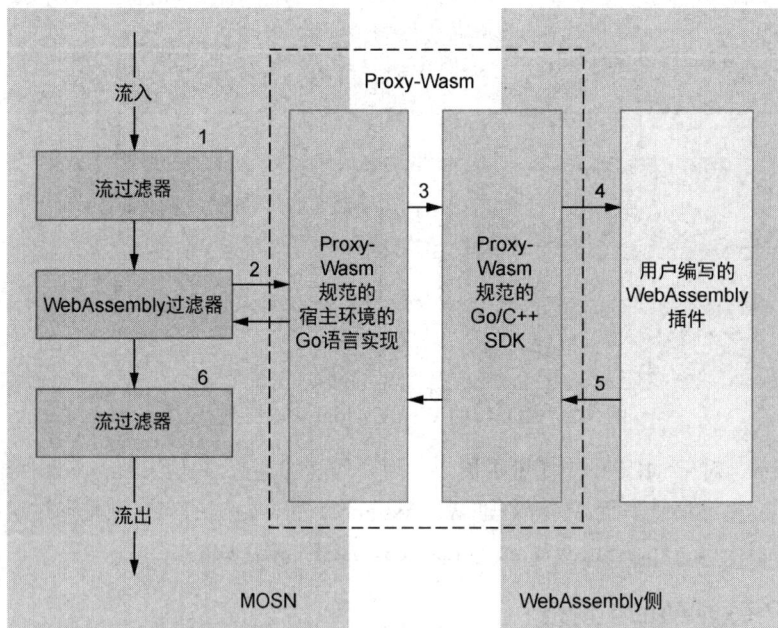

图 8-3　MOSN 通过 Proxy-Wasm 规范与 WebAssembly 插件进行交互，处理 HTTP 请求

（1）MOSN 收到 HTTP 请求后，将请求解码成(header, body, trailer)三元组结构，按照配置依次通过流过滤器。

（2）执行到 WebAssembly 过滤器时，MOSN 将请求三元组传递给 Proxy-Wasm 规范的宿主环境的 Go 语言实现（Proxy-Wasm-Go-Host）。

（3）宿主环境的 Go 语言实现将 MOSN 请求三元组编码成规范指定的格式，并调用规范中的

`proxy_on_request_headers()`等函数，将请求信息传递给 Proxy-Wasm 规范的 SDK。

（4）Proxy-Wasm 规范的 SDK 将请求数据从规范格式转换为便于用户使用的格式并传递给用户编写的 WebAssembly 插件。

（5）WebAssembly 插件返回，SDK 将返回结果按规范格式传递回宿主环境实现，再传递回 MOSN。

（6）MOSN 继续执行后续的流过滤。

8.5.3 处理 HTTP 请求示例

在这个例子中，通过 WebAssembly 插件处理 MOSN 接收的 HTTP 请求，MOSN 的监听端口为 2045。在 WebAssembly 处理请求的源码中，我们通过 Proxy-Wasm 规范中的 `proxy_http_call()` 函数向外部 HTTP 服务器发起请求，WebAssembly 源码内指定外部 HTTP 服务器的监听端口为 2046。通过 WebAssembly 插件来处理 MOSN 接收的 HTTP 请求的流程如图 8-4 所示。

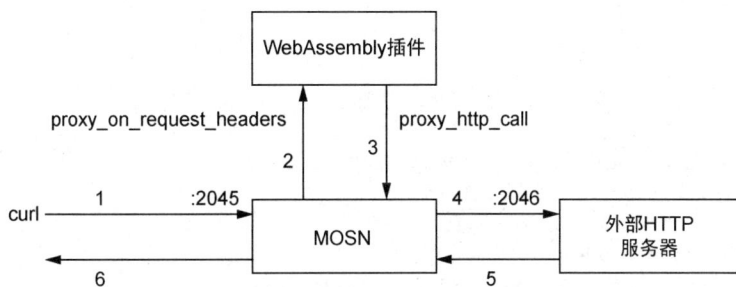

图 8-4 通过 WebAssembly 插件来处理 MOSN 接收的 HTTP 请求的流程

源码位于 MOSN 仓库的 examples/codes/wasm/httpCall 目录，Go 代码如下：

```go
package main

import (
    "github.com/tetratelabs/proxy-wasm-go-sdk/proxywasm"
    "github.com/tetratelabs/proxy-wasm-go-sdk/proxywasm/types"
)

const calloutURL string = "http://127.0.0.1:2046/"

func main() {
    proxywasm.SetNewHttpContext(newHttpContext)
}

type myHttpContext struct {
    // you must embed the default context so that you need not to
    // re-implement all the methods by yourself
    proxywasm.DefaultHttpContext
    contextID uint32
}

func newHttpContext(rootContextID, contextID uint32) proxywasm.HttpContext {
    return &myHttpContext{contextID: contextID}
```

```go
}

// override
func (ctx *myHttpContext) OnHttpRequestHeaders(
    numHeaders int, endOfStream bool,
) types.Action {
    // http callout with the original headers
    _, err := proxywasm.DispatchHttpCall(
        calloutURL, [][2]string{}, "", [][2]string{}, 50000,
        ctx.httpCallResponseCallback,
    )
    if err != nil {
        proxywasm.LogErrorf("dispatch http call failed: %v", err)
        return types.ActionContinue
    }

    return types.ActionContinue
}

func (ctx *myHttpContext) httpCallResponseCallback(
    numHeaders, bodySize, numTrailers int,
) {
    // get response headers
    hs, err := proxywasm.GetHttpCallResponseHeaders()
    if err != nil {
        proxywasm.LogErrorf("failed to get response headers: %v", err)
        return
    }
    for _, h := range hs {
        proxywasm.LogInfof(
            "response header from %s: %s: %s",
            calloutURL, h[0], h[1],
        )
    }

    // get response body
    b, err := proxywasm.GetHttpCallResponseBody(0, bodySize)
    if err != nil {
        proxywasm.LogErrorf("failed to get response body: %v", err)
        return
    }

    proxywasm.LogInfof("response body from %s: %v", calloutURL, string(b))
}
```

这段代码的核心逻辑是通过 `OnHttpRequestHeaders()` 方法截获收到的网络请求，使用的 SDK 是由开发了 wazero 虚拟机的 Tetrate Labs 提供的。需要注意的是，Go 语言官方版本目前还不支持 Proxy-Wasm 规范，因此需要通过 TinyGo 来编译。具体的编译过程可以参考 MOSN 仓库的对应目录中的 README 文件。

8.5.4 小结

尽管 Go 语言官方从 Go 1.11 开始支持 WebAssembly，从 Go 1.21 开始支持 WASI 规范，但是目前 Go 语言的官方版本还不支持 Proxy-Wasm 规范，其中本质的原因是 Go 语言是为海量并发的网络服务程序设计的，用于开发 MSON 的 WebAssembly 插件的宿主环境尚可，但是用于开发被动调用的 WebAssembly 模块则有很多限制。因此，Go 语言社区在 Go 1.24 中对开发被动调用的 WebAssembly 模块做了大量改进工作。

MOSN 基于 Proxy-Wasm 规范实现了语言无关、宿主环境无关的网络代理扩展能力。同时，MOSN 也向开源社区贡献了 Proxy-Wasm-Go-Host 这一用于 WebAssembly 插件的 Go 语言实现。

8.6 导出 Go 语言函数

在 Go 1.24 版本之前，无法将 Go 程序构建为一个被动调用的 WebAssembly 模块。因此，开源社区不断探索，开发出了 TinyGo 编译器和凹语言编译器等，它们可以方便地构建被动调用的 WebAssembly 模块。好消息是 Go 1.24 版本增加了 `go:wasmexport` 指令，支持导出 Go 语言函数并以被动调用的方式工作。

8.6.1 构建 WebAssembly 模块

Go 1.24 引入了一个新的编译器指令 `go:wasmexport`，它允许开发者将 Go 语言函数导出，以便从 WebAssembly 模块外部调用，通常是从运行 WebAssembly 的宿主应用调用。此指令指示编译器将注释的函数作为 WebAssembly 导出函数添加到生成的 WebAssembly 二进制文件中。

构建 WebAssembly 模块的示例代码如下：

```
package main

//go:wasmexport add
func add(a, b int32) int32 { return a + b }

func main() {}
```

然后通过以下命令编译 add.wasm 文件：

```
$ GOOS=wasip1 GOARCH=wasm go build -buildmode=c-shared -o add.wasm
```

编译成功后，通过 `wabt` 等工具可以看到 add.wasm 文件导出了 3 个对象：

```
(export "_initialize" (func 1076))
(export "add" (func 1122))
(export "memory" (memory 0))
```

其中，`_initialize()` 函数用于执行运行时和包初始化，并包含任何导出函数及其依赖项，这个函数必须在调用任何其他导出函数之前调用；`add()` 是通过 `//go:wasmexport add` 导出的 Go 语言函数；`memory` 是导出的内存对象。

8.6.2　执行 WebAssembly 模块

下面演示如何通过 wazero 执行 add.wasm 文件中的 add() 函数。先导入依赖，然后在 main()
函数中构建 WebAssembly 运行时，并给运行注入 WASI 宿主函数。代码如下：

```
import (
    "github.com/tetratelabs/wazero"
    "github.com/tetratelabs/wazero/api"
    "github.com/tetratelabs/wazero/imports/wasi_snapshot_preview1"
)

func main() {
    ctx := context.Background()

    // 创建 WebAssembly 运行时并设置 WASI
    r := wazero.NewRuntime(ctx)
    defer r.Close(ctx)

    // 注入 WASI 所需的宿主函数
    wasi_snapshot_preview1.MustInstantiate(ctx, r)
    ...
}
```

然后用 add.wasm 文件进行实例化，并在实例化完成后立刻调用 _initialize() 初始化：

```
//go:embed add.wasm
var wasmFile []byte

func main() {
    ...
    // 配置模块以初始化运行时
    config := wazero.NewModuleConfig().WithStartFunctions("_initialize")

    // 实例化模块
    wasmModule, err := r.InstantiateWithConfig(ctx, wasmFile, config)
    if err != nil {
        panic(err)
    }
    ...
}
```

最后获取导出的 add() 函数并调用：

```
func () {
    ...
    // 调用导出的 add() 函数
    fnAdd := wasmModule.ExportedFunction("add")
    var a, b int32 = 1, 2
    res, _ := fnAdd.Call(ctx, api.EncodeI32(a), api.EncodeI32(b))
    c := api.DecodeI32(res[0])
    fmt.Printf("add(%d, %d) = %d\n", a, b, c)
```

```
    // 实例依然活跃，可以再次调用该函数
    res, _ = fnAdd.Call(ctx, api.EncodeI32(b), api.EncodeI32(c))
    fmt.Printf("add(%d, %d) = %d\n", b, c, api.DecodeI32(res[0]))
}
```

add()函数的参数和返回值都是基本类型，因此在调用前后都需要编解码。如果需要传递复杂的数据，则可以通过导出的memory对象来操作。

8.6.3 运行时限制

尽管 Go 1.24 显著增强了 WebAssembly 能力，但是仍存在一些值得注意的限制：首先，WebAssembly 是一个单线程架构，不支持并行；其次，go:wasmexport 指令可以生成新的 goroutine，但是，如果一个函数创建了一个后台 goroutine，在 go:wasmexport 指令返回时，该 goroutine 将不会继续执行，直到再次调用该模块。

8.7 补充说明

Go 语言官方从 Go 1.11 开始支持 WebAssembly 模块，这对 Go 语言社区和 WebAssembly 社区都产生了影响。首先，基于 WebAssembly 技术可以将 Go 语言的整个软件生态资源引入 Node.js 和浏览器，这极大地丰富了 JavaScript 语言的软件生态系统。其次，WebAssembly 作为一种跨语言的虚拟机标准，也为 Go 语言社区带来重大影响。WebAssembly 虚拟机很可能最终成为 Go 语言中所有第三方脚本语言的公共平台，JavaScript、Lua、Python 甚至 Java 最终可能通过 WebAssembly 虚拟机进入 Go 语言生态系统。Go 语言官方从 Go 1.21 开始支持 WASI 规范，Go 语言对 WebAssembly 的支持不断完善。但是，因为定位不同，所以 Go 语言并非 WebAssembly 平台的理想高级语言。目前，Go 语言社区中已经有 TinyGo 和凹语言等项目在进行探索，Go 1.24 也支持开发被动调用的 WebAssembly 模块。总体来看，Go 语言社区和 WebAssembly 社区正在以相互促进的方式积极发展 WebAssembly。

第 9 章
Go GUI 编程

Go 语言官方团队维护了一个名为 Shiny 的实验性 GUI 框架，通过这个框架提供的基于 OpenGL 的驱动程序，已经可以实现一些简单的跨平台 Go 语言 GUI 程序。另外，2018 年从 Go 语言社区诞生的 Fyne 框架也是一个易用的基于 OpenGL 的跨平台 Go 语言 GUI 框架，经过几年的发展，Fyne 框架渐趋完善并变得强大，已经成为跨平台 GUI 小工具开发的一个重要选择。

Walk 框架是 Windows 平台的 Go 语言 GUI 框架，Walk 是 Windows Application Library Kit 几个单词首字母的缩写。在 Go 语言开发领域，Windows 开发环境始终被视为"二等公民"，甚至 Go 语言对 Windows 平台的支持也稍显不足（例如，Go 语言标准库中的 plugin 包依然不支持 Windows 平台）。这可能是因为 Go 语言主要面向后端开发，而后端服务器使用 Windows 开发环境的情况确实较少。但是，从 GUI 编程的角度看，Windows 平台的优势不可忽视：用户基数庞大，开发环境和开发工具丰富，且 Windows 内置了 Linux 子系统环境。可以说，Windows 已经成为开发者的首选桌面系统之一。

GUI 编程是很多 Go 语言爱好者心中的重要课题。本章将基于 Shiny、Fyne、Walk 等框架展示如何开发 GUI 程序。

9.1　Shiny 框架入门

Shiny 框架是 Go 语言官方维护的一个实验性 GUI 框架，它的架构设计相对简单但灵活，旨在提供一个轻量级的框架来构建图形界面应用。Shiny 框架并不像 Fyne 框架或 Walk 框架那样提供大量复杂的小部件和功能，它更专注于对简单窗口、小部件和事件模型的支持。虽然 Shiny 框架目前还是一个实验性框架，但是它依然可以展示 GUI 程序的工作流程。本节将简要介绍 Shiny 框架的使用。

9.1.1　Hello, Shiny

继续"你好，世界"的例子，这次我们通过 Shiny 框架在窗口中显示"Hello, Shiny!"。实现代码如下：

```
package main
```

```
import (
    "golang.org/x/exp/shiny/driver"
    "golang.org/x/exp/shiny/screen"
    "golang.org/x/exp/shiny/widget"
)

func main() {
    driver.Main(func(s screen.Screen) {
        w := widget.NewSheet(widget.NewText("Hello, Shiny!"))
        if err := widget.RunWindow(s, w, &widget.RunWindowOptions{
            NewWindowOptions: screen.NewWindowOptions{
                Title:  "你好, Shiny!",
                Width:  400,
                Height: 300,
            },
        }); err != nil {
            panic(err)
        }
    })
}
```

这里先通过默认驱动程序的 `driver.Main()` 函数启动程序并管理其生命周期；然后通过 `widget.NewText()` 创建文本小部件，并将其添加到新创建的类似画布的容器对象 `widget.Sheet` 中；最后调用 `widget.RunWindow()` 进入事件循环。运行程序后，"Hello, Shiny!" 的显示效果如图 9-1 所示。

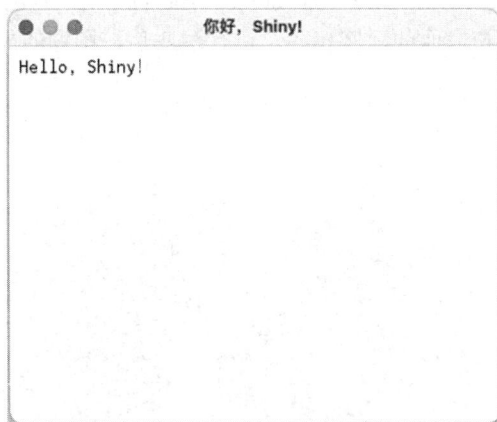

图 9-1 "Hello, Shiny!" 的显示效果

9.1.2 显示图像

除了文本，Shiny 框架还提供了标签（`Label`）、图像（`Image`）等少量基础小部件。现在修改代码以显示一张图像：

```
package main

import (
```

```
    "image"
    _ "image/png"
    "os"

    "golang.org/x/exp/shiny/driver"
    "golang.org/x/exp/shiny/screen"
    "golang.org/x/exp/shiny/widget"
)

func main() {
    driver.Main(func(s screen.Screen) {
        m := loadImage("gopher.png")
        w := widget.NewSheet(widget.NewImage(m, m.Bounds()))
        if err := widget.RunWindow(s, w, &widget.RunWindowOptions{
            NewWindowOptions: screen.NewWindowOptions{
                Title:  "显示图像 - Gopher",
                Width:  m.Bounds().Dx(),
                Height: m.Bounds().Dy(),
            },
        }); err != nil {
            panic(err)
        }
    })
}
```

这里先用 `loadImage("gopher.png")` 加载图像，然后通过 `widget.NewImage(m,m.Bounds())` 构造图像小部件，其他代码和前面的示例相同。运行程序后，图像的显示效果如图 9-2 所示。

图 9-2　图像的显示效果

9.1.3　核心组件

Shiny 框架提供的基础小部件类型并不多，目前只能通过自定义的方式扩展。要想深入定制和扩展小部件，需要先了解 Shiny 框架的架构设计。Shiny 框架的架构设计并不复杂，主要围绕以下几个核心组件进行。

- 驱动程序（driver）：负责启动和管理 Shiny 应用。它通常会在后台初始化操作系统的图形环境，并处理与屏幕和窗口的交互。
- 屏幕（screen）：代表一个显示设备。它是与操作系统进行交互的接口，负责创建窗口、渲染内容等操作。
- 窗口（window）：代表程序的窗口。每个窗口包含一个或多个可视小部件，如标签、按钮等。窗口是所有 GUI 元素的容器。
- 小部件（widget）：代表 GUI 的最基本元素，如标签、按钮、文本框等。小部件是可交互的用户界面元素。
- 事件（event）：与界面交互时触发的事件，如点击、拖动、键盘输入等，它是事件驱动编程模型的核心，通过监听和响应这些事件来更新界面或执行相应操作。

Shiny 框架的核心组件之间的关系如图 9-3 所示。

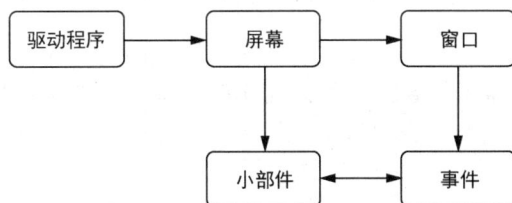

图 9-3 Shiny 框架的核心组件之间的关系

驱动程序的主要任务是启动程序并管理其生命周期，确保 GUI 窗口和小部件能够正确响应用户输入并更新显示。driver.Main 是程序的主循环，它通常会初始化一个 screen.Screen 对象来启动图形环境，后续通过这个对象来创建和管理窗口。

屏幕负责为程序提供创建窗口和管理图形设备的能力。screen.Screen 是与显示设备相关的抽象，代表一个实际的显示器或图形界面。它是图形库与操作系统底层窗口系统之间的桥梁。

每个窗口都有自己的绘制和事件处理逻辑。screen.Window 是程序中的一个独立可视区域的抽象接口。一个窗口可以包含多个小部件，如按钮、标签等，并负责渲染这些小部件。

当小部件的操作发生变化时，事件机制会通知窗口进行更新或执行操作。小部件包含各种用户界面元素的实现，如标签、文本、图像等。布局管理也是一种特殊的小部件。

Shiny 框架提供了事件处理机制，允许用户根据事件更新界面、触发回调等。按钮点击、窗口缩放、键盘输入等都被视为事件。事件是用户交互的基础，通过监听和响应事件，可以实现动态的用户界面更新和交互。

9.1.4 底层驱动程序

Shiny 框架默认提供的驱动程序包括 gldriver、mtldriver、windriver 和 x11driver，其中 gldriver 是提供 CGO 封装的 OpenGL 驱动程序，理论上可以支持主流操作系统和智能手机等不同平台；mtldriver 是 macOS 平台的驱动程序实现，windriver 是 Windows 平台的驱动程序实现，x11driver 是 Linux 平台的驱动程序实现。除了 Windows 平台的驱动程序，其他几个驱动程序都需要依赖 CGO 特性，因此需要在本地安装 GCC 编译器或者 Clang 编译器。

9.2 Fyne 框架入门

本节先介绍如何配置 Go 语言和 Fyne 开发环境，再通过 Fyne 框架编写一个界面版本的问候示例，并给出一个只有一个按钮及相应回调函数的示例。

9.2.1 安装环境

Fyne 框架是基于 OpenGL 的跨平台框架，而 Go 语言的 OpenGL 绑定包依赖于 CGO 技术，因此要使用 Fyne 框架还需要安装 GCC 编译器和 OpenGL 底层驱动程序。

在 Linux/Ubuntu 系统中，可以通过以下命令安装所需的工具和库：

```
$ sudo apt-get install gcc libgl1-mesa-dev xorg-dev libxkbcommon-dev
```

在 macOS 系统中，则需要安装 Xcode，然后通过以下命令行安装 Xcode 的命令行工具：

```
$ xcode-select --install
```

在 Windows 系统中，只需要安装 GCC 编译器即可。推荐安装 TDM-GCC 编译器的 64 位版本，也可以选择 MSYS2 或 Cygwin。安装完成之后，可以在命令行中输入 gcc 命令来验证 GCC 是否安装成功：

```
$ gcc --version
Apple clang version 11.0.0 (clang-1100.0.33.17)
Target: x86_64-apple-darwin19.2.0
Thread model: posix
InstalledDir: /Applications/Xcode.app/Contents/Developer/Toolchains/XcodeDefault.
xctoolchain/usr/bin
```

9.2.2 安装 Fyne 核心库

可以通过以下命令安装 Fyne 核心库：

```
$ go install fyne.io/fyne/v2/cmd/fyne@latest
go: downloading fyne.io/fyne/v2 v2.5.4
```

这个命令会将 Fyne 核心库安装到 ${HOME}/go/bin 目录，因此用户需要将该路径添加到系统的 PATH 环境变量中。从上述命令输出中可以看到，我们安装的 Fyne 版本是 v2.5.4，对应核心库的根路径为 fyne.io/fyne/v2。

Fyne 不是必须安装的工具，但是它提供了友好的打包功能，所以建议安装。

9.2.3 Hello, Fyne

让我们从一个简单的 "Hello, Fyne!" 程序开始。在 hello 目录下创建一个 main.go 文件：

```
package main

import (
    "fyne.io/fyne/v2/app"
    "fyne.io/fyne/v2/widget"
)
```

```
func main() {
    a := app.New()
    w := a.NewWindow("你好, Fyne!")

    w.SetContent(widget.NewLabel("Hello, Fyne!"))
    w.ShowAndRun()
}
```

在 main()函数中，app.New()创建一个 Fyne 应用实例，该实例负责窗口程序的基本管理工作；然后通过 app.NewWindow()在当前的 Fyne 应用实例中创建一个窗口，窗口的标题是"你好，Fyne!"；接着通过 w.SetContent()函数设置窗口内容，内容是由 widget.NewLabel()创建的标签，显示"Hello, Fyne!"；最后通过 w.ShowAndRun()显示该窗口并运行 GUI 程序。

构建成功之后会生成一个可执行程序（在 Windows 环境下为 hello.exe），然后运行这个可执行程序。运行程序后，"Hello, Fyne!"的显示效果如图 9-4 所示。

通过设置环境变量可以改变程序的窗口风格：

```
$ FYNE_SCALE=2 FYNE_THEME=light go run .
```

其中，环境变量 FYNE_SCALE 设置为 2 表示将窗口放大两倍，环境变量 FYNE_THEME 设置为 light 表示采用亮色风格显示。运行程序后，设置环境变量后"Hello, Fyne!"的显示效果如图 9-5 所示。

图 9-4 "Hello, Fyne!"的显示效果　　　　图 9-5 设置环境变量后"Hello, Fyne!"的显示效果

此外，还可以通过环境变量 FYNE_FONT 指定窗口采用的字体。

9.2.4 回调函数

可以通过回调函数实现窗口界面操作，如点击按钮后在命令行输出一行信息等。在下面的示例中我们用 widget.Button 作为主窗口小部件：

```
func main() {
    a := app.New()
    w := a.NewWindow("Quit")

    w.SetContent(widget.NewButton("Quit", func() {
        fmt.Println("quit")
        a.Quit()
    }))

    w.ShowAndRun()
}
```

和前一个示例的主要区别就在于 w.SetContent() 函数部分。widget.NewButton() 创建一个新按钮，其文档可以通过 go doc 命令查看：

```
$ go doc fyne.io/fyne/v2/widget.NewButton
package widget // import "fyne.io/fyne/v2/widget"

func NewButton(label string, tapped func()) *Button
    NewButton creates a new button widget with the set label and tap handler
```

NewButton() 函数的第一个参数是按钮显示的内容，第二个参数是按钮被点击时触发的回调函数。当按钮被点击时，会执行第二个参数指定的回调函数。在回调函数中先向标准输出打印 "quit"，再调用 app.Quit() 退出程序。

运行这个示例程序：

```
$ go run .
```

点击按钮后，命令行将输出 "quit"，程序结束。运行程序后，"Quit" 窗口的显示效果如图 9-6 所示。

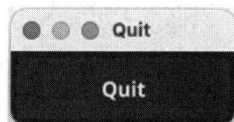

图 9-6　"Quit" 窗口的显示效果

9.2.5　对话框

9.2.4 节中展示的其实是类似对话框风格的程序。Fyne 框架为一些标准的对话框提供了内置支持，本节将展示这些对话框组件的基本使用。

1. 消息对话框

最简单的对话框是消息对话框，可以用 dialog.ShowInformation() 创建并显示。创建并显示消息对话框的示例代码如下：

```
func main() {
    a := app.New()
    w := a.NewWindow("MainWindow")

    dialog.ShowInformation("Information",
                           "message", w)

    w.Resize(fyne.NewSize(400, 300))
    w.ShowAndRun()
}
```

运行程序后，消息对话框的显示效果如图 9-7 所示。点击 "OK" 按钮将关闭对话框。

图 9-7　消息对话框的显示效果

2. 确认对话框

确认对话框可以用 dialog.ShowConfirm() 显示。创建并显示确认对话框的示例代码如下：

```
func main() {
    a := app.New()
    w := a.NewWindow("MainWindow")
```

```
dialog.ShowConfirm("ConfirmDialog",
                    "message",
                    func(yesOrNo bool) {
        fmt.Println(yesOrNo)
    }, w)

    w.Resize(fyne.NewSize(400, 300))
    w.ShowAndRun()
}
```

运行程序后，确认对话框的显示效果如图 9-8 所示。

确认对话框有"Yes"和"No"两个按钮，分别对应回调
函数参数的 `true` 和 `false` 值。

图 9-8　确认对话框的显示效果

3. 拾取颜色对话框

拾取颜色对话框可以用 `dialog.ShowColorPicker()` 创建并显示。创建并显示拾取颜色对话
框的示例代码如下：

```
func main() {
    a := app.New()
    w := a.NewWindow("MainWindow")

    dialog.ShowColorPicker("ColorPicker",
                            "message",
                            func(c color.Color) {
            fmt.Printf("color: %+v\n", c)
        },
        w,
    )

    w.Resize(fyne.NewSize(400, 300))
    w.ShowAndRun()
}
```

运行程序后，拾取颜色对话框的显示效果如图 9-9 所示。

图 9-9　拾取颜色对话框的显示效果

4. 自定义进度条对话框

自定义进度条对话框可以使用 `dialog.NewCustomWithoutButtons()` 与结合 `widget.
NewProgressBar()` 创建。创建并显示自定义进度条对话框的示例代码如下：

```
func main() {
    a := app.New()
    w := a.NewWindow("MainWindow")

    progressBar := widget.NewProgressBar()
    progressBar.SetValue(0.5)

    dlg := dialog.NewCustomWithoutButtons("CustomDialog", progressBar, w)
    dlg.Show()
```

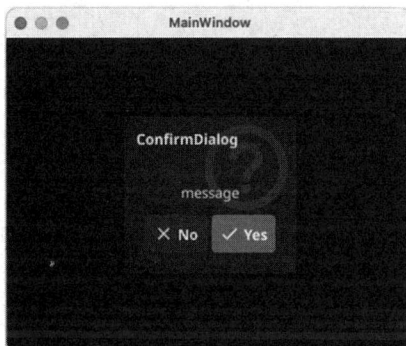

```
        w.Resize(fyne.NewSize(400, 300))
        w.ShowAndRun()
}
```

运行程序后，自定义进度条对话框的显示效果如图 9-10 所示。

进度条对话框一般是用于在窗口中动态反映某个任务的进度。可以在一个独立的 goroutine 中调用进度条对话框的 `SetValue()` 方法调整进度：

图 9-10　自定义进度条对话框的
显示效果

```
go func() {
    for i := 1; i <= 100; i++ {
        progressBar.SetValue(float64(i) / 100)
        time.Sleep(time.Second / 10)
    }
}()
```

在这段代码中，循环执行了 100 次，在每次调整进度条进度之后休眠 0.1 秒。

9.2.6　画布

Fyne 框架的 canvas 包提供了 `canvas.Line` 对象（直线）、`canvas.Rectangle` 对象（矩形）、`canvas.Circle` 对象（圆形）、`canvas.Text` 对象（文本）和 `canvas.Image` 对象（图像）等对应基本图形元素的对象，本节将展示这些基本图形元素的用法。

1. 直线

直线是最基本的图形元素。通过组合直线可以绘制三角形、多边形，还可以绘制圆形。在 Fyne 中，直线更准确的叫法是线段，一个线段对象包含起点、终点、边线颜色和边线宽度等属性。在窗口中显示线段的示例代码如下：

```
import (
    "fyne.io/fyne/canvas"
)

func main() {
    app := app.New()
    w := app.NewWindow("canvas")

    w.SetContent(&canvas.Line{
        Position1:    fyne.NewPos(0, 0),
        Position2:    fyne.NewPos(400, 300),
        StrokeColor: color.RGBA{R: 255, G: 0, B: 0, A: 255},
        StrokeWidth: 1,
    })

    w.Resize(fyne.NewSize(400, 300))
    w.ShowAndRun()
}
```

canvas.Line 是 一 个 线 段 对 象 , 它 实 现 了 fyne.CanvasObject 接 口 。 因 此 , 可 以 通 过 fyne.Window 接口的 SetContent()方法将线段设置 到窗口。线段的起点和终点坐标分别由 Position1 和 Position2 属性表示,StrokeColor 表示线段的边线颜 色,StrokeWidth 表示线段的边线宽度。

上面的程序显示的线段起点 fyne.NewPos(0, 0) 在窗口的左上角,终点 fyne.NewPos(400, 300)在窗 口的右下角,线段的边线颜色是红色,线段的边线宽度是 1 像素。运行程序后,线段的显示效果如图 9-11 所示。

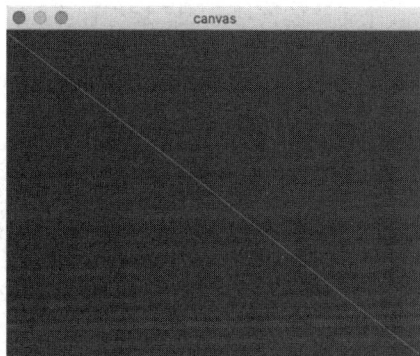

图 9-11 线段的显示效果

2. 矩形

矩形没有坐标信息,更像是一个矩形画布。Fyne 框架的 canvas 包提供的每种图形元素都可以 看成一个画布,而画布本身是有大小和位置信息的,这样我们就可以控制图形元素的大小和位置信 息。在窗口中显示一个红色填充矩形的示例代码如下:

```
func main() {
    a := app.New()
    w := a.NewWindow("canvas")

    w.SetContent(&canvas.Rectangle{
        FillColor: color.RGBA{R: 255, G: 0, B: 0, A: 255},
    })

    w.Resize(fyne.NewSize(400, 300))
    w.ShowAndRun()
}
```

运行程序后,填充矩形的显示效果如图 9-12 所示。

如果直接将矩形作为主窗口的内容,那么矩形将自动填充整个窗口。想要控制矩形的区域,需 要将其放入容器中,代码如下:

```
redRect := canvas.NewRectangle(color.RGBA{R: 255, A: 255})
blueRect := canvas.NewRectangle(color.RGBA{B: 255, A: 255})
greenRect := canvas.NewRectangle(color.RGBA{G: 255, A: 255})

redRect.Resize(fyne.Size{Width: 100, Height: 100})
redRect.Move(fyne.NewPos(0, 0))

blueRect.Resize(fyne.Size{Width: 100, Height: 100})
blueRect.Move(fyne.NewPos(100, 100))

greenRect.Resize(fyne.Size{Width: 100, Height: 100})
greenRect.Move(fyne.NewPos(200, 200))

w.SetContent(container.NewWithoutLayout(redRect, blueRect, greenRect))
```

这个程序创建了红色、蓝色和绿色 3 个大小为 100 像素×100 像素的正方形,然后依次将其摆放为一个下降的楼梯形状。运行程序后，多个矩形的显示效果如图 9-13 所示。

图 9-12   填充矩形的显示效果   图 9-13   多个矩形的显示效果

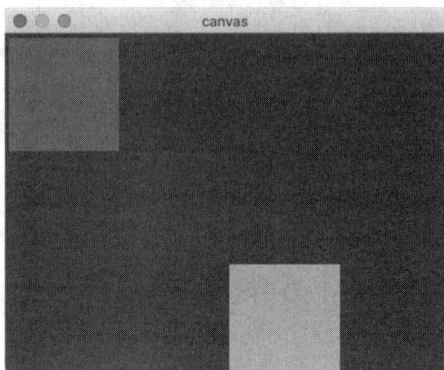

3. 圆形

圆形由一个水平的外接矩形定义位置，圆形还有填充颜色以及圆周的边线颜色和边线宽度等属性。在窗口中显示圆形的示例代码如下：

```go
func main() {
    a := app.New()
    w := a.NewWindow("canvas")

    w.SetContent(&canvas.Circle{
        Position1: fyne.NewPos(0, 0),
        Position2: fyne.NewPos(400, 300),

        FillColor:   color.RGBA{R: 255, G: 0, B: 0, A: 255},
        StrokeColor: color.RGBA{R: 0, G: 0, B: 255, A: 255},
        StrokeWidth: 10,
    })

    w.Resize(fyne.NewSize(400, 300))
    w.ShowAndRun()
}
```

canvas.Circle 是一个圆形对象，它也实现了 fyne.CanvasObject 接口。圆形的外接矩形起点和终点坐标分别由 Position1 和 Position2 属性表示，FillColor 表示填充颜色，StrokeColor 表示圆周的边线颜色，StrokeWidth 表示圆周的边线宽度。运行程序后，圆形的显示效果如图 9-14 所示。

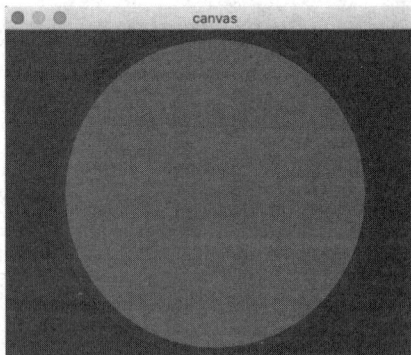

图 9-14   圆形的显示效果

4. 文本

文本元素对应一个字符串，提供了行对齐、居中对齐和尾对齐等几种对齐方式，还有字体颜色、字体大小、字体风格等属性。在窗口中显示文本的示例代码如下：

```go
func main() {
```

```
    a := app.New()
    w := a.NewWindow("canvas")

    w.SetContent(&canvas.Text{
        Text: "Hello Fyne!",

        Alignment: fyne.TextAlignCenter,
        Color:      color.RGBA{R: 255, G: 0, B: 255, A: 255},
        TextSize:   50,

        TextStyle: fyne.TextStyle{
            Bold:    true,
            Italic: true,
        },
    })

    w.Resize(fyne.NewSize(400, 300))
    w.ShowAndRun()
}
```

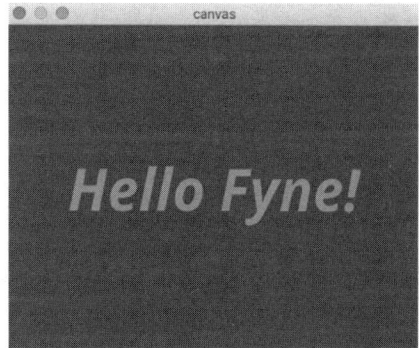

图 9-15　文本的显示效果

canvas.Text 是 一 个 文 本 对 象 ， 它 实 现 了 fyne.CanvasObject 接口。文本的 Text 表示文本的内容，Alignment 表示对齐方式，Color 表示字体颜色，TextSize 是字体大小，TextStyle 是字体风格。运行程序后，文本的显示效果如图 9-15 所示。

5. 图像

对于画布不支持的功能，可以尝试先渲染出图像，然后再将图像显示出来。在窗口中显示图像的示例代码如下：

```
func main() {
    a := app.New()
    w := a.NewWindow("canvas")

    m := canvas.NewImageFromFile("wa-chan.png")
    m.FillMode = canvas.ImageFillContain

    w.SetContent(m)

    w.Resize(fyne.NewSize(400, 300))
    w.ShowAndRun()
}
```

图 9-16　图像的显示效果

其中 canvas.NewImageFromFile("gopher.png") 从文件加载图像，此外还可以从资源或内存图像加载。将图像的 FillMode 属性设置为 canvas.ImageFillContain，表示居中显示完整的图像。运行程序后，图像的显示效果如图 9-16 所示。

6. 颜色

Fyne 框架的 canvas 包提供的基本图形元素中的填充色属性只能设置为纯色。要显示一个颜色渐变的矩形，可以通过线性渐变对象 `canvas.LinearGradient` 和辐射渐变对象 `canvas.RadialGradient` 完成。

　　线性渐变对象有一个初始颜色和最终颜色，还有一个渐变的角度。在窗口中显示一个线性渐变的示例代码如下：

```go
func main() {
    a := app.New()
    w := a.NewWindow("canvas")

    w.Resize(fyne.NewSize(400, 300))

    w.SetContent(
        &canvas.LinearGradient{
            StartColor: color.RGBA{R: 255,
                                   G: 0,
                                   B: 0,
                                   A: 255},
            EndColor:   color.RGBA{R: 0,
                                   G: 0,
                                   B: 255,
                                   A: 255},
            Angle:      0,
        },
    )

    w.ShowAndRun()
}
```

运行程序后，线性渐变的显示效果如图 9-17 所示。

图 9-17　线性渐变的显示效果

7．示例：显示火星图像

　　本示例将基于 Fyne 框架的 canvas 包提供的一些功能显示一张火星图像，同时显示一行文字，并在画布上显示网格。这个示例预期的最终显示效果如图 9-18 所示。

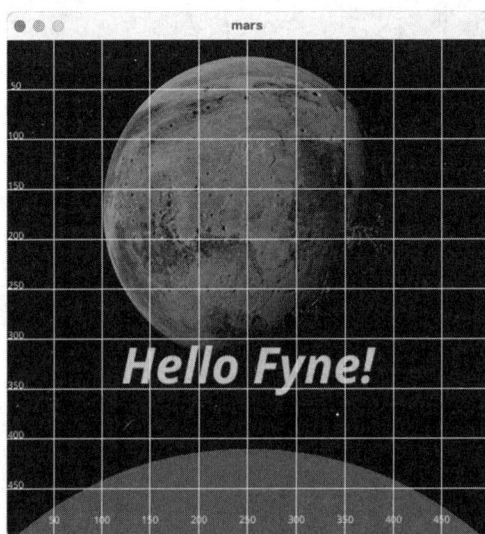

图 9-18　预期的最终显示效果

这个示例的代码大约 100 行，为了便于理解，我们将其拆分为多个函数。先看一下程序的主体结构：

```
func main() {
    w := makeWindow("mars", 500, 500)
    w.ShowAndRun()
}
```

主窗口用 `makeWindow()` 函数创建：

```
func makeWindow(name string, w, h int) fyne.Window {
    window := app.New().NewWindow(name)
    window.Resize(fyne.NewSize(float32(w), float32(h)))
    window.SetContent(makeSence(w, h))
    window.SetFixedSize(true)
    window.SetPadded(false)
    return window
}
```

其中，`window.Resize()` 方法用于设置窗口的初始大小，`window.SetFixedSize()` 方法用于将窗口设置为固定大小，`window.SetPadded()` 方法用于保证画布边框没有填充间隙。

窗口场景的主体用 `makeSence()` 函数创建：

```
func makeSence(w, h int) fyne.CanvasObject {
    c := container.NewWithoutLayout()
    makeBackground(c, w, h)
    return c
}
```

其中，`fyne.NewContainer` 容器用于组合画布图形元素，`makeBackground()` 用于添加背景。

添加背景的 `makeBackground()` 函数细节如下：

```
func makeBackground(c *fyne.Container, w, h int) {
    background := canvas.NewRectangle(color.RGBA{0, 0, 0, 255})
    background.Resize(fyne.NewSize(float32(w), float32(h)))
    c.Add(background)
}
```

背景是由一个黑色的矩形构成的，矩形的大小被设置为与窗口的大小一样，然后通过 `c.Add()` 添加到窗口场景容器中。目前显示的是黑色背景。

接着通过 `makeImage()` 函数向场景中添加火星图像：

```
func makeSence(w, h int) fyne.CanvasObject {
    c := container.NewWithoutLayout()

    makeBackground(c, w, h)
    makeImage(c, w/2, h/3, 300, 300, "mars.jpg")

    return c
}
```

```go
func makeImage(c *fyne.Container, x, y, w, h int, file string) {
    m := canvas.NewImageFromFile(file)
    m.Resize(fyne.NewSize(float32(w), float32(h)))
    m.Move(fyne.NewPos(float32(x-w/2), float32(y-h/2)))
    c.Add(m)
}
```

　　火星图像在场景的竖直居中位置，高度在窗口中心偏上的位置，火星图像的大小为 300 像素×300 像素。在 makeImage() 函数中，先通过 canvas.NewImageFromFile() 函数从文件加载火星图像，然后设置图像的大小并移动到合适的位置，最后将图像添加到场景容器中。

　　运行程序后，添加火星图像之后的场景如图 9-19 所示。

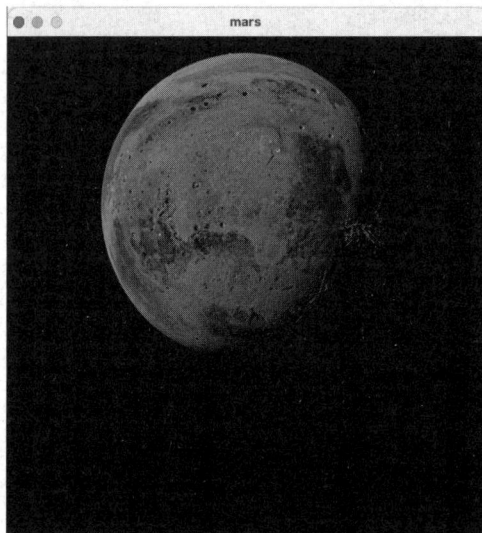

图 9-19　添加火星图像之后的场景

然后继续向场景中添加文字和一个圆形：

```go
func makeSence(w, h int) fyne.CanvasObject {
    c := container.NewWithoutLayout()

    makeBackground(c, w, h)
    makeImage(c, w/2, h/3, 300, 300, "mars.jpg")

    makeText(c, w/2, h*7/10, &canvas.Text{
        Text:      "Hello Fyne!",
        Alignment: fyne.TextAlignCenter,
        Color:     color.RGBA{R: 0, G: 255, B: 255, A: 255},
        TextStyle: fyne.TextStyle{Bold: true, Italic: true},
        TextSize:  50,
    })

    makeCircle(c, w/2, h*11/7, w*3/2, color.RGBA{45, 80, 230, 255})
```

```
        return c
}

func makeText(c *fyne.Container, x, y int, text *canvas.Text) {
    text.Move(fyne.NewPos(
        float32(x), float32(y)-(text.TextSize+text.TextSize/5),
    ))
    c.Add(text)
}

func makeCircle(c *fyne.Container, x, y, r int, color color.Color) {
    c.Add(&canvas.Circle{
        FillColor: color,
        Position1: fyne.NewPos(float32(x-r/2), float32(y-r/2)),
        Position2: fyne.NewPos(float32(x+r/2), float32(y+r/2)),
    })
}
```

makeText()用于添加文字，makeCircle()用于添加圆形。需要注意的是，添加的圆形的中心在窗口下方，因此在窗口中只显示圆形和窗口交集的部分。

现在场景的主体元素已经添加，并添加了文字和圆形。运行程序后，添加文字和圆形之后的显示效果如图 9-20 所示。

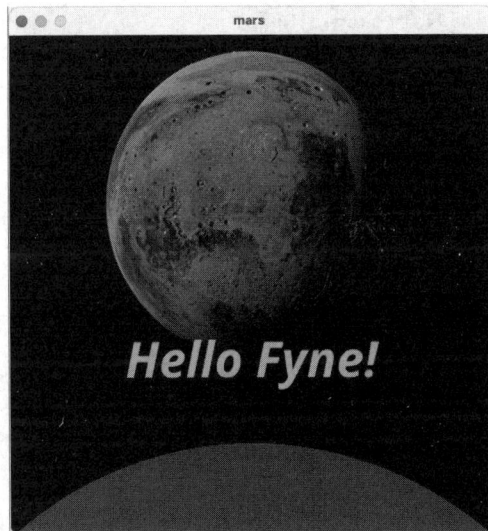

图 9-20 添加文字和圆形之后的显示效果

最后在场景上添加坐标网格：

```
func makeSence(w, h int) fyne.CanvasObject {
    c := container.NewWithoutLayout()

    makeBackground(c, w, h)
    makeImage(c, w/2, h/3, 300, 300, "mars.jpg")
```

```
    makeText(c, w/2, h*7/10, &canvas.Text{
        Text:      "Hello Fyne!",
        Alignment: fyne.TextAlignCenter,
        Color:     color.RGBA{R: 0, G: 255, B: 255, A: 255},
        TextStyle: fyne.TextStyle{Bold: true, Italic: true},
        TextSize:  50,
    })

    makeCircle(c, w/2, h*11/7, w*3/2, color.RGBA{45, 80, 230, 255})

    makeGrid(c, w, h, 50)

    return c
}

func makeGrid(c *fyne.Container, w, h, step int) {
    for x := step; x < w; x += step {
        c.Add(&canvas.Line{
            Position1:   fyne.NewPos(float32(x), 0),
            Position2:   fyne.NewPos(float32(x), float32(h)),
            StrokeColor: color.Gray{Y: 255},
            StrokeWidth: 0.5,
        })
        makeText(c, x, h-15, &canvas.Text{
            Text:      fmt.Sprintf("%d", x),
            Alignment: fyne.TextAlignCenter,
            Color:     color.Gray{Y: 255},
            TextSize:  10,
        })
    }

    for y := step; y < h; y += step {
        c.Add(&canvas.Line{
            Position1:   fyne.NewPos(0, float32(y)),
            Position2:   fyne.NewPos(float32(w), float32(y)),
            StrokeColor: color.Gray{Y: 255},
            StrokeWidth: 0.5,
        })
        makeText(c, 10, y, &canvas.Text{
            Text:      fmt.Sprintf("%d", y),
            Alignment: fyne.TextAlignCenter,
            Color:     color.Gray{Y: 255},
            TextSize:  10,
        })
    }
}
```

makeGrid()函数用两个循环来完成坐标网格的绘制，第一个循环用于绘制纵向的竖线和添加坐标文本，第二个循环用于绘制横向的网格和添加坐标文本。这样就实现了最终的效果。

9.2.7 布局管理

布局是所有现代化窗口框架必备的特性，它可以在窗口大小发生变化时自动调整窗口中元素的位置。简单来说，布局就是界面中窗口小部件的组装和排列方式。常见的布局有绝对位置布局、行和列布局、网格布局等。本节将介绍 Fyne 框架中与布局相关的 container 包的常见用法。

1. 中心布局

中心布局（center layout）是一种最简单的布局，其中窗口小部件以最小大小居中显示。中心布局的示例代码如下：

```
func main() {
    a := app.New()
    w := a.NewWindow("layout")
    w.Resize(fyne.NewSize(400, 300))

    rect := canvas.NewRectangle(color.RGBA{R: 255, A: 255})
    rect.SetMinSize(fyne.NewSize(100, 100))

    text := widget.NewLabel("Hello Fyne!")

    w.SetContent(container.New(
        layout.NewCenterLayout(),
        rect, text,
    ))

    w.ShowAndRun()
}
```

其中，矩形区域是最小大小为 100 像素×100 像素的红色正方形，还有一个显示“Hello, Fyne!”的文本标签。程序先将红色正方形居中布局，然后在红色正方形之上显示文本标签。运行程序后，中心布局的显示效果如图 9-21 所示。

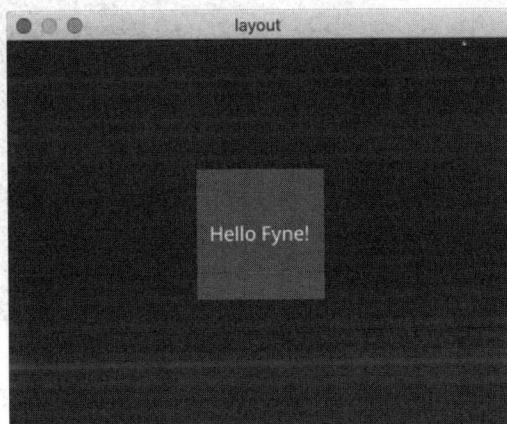

图 9-21 中心布局的显示效果

在布局中，后出现的元素会覆盖之前的元素。如果是多个图像小部件，可以通过设置透明色来调整最终的效果。

2. 盒子布局

盒子布局（box layout）分为水平布局和竖直布局，在布局的方向上每个窗口小部件以最小大小显示。盒子布局的示例代码如下：

```go
func main() {
    a := app.New()
    w := a.NewWindow("layout")
    w.Resize(fyne.NewSize(400, 300))

    rect := canvas.NewRectangle(color.RGBA{R: 255, A: 255})
    rect.SetMinSize(fyne.NewSize(100, 100))

    text := widget.NewLabel("Hello Fyne!")

    w.SetContent(container.New(
        layout.NewHBoxLayout(),
        rect, text,
    ))

    w.ShowAndRun()
}
```

要布局的内容依然是最小大小为 100 像素×100 像素的红色矩形和一个文字标签。运行程序后，水平盒子布局的显示效果如图 9-22 所示。

图 9-22　水平盒子布局的显示效果

因为是水平盒子布局，所以红色矩形在水平方向上依然是 100 像素的宽度，但是在竖直方向上被扩展到盒子的最大高度。文本标签依然是原始大小，没有在水平方向和竖直方向上扩展。矩形和文字在水平方向上按从左到右顺序排列。

3. 网格布局

网格布局（grid layout）是将窗口的画布在水平方向和竖直方向划分为固定大小的格子，每个格子只能容纳一个被布局的元素。网格布局的示例如下：

```
func main() {
    a := app.New()
    w := a.NewWindow("layout")

    w.SetContent(container.New(
        layout.NewGridWrapLayout(fyne.NewSize(100, 100)),
        canvas.NewRectangle(color.RGBA{R: 255, A: 255}),
        canvas.NewRectangle(color.RGBA{G: 255, A: 255}),
        canvas.NewRectangle(color.RGBA{R: 255, A: 255}),
        canvas.NewRectangle(color.RGBA{R: 255, G: 255, A: 255}),
    ))

    w.ShowAndRun()
}
```

这段代码创建的网格布局中每个格子是大小为 100 像素×100 像素的正方形，然后填充了 4 个颜色各异的矩形。运行程序后，网格布局的显示效果如图 9-23 所示。

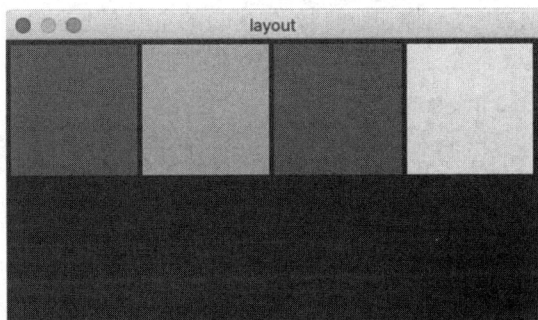

图 9-23　网格布局的显示效果

4. 边界布局

边界布局（border layout）是传统桌面程序的主流布局，顶部是菜单栏和工具栏区域，底部是状态栏区域，左边和右边是侧边栏。边界布局的示例如下：

```
func main() {
    a := app.New()
    w := a.NewWindow("layout")
    w.Resize(fyne.NewSize(400, 300))

    top := canvas.NewRectangle(color.RGBA{R: 255, A: 255})
    bottom := canvas.NewRectangle(color.RGBA{G: 255, A: 255})
    left := canvas.NewRectangle(color.RGBA{B: 255, A: 255})
    right := canvas.NewRectangle(color.RGBA{R: 255, G: 255, A: 255})
```

```
    top.SetMinSize(fyne.NewSize(30, 30))
    bottom.SetMinSize(fyne.NewSize(30, 30))
    left.SetMinSize(fyne.NewSize(30, 30))
    right.SetMinSize(fyne.NewSize(30, 30))

    text := widget.NewLabel("Hello Fyne!")

    w.SetContent(container.New(
        layout.NewBorderLayout(top, bottom, left, right),
        top, bottom, left, right,
        container.New(
            layout.NewCenterLayout(),
            text,
        ),
    ))

    w.ShowAndRun()
}
```

除了上、下、左、右的 4 个小部件，还有一个嵌套的中心布局的文本标签。需要注意的是，上、下、左、右 4 个小部件要分别传入边界布局器和要布局的容器中。运行程序后，边界布局的显示效果如图 9-24 所示。

顶部窗口小部件和底部窗口小部件展开到外部窗口的宽度，左右侧边栏的高度是窗口高度减去顶部和底部小部件剩余的最大高度，中间显示的是文本标签。

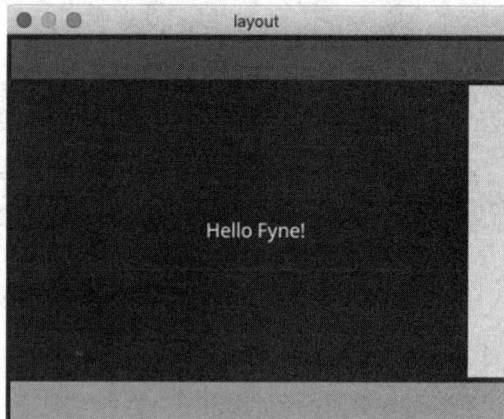

图 9-24　边界布局的显示效果

5．布局小结

fyne.Container 容器和 fyne.Layout 布局接口构建了 Fyne 框架的布局系统，它们的关系如图 9-25 所示。fyne.Container 容器中的 Layout 属性表示容器采用的布局，Objects 属性表示要布局的 CanvasObject 类型对象列表。fyne.Layout 布局接口只有两个方法：Layout()方法对 CanvasObject 对象列表进行布局，MinSize()方法返回对象列表中对象的最小大小。

不过，具体的布局对象是由 layout 包提供的。layout 包中为常见的布局提供了相应的构造函数，`layout` 包的结构如图 9-26 所示。

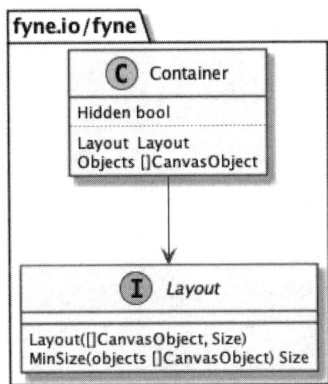

图 9-25　容器和布局的关系

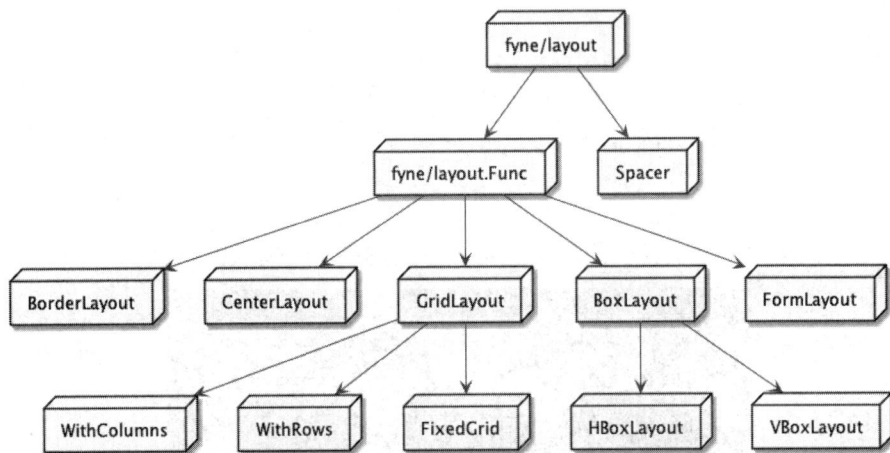

图 9-26　`layout` 包的结构

　　`layout` 包中包含水平布局、竖直布局、网格布局等诸多布局。此外，还有一个 `layout.Spacer` 用于配合布局器生成自动扩展的空白图形元素，而布局之后的 `fyne.Container` 容器对象也是一个新的 `CanvasObject` 对象，可以继续作为更大容器的元素。

9.2.8　Fyne 在浏览器中

　　Fyne 框架底层的 OpenGL 驱动程序对应 WebGL，如果将 Go 程序编译为 WebAssembly，就可以在浏览器中运行。本节将延续之前的显示火星图像的示例，将其打包为 Web 程序在浏览器中运行。

　　在之前的工程目录中增加一个 Icon.png 文件作为图标，然后执行 `fyne serve` 命令：

```
$ fyne serve
Serving /path/to/mars-web/wasm on HTTP port: 8080
```

浏览器打开时会有一个以图标为背景的加载界面，如图 9-27 所示。

图 9-27　浏览器的加载界面

运行程序后，浏览器预览的显示效果如图 9-28 所示。

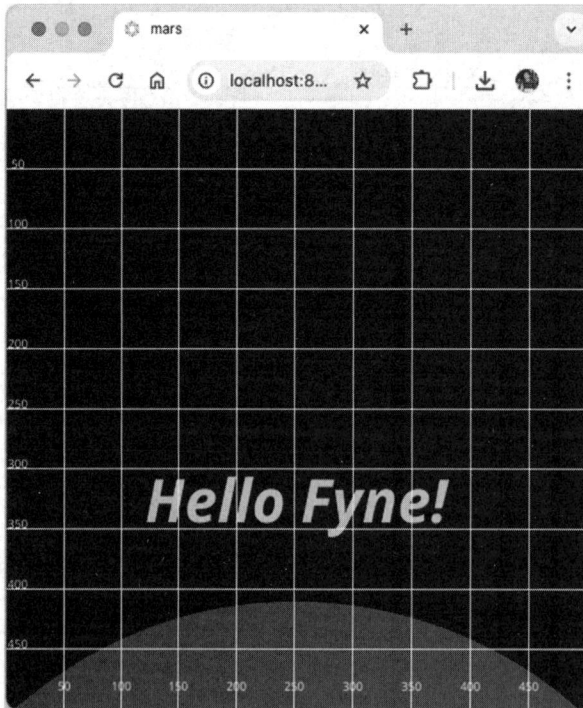

图 9-28　浏览器预览的显示效果

从图 9-28 可以发现，火星图像并没有显示出来，这是因为火星图像没有被打包进 Web 程序。可以结合 Go 语言的 embed 特性把图像编译到目标.wasm 文件中。代码修改如下：

```
//go:embed mars.jpg
var mars_jpg []byte

func makeSence(w, h int) fyne.CanvasObject {
    c := container.NewWithoutLayout()

    makeBackground(c, w, h)
    makeImage(c, w/2, h/3, 300, 300, "mars.jpg", mars_jpg)
    ...
}
func makeImage(c *fyne.Container, x, y, w, h int, file string, data []byte) {
    var m *canvas.Image
    if data != nil {
        m = canvas.NewImageFromReader(bytes.NewReader(data), file)
    } else {
        m = canvas.NewImageFromFile(file)
    }
    ...
}
```

再次启动服务并刷新页面可以看到正确结果。运行程序后，浏览器预览的正确显示效果如图 9-29 所示。

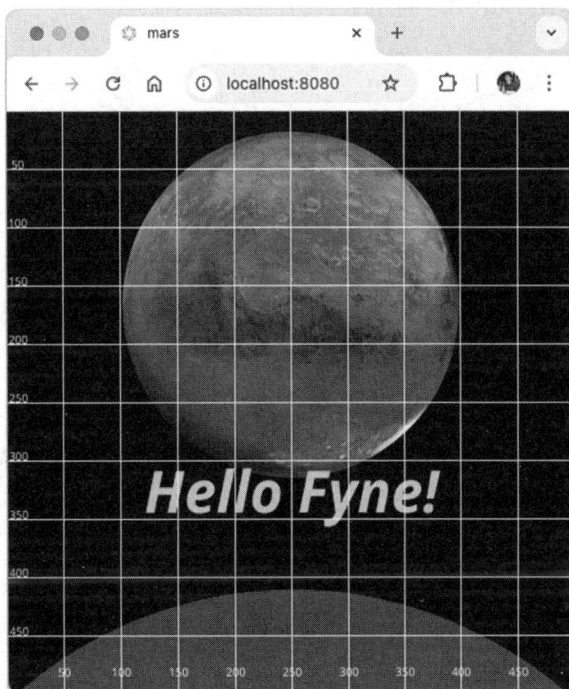

图 9-29　浏览器预览的正确显示效果

最后，可以执行 fyne package 命令进行打包：

```
$ fyne package -os web
$ tree ./wasm
./wasm
├── dark.css
├── icon.png
├── index.html
├── light.css
├── myapp.wasm
├── spinner_dark.gif
├── spinner_light.gif
├── wasm_exec.js
└── webgl-debug.js

1 directory, 9 files
```

fyne 命令不仅可以将程序打包为 Web 应用，也支持打包为 iOS、Android 应用，真正实现了支持跨平台开发和打包全生命周期。

9.3　Walk 框架入门

Walk 框架是目前适用于 Windows 系统的较为成熟的 Go 语言 GUI 框架之一。尽管 Windows 系统对 plugin 包的支持一直不够完善，但是 Windows 内置的 DLL 加载能力使开发者可以避免对 CGO 的依赖，不再需要安装 GCC 编译器等额外的工具。

9.3.1　你好, Walk

本节将通过 Walk 框架实现一个简单的"你好, Walk"程序，代码如下：

```go
package main

import (
    "github.com/lxn/walk"
)

func main() {
    walk.MsgBox(nil, "Go GUI 编程 - Walk 框架", "你好, Walk!", 0)
}
```

这段代码非常简单：首先导入 github.com/lxn/walk 包，然后通过 walk.MsgBox() 函数显示一个消息框。walk.MsgBox() 函数与 fmt.Print() 函数类似，只是它用于在 GUI 环境中显示信息。

walk.MsgBox() 函数的签名如下：

```go
func MsgBox(owner Form, title, message string, style MsgBoxStyle) int
```

如果你对 Windows 编程比较熟悉可能会发现，walk.MsgBox() 函数和 Windows 自带的 MessageBox() 函数非常相似：

```
int MessageBox(HWND hWnd, LPCTSTR lpText,
               LPCTSTR lpCaption, UINT uType);
```

walk.MsgBox()函数实际上是 Windows 的 MessageBox()函数的封装。因此，函数的参数和功能可以直接参考 Windows 的 MSDN 文档。简而言之，函数的第一个参数是父窗口的句柄，接着是消息框要显示的文本和标题，最后一个参数是消息框的类型。运行程序后，"你好，Walk!"的显示效果如图 9-30 所示。

有了 Walk 框架，Windows 的 GUI 编程终于变得更友好了。

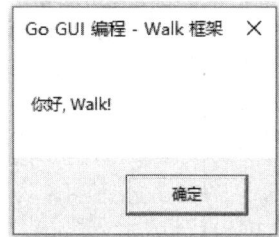

图 9-30　"你好, Walk!"的显示效果

9.3.2　声明式语法

虽然 Walk 框架是基于 Windows API 封装的，但是其最强大的功能之一是支持用声明式语法构建 GUI 程序。下面是一个通过声明式语法构建 MainWindow 的示例（声明式语法由 github.com/lxn/walk/declarative 包提供，将其导入当前包中可以简化 GUI 代码的书写）：

```
package main

import (
    "fmt"

    "github.com/lxn/walk"
    . "github.com/lxn/walk/declarative"
)

func main() {
    fmt.Println("你好，Walk 框架！")

    win := MainWindow{
        Title:  "Go GUI 编程",
        Size:   Size{Width: 300, Height: 200},
        Layout: VBox{},
        Children: []Widget{
            PushButton{
                Text: "你好，Walk 框架！",
            },
        },
    }

    if err := win.Run(); err != nil {
        walk.MsgBox(nil, "错误", err.Error(), 0)
    }
}
```

这里先通过 MainWindow 定义了窗口的标题、大小、布局和子窗口小部件的内容，再通过 win.Run()构建窗口对象并运行，如果出现错误，则用 walk.MsgBox()输出错误信息。

直接通过 go run .运行程序，将会出现图 9-31 所示的错误信息。

出现错误的原因是缺少.manifest 文件。

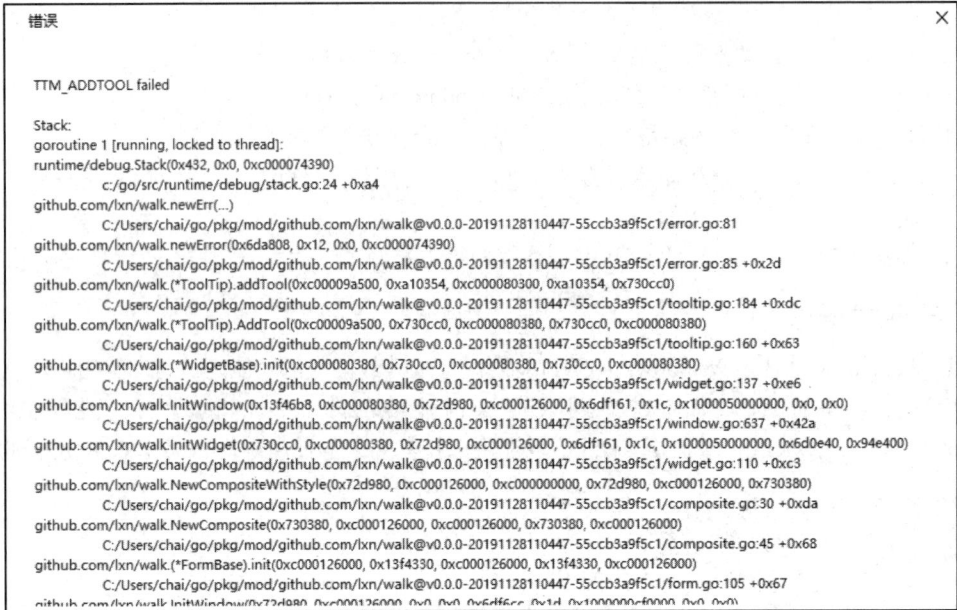

图 9-31 错误信息的显示效果

9.3.3 通过.manifest 文件指定依赖

9.3.1 节中的示例程序可以不用配置.manifest 文件直接运行。但是，Walk 框架需要依赖微软的 Microsoft Windows Common Controls 6.0 环境（Windows 7 及以上版本均支持），因此需要通过.manifest 文件指定依赖的环境。

下面是一个 Walk 框架的项目中的名为 a.exe.manifest 的.manifest 文件：

```
<?xml version="1.0" encoding="UTF-8" standalone="yes"?>
<assembly xmlns="urn:schemas-microsoft-com:asm.v1" manifestVersion="1.0">
    <assemblyIdentity version="1.0.0.0" processorArchitecture="*"
    name="github.com/chai2010/go-walk-book" type="win32"/>
    <dependency>
        <dependentAssembly>
            <assemblyIdentity type="win32" name="Microsoft.Windows.Common-Controls"
            version="6.0.0.0" processorArchitecture="*"
            publicKeyToken="6595b64144ccf1df"language="*"/>
        </dependentAssembly>
    </dependency>
<application xmlns="urn:schemas-microsoft-com:asm.v3">
    <windowsSettings>
        <dpiAwareness xmlns="http://schemas.microsoft.com/SMI/2016/WindowsSettings">
            PerMonitorV2, PerMonitor
        </dpiAwareness>
        <dpiAware xmlns="http://schemas.microsoft.com/SMI/2005/WindowsSettings">
            True
```

```
            </dpiAware>
        </windowsSettings>
    </application>
</assembly>
```

图 9-32　"你好，Walk 框架！"的显示效果

其中，最主要的部分是在`<dependentAssembly>`部分指定了对 Microsoft Windows Common Controls 6.0 的依赖，然后 a.exe.manifest 文件就可以作用于 a.exe 可执行程序，这种属于外部.manifest 文件。现在程序就可以正常运行了。运行程序后，"你好，Walk 框架！"的显示效果如图 9-32 所示。

外部.manifest 文件虽然可以保证 Walk 程序正常运行，但是因为需要一个明确的 `go build` 环节，这导致了无法直接使用 `go run .` 的方式运行程序。

9.3.4　内置.manifest 文件

要让 `go run .` 命令可以工作，需要将.manifest 文件编译到.syso 文件中。为此，需要将.manifest 文件放到资源文件中。

创建 main.rc 文件，内容如下：

```
1 24 "a.exe.manifest"
```

然后通过 MinGW 自带的 `windres` 命令将资源文件编译为.syso 文件：

```
$ windres -o main.syso main.rc
```

这样，在执行 `go run .` 命令时就会自动链接.syso 文件，从而实现内置的.manifest 文件。

如果没有 MinGW 环境，也可以使用 Walk 文档中提到的 `rsrc` 命令直接编译.manifest 文件：

```
$ rsrc -manifest a.exe.manifest -o rsrc.syso
```

这样操作起来更加简单，不过也隐藏了资源文件的技术细节。

9.3.5　给可执行程序添加图标

.syso 文件其实就是资源文件的二进制形式，它不仅可以包含.manifest 文件，还可以用于给可执行程序添加图标。

创建 main.rc 文件，内容如下：

```
1 ICON "logo.ico"
1 24 "a.exe.manifest"
```

其中第一行是将 logo.ico 文件作为可执行程序的图标。资源文件依然可以用 MinGW 的 `windres` 命令编译：

```
$ windres -o main.syso main.rc
```

使用 `rsrc` 命令可以直接添加图标：

```
$ rsrc -manifest a.exe.manifest -ico logo.ico -o rsrc.syso
```

此时，通过 `go build` 构建的程序就有了图标，如图 9-33 所示。

资源文件管理是比较零碎的操作，在生成.syso 文件之后，相关的资源文件其实可以独立成包。在包内除了需要放一个.syso 文件，还需要创建一个.go 文件作为编译.syso 文件的入口，然后在 `main` 包中导入资源包，这样资源就会被链接。独立包管理资源便于管理，对 Go 主体代码的干扰也小。

图 9-33　程序图标的
显示效果

最后，通过 `go build` 命令构建的 Windows 程序默认会有一个命令行窗口。可以通过`-ldflags = "-H windowsgui"`参数生成一个 GUI 程序，这样就可以去掉命令行窗口。

9.3.6　添加版本信息

通过资源文件除了可以为可执行程序添加.ico 文件和.manifest 文件，还可以添加版本信息。使用 GoVersionInfo 工具可以在可执行程序中嵌入版本信息，具体使用方法可以参考其项目文档。在本节中我们依然尝试通过资源文件添加版本信息。

编辑 `main.rc` 资源文件，内容如下：

```
// GBK for Chinese
#pragma code_page(936)

1 ICON "logo.ico"
1 24 "a.exe.manifest"

1 VERSIONINFO
FILEVERSION 1,2,3,0
PRODUCTVERSION 1,2,3,0

BEGIN
    BLOCK "StringFileInfo"
    BEGIN
        BLOCK "040904B0"
        BEGIN
            VALUE "CompanyName", "github.com/chai2010/go-walk-book"
            VALUE "FileDescription", "hello-walk"
            VALUE "FileVersion", "1.2.3.0"
            VALUE "InternalName", "hello-walk"
            VALUE "LegalCopyright", "Copyright (C) 2020. chai2010"
            VALUE "OriginalFilename", "hello-walk.exe"
            VALUE "ProductName", "hello-walk"
            VALUE "ProductVersion", "1.2.3.0.git-hash"
        END
    END
    BLOCK "VarFileInfo"
    BEGIN
        VALUE "Translation", 0x0409, 0x04B0
    END
END
```

其中，`#pragma code_page(936)`表示采用中文的 936 代码页，即简体编码方式；.ico 文件和.manifest 文件的设置方式与 9.3.6 节的示例相同；新添加的 VERSIONINFO 部分用于设置版本信息；FILEVERSION 和 PRODUCTVERSION 分别对应文件和产品的版本号，这里两者采用相同的版本，与后面的 VALUE "FileVersion"和 VALUE "ProductVersion"是对应的（只是版本号的分隔符不同）。

在资源文件中有几个关键值需要解释一下。"040904B0"是 0x0409 和 0x04B0 组合后的结果，它们与 VALUE "Translation", 0x0409, 0x04B0 部分是对应的，而 0x0409 是对应 "U.S. English"的语言代码，0x04B0 是对应 Unicode 编码（具体可以参考 MSDN 中的 "VERSIONINFO 资源"文档）。

重新编译出可执行程序后，可以通过程序的属性查看其版本信息，如图 9-34 所示。

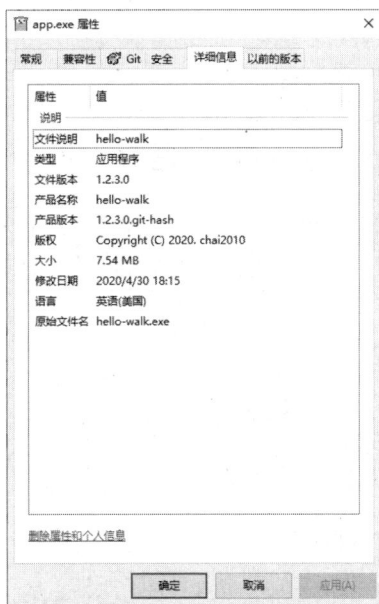

图 9-34　程序的属性

需要注意的是，资源文件中出现了中文，而 Go 语言代码中的中文是 UTF-8 编码。但是，资源文件最终采用的是中文区的 936 代码页（简体中文编码），也就是 GBK 编码规范，因此需要将字符串通过 gbk()函数转换为 GBK 编码。

9.3.7　Walk 的工作原理

在使用一个框架时，最好能够了解一些底层原理，这样在遇到问题的时候就可以绕过框架直接访问底层代码。9.3.1 节中已经提过，walk.MsgBox()函数底层其实是 Windows 的 MessageBox()函数的封装，本节将深入探讨这个函数的封装原理。

1．C 语言版

C 语言是 Windows 系统开发中非常重要的编程语言之一，Windows 内核提供的与 GUI 相关的

API 也是基于 C 语言的。下面是 Windows 系统标准的 C 语言版本的消息框程序：

```
#include <Windows.h>

int main() {
    MessageBox(NULL, "message", "title", 0);
}
```

这段代码先包含 Windows.h 头文件，这个头文件中包含 MessageBox() 函数的声明。更准确地说，MessageBox() 是一个宏函数，底层分别对应 MessageBoxA() 和 MessageBoxW() 这两个函数。MessageBoxA() 是多字节字符集环境使用的函数，多字节字符串类似 UTF-8 编码，中文环境对应 GBK 编码；MessageBoxW() 是宽字符环境使用的函数，宽字符对应 Unicode 编码（因为 Unicode 字符数已经超出 16 位能表示的范围，因此 wchar_t 类型也面临可变长的编码问题）。

可以通过 gcc 命令编译和运行这个程序：

```
C:\>gcc main.c -o a.exe
C:\>a.exe
```

这种使用 Windows 系统自己的 GUI 编程的方式是经过几十年历史验证的最稳定的方式。

2. CGO 版

有了 C 语言版本的 GUI 程序的代码，就可以模拟出一个 CGO 版本的 Go 语言 GUI 程序的代码了。示例代码如下：

```
package main

/*
#include <Windows.h>

static int cgoMain() {
    MessageBox(NULL, "message", "title", 0);
    return 0;
}
*/
import "C"

func main() {
    C.cgoMain()
}
```

将 C 语言中的 main() 函数改名为 cgoMain() 函数，然后通过 C.cgoMain() 方式从 Go 语言启动这个窗口，这样就以手动的方式为 Go 语言增加了 GUI 相关的 API。

为了 API 更加灵活，可以进一步封装一个 cgoMessageBox() 函数（其实也可以直接使用 MessageBoxA() 函数）：

```
package main

/*
```

```
#include <Windows.h>

static int cgoMessageBox(HWND hWnd, const char* lpText, const char* lpCaption,
    int uType) {
    MessageBox(hWnd, lpText, lpCaption, uType);
    return 0;
}
*/
import "C"

func main() {
    C.cgoMessageBox(C.HWND(nil), C.CString("message"), C.CString("title"), 0)
}
```

然后在 Go 语言中以 `C.cgoMessageBox()` 函数启动消息框窗口, 该函数的参数是 C 语言风格的字符串类型, 因此需要通过 `C.CString()` 将 Go 字符串转换为 C 语言字符串。

3. 去 CGO 化——直接从 DLL 加载函数

虽然用 CGO 封装编码比较简单, 但是有两个额外的代价: 首先是需要依赖 GCC 编译器, 其次是编译速度和运行速度都会受一定的影响。因为 `MessageBoxA()` 函数是 Windows 内核提供的函数, 所以可以直接从内核 DLL 中加载该函数。

Go 语言官方团队提供的 `windows` 包可以实现 DLL 的加载:

```
import (
    "golang.org/x/sys/windows"
)

var (
    libuser32  *windows.LazyDLL  = windows.NewLazySystemDLL("user32.dll")
    messageBoxA *windows.LazyProc = libuser32.NewProc("MessageBoxA")
)
```

这里先通过 `windows.NewLazySystemDLL()` 加载 `user32.dll`, 然后通过 `libuser32.NewProc()` 获取其中 `MessageBoxA` 系统调用地址的封装对象。

获得 `MessageBoxA` 系统调用地址的封装对象之后, 就可以通过 `syscall` 包调用该函数。通过 `syscall.Syscall6()` 函数基于 `messageBoxA` 地址封装出一个新的 `MessageBoxA()` 函数:

```
func MessageBoxA(hWnd uintptr, message, title string, uType uint32) int32 {
    var (
        lpText    = append([]byte(message), 0)
        lpCaption = append([]byte(title), 0)
    )

    ret, _, _ := syscall.Syscall6(messageBoxA.Addr(), 4,
        uintptr(hWnd),
        uintptr(unsafe.Pointer(&lpText[0])),
        uintptr(unsafe.Pointer(&lpCaption[0])),
        uintptr(uType),
        0,
        0,
    )
```

```
        return int32(ret)
}
```

这里先通过 append() 函数将 Go 字符串转换为 []byte 类型，并在字符串末尾添加 \0 让其符合 C 语言规范，然后通过 messageBoxA.Addr() 获取系统调用的地址，并通过 syscall. Syscall6() 函数调用底层的 MessageBoxA 系统调用。

syscall.Syscall6() 函数的签名如下：

```
func Syscall6(trap, nargs, a1, a2, a3, a4, a5, a6 uintptr) (r1, r2 uintptr, err Errno
)
```

Syscall6 中的 "6" 表示系统调用最多接收 6 个参数。Syscall6() 的第一个参数是系统调用的地址或编号，第二个参数是要传入系统调用的参数个数（最多 6 个），后面 6 个参数是要传入系统调用的参数（如果真实系统调用的参数不足 6 个，则可用 0 填充）。

有了封装函数 MessageBoxA() 之后，显示消息框窗口就更简单了：

```
func main() {
        MessageBoxA(0, "message", "title", 0)
}
```

这样就用 Go 语言封装了一个可以显示英文的消息框函数。

4. Unicode 版本的 MessageBoxW

Windows 内核很早就实现了对 Unicode 的支持，只是采用的是 wchar_t 类型的双字节编码。因此，可以使用 MessageBoxW 版本直接传入 Unicode 编码的字符串。

代码如下：

```
var (
        libuser32   *windows.LazyDLL  = windows.NewLazySystemDLL("user32.dll")
        messageBoxW *windows.LazyProc = libuser32.NewProc("MessageBoxW")
)

func MessageBoxW(hWnd uintptr, title, message string, uType uint32) int32 {
        var lpText, lpCaption *uint16

        lpCaption = syscall.StringToUTF16Ptr(title)
        lpText = syscall.StringToUTF16Ptr(message)

        ret, _, _ := syscall.Syscall6(messageBoxW.Addr(), 4,
                uintptr(hWnd),
                uintptr(unsafe.Pointer(lpText)),
                uintptr(unsafe.Pointer(lpCaption)),
                uintptr(uType),
                0,
                0,
        )

        return int32(ret)
}
```

通过 syscall.StringToUTF16Ptr() 函数可以将 Go 字符串转换为 UTF-16 格式的字符串。

通过这种方式不仅可以解决中文的乱码问题，而且可以解决所有非英文字符的乱码问题。因此，Unicode 是国际化过程中的首选方案。

9.4 国际化支持

Go 语言从诞生之初就将源文件设计为 UTF-8 编码，因此 Go 语言程序支持不同国家的语言符号是比较容易的。对 GUI 程序来说，国际化（internationalization，通常缩写为 i18N）支持一般是希望可以根据当前的语言环境动态调整显示的文本。

9.4.1 你好，世界！

例如，下面的程序默认在英文环境下输出"Hello, world!"：

```
package main

import (
    "fmt"
)

func main() {
    fmt.Println("Hello, world!")
}
```

现在希望这个程序在中文环境下能输出"你好，世界"。这就是很多程序需要解决的国际化问题。

9.4.2 国际化实现原理

软件的国际化一般涉及文本编码和翻译两个概念，其中编码一般采用 UTF-8 编码标准，Go 语言已经完美支持。在传统的 GUI 程序中，常采用 Qt 的 tr() 函数和 GNU gettext 工具包提供的 gettext() 函数进行翻译。

为了使 godoc 程序能同时支持中文和英文，10 多年前我曾尝试将 gettext 的运行时环境移植到 Go 语言，设计了 gettext-go 包（该包还被 Kubernetes 引用）。

在 GNU gettext 的设计中，虽然翻译文件.po 和编译后二进制文件.mo 中都含有 msgctxt 上下文信息，但是因为 C/C++的翻译接口函数并没有上下文参数，所以 GNU gettext 中函数没有设置上下文的参数。而 gettext-go 借鉴了 Qt 的翻译上下文特性。

gettext-go 默认的上下文中包含调用了 gettext.Gettext() 的函数名，例如：

- 如果是在 main 包的全局函数初始化时调用 gettext.Gettext()，则上下文为 main.init；
- 如果是在 main 包的 init() 函数中调用 gettext.Gettext()，则上下文为 main.init；
- 如果是在 main 包的 main() 函数中调用 gettext.Gettext()，则上下文为 main.main；
- 如果是在 main 包的闭包中调用 gettext.Gettext()，则上下文为 main.func；
- 如果是在非 main 包的函数中调用 gettext.Gettext()，则上下文还需要包含包的完全路径名。

上下文对应 Go 的运行时调用者名称，具体实现原理可以参考 `runtime.Caller()` 函数。

9.4.3 你好，世界！多语言版

基于 gettext-go 重新改造前面的例子：

```
package main

import (
    "fmt"

    "github.com/chai2010/gettext-go/gettext"
)

func main() {
    gettext.BindTextdomain("hello", "local", nil)
    gettext.Textdomain("hello")

    fmt.Println(gettext.Gettext("Hello, world!"))
}
```

这里 `gettext.BindTextdomain()` 是绑定翻译的域，其中 `"hello"` 是对应翻译信息域名称，`"local"` 为翻译文件所在的路径。这里 `local` 表示当前目录，也可以结合 embed 特性将目录打包为 zip 文件嵌入程序中。

按照 GNU gettext 的习惯，简体中文对应的翻译文件为 local/zh_CN/LC_MESSAGES/hello.po，不同语言对应的翻译文件的命名遵循 ISO 语言和国家或地区代码标准，如简体中文（中国）对应"zh_CN"，英语（美国）对应"en_US"等。

如果现在运行新程序，发现输出还是"Hello, world!"，很可能是因为缺少翻译文件。

9.4.4 制作翻译文件

原则上，翻译文件是通过类似 GNU gettext 工具集中的 `xgettext` 命令自动提取并生成的。不过，gettext-go 目前并没有实现类似的工具（实现思路是对代码进行语法分析，生成抽象语法树，然后遍历出对 `gettext.Gettext()` 函数的调用，再做合规检查并输出.po 格式的文件），只能手动创建翻译文件。

创建一个 local/zh_CN/LC_MESSAGES/hello.po 文本文件，内容如下：

```
msgid ""
msgstr ""

msgctxt "main.main"
msgid "Hello, world!"
msgstr "你好，世界!"
```

将以上内容保存为 UTF-8 编码格式。如果按照 GNU gettext 的流程，还需要通过 `msgfmt` 将文本格式的 hello.po 文件编译为二进制格式的 hello.mo 文件。不过，gettext-go 框架可以直接从.po 文件读取翻译内容，因此从.po 文件编译出.mo 文件的步骤可以省略。

重新运行新程序，输出仍然是"Hello, world!"，而不是对应的中文。

9.4.5 本地的语言环境

我们已经制作了简体中文的翻译文件 local/zh_CN/LC_MESSAGES/hello.po，但输出依然是英文，这是因为使用 `gettext-go` 国际化时不仅要依赖对应语言的翻译文件，还需要知道要翻译成哪种语言。

如果没有指定目标语言，gettext-go 会尝试通过检查$(LC_MESSAGES) 和$(LANG)两个环境变量来获取本地的默认语言环境。如果这两个环境变量都没有设置，那么默认是不进行翻译的。

在 Windows 系统中，设置环境变量后重新运行程序：

```
set LANG=zh_CN
go run hello.go
```

这时候应该可以输出中文了。

9.4.6 为何如此烦琐

国际化本身只是简单替换一个字符串的事情，为何要设计如此烦琐的流程呢？如果只是很少的文本需要翻译，确实可以采用最直接、最简单的办法。但是，当程序界面复杂化之后，特别是翻译的文本涉及多种语言、多个翻译者、多个版本等因素后就变得复杂了。

GNU gettext 的设计思路是将开发者和翻译者的角色分开。哪怕开发者母语是英语，在提供英文的界面前依然需要由专业翻译者将其翻译为英文再显示。当开发者修复拼写错误后，可以由专门的工具提示翻译者原始文件发生的变化。不同模块的翻译成果可以方便地合并，哪怕翻译者并不是专业的开发者。GNU gettext 构建的是一个庞杂的生态，如在开源社区就有 poedit 等用于翻译的友好工具。

当然，GNU gettext 确实有过渡设计的缺点。特别是在互联网时代，很多翻译工作已经可以通过网络实现跨区域异步协作。读者可以根据自己的场景具体分析，从而选择合适的国际化方案。

9.5　补充说明

Go 语言的 GUI 框架是早期 Go 语言使用者期望的特性，虽然官方没有直接参与这类包的研发工作，但是运行时的系统线程锁定等特性其实就是为了配合本地 GUI 编程需求而添加的。2018 年出现了 Fyne 跨平台 GUI 框架，其底层基于 OpenGL 能力封装，而 OpenGL 则是通过 CGO 封装。同时期比较有特色是 Walk 框架，它虽然只针对 Windows 平台，但是 Windows 内核加载动态库的能力使 Walk 框架可能是唯一不依赖 CGO 技术的本地 GUI 框架。2019 年国外已经出现 Go 语言 GUI 编程的专著，这与 Fyne 出现的时间点是契合的，而国内专门讲述 Go 语言 GUI 编程的相关图书还比较少见。GUI 框架主要有两种技术路线：一是类似于 Fyne 框架的基于 OpenGL 等底层渲染器封装；二是类似于 Walk 框架的封装本地的 GUI 库。早期用 Go 语言进行 GUI 封装有诸多挑战，随着 `runtime` 包的 `LockOSThread()` 函数和 `Pinner` 类型等功能的完善，开发中的障碍基本已经扫除了。如果读者没有合适的框架，也可以考虑基于 CGO 技术进行封装定制。

第 10 章

大模型

2022 年底，OpenAI 发布 ChatGPT 彻底引爆科技行业。2024 年，领导 Go 团队和 Go 项目的 Russ Cox 突然宣布卸任技术负责人，开始转战 AI 相关项目。2025 年初，我国初创企业深度求索（DeepSeek）推出开源大语言模型 DeepSeek-R1，以"极低成本对标顶尖性能"的技术突破引起全球 AI 科技股震荡。如果说通用人工智能以前还只是科幻小说中的情节，那么现在已经成为软件行业日常讨论和使用的工具了。

由于大语言模型（large language model，LLM）通常需要大量计算资源，因此通常以 Web API 的方式提供服务。这也是 OpenAI 的 ChatGPT、谷歌的 Gemini、深度求索的 DeepSeek 等领先大模型的 API 的工作方式，甚至像 Ollama 这种大模型在本地运行时也是以 REST 风格的 API 提供服务的。此外，大模型生态中的向量数据库等也是通过网络提供服务的。因此，大模型驱动的应用与其他云原生应用非常相似，而这些正是 Go 语言特别擅长的领域。

本章将以 Go 语言用户的视角探讨目前大模型相关的一些话题。

10.1 AI 机器人 gabyhelp

Go 语言开源社区有一个 Gopherbot 机器人，用于辅助日常社区管理工作，而 gabyhelp 是一个类似的实验性 AI 机器人项目。

10.1.1 Gaby 框架

Go 核心团队前负责人 Russ Cox 希望通过大语言模型来提升机器人的能力，从而简化开源社区的管理工作。他创建了 Gaby 框架，尝试开发一个可以对各种日常社区管理事项进行自动化管理的 AI 机器人 gabyhelp，如图 10-1 所示。

Russ Cox 本人也在 Go 主仓库单独开了一个 Issue 67901 来收集关于 gabyhelp 的反馈信息，如图 10-2 所示。

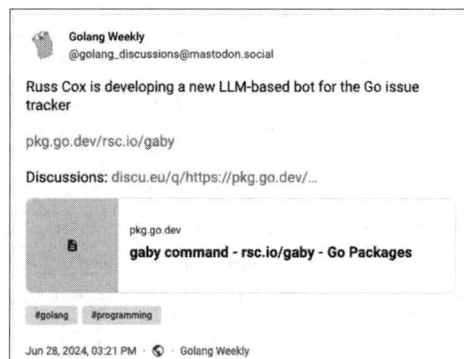

图 10-1 Russ Cox 的去向信息

图 10-2 gabyhelp 反馈收集工单

目前，gabyhelp 机器人已经在 Go 语言社区工作，它参与维护的工单列表如图 10-3 所示。

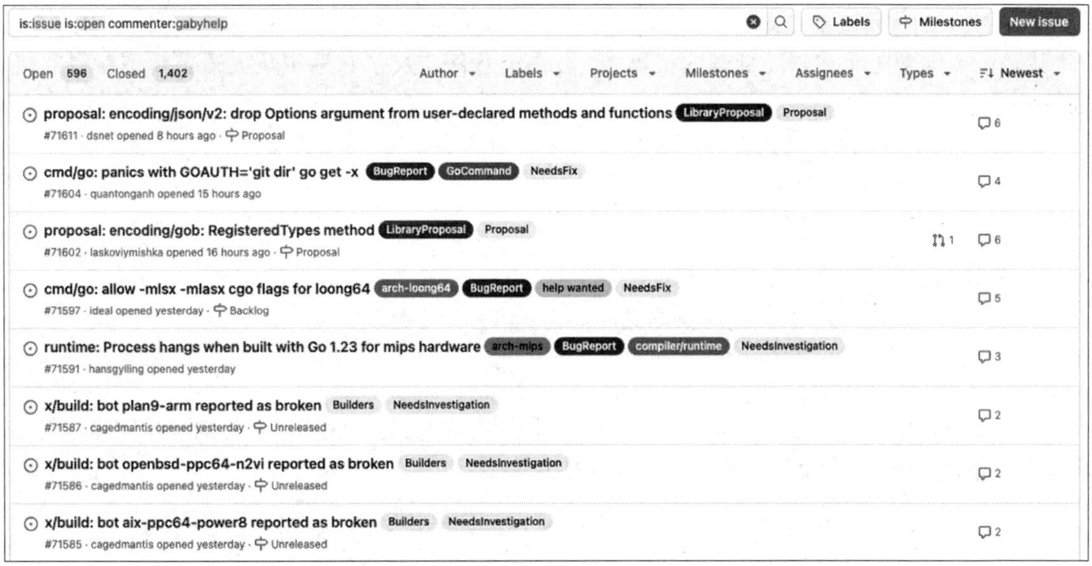

图 10-3 gabyhelp 参与维护的工单列表

例如，gabyhelp 会将相关的问题和讨论列出来，也可以给出自己的赞同或反对意见，如图 10-4 所示。

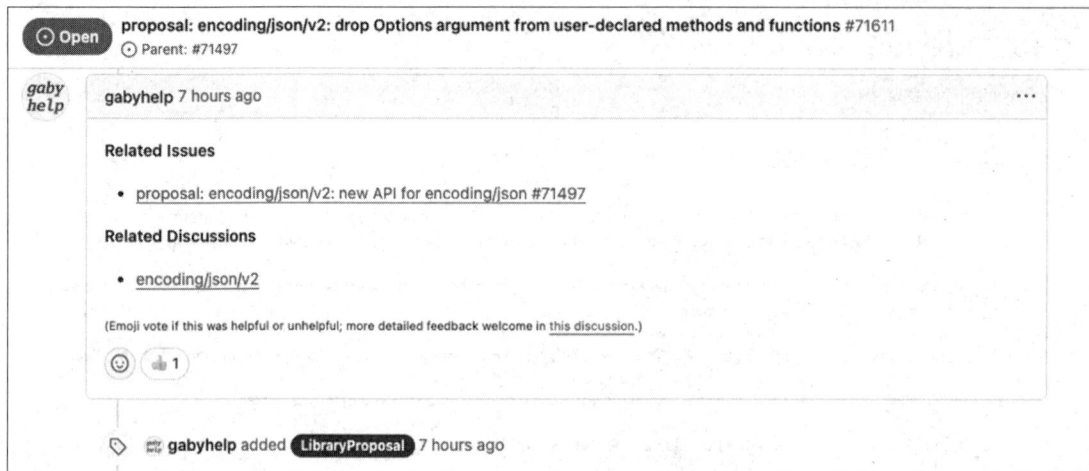

图 10-4　gabyhelp 处理工单的过程

Gaby 框架的文档指出，"gaby" 这个名字是 "Go AI Bot" 的缩写，因为这个项目的目的之一是探索大语言模型可以有效地用于什么，包括确定它们不应该用于什么。这个项目的目标是让这个代码库或后续版本接管 Gopherbot 的当前功能并成为@gopherbot，到时@gopherbot 账户将会退役。

10.1.2　如何接入大语言模型

Gaby 框架的代码属于 Oscar 项目，Oscar 是一个开源的贡献者智能体（agent）架构，其中的 gaby 程序就是版本问题跟踪和辅助管理的机器人。gaby 程序定义了它期望从大语言模型获得的接口 Embedder：

```
// golang.org/x/oscar/internal/llm
type Embedder interface {
    EmbedDocs(ctx context.Context, docs []EmbedDoc) ([]Vector, error)
}

type EmbedDoc struct {
    Title string // title of document (optional)
    Text  string // text of document
}
```

Embedder 接口的 EmbedDocs() 方法用于计算传入的文档，返回该文档的向量切片。例如，Oscar 为谷歌的 Gemini 大模型提供了这一接口的实现：

```
// golang.org/x/oscar/internal/gcp/gemini

type Client struct{}

func NewClient(ctx context.Context, lg *slog.Logger, sdb secret.DB, hc
*http.Client, ...) (*Client, error)
    func (c *Client) EmbedDocs(ctx context.Context, docs []llm.EmbedDoc) ([]llm.Vector,
error)
```

```
func (c *Client) GenerateContent(ctx context.Context, schema *llm.Schema, promptParts
[]llm.Part) (string, error)
    func (c *Client) Model() string
    func (c *Client) SetTemperature(t float32)
```

然后 gaby 程序的 main() 通过 gemini.NewClient() 客户端接入 Gemini 大模型：

```
func main() {
    g := &Gaby{...}
    ...
    ai, err := gemini.NewClient(g.ctx, g.slog, g.secret, g.http,
gemini.DefaultEmbeddingModel, gemini.DefaultGenerativeModel)
        if err != nil {
            log.Fatal(err)
        }
        g.embed = ai
    ...
}
```

在 search() 方法中将 g.embed 对应的 Gemini 大模型客户端参数传入 search.Query()，
完成查询：

```
    // search performs a search on the query and options.
    //
    // If the query is an exact match for an ID in the vector database,
    // it looks up the vector for that ID and performs a search for the
    // nearest neighbors of that vector.
    // Otherwise, it embeds the query and performs a nearest neighbor
    // search for the embedding.
    //
    // It returns an error if search fails.
    func (g *Gaby) search(ctx context.Context, q string, opts search.Options) (results
[]search.Result, err error) {
        if results, err = search.Query(ctx, g.vector, g.docs, g.embed,
            &search.QueryRequest{
                EmbedDoc: llm.EmbedDoc{Text: q},
                Options: opts,
            }); err != nil {
            return nil, err
        }

        for i := range results {
            results[i].Round()
        }

        return results, nil
    }
```

search.Query() 函数的实现如下：

```
    // golang.org/x/oscar/internal/search
    func Query(ctx context.Context, vdb storage.VectorDB, dc *docs.Corpus, embed
llm.Embedder, req *QueryRequest) ([]Result, error) {
```

```
vecs, err := embed.EmbedDocs(ctx, []llm.EmbedDoc{req.EmbedDoc})
if err != nil {
    return nil, fmt.Errorf("EmbedDocs: %w", err)
}
vec := vecs[0]
return vector(vdb, dc, vec, &req.Options), nil
}
```

从上面的代码可以看到，gaby 程序内部调用的是 embed.EmbedDocs() 方法，也就是 Gemini 的客户端提供的 EmbedDocs() 方法，返回文档的向量切片。这样，Gaby 框架就完成了大模型的接入，这也是 Go 语言接入大模型应用的典型流程。

10.1.3   小结

Gaby 框架对 Go 语言用户来说是一个非常好的切入大模型的案例，它通过接入大模型帮助创建一些对维护者有帮助且维护者喜欢的东西。这样就能更容易地从大模型的学习和实践中获得更多正向的具体真实的反馈。通过 Go 语言让大模型落地是最终目标。

10.2   DeepSeek

DeepSeek 实现了高效的推理和低成本的训练，是目前全球领先的大语言模型之一。2024 年底推出的 DeepSeek-V3 是一个强大的混合专家语言模型，总参数量达到 670 亿个。2025 年初，更强大的 DeepSeek-R1 模型以宽松的 MIT 开源协议发布，彻底引爆了技术领域。英伟达、亚马逊和微软等国际头部公司纷纷接入 DeepSeek 大模型。本节将简单展示如何通过 Go 语言接入 DeepSeek 大模型。

10.2.1   生成 API key

使用 DeepSeek 服务需要先在其官方网站的 "API 开放平台" 注册并申请 API key，如图 10-5 所示。

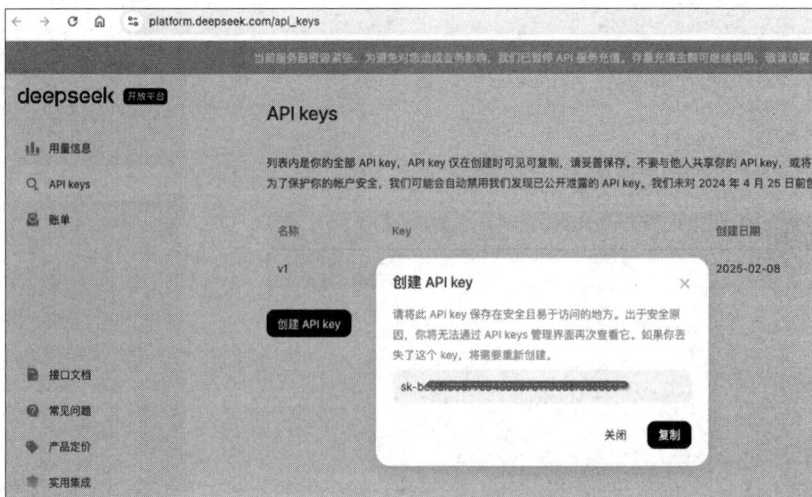

图 10-5   创建 API key 的页面

然后设置 `DEEPSEEK_API_KEY` 环境变量并填入申请到的密钥（key），再通过 `curl` 命令测试是否可以正常连接服务：

```
curl https://api.deepseek.com/chat/completions \
  -H "Content-Type: application/json" \
  -H "Authorization: Bearer $(DEEPSEEK_API_KEY)" \
  -d '{
      "model": "deepseek-chat",
      "messages": [
        {"role": "system", "content": "You are a helpful assistant."},
        {"role": "user", "content": "Hello!"}
      ],
      "stream": false
    }'
```

如果第一次执行命令时遇到以下错误，可以增加-i 参数再次执行，以便查看返回的 DeepSeek 错误码：

```
{
    "error":{
       "message":"Insufficient Balance",
       "type":"unknown_error",
       "param":null,
       "code":"invalid_request_error"
    }
}
```

这个错误对应 DeepSeek 的错误码 402。具体可以查看 DeepSeek 的官方 API 文档。

表 10-1 中列出了部分 DeepSeek 的错误码、描述及解决方法。

表 10-1 DeepSeek 的错误码、描述及解决方法

错误码	描述	解决方法
400	格式错误	根据错误信息提示修改请求体
401	认证失败	检查您的 API key 是否正确，如没有请先创建
402	余额不足	确认账户余额，并前往充值页面进行充值
422	参数错误	根据错误信息提示修改相关参数
429	请求速率达到上限	合理规划您的请求速率
500	服务器故障	等待后重试。若问题一直存在，请联系平台客服解决
503	服务器繁忙	稍后重试您的请求

10.2.2 Go 语言 SDK

DeepSeek 服务是通过 REST 协议提供的，DeepSeek 官网提供的 Go 语言示例也是通过 `net/http` 包的 `Post()` 方法调用 REST 风格的接口。但是，直接调用 REST 风格的接口不仅不够友好，而且容易出错，因此推荐使用 GitHub 平台上的 go-deepseek 开源项目提供的封装 SDK，其工作流程如图 10-6 所示。

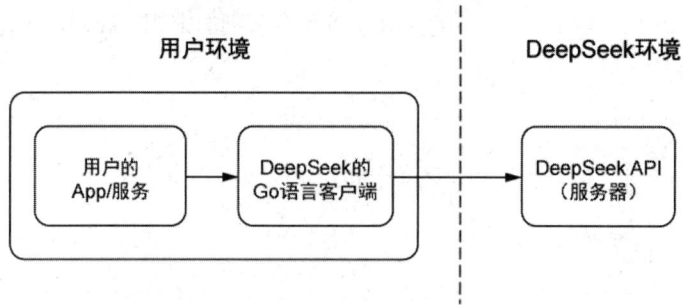

图 10-6　go-deepseek 的 SDK 的工作流程

DeepSeek 的 Go 语言 SDK 可以在 go-deepseek 的 GitHub 仓库查看，0.6 版本要求安装 Go 1.23 版本。

```
$ go doc github.com/go-deepseek/deepseek
```

DeepSeek 的 Go 语言客户端非常简单，主要提供了 NewClient() 和带配置参数的 NewClientWithConfig() 两个创建客户端的构造函数：

```
package deepseek // import "github.com/go-deepseek/deepseek"

const DEEPSEEK_CHAT_MODEL = "deepseek-chat" ...
const DEFAULT_TIMEOUT_SECONDS = 120
func NewConfigWithDefaults() config.Config
type Client interface{ ... }
    func NewClient(apiKey string) (Client, error)
    func NewClientWithConfig(config config.Config) (Client, error)
```

这两个函数都返回 Client 接口对象。Client 接口定义如下：

```
type Client interface {
    // PingChatCompletions is a ping to check go deepseek client is working fine.
    PingChatCompletions(
        ctx context.Context, inputMessage string,
    ) (outputMessage string, err error)

    // ---------------------------------------------------
    // DeepSeek-V3 model

    // CallChatCompletionsChat calls chat api with model=deepseek-chat and
    // stream=false. It returns response from DeepSeek-V3 model.
    CallChatCompletionsChat(
        ctx context.Context, chatReq *request.ChatCompletionsRequest,
    ) (*response.ChatCompletionsResponse, error)

    // StreamChatCompletionsChat calls chat api with model=deepseek-chat and
    // stream=true. It returns response from DeepSeek-V3 model.
    StreamChatCompletionsChat(
        ctx context.Context, chatReq *request.ChatCompletionsRequest,
    ) (response.StreamReader, error)
```

```
    // --------------------------------------------------
    // DeepSeek-R1 model

    // CallChatCompletionsReasoner calls chat api with model=deepseek-reasoner and
    // stream=false. It returns response from DeepSeek-R1 model.
    CallChatCompletionsReasoner(
        ctx context.Context, chatReq *request.ChatCompletionsRequest,
    ) (*response.ChatCompletionsResponse, error)

    // StreamChatCompletionsChat calls chat api with model=deepseek-reasoner and
    // stream=true. It returns response from DeepSeek-R1 model.
    StreamChatCompletionsReasoner(
        ctx context.Context, chatReq *request.ChatCompletionsRequest,
    ) (response.StreamReader, error)
}
```

　　客户端接口对象的方法有 3 组：第一组 PingChatCompletions()类似于 ping 命令，用于检查服务是否正常；第二组 CallChatCompletionsChat()和 StreamChatCompletionsChat()，以及第三组 CallChatCompletionsReasoner()和 StreamChatCompletionsReasoner()分别是针对 DeepSeek-V3 模型和 DeepSeek-R1 模型的聊天服务，各组中的两个方法分别为函数调用式 API 和流式 API。

10.2.3　Go 语言验证服务

　　验证服务类似于 Go 语言的"hello, world"，主要目的是验证全部工具链和 DeepSeek 服务是否正常：

```
func main() {
    client, err := deepseek.NewClient(os.Getenv("DEEPSEEK_API_KEY"))
    if err != nil {
        panic(err)
    }

    resp, err := client.PingChatCompletions(context.Background(), "hello")
    if err != nil {
        panic(err)
    }

    fmt.Println(resp)
}
```

　　确保程序能够正常运行并看到返回结果。

10.2.4　多轮对话补全

　　DeepSeek-V3 模型对应/chat/completions 是一个"无状态"API，即服务端不记录用户请求的上下文，用户在每次请求时需将之前所有对话历史传递给对话 API。

　　多轮对话补全示例代码如下：

```
package main
```

```
import (
    "github.com/go-deepseek/deepseek"
    "github.com/go-deepseek/deepseek/request"
)

func main() {
    client, err := deepseek.NewClient(os.Getenv("DEEPSEEK_API_KEY"))
    if err != nil {
        panic(err)
    }

    chatResp, err := client.CallChatCompletionsChat(
        context.Background(), &request.ChatCompletionsRequest{
            Model: deepseek.DEEPSEEK_CHAT_MODEL, // DeepSeek-V3 模型
            Messages: []*request.Message{
                {Role: "user", Content: "Hello DeepSeek!"},
            },
        },
    )
    if err != nil {
        panic(err)
    }

    fmt.Println(chatResp.Choices[0].Message.Content)
}
```

这里通过 `client.CallChatCompletionsChat()` 函数调用实现对话补全。需要注意的是，在参数中必须通过 `deepseek.DEEPSEEK_CHAT_MODEL` 指定 DeepSeek-V3 模型。

10.2.5 推理模型

基于 DeepSeek-R1 推理模型，在每轮对话过程中，模型会输出思维链内容和最终回答。在下一轮对话中，之前每轮输出的思维链内容不会被拼接到上下文中，如图 10-7 所示。

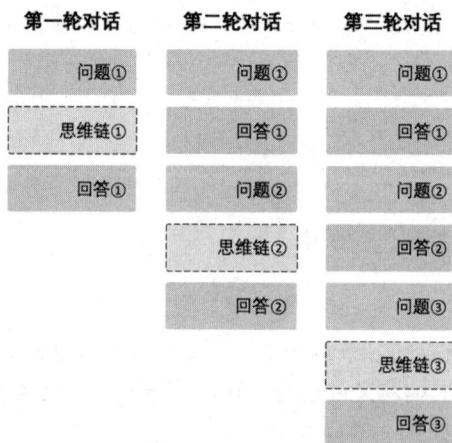

图 10-7 推理模型工作流程

基于推理模型的流式 API 构造多轮对话的示例代码如下：

```go
func main() {
    client, err := deepseek.NewClient(os.Getenv("DEEPSEEK_API_KEY"))
    if err != nil {
        panic(err)
    }

    steam, err := client.StreamChatCompletionsReasoner(
        context.Background(), &request.ChatCompletionsRequest{
            Model: deepseek.DEEPSEEK_REASONER_MODEL,
            Stream: true,
            Messages: []*request.Message{
                {Role: "user", Content: "what is 1+1?"},
            },
        },
    )
    if err != nil {
        panic(err)
    }

    for {
        resp, err := steam.Read()
        if err != nil {
            if err == io.EOF {
                break
            }
            panic(err)
        }

        if resp.Choices[0].Delta.Content != "" {
            fmt.Print(resp.Choices[0].Delta.Content)
        } else {
            fmt.Print(resp.Choices[0].Delta.ReasoningContent)
        }
    }
}
```

这里使用 `client.StreamChatCompletionsReasoner()` 实现基于推理模型的多轮对话补全。需要注意的是，模型和启动流标志必须完全匹配。

10.2.6 交互式对话

如果将上面的函数调用式或流式对话补全放到循环中，就可以构造一个交互式对话应用。先构建客户端对象：

```go
func main() {
    client, err := deepseek.NewClient(os.Getenv("DEEPSEEK_API_KEY"))
    if err != nil {
        panic(err)
    }
```

```
fmt.Println("This is DeepSeek demo; type `bye` to exit")
```

然后，在循环中交互式输入对话的内容，当输入"bye"时结束：

```
for {
    fmt.Println()
    fmt.Print(">>> ")
    reader := bufio.NewReader(os.Stdin)
    lineBytes, _, err := reader.ReadLine()
    if err != nil {
        panic(err)
    }
    inputMessage := string(lineBytes)

    if strings.ToLower(inputMessage) == "bye" {
        os.Exit(0)
    }
```

最后，基于推理模型的流式 API 获取对话响应：

```
// call deepseek api
steam, err := client.StreamChatCompletionsReasoner(
    context.Background(), &request.ChatCompletionsRequest{
        Model:  deepseek.DEEPSEEK_REASONER_MODEL,
        Stream: true,
        Messages: []*request.Message{
            {Role: "user", Content: inputMessage},
        },
    },
)
if err != nil {
    fmt.Println("error => ", err)
    return
}

for {
    chatResp, err := steam.Read()
    if err != nil {
        if err == io.EOF {
            break
        }
        fmt.Println("error => ", err)
        return
    }
    if chatResp.Choices[0].Delta.ReasoningContent != "" {
        fmt.Print(chatResp.Choices[0].Delta.ReasoningContent)
    } else {
        fmt.Print(chatResp.Choices[0].Delta.Content)
    }
}
```

这个示例的工作模式与图形界面的聊天应用很像，只是以命令行模式呈现。

10.2.7　小结

本节通过几个示例展示了如何通过不同的大模型实现对话补全。虽然是以 DeepSeek 为例，但是其他大模型的对话 API 工作流程也是类似的。目前国内已经有大量的平台开始对接 DeepSeek 服务，希望 Go 语言爱好者也能积极探索。更多集成案例可参考 DeepSeek 开源集成资源库 awesome-deepseek-integration。

10.3　LangChain for Go

LangChain 是专门用于开发大语言模型驱动型应用的框架，而 LangChain for Go 是 LangChain 框架的 Go 语言实现。本节将讨论 LangChain for Go 的简单用法。

10.3.1　连接 OpenAI 的大模型

LangChain 框架内置了大部分流行的大语言模型。在使用 OpenAI 的大模型前需要先设置 OPENAI_API_KEY 环境变量。

连接 OpenAI 的大模型非常简单：

```
package main

import (
    "context"
    "fmt"

    "github.com/tmc/langchaingo/llms"
    "github.com/tmc/langchaingo/llms/openai"
)

func main() {
    llm, _ := openai.New()
    completion, _ := llms.GenerateFromSinglePrompt(
        context.Background(), llm, "Hello OpenAI!",
    )
    fmt.Println(completion)
}
```

这里先用 openai.New() 创建用于连接 OpenAI 的大模型的封装对象，然后将该对象作为 llms.GenerateFromSinglePrompt() 的参数来实现单个提示词的对话补全。

10.3.2　连接 DeepSeek

目前，LangChain for Go 对 DeepSeek 的支持仍在完善中（参考 Issue 1110 和 PR 1125）。不过，DeepSeek 的 API 是基于 OpenAI 的大模型发展来的，因此也可以通过 OpenAI 的大模型 API 来使用部分 DeepSeek 服务。

在使用 DeepSeek 服务前需要用 DeepSeek 的密钥设置 `OPENAI_API_KEY` 环境变量，并将 `OPENAI_API_BASE` 环境变量设置为 `https://api.deepseek.com`，然后才可以连接 DeepSeek 服务：

```go
package main

import (
    "context"
    "fmt"

    "github.com/tmc/langchaingo/llms"
    "github.com/tmc/langchaingo/llms/openai"
)

func main() {
    llm, _ := openai.New(openai.WithModel("deepseek-reasoner"))

    completion, err := llm.GenerateContent(
        context.Background(),
        []llms.MessageContent{
            llms.TextParts(llms.ChatMessageTypeSystem, "Hello DeepSeek!"),
            llms.TextParts(llms.ChatMessageTypeHuman, "what is 1+1?"),
        },
    )
    if err != nil {
        panic(err)
    }

    if len(completion.Choices) > 0 {
        choice := completion.Choices[0]
        fmt.Println(choice.Content)
    }
}
```

这里先通过 `deepseek-reasoner` 参数指定连接 DeepSeek-R1 模型，然后通过 LangChain for Go 提供的通用函数 `llm.GenerateContent()` 生成内容。

10.3.3　构建大模型聊天应用

下面通过 LangChain for Go 连接 DeepSeek，构建一个聊天的 Web 应用。先定义服务对象和公开的方法：

```go
type Option struct {
    ApiKey  string
    BaseURL string
    Model   string
}

type LLMChatServer struct {
    fs  fs.FS
```

```
    opt Option
}

func NewLLMChatServer(opt Option) *LLMChatServer {}
func (p *LLMChatServer) Run(addr string) error {}
```

其中，`Option` 是基本的配置参数，`LLMChatServer` 是聊天服务对象，`LLMChatServer.Run()` 用于启动聊天服务。

然后在 `main()` 函数中调用以上服务：

```
func main() {
    opt := Option{
        ApiKey: os.Getenv("DEEPSEEK_API_KEY"),
        Model:  "deepseek-reasoner",
    }

    s := NewLLMChatServer(opt)
    s.Run("localhost:8080")
}
```

这里使用的是 DeepSeek 的 ApiKey 和 DeepSeek 模型，然后在 http://localhost:8080 启动聊天服务。

现在可以继续实现 `NewLLMChatServer()` 构造函数：

```
//go:embed static
var embedStaticFS embed.FS

func NewLLMChatServer(opt Option) *LLMChatServer {
    fs, err := fs.Sub(embedStaticFS, "static")
    if err != nil {
        panic(err)
    }

    if opt.ApiKey == "" {
        opt.ApiKey = os.Getenv("OPENAI_API_KEY")
    }
    if opt.ApiKey == "" {
        opt.ApiKey = os.Getenv("DEEPSEEK_API_KEY")
    }

    if opt.Model == "" {
        opt.Model = "gpt-3.5-turbo"
    }
    if opt.BaseURL == "" {
        if strings.Contains(opt.Model, "deepseek") {
            opt.BaseURL = "https://api.deepseek.ai/v1"
        } else {
            opt.BaseURL = "https://api.openai.com/v1"
        }
    }
```

```
        p := &LLMChatServer{fs: fs, opt: opt}
        return p
    }
```

这里先嵌入 static 目录（其中包含聊天应用的前端资源），然后完善 Option 缺少的参数，最后构建 LLMChatServer 对象并返回该对象。

接着实现 LLMChatServer.Run() 方法：

```
func (p *LLMChatServer) Run(addr string) error {
    fmt.Println("listen on http://" + addr)
    startTime := time.Now()
    return http.ListenAndServe(addr,
        http.HandlerFunc(func(w http.ResponseWriter, r *http.Request) {
            fmt.Println(r.Method, r.URL.Path)

            switch {
            case r.URL.Path == "/":
                p.indexHandler(w, r)
            case r.URL.Path == "/run":
                p.runHandler(w, r)
            case strings.HasPrefix(r.URL.Path, "/static/"):
                relpath := strings.TrimPrefix(r.URL.Path, "/static/")
                data, err := fs.ReadFile(p.fs, relpath)
                if err != nil {
                    http.NotFound(w, r)
                    return
                }

                http.ServeContent(w, r, r.URL.Path, startTime, bytes.NewReader(data))

            default:
                http.NotFound(w, r)
            }
        }),
    )
}
```

注意，这里通过 http.ListenAndServe() 设置路由处理函数并启动服务，其中，"/" 路径对应聊天主页面的处理函数 p.indexHandler(w, r)，"/run" 提供与大模型聊天的 REST 风格的接口 p.runHandler(w, r)，"/static/" 则是静态文件。

聊天主页面的处理逻辑比较简单，就是将 static/index.html 资源的内容返回：

```
func (p *LLMChatServer) indexHandler(w http.ResponseWriter, r *http.Request) {
    data, err := fs.ReadFile(p.fs, "index.html")
    if err != nil {
        http.Error(w, err.Error(), http.StatusInternalServerError)
        return
    }
    w.Write(data)
}
```

然后是 /run 接口的实现：

```go
func (p *LLMChatServer) runHandler(w http.ResponseWriter, r *http.Request) {
    prompt := struct {
        Input string `json:"input"`
    }{}
    err := json.NewDecoder(r.Body).Decode(&prompt)
    if err != nil {
        http.Error(w, err.Error(), http.StatusBadRequest)
        return
    }

    resp, err := p.chatWithLLM(prompt.Input)
    if err != nil {
        http.Error(w, err.Error(), http.StatusInternalServerError)
        return
    }
    json.NewEncoder(w).Encode(map[string]string{
        "input":    prompt.Input,
        "response": resp,
    })
}
```

通过接收客户端发送来的 JSON 数据，解析出其中的"input"字段作为聊天的输入，然后调用 p.chatWithLLM(prompt.Input) 获取大模型返回的响应，最终再以 JSON 格式编码并返回。

与大模型的对话补全和前面的示例类似：

```go
func (p *LLMChatServer) chatWithLLM(prompt string) (string, error) {
    // create the LLM
    llm, err := openai.New(
        openai.WithToken(p.opt.ApiKey),
        openai.WithBaseURL(p.opt.BaseURL),
        openai.WithModel(p.opt.Model),
    )
    if err != nil {
        return "", err
    }

    completion, err := llm.GenerateContent(
        context.Background(), []llms.MessageContent{
            llms.TextParts(
                llms.ChatMessageTypeSystem,
                "Hello, I am a friendly AI assistant.",
            ),
            llms.TextParts(
                llms.ChatMessageTypeHuman,
                prompt,
            ),
        },
    )
```

```
    if err != nil {
        return "", err
    }
    if len(completion.Choices) == 0 {
        return "", errors.New("no response")
    }

    return completion.Choices[0].Content, nil
}
```

在构造大模型时，使用的是用户传入的参数。启动服务后用浏览器打开的基于 DeepSeek 的聊天应用的界面如图 10-8 所示。

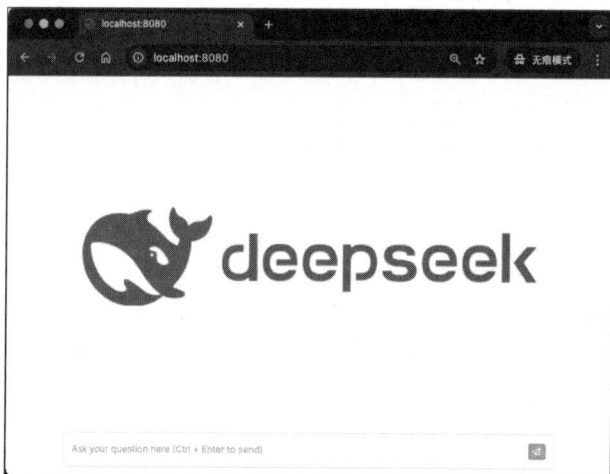

图 10-8　基于 DeepSeek 的聊天应用的界面

10.3.4　小结

本节通过 LangChain for Go 连接 DeepSeek 和 Web 服务，完成了一个简单的大模型驱动的聊天应用。

10.4　Ollama

Ollama 是用 Go 语言开发的大语言模型运行框架，它的核心是用 Go 语言编写的高效推理服务，封装了 LLM 推理引擎，并通过 C/C++调用底层计算库，同时提供 Python、JavaScript 和 Go 等多语言 SDK，方便开发者调用。本节将通过 Ollama 在本地运行模型，然后启动 10.3 节中的聊天应用。

10.4.1　安装 Ollama

Ollama 支持 Llama 2、Mistral、Gemma、DeepSeek 等大模型，并且支持 CPU 和 GPU 加速。Ollama 的 Logo 和吉祥物是一个美洲驼。

要安装 Ollama，需要先访问 Ollama 官网，下载安装包，再进行安装。Ollama 在 macOS 操作系统上安装成功后的欢迎界面如图 10-9 所示。

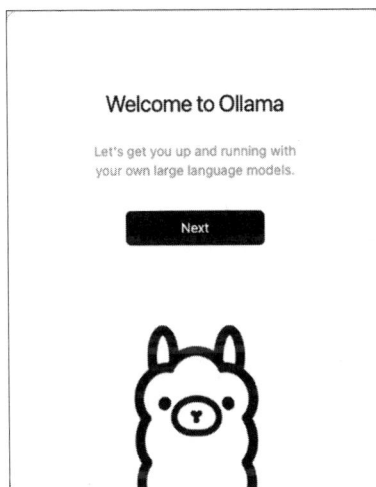

图 10-9　Ollama 安装成功后的欢迎界面

安装完成后，可以在命令行通过 `ollama` 命令查看帮助信息：

```
$ ollama -h
Large language model runner

Usage:
  ollama [flags]
  ollama [command]

Available Commands:
  serve       Start ollama
  create      Create a model from a Modelfile
  show        Show information for a model
  run         Run a model
  stop        Stop a running model
  pull        Pull a model from a registry
  push        Push a model to a registry
  list        List models
  ps          List running models
  cp          Copy a model
  rm          Remove a model
  help        Help about any command

Flags:
  -h, --help      help for ollama
  -v, --version   Show version information

Use "ollama [command] --help" for more information about a command.
```

10.4.2　下载大模型

打开 Ollama 的大模型库页面，找到最小的 DeepSeek 模型，执行以下命令下载并运行 DeepSeek 模型：

```
$ ollama run deepseek-r1:1.5b
```

下载过程如下：

```
pulling manifest
pulling aabd4debf0c8...   3% |              |  27 MB/1.1 GB  3.0 MB/s   5m57s
...
```

DeepSeek-R1 模型（1.5b 版本）大小仅为 1.1 GB。下载完成后，直接进入对话模式：

```
$ ollama run deepseek-r1:1.5b
pulling manifest
pulling aabd4debf0c8... 100% |================| 1.1 GB
pulling 369ca498f347... 100% |================|  387 B
pulling 6e4c38e1172f... 100% |================| 1.1 KB
pulling f4d24e9138dd... 100% |================|  148 B
pulling a85fe2a2e58e... 100% |================|  487 B
verifying sha256 digest
writing manifest
success
>>> Send a message (/? for help)
/bye
```

也可以通过 `ollama pull deepseek-r1:1.5b` 命令仅下载 DeepSeek-R1 模型。

10.4.3 运行大模型

可以直接执行 `ollama run` 命令：

```
$ ollama run deepseek-r1:1.5b
>>> hello deepseek
<think>

</think>

Hello! How can I assist you today?

>>> /bye
$
```

这其实是一个命令行客户端，它将命令发送到本地的 Ollama 后台服务进程，然后将返回的结果显示在命令行界面中。

通过 LangChain for Go 的 `ollama` 包也可以在 Go 代码中运行大模型：

```
package main

import (
    "context"
    "fmt"

    "github.com/tmc/langchaingo/llms"
    "github.com/tmc/langchaingo/llms/ollama"
)

func main() {
```

```
llm, _ := ollama.New(ollama.WithModel("deepseek-r1:1.5b"))
completion, _ := llms.GenerateFromSinglePrompt(
    context.Background(), llm, "hello deepseek",
)
fmt.Println(completion)
}
```

本地运行结果如下：

```
$ go run .
<think>

</think>

Hello! How can I assist you today?
```

10.4.4　本地大模型驱动聊天应用

要使用本地 Ollama 运行的大模型驱动 10.3 节的聊天应用，只需将 `LLMChatServer.chatWithLLM()`方法改成使用本地的 DeepSeek 大模型即可：

```
func (p *LLMChatServer) chatWithLLM(prompt string) (string, error) {
    // create the LLM
    llm, err := ollama.New(ollama.WithModel("deepseek-r1:1.5b"))
    if err != nil {
        return "", err
    }
    ...
}
```

重新启动大模型聊天服务，然后浏览器中打开聊天页面，如图 10-10 所示。

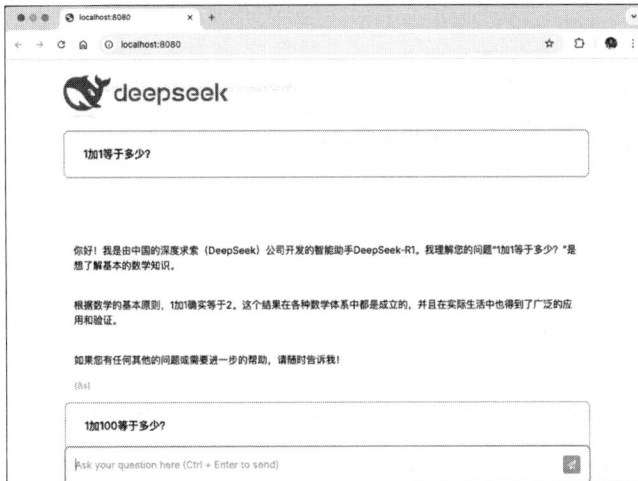

图 10-10　基于本地大模型的聊天应用

虽然是最小版本，但它依然可以回答"1 加 1 等于多少？"和"1 加 100 等于多少？"这类问题。

10.4.5　小结

本节介绍了如何使用 Ollama 在本地运行 DeepSeek 大模型，并结合 LangChain for Go 构建 Web 聊天应用。通过 Ollama 提供的高效推理能力和 LangChain for Go 的便捷封装，可以轻松实现本地大模型推理与 Web 交互。这样的架构不仅避免了云端 API 的限制，还提升了数据隐私性和响应速度，为开发者提供了一个高效、可扩展的本地 AI 解决方案。

10.5　大模型智能体

大模型智能体是一种通过推理和决策过程，自动选择合适的工具或模型来回答问题、执行任务的系统。简言之，智能体是将多种不同的工具整合到一起，处理更复杂问题的系统。本节将介绍如何通过智能体为大模型增加精确的表达式计算能力。

10.5.1　计算常量表达式

Go 语言标准库提供了表达式的解析和常量表达式的求值函数，可以将常量包装成合法表达式验证和计算函数：

```go
import "go/token"
import "go/types"

func isValidExpr(expr string) bool {
    if _, err := parser.ParseExpr(expr); err != nil {
        return false
    }
    return true
}

func evalExpr(expr string) (string, error) {
    fset := token.NewFileSet()

    tv, err := types.Eval(fset, nil, token.NoPos, expr)
    if err != nil {
        return "", fmt.Errorf("计算表达式失败: %v", err)
    }

    if tv.Value == nil {
        return "", fmt.Errorf("无效的表达式")
    }

    return tv.Value.String(), nil
}
```

只要是合法的 Go 语言常量（如整数、浮点数，甚至复数），都可以进行验证和计算。

10.5.2　集成到大模型流程中

服务在收到每个问题之前先进行预判断，如果满足"计算 表达式"这种模式，就将表达式部分的内容作为常量表达式计算；否则让大模型处理。

首先，将大模型封装为一个智能体对象：

```go
type Agent struct {
    llm *ollama.LLM
}

func NewAgent(model string) (*Agent, error) {
    llm, err := ollama.New(ollama.WithModel(model))
    if err != nil {
        return nil, err
    }
    return &Agent{llm: llm}, nil
}
```

然后，通过 Agent.Run() 方法调用大模型和表达式插件：

```go
func (a *Agent) Run(ctx context.Context, query string) (string, error) {
    if isValidExpr(query) {
        return evalExpr(query)
    }
    if strings.HasPrefix(query, "计算 ") {
        expr := strings.TrimPrefix(query, "计算 ")
        if isValidExpr(expr) {
            return evalExpr(expr)
        }
    }
    return a.llm.Call(ctx, query)
}
```

如果输入是合法的表达式，则进行特殊处理；否则让大模型处理。

接下来就可以通过智能体对象回答问题了：

```go
func main() {
    agent, err := NewAgent("deepseek-r1:1.5b")
    if err != nil {
        log.Fatalf("无法初始化智能体: %v", err)
    }

    // 运行智能体
    questions := []string{
        "计算 1+2*3",
        "介绍一下 DeepSeek",
    }

    for _, q := range questions {
        answer, err := agent.Run(context.Background(), q)
        if err != nil {
            log.Fatalf("智能体出错: %v", err)
        }
        fmt.Println("问题:", q)
        fmt.Println("回答:", answer)
    }
}
```

程序运行结果如下：

```
$ go run .
问题：计算 1+2*3
回答：7

问题：介绍一下 DeepSeek
回答：深度求索人工智能基础技术研究有限公司（简称"深 Seek"），成立于 2023 年，是一家专注于实现 AGI 的
中国公司。
```

10.5.3 应用到聊天服务中

同样是改造 `LLMChatServer.chatWithLLM()` 方法，增加特殊模式的处理：

```go
func (p *LLMChatServer) chatWithLLM(prompt string) (string, error) {
    if *flagDebug {
        return prompt, nil
    }

    if s, err := evalExpr(prompt); err == nil {
        return s, nil
    }
    if strings.HasPrefix(prompt, "计算 ") {
        expr := strings.TrimPrefix(prompt, "计算 ")
        if isValidExpr(expr) {
            if s, err := evalExpr(expr); err != nil {
                return err.Error(), nil
            } else {
                return s, nil
            }
        }
    }
    ...
}
```

改造后的大模型聊天服务就可以计算表达式了。聊天应用中的表达式计算示例如图 10-11 所示。

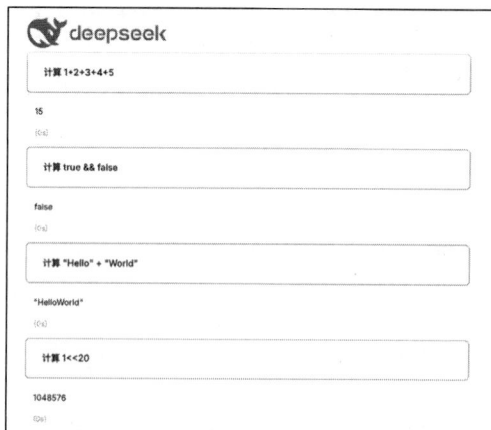

图 10-11　聊天应用中的表达式计算示例

如果再增加一些内置函数和变量定义，就会成为更强大的工具了。

10.5.4 小结

LangChain for Go 有更复杂的智能体模型包，特别是在 `tools` 包中封装了多种外部资源检索工具。大模型智能体的重要思路是将大模型集成到基于概率的工具和传统的精确处理的工具，这样大模型与其他效率工具就可以通过组合的方式产生更多的可能性。

10.6　补充说明

以 Go 语言 15 周年纪念日官方发布的博客文章作为本章的总结：我们正在致力于增强 Go 在 AI 基础设施、应用和开发者辅助方面的能力，让 Go 语言更好地用于 AI，让 AI 更好地用于 Go 语言。Go 语言是构建生产系统的绝佳语言，我们希望它也能成为构建生产 AI 系统的绝佳语言。Go 语言作为云基础设施语言的可靠性使其成为大语言模型基础设施的自然选择。对于 AI 应用，我们将继续在流行的 AI SDK 中为 Go 语言提供一流的支持。Go 语言从一开始就旨在改进端到端的软件工程流程，因此我们自然而然地希望利用 AI 的最新工具和技术来减少开发者的辛劳，让他们有更多时间去做有趣的事情，例如实际编程！

后记

　　萌生写《Go 语言高级编程》的想法大约在 2016 年，然后搁置了大约两年。直到 2018 年，我才正式开始动笔，并在当年 8 月完成了初稿。当初我给自己设定的最低目标是：不要写一本毫无价值的书。令人欣慰的是，成书后部分内容收到了不错的反馈。据各方反馈的统计数据，第 1 版的销量已超过 2 万册，在同类图书中排名能进前三。可以说，这已经超出了我最初的目标。

　　大约在 2022 年，我萌生了更新《Go 语言高级编程》的想法。想进行更新的主要原因是书中有些知识逐渐过时，不再时髦，还有一部分原因是书中的部分内容因外部环境的变化已经过期。虽然那些"不时髦"的内容尚可暂时置之不理，但是那些因过时而出现错误的内容就是在实实在在地误导读者了。特别是 Go 语言调度策略和内存规范的变化导致某些 CGO 内容不再正确，同时随着 macOS 系统转向 ARM 架构，之前的 Darwin/AMD64 平台的汇编代码执行环境越来越稀少。我写这本书的初衷是为了整理一些自己感兴趣但又找不到满意资料的内容（如 CGO、汇编语言、运行时和编译器等），因此，我希望能借这次更新的机会，把之前没有能力写的运行时、编译器的内容补充完整，同时加入一些大语言模型相关的热门主题。可以说，第 2 版大致覆盖了我当初期望涉及的全部主题。此外，第 2 版还有一个亮点：每章开头都增加了好看的 Gopher 插画。

　　王小波在《黄金时代》的后记中写道："罗素先生在他的《西方的智慧》一书里曾经引述了这样一句话：一本大书就是一个灾难！我同意这句话，但我认为，书不管大小，都可以成为灾难，并且是作者和编辑的灾难。"我现在也特别同意这句话——这一版的漫长交付过程充满了烂尾的风险。幸运的是，现在终于完稿，可以交付了。其间的种种艰辛与挑战我就不一一细说。凡是过往，皆为序章！感谢大家的支持！

柴树杉

2025 年春节于杭州